工业和信息化普通高等教育“十三五”规划教材立项项目
21世纪高等学校计算机规划教材
21st Century University Planned Textbooks of Computer Science

数据库技术及应用（Access 2016）

DataBase Technology and Applications (Access 2016)

鲁小丫 黄培 主编
梅林 李贵兵 副主编

人 民 邮 电 出 版 社
北 京

图书在版编目（CIP）数据

数据库技术及应用 ：Access 2016 / 鲁小丫，黄培主编. -- 北京 ：人民邮电出版社，2020.9（2021.11重印）
21世纪高等学校计算机规划教材
ISBN 978-7-115-54534-3

Ⅰ. ①数… Ⅱ. ①鲁… ②黄… Ⅲ. ①关系数据库系统－高等学校－教材 Ⅳ. ①TP311.138

中国版本图书馆CIP数据核字（2020）第137637号

内容提要

本书系统地讲解开发数据库应用系统所需的相关知识，内容全面，深入浅出，通俗易懂，注重实用性和可操作性。全书共9章，分别讲述了数据库基础、数据库的创建与管理、表的创建与维护、查询、窗体、报表、宏、模块与VBA程序设计、教务管理系统，附录部分为全国计算机等级考试二级公共基础知识。本书以“图书管理系统”的开发过程为主线，以“图书管理”数据库为例，从建立空数据库开始，逐步建立数据库中的各种对象，直至完成一个完整的小型数据库应用系统，并在第9章给出了教务管理系统的完整开发过程，使读者能够结合案例熟练掌握Access 2016数据库的操作方法和技巧。

本书既可作为高等院校非计算机专业的“数据库应用技术”课程的教材，也可作为全国计算机等级考试（二级Access数据库程序设计）的备考用书以及数据库应用系统开发人员的参考用书。

◆ 主　　编　鲁小丫　黄　培
副 主 编　梅　林　李贵兵
责任编辑　邹文波
责任印制　王　郁　陈　犇
◆ 人民邮电出版社出版发行　　北京市丰台区成寿寺路11号
邮编　100164　　电子邮件　315@ptpress.com.cn
网址　https://www.ptpress.com.cn
三河市君旺印务有限公司印刷
◆ 开本：787×1092　1/16
印张：17.75　　2020年9月第1版
字数：465千字　　2021年11月河北第4次印刷

定价：55.00元

读者服务热线：（010）81055256　印装质量热线：（010）81055316
反盗版热线：（010）81055315
广告经营许可证：京东市监广登字20170147号

前言

为了让学生对数据库应用系统开发的完整过程有一个充分、全面的认识，我们组织编写了本书。本书以“图书管理系统”的开发过程为主线，对数据库中的各种对象进行讲述，内容全面，深入浅出、通俗易懂，注重实用性和可操作性。其中，第 1 章介绍数据库基础，第 2～8 章分别介绍 Access 数据库、表、查询、窗体、报表、宏和模块与 VBA 程序设计的相关知识与基本操作，第 9 章以一个完整的案例详细介绍数据库应用系统的开发过程，使学生能够结合案例熟练掌握 Access 2016 数据库的操作方法和技巧，对培养学生分析问题和解决问题的实际动手能力有极大的帮助。同时，本书附录部分还介绍了全国计算机等级考试（二级）公共基础知识部分的内容，包括基本数据结构与算法、软件工程基础、程序设计基础和数据库设计基础，以方便报考全国计算机等级考试（二级）的学生查阅相关知识。

本书的编写人员都是多年来从事高校计算机基础教学的优秀教师，具有丰富的理论知识和教学经验。本书注重理论和实践的紧密结合，注重实用性和可操作性。在案例设计上，从读者日常学习和工作的需要出发；在文字叙述上深入浅出，通俗易懂。本书由鲁小丫、黄培、梅林和李贵兵共同编写。其中，第 1、2、4、9 章和附录部分由鲁小丫编写，第 3、7 章由黄培编写，第 5、6 章由李贵兵编写，第 8 章由梅林编写，最后由鲁小丫统稿。

教学工作是本书编写的基础。另外，学校对本课程建设的支持，以及每年 2000 多名学生对本课程的学习和反馈也为本书的编写提供了帮助，在此表示感谢。同时，还要感谢西南民族大学计算机基础教研室的各位老师，他们在本书编写过程中为我们提供了很多帮助。

本书既可作为高等院校非计算机专业的“数据库应用技术”课程的教材，也可作为全国计算机等级考试(二级 Access 数据库程序设计)的备考用书以及数据库应用系统开发人员的参考用书。

为了加深读者对内容的理解，方便教师使用本书进行教学工作，本书提供了一些补充材料，包括 PPT 课件和书中用到的案例素材，读者可访问人邮教育社区（https://www.ryjiaoyu.com/）获取。

由于编者水平有限，本书难免存在疏漏与不妥之处，衷心希望读者朋友们批评斧正，作者联系方式为：35519309@qq.com。

编 者

2020 年 4 月

目 录

第 1 章 数据库基础……1
1.1 数据库基础知识……1
1.1.1 数据与数据处理……1
1.1.2 数据库的概念……2
1.1.3 数据库管理系统……2
1.1.4 数据库系统……2
1.1.5 数据库应用系统……3
1.2 数据库技术的发展……3
1.2.1 人工管理阶段……3
1.2.2 文件管理阶段……4
1.2.3 数据库系统阶段……5
1.3 数据模型……7
1.3.1 概念模型……8
1.3.2 数据模型……9
1.4 关系数据库……11
1.4.1 关系模型……11
1.4.2 关系运算……12
1.4.3 关系的完整性……18
1.4.4 关系的规范化……19
1.5 常用数据库软件……21
1.5.1 MySQL……21
1.5.2 SQL Server……21
1.5.3 Oracle……21
1.5.4 Sybase……22
1.5.5 DB2……22
1.6 Access 2016 系统简介……22
1.6.1 Access 2016 的基本特点……22
1.6.2 Access 2016 的启动与退出……23
1.6.3 Access 2016 的窗口界面……23
习题 1……27
第 2 章 数据库的创建与管理……31
2.1 数据库的创建……31
2.1.1 创建空数据库……31
2.1.2 利用模板创建数据库……32
2.2 数据库的打开、关闭与保存……34
2.2.1 数据库的打开……34
2.2.2 数据库的关闭……35
2.2.3 数据库的保存……35
2.3 数据库的管理……35
2.3.1 设置和撤销数据库密码……36
2.3.2 数据库的备份……36
2.3.3 数据库的压缩与修复……37
习题 2……38
第 3 章 表的创建与维护……39
3.1 表的基本知识……39
3.2 字段的数据类型……40
3.3 表的创建……41
3.3.1 利用表设计视图创建表……41
3.3.2 利用数据表视图创建表……43
3.3.3 利用导入外部数据创建表……46
3.4 表的编辑与维护……47
3.4.1 表结构的修改……48
3.4.2 表内容的编辑与维护……48
3.5 表中字段属性的设置……56
3.6 表间关系的建立……62
3.6.1 表间关系的建立……62
3.6.2 表间关系的修改……64

习题 3……65

第 4 章　查询……71

4.1　查询的种类……71

4.2　查询准则……72

4.2.1　运算符与表达式……72

4.2.2　函数……75

4.3　简单查询……79

4.3.1　使用查询向导创建查询……80

4.3.2　使用查询设计创建查询……84

4.3.3　使用查询设计创建交叉表查询……86

4.4　参数查询……88

4.5　操作查询……90

4.5.1　生成表查询……90

4.5.2　更新查询……92

4.5.3　追加查询……94

4.5.4　删除查询……96

4.6　创建 SQL 查询……98

4.6.1　SELECT 语句……98

4.6.2　联合查询……100

4.6.3　传递查询……101

4.6.4　数据定义查询……103

本章小结……104

习题 4……104

第 5 章　窗体……107

5.1　窗体概述……107

5.1.1　窗体的概念与功能……107

5.1.2　窗体的结构……107

5.1.3　窗体的视图……108

5.2　创建窗体……109

5.2.1　“窗体”工具……109

5.2.2　“窗体向导”工具……110

5.2.3　“多个项目”工具……112

5.2.4　“分割窗体”工具……112

5.2.5　“空白窗体”工具……113

5.3　设计窗体……114

5.3.1　窗体设计视图……114

5.3.2　窗体控件及使用……117

5.3.3　窗体的调整与美化……136

5.4　建立系统控制界面……142

5.4.1　导航窗体……142

5.4.2　启动窗体……144

习题 5……144

第 6 章　报表……147

6.1　报表概述……147

6.2　创建和编辑报表……149

6.3　报表的排序和分组统计……155

6.4　创建计算报表……159

6.5　打印报表……161

习题 6……164

第 7 章　宏……166

7.1　宏的概念……166

7.1.1　宏的类型……167

7.1.2　宏的功能……167

7.2　创建宏……168

7.2.1　宏的设计视图……168

7.2.2　宏的创建……169

7.3　宏的运行……174

7.4　常用的宏操作……175

7.5　使用宏创建菜单……176

习题 7……179

第 8 章　模块与 VBA 程序设计……181

8.1　模块与 VBA 概述……181

8.1.1　模块的概念和类型……181

8.1.2　VBA 的编程环境以及 VBE 的窗口……181

8.2　VBA 程序设计基础……183

8.2.1　VBA 的数据类型……183

8.2.2 常量与变量……184
8.2.3 数组……186
8.2.4 用户自定义数据类型……187
8.2.5 VBA 语句概念以及书写规则……187
8.3 VBA 程序流程控制……188
8.3.1 顺序结构……188
8.3.2 选择结构……188
8.3.3 循环结构……190
8.4 过程调用和参数传递……193
8.4.1 过程及子过程……193
8.4.2 函数过程……194
8.5 面向对象程序设计的基本概念……195
8.5.1 对象……195
8.5.2 属性……196
8.5.3 事件……196
8.5.4 方法……198
8.5.5 面向对象程序设计综合操作……199
8.6 VBA 常用操作……200
8.6.1 DoCmd 对象的使用……200
8.6.2 几个重要函数的使用……201
8.6.3 计时器触发事件……203
8.7 VBA 的数据库编程技术……203
8.7.1 数据库引擎及其接口……204
8.7.2 数据访问对象……204
8.7.3 ActiveX 数据对象……205
8.8 VBA 程序的调试与出错处理……206
习题 8……209

第 9 章 教务管理系统……212

9.1 开发数据库应用系统的过程……212
9.2 系统需求分析……213
9.3 功能设计……214
9.4 模块设计……214
9.5 数据库设计与创建……214
9.5.1 数据库的设计……214
9.5.2 数据库及表的创建……218
9.6 系统各功能模块设计……218
9.6.1 登录界面窗体设计……218
9.6.2 主界面窗体设计……220
9.6.3 学生信息管理窗体设计……222
9.6.4 学生信息查询窗体设计……225
9.6.5 教师信息管理窗体设计……230
9.6.6 教师信息查询窗体设计……231
9.6.7 课程信息管理窗体设计……236
9.6.8 课程信息查询窗体设计……237

附录 公共基础知识部分……242

A 基本数据结构与算法……242
A.1 算法……242
A.1.1 算法的定义及特点……242
A.1.2 算法的描述……243
A.1.3 算法性能分析……243
A.2 数据结构……246
A.2.1 数据的逻辑结构……246
A.2.2 数据的存储结构……246
A.2.3 数据的运算……246
A.2.4 树……251
A.2.5 线性表的查找……254
A.2.6 排序……254
B 软件工程基础……257
B.1 软件工程概述……257
B.2 软件生命周期……258
B.3 软件需求分析……259
B.4 软件设计……260
B.5 软件测试……261
B.6 程序的调试……262
C 程序设计基础……262
C.1 程序设计方法……262
C.2 结构化程序设计……263
C.2.1 程序设计的方法及原则……263

C.2.2 程序的基本结构……263
C.3 面向对象的程序设计方法……263
D 数据库设计基础……264
D.1 数据库的基本概念……264
D.2 数据模型……265
D.3 关系运算……266
D.4 关系的规范化……271
D.5 数据库设计方法和步骤……273
习题……274

第1章 数据库基础

本章主要介绍数据、信息、数据处理、数据模型的基本概念；重点介绍数据库，数据库管理系统，数据库系统的功能、组成和相互关系，关系数据库的 3 种关系运算，以及关系表中的记录、字段、关键字段、关系模型等概念；并简单介绍常用数据库软件，Access 2016 的基本特点、窗口界面的组成、启动与退出的方法，以及数据库文件的构成。

1.1 数据库基础知识

1.1.1 数据与数据处理

1．数据

数据是反映客观事物属性的记录，是描述或表达信息的具体表现形式，是信息的载体。在计算机领域，凡能为计算机所接收和处理的物理形式，例如字符、数字、图形、图像及声音等都可称为数据。因此数据泛指一切可被计算机接收和处理的符号。数据可分为数值型数据（如产量、价格、成绩等）和非数值型数据（如人名、日期、文本、声音、图形、图像等）。数据可以被收集、存储、处理（加工、分类、计算等）、传播和使用。

2．信息

信息是经过加工处理并对人类客观行为产生影响的数据表现形式。信息是客观事物属性的反映。信息是“有用”的数据，是通过数据符号来传播的。信息无时不有，无处不在，它客观存在于人类社会的各个领域，而且不断变化。人们需要不断地获取信息、加工信息和运用信息为社会的各个领域服务。从计算机应用的角度来说，人们通常将信息视作进行各种活动所需要获取的知识。

信息与数据既有联系又有区别。数据反映了信息的内容，而信息又依靠数据来表达；用不同的数据形式可以表示同样的信息，但信息并不随它的数据形式的不同而改变。例如，某个部门召开会议这个事件形成了“开会”这样一个信息。把这个信息通知有关单位时，可以使用广播，即通过声音这种数据形式向有关单位传递；也可以通过文件，以文字数据形式向有关单位传递。有关单位就从声音和文字这样两种不同的数据形式中得到“开会”这一信息。尽管声音和文字这两种数据形式不同，但“开会”这个信息的内容是相同的，因此，可以说信息是数据的内涵，而数据是信息的具体表现形式。在许多地方，信息和数据并不是截然分开的，因为有些信息本身就是数据化的，数据本身又是一种信息。因此，在多数情况下不对它们进行区分，计算机进行数据交换也可以认为是信息交换，进行数据处理也指信息处理。总之，信息是对客观现实世界的反映，数据是信息的具体表现形式。信息这种被加工为特定形式的数据对于使用者来说是有意义的，而且对当前和将来的决策具有明显的实际价值。

3. 数据处理

数据处理也称为信息处理，是指利用计算机将各种类型的数据转换成信息的过程。它包括对数据的采集、整理、存储、分类、排序、加工、检索、维护、统计和传输等一系列处理过程。数据处理的目的是从大量的、原始的数据中获得人们所需要的资料并提取有用的数据成分，从而为人们的工作和决策提供必要的数据基础和决策依据。

1.1.2 数据库的概念

数据库（Database，DB）就是按一定的组织形式存储在一起的相互关联的数据的集合。实际上，数据库就是一个存放大量业务数据的场所，其中的数据具有特定的组织结构。所谓“组织结构”，是指数据库中的数据不是分散的、孤立的，而是按照某种数据模型组织起来的，不仅数据记录内的数据之间彼此关联，而且数据记录之间在结构上也有机地联系在一起。数据库具有数据的结构化、独立性、共享性、冗余量小、安全性、完整性和并发控制等基本特点。在数据库系统中，数据库已成为各类管理系统的核心基础，为用户和应用程序提供了共享的资源。

1.1.3 数据库管理系统

数据库管理系统（Database Management System，DBMS）是负责数据库的定义、建立、操纵、管理和维护的一种计算机软件，是数据库系统的核心部分。数据库管理系统是在特定操作系统的支持下运行的，它提供了对数据库资源进行统一管理和控制的功能，使数据结构和数据存储具有一定的规范性，提高了数据库应用的简明性和方便性。DBMS 为用户管理数据提供了一整套命令，利用这些命令可以实现对数据库的各种操作，如数据结构的定义，数据的输入、输出、编辑、删除、更新、统计和浏览等。

数据库管理系统通常由以下几个部分组成。

（1）数据定义语言（Data Definition Language，DDL）及其编译和解释程序——主要用于定义数据库的结构。

（2）数据操纵语言（Data Manipulation Language，DML）或查询语言及其编译或解释程序——提供了对数据库中的数据存取、检索、统计、修改、删除、输入、输出等基本操作。

（3）数据库运行管理和控制例行程序——是数据库管理系统的核心部分，用于数据的安全性控制、完整性控制、并发控制、通信控制、数据存取、数据库转储、数据库初始装入、数据库恢复和数据的内部维护等，这些操作都是在该控制程序的统一管理下进行的。

（4）数据字典（Data Dictionary，DD）——提供对数据库数据描述的集中管理规则，对数据库的使用和操作可以通过查阅数据字典来进行。

常见的数据库管理系统有 Oracle、DB2、MS SQL Server、Informix、Visual Foxpro 及 Access 等。

1.1.4 数据库系统

数据库系统（Database System，DBS）是指计算机系统引入数据库后的系统构成，是一个具有管理数据库功能的计算机软硬件综合系统。具体而言，它主要包括计算机硬件、操作系统、数据库、数据库管理系统和建立在该数据库之上的相关软件、数据库管理员及用户等组成部分。数据库系统具有数据的结构化、共享性、独立性、可控冗余度以及数据的安全性、完整性和并发控制等特点。

（1）硬件系统——数据库系统的物理支持，包括主机、显示器、外存储器、输入/输出设备等。

（2）软件系统——包括系统软件和应用软件。系统软件包括支持数据库管理系统运行的操作系统（如 Windows 7）、数据库管理系统（如 Access、SQL Server）、开发应用系统的高级语言及其编译系统等；应用软件是指在数据库管理系统基础上，用户根据实际问题自行开发的应用程序。

（3）数据库——数据库系统的管理对象，为用户提供数据的信息源。

（4）数据库管理员——负责管理和控制数据库系统的主要维护管理人员。

（5）用户——数据库的使用者，可以利用数据库管理系统软件提供的命令访问数据库并进行各种操作。用户包括专业用户和最终用户。专业用户即程序员，是负责开发应用系统程序的设计人员；最终用户是对数据库进行查询或通过数据库应用系统提供的界面使用数据库的人员。

1.1.5　数据库应用系统

数据库应用系统（Database Application System，DBAS）是在数据库管理系统（DBMS）的支持下根据实际问题开发出来的数据库应用软件。一个 DBAS 通常由数据库和应用程序两部分组成，它们都需要在 DBMS 的支持下开发。

由于数据库的数据要供不同的应用程序共享，因此在设计应用程序之前首先要对数据库进行设计。数据库的设计以“关系规范化”理论为指导，按照实际应用的报表数据，首先定义数据的结构，包括逻辑结构和物理结构，然后输入数据形成数据库。开发应用程序也可采用“功能分析→总体设计→模块设计→编码调试”等步骤来实现。

1.2　数据库技术的发展

数据管理是指对数据进行组织、存储、分类、检索和维护等数据处理的技术，是数据处理的核心。随着计算机硬件技术和软件技术的发展，计算机数据管理的水平不断提高，管理方式也发生了很大的变化。数据管理技术的发展主要经历了人工管理、文件管理和数据库系统管理 3 个阶段。

1.2.1　人工管理阶段

人工管理阶段始于 20 世纪 50 年代，出现在计算机应用于数据管理的初期。这个时期的计算机主要用于科学计算。从硬件方面来看，由于当时没有磁盘作为计算机的存储设备，数据只能存放于卡片、纸带、磁带上。在软件方面，既无操作系统，也无专门管理数据的软件，数据由计算或处理它的程序自行携带。

在人工管理阶段，数据管理存在的主要问题如下。

（1）数据不能独立，编写的程序要针对程序中的数据。当需要修改数据时，程序也需要随之修改，而程序修改后，数据的格式、类型也需要修改以适应处理它的程序。

（2）数据不能长期保存。数据被包含在程序中，程序运行结束后，数据和程序一起从内存中被释放。

（3）没有专门进行数据管理的软件。在人工管理阶段，不仅要设计数据的处理方法，而且还要说明数据在存储器中的存储地址。应用程序和数据是相互结合且不可分割的，各程序之间的数据不能相互传递，数据不能被重复使用。因而这种管理方式既不灵活，也不安全，编程效率低。

（4）一组数据对应一个程序，一个程序中的数据不能被其他程序利用，数据无法共享，从而导致程序和程序之间有大量重复的数据存在。

在人工管理阶段，程序与数据之间的关系如图 1-1 所示。

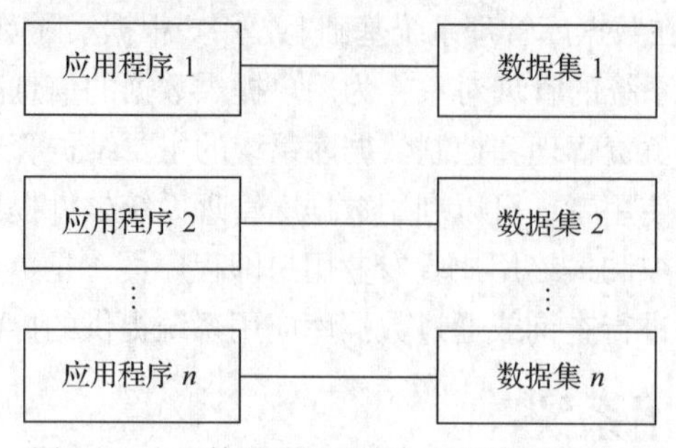

图 1-1　人工管理阶段程序与数据之间的关系

1.2.2　文件管理阶段

在 20 世纪 60 年代，计算机软、硬件技术得到快速发展。在硬件方面，出现了磁盘、磁鼓等大容量且能长期保存数据的存储设备；在软件方面，出现了操作系统。操作系统中有专门的文件系统用于管理外部存储器上的数据文件，数据与程序分开，数据能长期保存。

在文件管理阶段，把有关的数据组织成一个文件，这种数据文件能够脱离程序而独立存储在外存储器上，由一个专门的文件管理系统对其进行管理。在这种管理方式下，应用程序通过文件管理系统对数据文件中的数据进行加工处理。应用程序与数据文件之间具有一定的独立性。与早期人工管理阶段相比，使用文件系统管理数据的效率和数量都有很大提高，但仍存在以下问题。

（1）数据没有完全独立。虽然数据和程序被分开，但所设计的数据依然是针对某一特定的程序，所以无论修改的是数据文件还是程序文件，二者都会相互影响。也就是说，数据文件仍然高度依赖于其对应的程序，不能被多个程序所共享。

（2）存在数据冗余。文件系统中的数据没有合理和规范的结构，使得数据的共享性极差，哪怕是不同程序使用部分相同数据，数据结构也完全不同，也要创建各自的数据文件。这便造成了数据的重复存储，即数据的冗余。

（3）数据不能被集中管理。文件系统中的数据文件没有集中的管理机制，数据的安全性和完整性都不能得到保障。各数据之间、数据文件之间缺乏联系，给数据处理造成不便。在文件系统阶段，程序与数据之间的关系如图 1-2 所示。

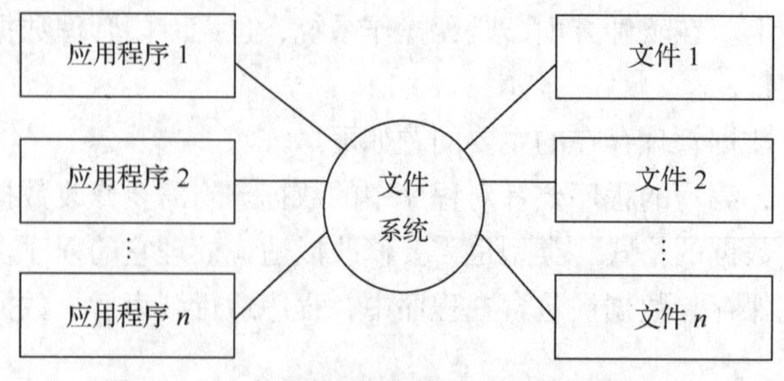

图 1-2　文件系统阶段程序与数据之间的关系

1.2.3 数据库系统阶段

由于文件系统管理数据存在缺陷，因此迫切需要一种新的数据管理方式，对数据进行集中、统一管理。数据库技术始于 20 世纪 60 年代末，到了 20 世纪 80 年代，随着计算机的普遍应用和数据库系统的不断完善，数据库系统在全世界范围内得到广泛的应用。

在数据库系统管理阶段，是将所有的数据集中到一个数据库中，形成一个数据中心，实行统一规划，集中管理，用户通过数据库管理系统来使用数据库中的数据。

1. 数据库系统的主要特点

（1）实现了数据的结构化。数据库采用了特定的数据模型组织数据。数据库系统把数据存储于有一定结构的数据库文件中，实现了数据的独立和集中管理，克服了人工管理和文件管理的缺陷，大大方便了用户的使用和提高了数据管理的效率。

（2）实现了数据共享。数据库中的数据能为多个用户服务。

（3）实现了数据独立。用户的应用程序与数据的逻辑结构及数据的物理存储方式无关。

（4）实现了数据统一控制。数据库系统提供了各种控制功能，保证了数据的并发控制、安全性和完整性。数据库作为多个用户和应用程序的共享资源，允许多个用户同时访问。并发控制可以防止多用户并发访问数据时产生的数据不一致性；安全性可以防止非法用户存取数据；完整性可以保证数据的正确性和有效性。

在数据库系统阶段，应用程序和数据完全独立，应用程序对数据管理和访问更加灵活。一个数据库可以为多个应用程序共享，使得程序的编制和效率大大提高，减少了数据冗余，实现了数据资源共享，提高了数据的完整性、一致性以及数据的管理效率。

数据库系统阶段程序与数据之间的关系如图 1-3 所示。

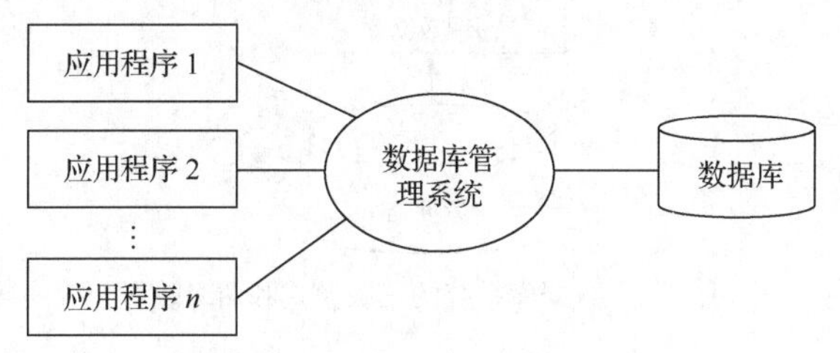

图 1-3　数据库系统阶段程序与数据之间的关系

2. 数据库系统的分类

数据库系统的分类有多种方式，根据数据的存放地点的不同，数据库系统可分为集中式数据库系统和分布式数据库系统。

（1）集中式数据库系统是将数据集中在一个数据库中。数据在逻辑上和物理上都是集中存放的。所有的用户在存取和访问数据时，都要访问这个数据库。例如，一个银行储蓄系统，如果系统的数据存放在一个集中式数据库中，那么，所有储户在存款和取款时都要访问这个数据库。通过这种方式访问数据比较方便，但通信量大，速度慢。

（2）分布式数据库系统是将多个集中式的数据库通过网络连接起来，使各个节点的计算机可以利用网络通信功能访问其他节点上的数据库资源，使各个数据库系统的数据实现高度共享。分布式数据库系统是在 20 世纪 70 年代后期开始出现的。网络技术的发展为数据库提供了良好的运行环境，使数据库系统从集中式发展到分布式，从主机/终端系统发展到客户机/服务器系统。

在网络环境中，分布式数据库在逻辑上是一个集中式数据库系统；而在物理上，数据是存储在计算机网络的各个节点上。每个节点的用户并不需要了解他所访问的数据究竟在什么地方，就如同在使用集中式数据库一样。因为在网络上的每个节点都有自己的数据库管理系统，都具有独立处理本地事务的能力，而且这些物理上分布的数据库又是共享资源。分布式数据库特别适合地理位置分散的部门和组织机构，如铁路民航订票系统、银行业务系统等。分布式数据库系统的主要特点是：系统具有更高的透明度，可靠性与效率更高，局部与集中控制相结合，系统易于扩展。

3. 数据库系统的内部体系结构

数据库系统在其内部具有三级模式及二级映射，三级模式分别是概念级模式、内部级模式与外部级模式，二级映射则分别是概念级到内部级的映射以及外部级到概念级的映射。这种三级模式与二级映射构成了数据库系统内部的抽象结构体系，如图 1-4 所示。

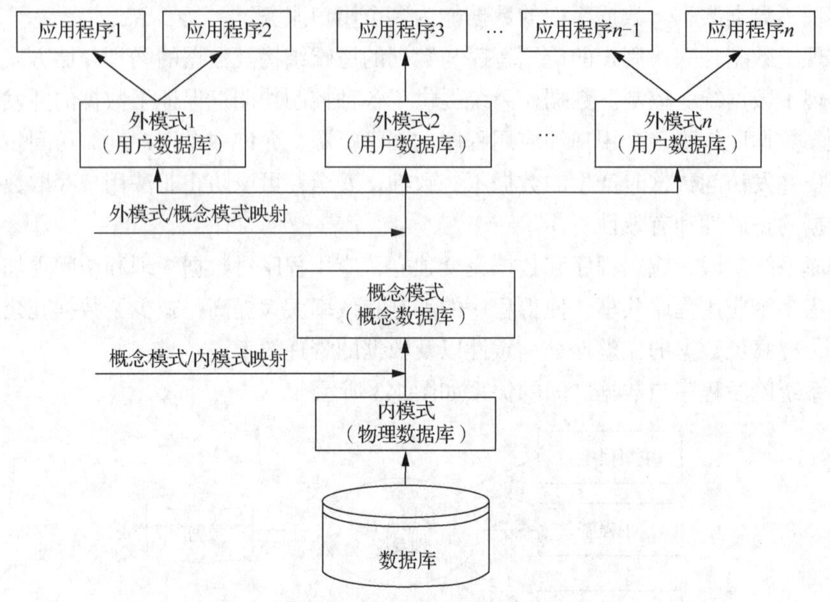

图 1-4　数据库系统的三级模式和两级映射

（1）数据库系统的三级模式结构

数据模式是数据库系统中数据结构的一种表示形式，它具有不同的层次与结构方式。

① 外模式

外模式（External Schema）也称子模式或用户模式，它是数据库用户（包括应用程序员和最终用户）看见和使用的局部数据的逻辑结构和特征的描述，是数据库用户的数据视图，是与某一应用有关的数据的逻辑表示。

一个数据库可以有多个外模式。由于它是各个用户的数据视图，如果不同的用户在应用需求、看待数据的方式、对数据保密的要求等方面存在差异，则他们的外模式描述就是不同的。即使是对模式中的同一数据，在外模式中的结构、类型、长度、保密级别等都可以不同。另外，同一外模式也可以为某一用户的多个应用系统所使用，但一个应用程序只能使用一个外模式。

外模式是保证数据库安全性的一个有力措施。每个用户只能看见和访问所对应的外模式中的数据，数据库中的其他数据对他们来说是不可见的。

外模式通常是模式的子集。

② 概念模式

概念模式（Conceptual Schema）也称模式，是数据库中全体数据的逻辑结构和特征的描述，是所有用户的公共数据视图。它是数据库系统模式结构的中间层，不涉及数据的物理存储细节和硬件环境，与具体的应用程序、所使用的应用开发工具及高级程序设计语言无关。

实际上模式是数据库数据在逻辑级上的视图。一个数据库只有一种模式。数据库模式以某一种数据模型为基础，统一综合地考虑了所有用户的需求，并将这些需求有机地结合成一个逻辑整体。

③ 内模式

内模式（Internal Schema）也称物理模式，它是数据物理结构和存储结构的描述，是数据在数据库内部的表示方式。一个数据库只有一个内模式。

数据模式给出了数据库的数据框架结构，数据是数据库中的真正的实体，但这些数据必须按框架所描述的结构来组织。

以概念模式为框架所组成的数据库叫概念数据库（Conceptual DataBase），以外模式为框架所组成的数据库叫用户数据库（User's Database），以内模式为框架所组成的数据库叫物理数据库（Physical Database）。这 3 种数据库中只有物理数据库是真实存在于计算机外存中，其他两种数据库并不真正存在于计算机中，而是通过两种映射由物理数据库映射而成。

模式的 3 个级别层次反映了模式的 3 个不同环境以及它们的不同要求。其中，内模式处于最底层，反映了数据在计算机物理结构中的实际存储形式；概念模式处于中间层，反映了设计者的数据全局逻辑要求；而外模式处于最外层，它反映了用户对数据的要求。

（2）数据库系统的两级映射

数据库系统的三级模式是对数据的 3 个抽象级别。它把数据的具体组织留给数据库管理系统（DBMS）管理，使用户能逻辑地、抽象地处理数据，而不必关心数据在计算机中的具体表示方式与存储方式。而为了能够在内部实现这 3 个抽象层次的联系和转换，数据库系统在这三级模式之间提供了两层映射：外模式/概念模式映射和概念模式/内模式映射。

正是这两级映射保证了数据库系统中的数据能够具有较高的逻辑独立性和物理独立性。

① 外模式/概念模式映射。对于每一个外模式，数据库系统都有一个外模式/概念模式映射，它定义了该外模式与概念模式之间的对应关系。当概念模式改变时，由数据库管理员对各个外模式/模式映像做出相应的改变；也可以使外模式保持不变，因为应用程序是依据数据的外模式编写的，从而应用程序也不必修改，以保证数据与程序的逻辑独立性。

② 概念模式/内模式映射。概念模式/内模式映射定义了数据全局逻辑结构与物理存储结构之间的对应关系。当数据库的存储结构改变时，由数据库管理员对概念模式/内模式映射做出相应的改变，可以使概念模式保持不变，以保证数据的物理独立性。

1.3　数据模型

数据模型是对现实世界数据特征的抽象，是从现实世界到机器世界的一个中间层。数据模型按不同的应用层次可划分为概念数据模型和逻辑数据模型两类。概念数据模型又称为概念模型，是一种面向客观世界、面向用户的模型，主要用于数据库设计。而逻辑数据模型常称为数据模型，是一种面向数据库系统的模型，主要用于数据库管理系统的实现。

1.3.1 概念模型

由于计算机不能够直接处理现实世界中的具体事物，因此，人们必须将客观存在的具体事物进行有效的描述与刻画，转换成计算机能够处理的数据。这一转换过程可分为 3 个范畴：现实世界、信息世界和计算机世界。

从客观现实到计算机的描述，数据的转换过程如图 1-5 所示。

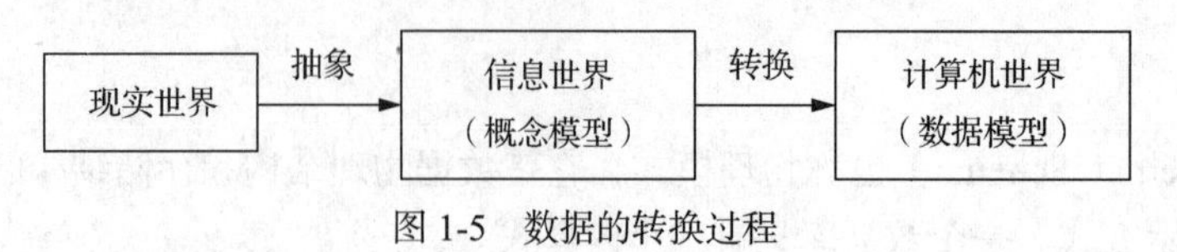

图 1-5 数据的转换过程

1. 基本概念

（1）现实世界

用户为了某种需要，需将现实世界中的部分需求用数据库实现，这样我们所见到的是客观世界中的划定边界的一部分环境，称为现实世界。

（2）信息世界

信息世界又称概念世界，是通过对现实世界进行抽象而得到的数据库的逻辑模型。在信息世界中，通常采用实体来描述现实世界中具体的事物或事物之间的联系。

① 实体——客观存在并可相互区分的事物称为实体。它是信息世界的基本单位。实体既可以是人，也可以是物；既可以是实际对象，也可以是抽象对象；既可以是事物本身，也可以是事物与事物之间的联系。例如，一个学生、一个教师、一门课程、一支铅笔、一部电影、一个部门等都是实体。

② 属性——描述实体的特性称为属性。一个实体可由若干个属性来刻画。属性的组合表征了实体。例如，铅笔有商标、软硬度、颜色、价格、生产厂家等属性；学生有学号、姓名、性别、出生日期、籍贯、院系、是否为团员等属性。

属性分为属性名和属性值，属性的具体取值称为属性值。例如，对某一学生的“性别”属性取值为“女”，其中，“性别”为属性名，“女”为属性值。

③ 实体集——同类型的实体的集合称为实体集。例如，全体学生就是一个实体集。

④ 实体型——用实体名及其属性名集合来抽象和刻画同类实体称为实体型。

例如：学生以及学生的属性名集合构成学生实体型，可以简记为：学生（学号，姓名，性别，出生日期，籍贯，院系，政治面貌）；铅笔（商标，软硬度，颜色，价格，生产厂家）表示铅笔实体型。

属性值的集合表示一个实体。例如，（201430101001，李四，男，1997-2-12，湖北，外国语学院，团员）就是表示一个具体的学生。

（3）计算机世界

信息世界在计算机物理结构上的描述形成的物理模型叫作计算机世界。现实世界的要求只有在计算机世界中才能得到真正的物理实现，而这种实现是通过信息世界逐步转化得到的。

2. 实体联系模型（E–R 模型）

实体联系模型又称 E-R 模型或 E-R 图，它是描述概念世界、建立概念模型的工具。

E-R 图包含以下 3 个要素。

（1）实体。用矩形框表示，框内标注实体名称。

（2）属性。用椭圆形表示，框内标注属性名。E-R 图中用连线将椭圆形与矩形框（实体）连接起来（见图 1-6）。

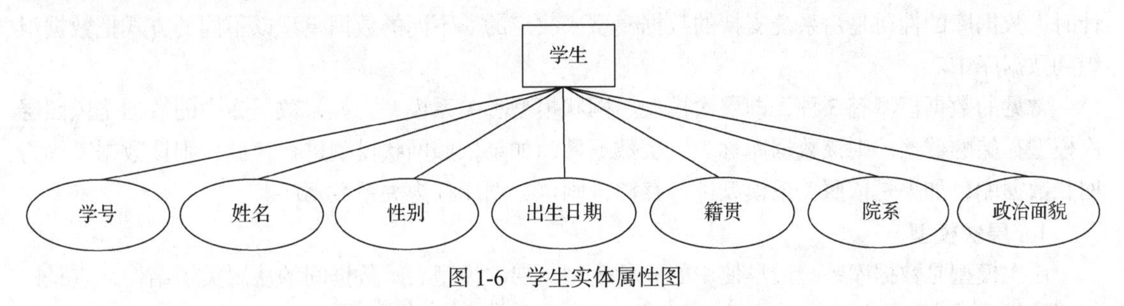

图 1-6　学生实体属性图

（3）实体之间的联系。用菱形框表示，框内标注联系名称。E-R 图中用连线将菱形框与有关矩形框（实体）相连，并在连线上注明实体间的联系类型（见图 1-7）。

图 1-7　学生实体与院系实体联系图

实体间的对应关系称为联系，它反映现实世界之间的相互联系。两个实体间的联系有以下 3 类。

（1）一对一联系（1∶1）——如果对于实体集 A 中的每一个实体，实体集 B 中至多有一个实体与之联系，反之亦然，则称实体集 A 与实体集 B 具有一对一联系。

例如，在学校里面，一个班级只有一个班长，而一个班长只在一个班中任职，则班级与班长之间具有一对一联系。又如，职工和工号的联系是一对一的，每一个职工只对应于一个工号，不可能出现一个职工对应于多个工号或一个工号对应于多名职工的情况。

（2）一对多联系（1∶n）——如果对于实体集 A 中的每一个实体，实体集 B 中有 n 个实体（$n \geqslant 0$）与之联系，反之，对于实体集 B 中的每一个实体，实体集 A 中至多只有一个实体与之联系，则称实体集 A 与实体集 B 有一对多联系。

观察院系和学生两个实体集可知，一个学生只能在一个院系里注册，而一个院系有很多学生。所以院系和学生是一对多联系。又如单位的部门和职工的联系是一对多的，一个部门对应于多名职工，多名职工对应于同一个部门。

（3）多对多联系（n∶m）——如果对于实体集 A 中的每一个实体，实体集 B 中有 n 个实体（$n \geqslant 0$）与之联系；反之，对于实体集 B 中的每一个实体，实体集 A 中也有 m 个实体（$m \geqslant 0$）与之联系，则称实体集 A 与实体集 B 具有多对多联系。

例如，一门课程同时有若干个学生选修，而一个学生可以同时选修多门课程，则课程与学生之间具有多对多联系。又如，在单位中，一个职工可以参加若干个项目的工作，一个项目可有多个职工参加，则职工与项目之间具有多对多联系。

实体集之间的一对一、一对多、多对多联系不仅存在于两个实体集之间，也存在于两个以上的实体集之间。同一个实体集内的各实体之间也可以存在一对一、一对多、多对多的联系，又称为自联系。

1.3.2　数据模型

客观事物的普遍联系性，决定了作为事物属性记录符号的数据与数据之间也存在着一定的联系。具有联系性的相关数据总是按照一定的组织关系排列，从而构成一定的结构，对这种结构的描述就是数据模型。数据模型是数据库系统中用于提供信息表示和操作手段的结构形式。简单地说，数据模型是指数据库的组织形式，它决定了数据库中数据之间联系的方式。在数据库系统设计时，数据库的性质是由系统支持的数据模型来决定的。不同的数据模型以不同的方式把数据组织到数据库中。

常见的数据模型有 3 种，即层次模型、网状模型和关系模型。如果数据库中的数据是依照层次模型存储的数据，则该数据库称为层次数据库；如果依照网状模型进行存储，则该数据库称为网状数据库；如果是依照关系模型进行存储，则该数据库称为关系数据库。

1. 层次模型

层次模型是数据库系统最早使用的一种模型。层次模型表示数据间的从属关系结构，它是以树形结构表示实体（记录）与实体之间联系的模型。层次模型的主要特征如下。

（1）层次模型像一棵倒立的树，仅有一个无双亲的根节点。

（2）根节点以外的子节点，向上仅有一个父节点，向下有若干子节点。

层次数据模型只能直接表示一对多（包括一对一）的联系，但不能表示多对多联系。例如，学校的行政机构（见图 1-8）、企业中的部门编制等都是层次模型。支持层次模型的数据库管理系统称为层次数据库管理系统。

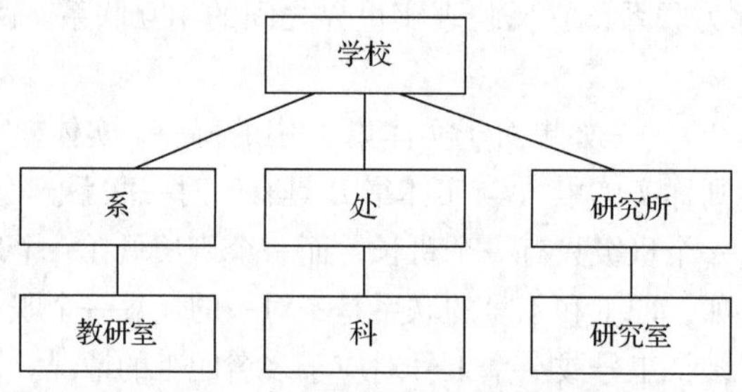

图 1-8　学校行政机构的层次模型

2. 网状模型

网状模型是一种比较复杂的数据模型，它是以网状结构表示实体与实体之间联系的模型。网状模型可以表示多个从属关系的层次结构，也可以表示数据间的交叉关系，是层次模型的扩展。网状模型的主要特征如下。

（1）有一个以上的节点无双亲。

（2）至少有一个节点有多个双亲。

网状数据模型的结构比层次模型更具普遍性，它突破了层次模型的两个限制，允许多个节点没有双亲节点，允许节点有多个双亲节点。此外，它还允许两个节点之间有多种联系。因此网状数据模型可以更直接地描述现实世界。图 1-9 所示为简单的网状模型。

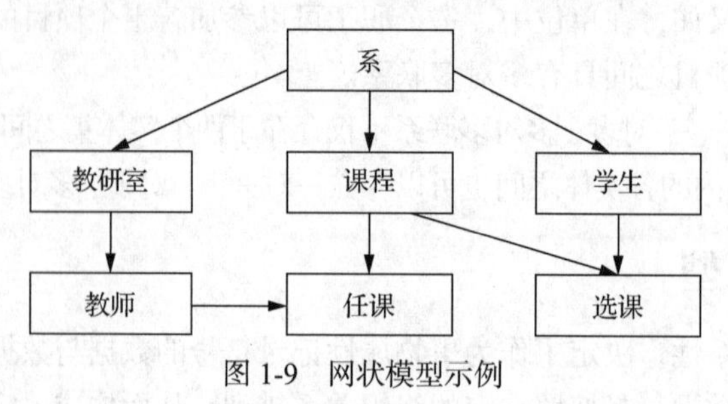

图 1-9　网状模型示例

网状模型是以记录为节点的网络结构。支持网状数据模型的数据库管理系统称为网状数据库管理系统。

3. 关系模型

关系模型是一种以关系（二维表）的形式表示实体与实体之间联系的数据模型。关系模型不像层次模型和网状模型那样使用大量的链接指针把有关数据集合到一起，而是用一张二维表来描述一个关系。

关系模型的主要特点如下。

（1）关系中的每一分量不可再分，是最基本的数据单位。

（2）关系中每一列的分量是同属性的，列数根据需要而设，且各列的顺序是任意的。

（3）关系中每一行由一个个体事物的诸多属性构成，且各行的顺序可以是任意的。

（4）一个关系是一张二维表，不允许有相同的列（属性），也不允许有相同的行（元组）。

表 1-1 所示的是管理员信息表。在二维表中，每一行称为一个记录，用于表示一组数据项；表中的每一列称为一个字段或属性，用于表示每列中的数据项。表中的第一行称为字段名，用于表示每个字段的名称。

表 1-1　　管理员信息

编号	姓名	性别	密码
2170001	徐大伟	男	123
2170002	高天磊	男	456
2170003	马东旭	男	abc
2170004	张倩	女	efg
2170005	兰文强	男	789
2170006	陈文欣	女	xyz

关系模型对数据库的理论和实践产生了极大的影响，它与层次模型和网状模型相比具有明显的优势，是目前最流行的数据库模型。支持关系模型的数据库管理系统称为关系数据库管理系统。

1.4　关系数据库

关系数据库是依照关系模型设计的若干二维数据表文件的集合。一个关系的逻辑结构就是一张二维表。这种用二维表的形式表示实体和实体间联系的数据模型称为**关系数据模型**。

1.4.1　关系模型

1. 关系术语

关系是建立在数学集合概念基础之上的，是由行和列表示的二维表。

（1）关系。一个关系就是一张二维表，每个关系有一个关系名。

（2）元组。二维表中水平方向的行称为元组，每一行是一个元组，也称为一个记录。

（3）属性。二维表中垂直方向的列称为属性，每一列是一个属性，也称为一个字段。

（4）分量。元组中的一个属性值称为分量。关系模型中要求关系的每一个分量必须是一个不可分的数据项，即不允许表中还有表。

（5）域。指表中属性的取值范围。

（6）候选关键字。关系中的某个属性组（一个属性或几个属性的组合）可以唯一标识一个元组，这个属性组称为候选关键字。

（7）关键字。表中的某个属性或属性组合，其值可以唯一确定（或唯一标识）一个元组。当一个表中有多个关键字时，可从中选出一个作为主关键字。

（8）外部关键字。如果关系中的一个属性不是本关系的关键字，而是另外一个关系的关键字或候选关键字，这个属性就称为外部关键字。

（9）关系模式。关系的描述。一个关系模式对应一个关系的结构。其格式为：

```
关系名（属性名1，属性名2，属性名3……属性名n）
```

例如，管理员信息表的关系模式描述如下：

管理员信息（编号，姓名，性别，密码）

2. 关系的特点

关系是一个二维表，但并不是所有的二维表都是关系。关系应具有以下几个特点。

（1）每一列中的分量是同一类型的数据，来自同一个域。

（2）不同的列的名称不同。

（3）任意两个元组不能完全相同。

（4）每一个分量都是不可再分的数据项。

（5）列的顺序可以任意调换。

（6）行的顺序可以任意调换。

由上述可知，二维表中的每一行都是唯一的，而且所有行都具有相同类型的字段。关系模型的最大优点是一个关系就是一个二维表，因此易于对数据进行查询等操作。

3. 关系之间的联系

在关系数据库中，表之间具有相关性。表之间的相关性是依靠每一个独立的数据表内部具有相同属性的字段建立的。在两个相关表中，起着定义字段取值范围作用的表称为父表，而另一个引用父表中相关字段的表称为子表。根据父表和子表中相关字段的对应关系，表和表之间的关联有以下 4 种类型。

（1）一对一联系。父表中每一条记录最多与子表中的一条记录相关联，反之亦然。具有一对一关联的两张表通常在创建时可以将其合并成一张表。

（2）一对多联系。父表中每一条记录可以与子表中的多条记录相关联，而子表中的每一条记录都只能与父表中的一条记录相关联。一对多联系是数据库中最为普遍的联系。

（3）多对一联系。父表中多条记录与子表中一条记录相关联。

（4）多对多联系。父表中的每一条记录都与子表中的多条记录相关联，子表中的每一条记录也与父表中的多条记录相关联。多对多关联在数据库中通常分解为多个一对多联系。

1.4.2 关系运算

1. 传统的集合运算

进行并、差、交、广义笛卡儿积集合运算的两个关系必须具有相同的关系模式，即两个关系均为 *n* 元关系（元数相同即属性个数相同），且两个关系属性的性质相同。

下面以读者信息 1（见表 1-2）和读者信息 2（见表 1-3）两个关系为例来讲解传统的集合运算：并运算、交运算、差运算和广义笛卡儿积。

表 1-2　　读者信息 1

读者编号	姓名	性别
201330103003	高杨	女
201330103004	梁冰冰	女
201330103005	蒙铜	男
201330103006	韦凤宇	女
201330103007	刘海艳	女
201431202007	姜坤	男

表 1-3　　读者信息 2

读者编号	姓名	性别
201330103005	蒙铜	男
201330103006	韦凤宇	女
201431202007	姜坤	男
201431202008	解毓朝	男
201431202009	李冰	男
201431305030	钱欣宇	男

（1）并运算

两个相同结构的关系 R 和 S 的“并”，记为 R∪S，其结果是由 R 和 S 的所有元组组成的集合。读者信息 1 和读者信息 2 并运算的结果如表 1-4 读者信息 3 所示。

表 1-4　　读者信息 3

读者编号	姓名	性别
201330103003	高杨	女
201330103004	梁冰冰	女
201330103005	蒙铜	男
201330103006	韦凤宇	女
201330103007	刘海艳	女
201431202007	姜坤	男
201431202008	解毓朝	男
201431202009	李冰	男
201431305030	钱欣宇	男

（2）交运算

两个相同结构的关系 R 和 S 的“交”，记为 R∩S，它们的交是由既属于 R 又属于 S 的元组组成的集合。交运算的结果是 R 和 S 的共同元组。读者信息 1 和读者信息 2 交运算的结果如表 1-5 读者信息 4 所示。

表 1-5 读者信息 4

读者编号	姓名	性别
201330103005	蒙铜	男
201330103006	韦凤宇	女
201431202007	姜坤	男

（3）差运算

两个相同结构的关系 R 和 S 的“差”，记为 R–S，其结果是由属于 R 但不属于 S 的元组组成的集合。差运算的结果是从 R 中去掉 S 中也有的元组。读者信息 1 和读者信息 2 差运算的结果如表 1-6 读者信息 5 所示。

表 1-6 读者信息 5

读者编号	姓名	性别
201330103003	高杨	女
201330103004	梁冰冰	女
201330103007	刘海艳	女

（4）广义笛卡儿积运算

两个分别为 n 目和 m 目的关系 R 和 S 的“广义笛卡儿积”是一个（$n+m$）列的元组的集合。元组的前 n 列是关系 R 的一个元组，后 m 列是关系 S 的一个元组。若 R 有 k_1 个元组，S 有 k_2 个元组，则关系 R 和关系 S 的广义笛卡儿积运算的结果有 $k_1 \times k_2$ 个元组，记为 R×S。

例如，教师和授课表两个关系，如表 1-7 和表 1-8 所示。

表 1-7 教师

教师编号	姓名	性别	职称
01	张三	男	讲师
02	李四	女	副教授
03	王五	男	教授

表 1-8 授课

教师编号	课程名称	学时
01	程序设计	68
02	计算机网络	52
01	数据库技术	68
04	大学计算机	68

教师和授课表两个关系的广义笛卡儿积运算的结果如表 1-9 所示。

表 1-9 教师授课

教师编号	姓名	性别	职称	教师编号	课程名称	学时
01	张三	男	讲师	01	程序设计	68
01	张三	男	讲师	02	计算机网络	52
01	张三	男	讲师	01	数据库技术	68

续表

教师编号	姓名	性别	职称	教师编号	课程名称	学时
01	张三	男	讲师	04	大学计算机	68
02	李四	女	副教授	01	程序设计	68
02	李四	女	副教授	02	计算机网络	52
02	李四	女	副教授	01	数据库技术	68
02	李四	女	副教授	04	大学计算机	68
03	王五	男	教授	01	程序设计	68
03	王五	男	教授	02	计算机网络	52
03	王五	男	教授	01	数据库技术	68
03	王五	男	教授	04	大学计算机	68

2. 专门的关系运算

在关系数据库中，经常需要对关系进行特定的关系运算操作。关系运算包括选择、投影、连接和除运算。

（1）选择运算

选择（Selection）运算是一种横向的操作。选择运算是根据给定的条件选择关系 R 中的若干元组组成新的关系，是对关系的元组进行筛选，记作：$\sigma_F(R)$。其中，F 是选择条件，是一个逻辑表达式，它由逻辑运算符和比较运算符组成。选择运算可以改变关系表中的记录个数，但不影响关系的结构。

例如，从表 1-10 中，选择性别为“男”的记录，可以记为：$\sigma_{性别="男"}$（管理员信息），结果如表 1-11 所示。

表 1-10　管理员信息

编号	姓名	性别	密码
2170001	徐大伟	男	123
2170002	高天磊	男	456
2170003	马东旭	男	abc
2170004	张倩	女	efg
2170005	兰文强	男	789
2170006	陈文欣	女	xyz

表 1-11　选择运算后的管理员信息

编号	姓名	性别	密码
2170001	徐大伟	男	123
2170002	高天磊	男	456
2170003	马东旭	男	abc
2170005	兰文强	男	789

（2）投影运算

投影（Projection）运算是从关系中选取若干个字段组成一个新的关系。投影运算是一种纵向的操作，它可以根据用户的要求从关系中选出若干字段组成新的关系，记作：Π_A（R）。其关系模式所包含的字段个数往往比原有关系少，或者字段的排列顺序不同。因此，投影运算可以改变关系中的结构。

例如，表 1-10 中列出所有职工的编号、姓名，可以记为：$\Pi_{编号,\ 姓名}$（**管理员信息**），进行投影运算后的结果如表 1-12 所示。

表 1-12　投影运算后的管理员信息

编号	姓名
2170001	徐大伟
2170002	高天磊
2170003	马东旭
2170004	张倩
2170005	兰文强
2170006	陈文欣

（3）连接运算

连接（Join）运算是用来连接相互之间有联系的两个关系，通过共同的属性名（字段名）连接成一个新的关系。连接运算可以实现两个关系的横向合并，在新的关系中反映出原来两个关系之间的联系。连接运算是一个复合型的运算，包含了笛卡儿积、选择和投影 3 种运算。通常记为：$R \bowtie S$。

每一个连接操作都包括一个连接类型和一个连接条件。连接条件决定运算结果中元组的匹配和属性的去留；连接类型决定如何处理不符合条件的元组，包括内连接、自然连接、左外连接、右外连接和全外连接等。

① 内连接。也叫等值连接，是按照公共属性值相等的条件连接，并且不消除重复属性。

表 1-7 和表 1-8 的内连接的操作过程如下。

首先，形成教师×授课表的乘积，共有 12 个元组，如表 1-9 所示。

然后根据连接条件“教师.教师编号=授课.教师编号”，从乘积中选择出相互匹配的元组，结果如表 1-13 所示。

表 1-13　内连接结果

教师编号	姓名	性别	职称	教师编号	课程名称	学时
01	张三	男	讲师	01	程序设计	68
01	张三	男	讲师	01	数据库技术	68
02	李四	女	副教授	02	计算机网络	52

② 自然连接。在内连接的基础上，再消除重复的属性，这是最常用的一种连接，自然连接的运算用$\bowtie$表示。

表 1-7 和表 1-8 的自然连接的结果如表 1-14 所示。

表 1-14　自然连接结果

教师编号	姓名	性别	职称	课程名称	学时
01	张三	男	讲师	程序设计	68
01	张三	男	讲师	数据库技术	68
02	李四	女	副教授	计算机网络	52

③ 左外连接。结果包含左表中的所有行。如果左表的某行在右表中没有匹配行，则结果集中右表的所有选择列均为空值。

表 1-7 和表 1-8 的左外连接的结果如表 1-15 所示。

表 1-15　　左外连接结果

教师编号	姓名	性别	职称	课程名称	学时
01	张三	男	讲师	程序设计	68
01	张三	男	讲师	数据库技术	68
02	李四	女	副教授	计算机网络	52
03	王五	男	教授		

④ 右外连接。结果包含右表中的所有行。如果右表的某行在左表中没有匹配行，则结果集中左表的所有选择列均为空值。

表 1-7 和表 1-8 的右外连接的结果如表 1-16 所示。

表 1-16　　右外连接结果

教师编号	姓名	性别	职称	课程名称	学时
01	张三	男	讲师	程序设计	68
01	张三	男	讲师	数据库技术	68
02	李四	女	副教授	计算机网络	52
04				大学计算机	68

⑤ 全外连接。结果返回左表和右表中的所有行。当某行在另一个表中没有匹配行时，则另一个表的选择列表包含空值。

表 1-7 和表 1-8 的全外连接的结果如表 1-17 所示。

表 1-17　　全外连接结果

教师编号	姓名	性别	职称	课程名称	学时
01	张三	男	讲师	程序设计	68
01	张三	男	讲师	数据库技术	68
02	李四	女	副教授	计算机网络	52
03	王五	男	教授		
04				大学计算机	68

选择运算和投影运算都属于单目运算，对一个关系进行操作；而连接运算属于双目运算，对两个关系进行操作。

（4）除运算

关系 R 与关系 S 的除运算应满足的条件是：关系 S 的属性全部包含在关系 R 中，关系 R 的一些属性不包含在关系 S 中。关系 R 与关系 S 的除运算表示为 R÷S。除运算的结果也是关系，而且该关系中的属性由 R 中除去 S 中的属性之外的全部属性组成，元组由 R 与 S 中在所有相同属性上有相等值的那些元组组成。表 1-18 与表 1-19 除运算的结果如表 1-20 所示。

表 1-18　　　　教师 1

教师编号	姓名	课程名称
01	张三	程序设计
02	李四	计算机网络
01	张三	数据库技术
03	王五	大学计算机
04	李二	大学计算机

表 1-19　　　　授课 1

教师编号	课程名称
01	程序设计
03	大学计算机

表 1-20　　　　除运算结果

姓名
张三
王五

1.4.3　关系的完整性

数据库系统在运行的过程中，由于数据输入错误、程序错误、使用者的误操作、非法访问等各方面原因，容易产生数据错误和混乱。为了保证关系中数据的正确性和有效性，需要建立数据完整性的约束机制来加以控制。

关系的完整性是指关系中的数据及具有关联关系的数据间必须遵循的制约条件和依存关系，以保证数据的正确性、有效性和相容性。关系的完整性主要包括实体完整性、域完整性和参照完整性。

1．实体完整性

实体是关系描述的对象，一行记录是一个实体属性的集合。在关系中用关键字来唯一地标识实体，关键字也就是关系模式中的主属性。实体完整性是指关系中的主属性值不能取空值（NULL），且不能有相同值，以保证关系中的记录的唯一性，是对主属性的约束。若主属性取空值，则不可区分现实世界中存在的实体。

例如，在“学生”关系中，学生（学号，姓名，性别，出生日期），学号是主键，因此学号不能为空值，也不能为相同值。

例如，在“成绩”关系中，成绩（学号，课程编号，分数），其中学号和课程编号共同构成主键，因此学号和课程编号都不能为空值，也不能为相同值。

2．参照完整性

参照完整性是对关系数据库中建立关联关系的数据表之间数据参照引用的约束，也就是对外关键字的约束。准确地说，参照完整性是指关系中的外关键字的取值只能是关联关系中的某个主键的值或者 NULL。

例如，在“成绩”关系中，成绩（学号，课程编号，分数），学号不是该关系的主键；但在

“学生”关系中，学生（学号，姓名，性别，出生日期），学号是主键，所以学号是“成绩”关系的外部关键字，因此，在“成绩”关系中，学号的取值只能取“学生”关系中的学号的取值或者空值。

在实际的应用系统中，为减少数据冗余，常设计几个关系来描述相同的实体，这就存在关系之间的引用参照。也就是说，一个关系属性的取值要参照其他关系。

3. 域完整性

域完整性约束也称为用户自定义完整性约束。它是针对某一应用环境的完整性约束条件，主要反映了某一具体应用所涉及的数据应满足的要求。

域是关系中属性值的取值范围。域完整性是对数据表中字段属性的约束，它包括字段的值域、字段的类型及字段的有效规则等约束，它是由确定关系结构时所定义的字段的属性所决定的。在设计关系模式时，定义属性的类型、宽度是基本的完整性约束。进一步的约束可保证输入数据的合理有效，如性别属性只允许输入“男”或“女”，其他字符的输入则认为是无效输入，拒绝接受。

1.4.4 关系的规范化

在关系数据库中，如何收集和组织每个数据表中的数据，是一个很重要的问题。因此，需要使数据库的数据规范化，形成一个组织良好的数据库。数据的规范化基本思想是逐步消除数据依赖关系中不合适的部分，使得依赖于同一个数据模型的数据达到有效的分离。每一张数据表具有独立的属性，同时又依赖于共同关键字。

关系规范化理论是研究如何将一个不十分合理的关系模型转化为一个最佳的数据关系模型的理论，它是围绕范式而建立的。规范化是指关系数据库中的每一个关系都必须满足一定的规范要求。根据满足规范的条件不同，可以划分为 6 个等级：第一范式（1NF）、第二范式（2NF）、第三范式（3NF）、修正的第三范式（BCNF）、第四范式（4NF）和第五范式（5NF）。在解决一般性问题时，通常只需要把数据表规范到第三范式标准就可以满足需要。关系规范化的 3 个范式有各自不同的原则要求。

1. 第一范式

若一个关系模式 R 的所有属性都是不可再分的基本数据项，则该关系模式属于第一范式（1NF）。

第一范式是指数据库表的每一列都是不可再分割的基本数据项，同一列不能有多个值，即实体中的某个属性不能有多个值，也不能有重复的属性。如果出现重复的属性，就可能需要定义一个新的实体，新的实体由重复的属性构成，新实体与原实体之间为一对多关系。在第一范式中表的每一行只包含一个实例的信息。

简而言之，第一范式就是不可细分的无重复的列。在任何一个关系数据库中，第一范式是对关系模型的基本要求，不满足第一范式的数据库就不是关系数据库。

2. 第二范式

若关系模式 R 属于 1NF，且每个非主属性的完全函数依赖于主键，则该关系模式属于 2NF，2NF 不允许关系模式中的非主属性部分函数依赖于主键。

完全依赖是指不能存在仅依赖于主关键字的一部分的属性。如果存在，那么这个属性和主关键字的这一部分应该分离出来形成一个新的实体，新实体与原实体之间是一对多的关系。

简单地说，就是关系要有主题信息。

比如，选修课关系表为 SelectCourse（学号，姓名，年龄，课程名称，成绩，学分），关键字为组合关键字（学号，课程名称），（学号，课程名称）->（姓名，年龄，成绩，学分），这个数据表不满足第二范式，因为存在如下决定关系：

```
（课程名称）->（学分）
（学号）->（姓名，年龄）
```

即存在（学分）和（姓名，年龄）部分依赖于主关键字。

由于不符合 2NF，这个选课关系表会存在如下问题。

（1）数据冗余

同一门课程会有 N 个学生选修，“学分”就会重复 N-1 次；同一个学生选修了 M 门课程，姓名和年龄就会重复 M-1 次。

（2）更新异常

若课程的学分更新，就必须把表中所有的学分值都更新，不然会导致同一课程出现不同的学分。

（3）插入异常

假设要开设一门新的课程，但是目前还没有学生选修这门课程，由于没有学号导致数据无法录入到数据库中。

（4）删除异常

假设一批学生已经完成课程的选修，这些选修记录就应该从数据库中删除。但是，同时，课程名称和学分信息也被删除了。很显然，这也会导致插入异常。

可以修改一下，把选课关系表 SelectCourse 改为如下 3 个表：

学生：Student（学号，姓名，年龄）

课程：Course（课程名称，学分）

选课关系：SelectCourse（学号，课程名称，成绩）

这样的数据表是符合第二范式的，消除了数据冗余、更新异常、插入异常和删除异常。

此处还需要注意，所有的单关键字的数据表都符合第二范式，因为不可能存在组合关键字，也就不可能存在非主属性部分依赖于主关键字了。

3. 第三范式

如果关系模式 R 属于 2NF，并且 R 中的非主属性不传递依赖于 R 的主键，则称关系 R 属于第三范式（即非主属性必须直接依赖于主键）。

传递依赖，就是 A 依赖于 B，B 依赖于 C，则 A 传递依赖于 C。因此，满足第三范式的数据库表应该不存在如下依赖关系：关键字段->非关键字段 x->非关键字段 y。也就是说，第三范式要求一个数据表中不包含已在其他表中包含的非主关键字信息。

简而言之，若关系模式属于第三范式，则其属性不依赖于其他非主属性。

比如，学生关系表为 Student（学号，姓名，年龄，所在学院，学院地点，学院电话），关键字为“学号”，符合第二范式，但是因为存在关系：（学院地点）->（所在学院）->（学号），（学院电话）->（所在学院）->（学号），即非关键字“学院地点”和“学院电话”传递依赖于“学号”，所以此关系表不符合第三范式。同样会导致数据冗余，DDL 操作异常等问题。

因此，可以对其进行如下修改。

学生：（学号，姓名，年龄，所在学院）

学院：（学院，地点，电话）

这样一来，数据库表就符合第三范式了。

1.5　常用数据库软件

目前，商品化的数据库管理系统以关系型数据库为主导产品，技术比较成熟。面向对象的数据库管理系统虽然技术先进，数据库易于开发、维护，但尚未出现十分成熟的产品。目前比较流行的关系型数据库管理系统有 Oracle、SQL Server、Sybase、Informix 和 Ingres。这些产品都支持多平台，如 UNIX、VMS、Windows 等，但支持的程度不一样。IBM 的 DB2 也是成熟的关系型数据库。但是，DB2 是内嵌于 IBM 的 AS/400 系列机中，只支持 OS/400 操作系统。

1.5.1　MySQL

MySQL 是由 MySQL AB 公司（于 2008 年被 Sun 公司收购）开发的深受人们欢迎的开源 SQL 数据库管理系统。MySQL 是一个快速的、多线程、多用户和健壮的 SQL 数据库服务器。MySQL 服务器支持关键任务、重负载生产系统的使用，我们也可以将它嵌入到一个大配置（Mass-Deployed）的软件中去。

与其他数据库管理系统相比，MySQL 具有以下优势。

（1）MySQL 是开源的。

（2）MySQL 服务器是一个快速的、可靠的和易于使用的数据库服务器。

（3）MySQL 服务器工作在客户机/服务器或嵌入式系统中。

（4）市面上有大量的 MySQL 软件可以使用。

1.5.2　SQL Server

SQL Server 是由微软公司开发的数据库管理系统，是 Web 上最流行的用于存储数据的数据库，它已广泛应用于电子商务、银行、保险、电力等与数据库有关的行业。

SQL Server 只能在 Windows 上运行，操作系统的系统稳定性对数据库十分重要。由于并行实施和共存模型并不成熟，很难处理日益增多的用户数和数据卷，伸缩性有限。

SQL Server 提供了众多的 Web 和电子商务功能，如对 XML 和 Internet 标准的丰富支持，通过 Web 对数据进行轻松安全的访问，具有强大的、灵活的、基于 Web 的和安全的应用程序管理等。而且，由于其易操作性及其友好的操作界面，深受广大用户的喜爱。

1.5.3　Oracle

Oracle（甲骨文）公司成立于 1977 年，在数据库领域一直处于领先地位。目前，Oracle 公司的产品覆盖了大、中、小型机等多种机型，Oracle 数据库也成为世界上使用最广泛的关系数据系统之一。

Oracle 数据库产品具有以下优良特性。

（1）兼容性

Oracle 产品采用标准 SQL，并经过美国国家标准技术所（NIST）测试，与 IBM SQL/DS、DB2、INGRES、IDMS/R 等兼容。

（2）可移植性

Oracle 的产品可运行于许多硬件与操作系统平台上，可在 VMS、DOS、UNIX、Windows 等多种操作系统下工作。

（3）可联结性

Oracle 能与多种通信网络相连，支持各种协议（TCP/IP、DECnet、LU 6.2 等）。

（4）高生产率

Oracle 产品提供了多种开发工具，能极大地方便用户进行进一步的开发。

（5）开放性

Oracle 良好的兼容性、可移植性、可连接性和高生产率使 Oracle RDBMS 具有良好的开放性。

1.5.4 Sybase

1984 年，Mark B. Hiffman 和 Robert Epstern 创建了 Sybase 公司，并在 1987 年推出了 Sybase 数据库产品。Sybase 主要有 3 种版本：一是 UNIX 操作系统下运行的版本；二是 Novell Netware 环境下运行的版本；三是 Windows NT 环境下运行的版本。

Sybase 数据库的特点如下。

（1）它是基于客户机/服务器体系结构的数据库。

（2）它是真正开放的数据库。

（3）它是一种高性能的数据库。

1.5.5 DB2

DB2 是内嵌于 IBM 公司的 AS/400 系列机上的数据库管理系统，直接由硬件支持。它支持标准的结构化查询语言（SQL），具有与异种数据库相连的 Gateway（网关）。因此它具有速度快、可靠性好的优点。但是，只有使用 IBM 公司的 AS/400 硬件平台，才能选择使用 DB2 数据库管理系统。

DB2 能在所有主流平台上运行（包括 Windows），适用于海量数据存储场景。

1.6 Access 2016 系统简介

1.6.1 Access 2016 的基本特点

Microsoft Office Access 2016 是由微软公司发布的关联式数据库管理系统。它结合了 Microsoft Jet Database Engine 和图形用户界面两项特点，是 Microsoft Office 的组件之一。它具有如下特点。

1. 存储方式单一

Access 2016 系统管理的对象有表、查询、窗体、报表、宏和模块，都包含在文件扩展名为.accdb 的文件中。在 Windows 文件列表中，用户看到的是 Microsoft Access Database，这便于用户的操作和管理。

2. 面向对象

Access 2016 是一个面向对象的开发工具，利用面向对象的方式将数据库系统中的各种功能对象化，将数据库管理的各种功能封装在各类对象中。它将一个应用系统视作由一系列对象组成，对每个对象都定义一组方法和属性，以定义该对象的行为，用户还可以按需为对象扩展方法和属性。通过对象的方法、属性完成数据库的操作和管理，能够极大地简化用户的开发工作。同时，这种基于面向对象的开发方式，也会使得开发应用程序更为简便。

3. 界面友好、易操作

Access 2016 是一个可视化工具，使用起来非常直观方便。Access 2016 还提供了表生成器、查询生成器、报表向导、窗体向导等工具，使得操作简便，易于使用和掌握。Access 2016 还增加了宏生成器、数据库模板，尤其是新增的导航窗格功能，简化了大量操作，直观而又方便。

4. 集成环境、处理多种数据信息

Access 2016 采用基于 Windows 操作系统下的集成开发环境，该环境集成了各种向导和生成器工具。在其导航窗格的引导下，可极大地提高开发人员的工作效率，能使建立数据库、创建表、设计用户界面、设计数据查询、报表打印等方便、有序地进行。

5. 数据共享与交换

Access 2016 能兼容其他数据库管理系统的数据，例如，Visual Foxpro 系列的.dbf 文件，Excel 中的.xlsx 文件，文本文件.txt 等，便于数据库管理系统的数据交换与共享。

在 Access 2016 中，可以生成 Web 数据库并将他们发布到 Sharepoint 网站。Access 2016 还支持开放数据库互连（Open Database Connectivity，ODBC），利用 Access 2016 强大的动态数据交换（DDE）和对象的联接和嵌入（OLE）功能，还可以建立动态的数据库报表和窗体等。Access 2016 还可以将程序应用于网络，并与网络上的动态数据相联接，支持通过报表、电子邮件，轻松构建 Internet/Intranet 应用。

6. 处理数据类型多样

Access 2016 能处理各种类型的数据，例如，数字、文字、图片、动画、音频等。

1.6.2　Access 2016 的启动与退出

安装 Access 2016 后，启动 Access 就可以创建数据库。

1. Access 2016 的启动

（1）依次单击“开始”→“所有程序”→“Access 2016”按钮，即可启动 Access 2016 应用程序。

（2）如果桌面上有 Access 2016 的快捷方式，直接双击其快捷方式，即可启动 Access 2016 应用程序。

2. Access 2016 的退出

退出 Access 2016，有以下几种方法。

（1）单击打开的 Access 2016 应用程序窗口右上角的“关闭”按钮。

（2）使用【Alt+F4】组合键。

1.6.3　Access 2016 的窗口界面

1. 主窗口

Access 2016 应用程序启动后，即可进入 Access 2016 程序主窗口，如图 1-10 所示。

（1）快速访问工具栏

快速访问工具栏位于主窗口的第一行的左侧，如图 1-11 所示。用户单击该工具栏右侧的向下三角箭头，即可自定义各种工具标识。

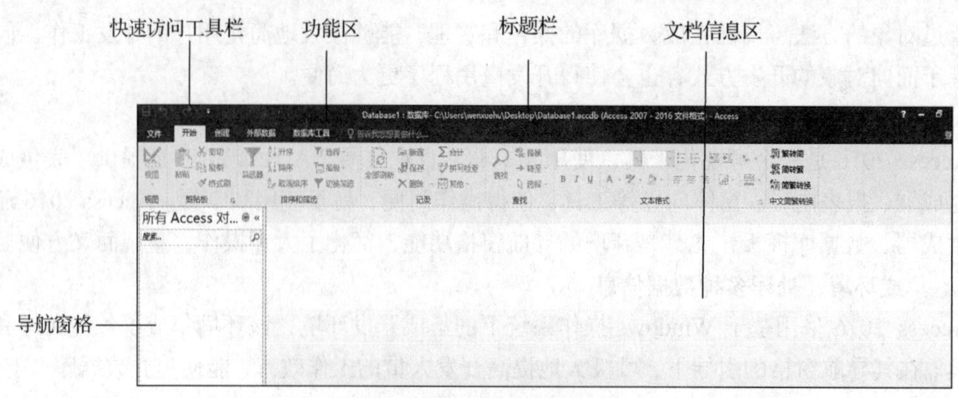

图 1-10　Access 2016 的主窗口

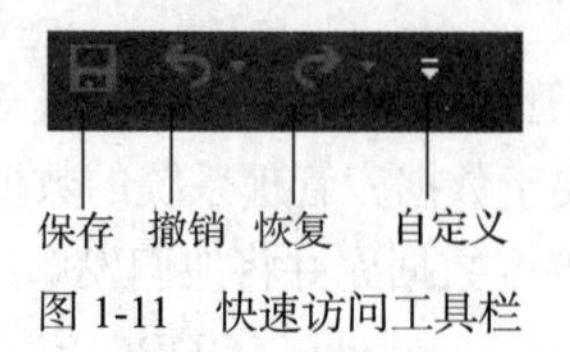

图 1-11　快速访问工具栏

（2）标题栏

标题栏位于主窗口的第一行的中央，是程序的标志性标记。

（3）功能区

功能区包含几个不同的选项卡，包含了该系统的主要操作以及系统的所有功能，每个选项卡都有对应的工具按钮。

（4）导航窗格

导航窗格列出了当前打开的数据库中的所有对象。用户可使用导航窗格按照对象类型、创建日期、修改日期和相关表组织对象，或在创建的自定义组中组织对象。

（5）文档信息区

文档信息区是当前操作的具体内容，导航窗格的不同状态以及不同操作的效果在此展示。

2. 功能区

Access 2016 的功能区由“文件”“开始”“创建”“外部数据”“数据库工具”五大选项卡组成。不同的选项卡会有不同的常用工具栏，常用工具栏的工具按钮也会不同。

（1）“文件”选项卡

“文件”选项卡如图 1-12 所示，主要是针对数据库文件的各种操作。

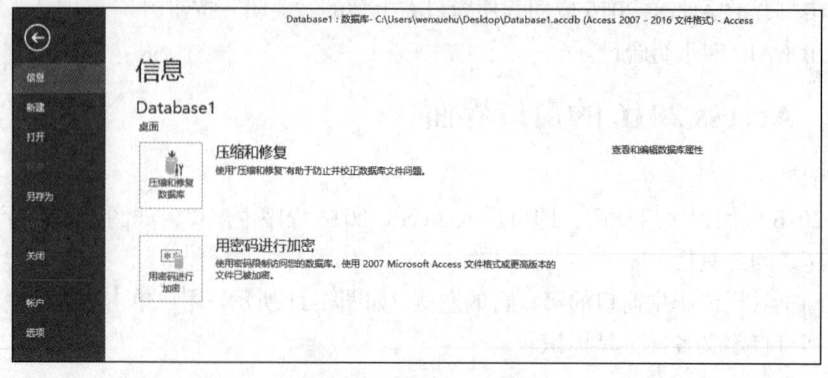

图 1-12　“文件”选项卡

（2）“开始”选项卡

“开始”选项卡如图 1-13 所示。包含了当前数据库对象使用的各种工具选项。

图 1-13　“开始”选项卡

（3）“创建”选项卡

“创建”选项卡所包含的功能如图 1-14 所示，使用“创建”选项卡可以创建数据库包含的所有对象：表、查询、报表、窗体、宏和模块。

图 1-14　“创建”选项卡

（4）“外部数据”选项卡

“外部数据”选项卡如图 1-15 所示，主要提供数据的导入或链接到外部数据、数据的导出、数据的收集等功能。

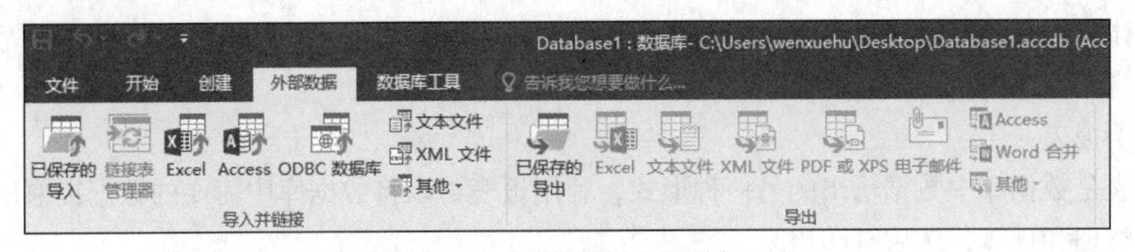

图 1-15　“外部数据”选项卡

（5）“数据库工具”选项卡

“数据库工具”选项卡如图 1-16 所示，可以执行的操作包括：将部分或全部数据库移至新的或现有 Sharepoint 网站，启动 Visual Basic 编辑器或运行宏，创建和查看表关系，显示/隐藏对象相关性，运行数据库文档或分析性能，将数据移至 Microsoft SQL Server 或 Access（仅限于表）数据库，管理 Access 加载项，创建或编辑 Visual Basic for Application（VBA）模块，等等。

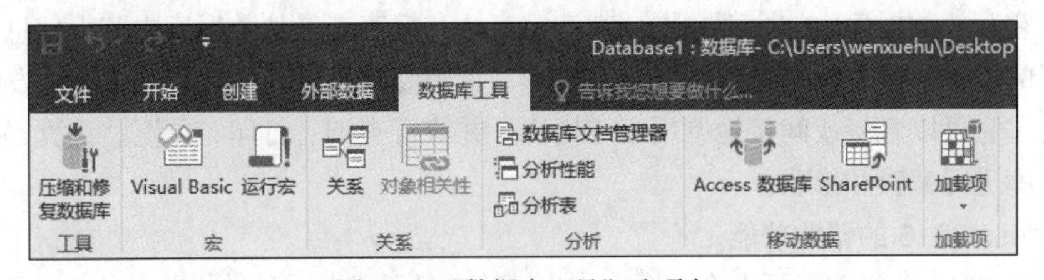

图 1-16　“数据库工具”选项卡

（6）上下文命令选项卡

除标准命令选项卡之外，Access 2016 还有上下文命令选项卡，根据上下文（即进行操作的对象以及正在执行的操作）的不同，标准命令选项卡旁边可能会出现一个或多个上下文命令选项卡。图 1-17 所示为“表格工具”上下文命令选项卡。

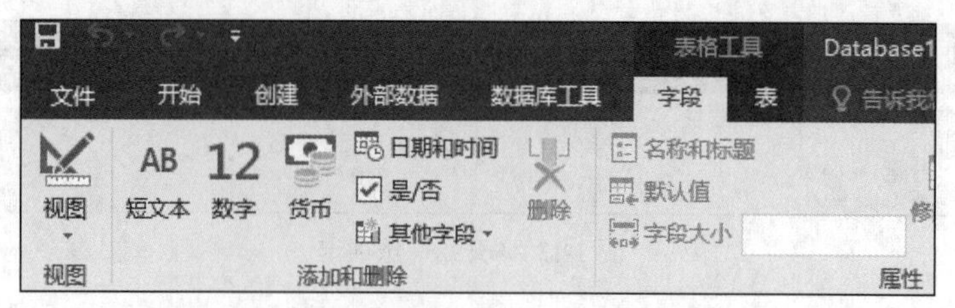

图 1-17 “表格工具”上下文命令选项卡

3. Access 2016 中的对象

在 Access 2016 中，有“表”“查询”“窗体”“报表”“宏”和“模块”6 个对象，每个对象对应一定的功能与操作，各种对象之间存在一定的依赖关系，所有对象都保存在扩展名为.accdb 的同一个数据库文件中。

（1）表

表是数据库中用来存储数据的对象，它是整个数据库的数据源，也是数据库其他对象的基础。

（2）查询

查询是数据库设计目的的体现，数据库建立完成以后，数据只有被使用者查询才能真正实现它的价值。查询也是一个“表”，它是以“表”或“查询”为基础数据源的“虚表”，查询本身存放的只是设计的查询结构。

（3）窗体

窗体是用户与数据库进行交互的图形界面，它提供一种方便用户浏览、输入和更改数据的窗口以及应用程序的执行控制界面。

（4）报表

报表是数据库中数据输出的另一种形式，利用报表可以将数据库中需要的数据提取出来进行分析、整理和计算，然后打印出来。

（5）宏

宏是一个或多个操作的集合，其中每一个操作实现特定的功能，如打开某个窗体或某个查询。

（6）模块

模块是应用程序开发人员的工作环境，用于创建完整的数据库应用程序。

通过上述描述可知，不同的数据库对象在数据库中起着不同的作用。其中，表是数据库的核心和基础，它存放数据库中的全部数据；查询、窗体和报表都是从数据库中获得信息，以实现用户某一特定的需求，如查找、计算、统计、打印、编辑修改等；窗体可以提供一个友好的用户操作界面，通过它可以直接或间接地调用宏或模块，并执行查询、打印、预览、计算等操作，甚至可以对数据库进行编辑和修改。

4. Access 2016 的帮助功能

在 Access 2016 中的功能区上有一个文本框，其中显示“告诉我您想要做什么…”，如图 1-18 所示。这是一个文本字段，使用者可以在其中输入与接下来要执行的操作相关的字词或短语，快速访问要使用的功能或要执行的操作，还可以选择获取与要查找的内容相关的帮助。

图 1-18 “表格工具”上下文选项卡

习 题 1

一、选择题

1. 数据库系统的核心是（　　）。

A. 数据库　B. 数据库管理系统　C. 数据库文件系统　D. 数据库应用系统

2. Access 数据库采用的数据模型是（　　）。

A. 层次模型　B. 网状模型　C. 关系模型　D. 数据型

3. 关系数据库中的基本关系运算不包括（　　）。

A. 关系　B. 选择　C. 投影　D. 连接

4. 下列叙述中正确的是（　　）。

A. 数据库是一个独立的系统，不需要操作系统的支持

B. 数据库设计是指设计数据库管理系统

C. 数据库技术的根本目标是要解决数据共享的问题

D. 数据库系统中，数据的物理结构必须与逻辑结构一致

5. 下列模式中，能够给出数据库物理存储结构与物理存取方法的是（　　）。

A. 内模式　B. 外模式　C. 概念模式　D. 逻辑模式

6. 下述关于数据库系统的叙述中正确的是（　　）。

A. 数据库系统避免了一切冗余

B. 数据库系统减少了数据冗余

C. 数据库系统中数据的一致性是指数据类型的一致

D. 数据库系统比文件系统能管理更多的数据

7. 关系表中的每一横行称为一个（　　）。

A. 元组　B. 字段　C. 属性　D. 主键

8. 数据库设计包括两个方面的设计内容，它们是（　　）。

A. 概念设计和逻辑设计　B. 模式设计和内模式设计

C. 内模式设计和物理设计　D. 结构特性设计和行为特性设计

9. 在数据管理技术的发展过程中，经历了人工管理阶段、文件系统阶段和数据库系统阶段。其中数据独立性最高的阶段是（　　）。

A. 数据库系统　B. 文件系统　C. 人工管理　D. 数据项管理

10. 用树形结构来表示实体之间联系的模型称为（　　）。

A. 关系模型　B. 层次模型　C. 网状模型　D. 数据模型

11. 关系数据库管理系统能实现的专门关系运算包括（　　）。

A. 排序、索引、统计　　B. 选择、投影、连接
C. 关联、更新、排序　　D. 显示、打印、制表

12. 在关系数据库中，用来表示实体之间联系的是（　　）。
A. 树结构　　B. 网结构　　C. 线性表　　D. 二维表

13. 将 E-R 图转换为关系模式时，实体与联系都可以表示成（　　）。
A. 属性　　B. 关系　　C. 键　　D. 域

14. 下列有关数据库的描述，正确的是（　　）。
A. 数据库是一个 DBF 文件　　B. 数据库是一个关系
C. 数据库是一个结构化的数据集合　　D. 数据库是一组文件

15. 在数据管理技术发展过程中，文件系统与数据库系统的主要区别是数据库系统具有（　　）。
A. 数据无冗余　　B. 数据可共享
C. 专门的数据管理软件　　D. 特定的数据模型

16. 分布式数据库系统不具有的特点是（　　）。
A. 分布式　　B. 数据冗余
C. 数据分布性和逻辑整体性　　D. 位置透明性和复制透明性

17. 在 E-R 图中，用来表示实体的图形是（　　）。
A. 矩形　　B. 椭圆　　C. 菱形　　D. 三角形

18. 在 E-R 图中，用来表示实体之间联系的图形是（　　）。
A. 矩形　　B. 椭圆　　C. 菱形　　D. 三角形

19. 设有如下关系表：则下列操作正确的是（　　）。

R

A	B	C
1	1	2
2	2	3

S

A	B	C
3	1	3

T

A	B	C
1	1	2
2	2	3
3	1	3

A. T=R∩S　　B. T=R∪S　　C. T=R×S　　D. T=R/S

20. 在关系运算中，选择运算的含义是（　　）。
A. 在基本表中，选择满足条件的元组组成一个新的关系
B. 在基本表中，选择需要的属性组成一个新的关系
C. 在基本表中，选择满足条件的元组和属性组成一个新的关系
D. 以上 3 种说法均是正确的

21. 将两个关系拼接成一个新的关系，生成的新关系中包含满足条件的元组，这种操作称为（　　）。
A. 选择　　B. 连接　　C. 投影　　D. 并

22. 有两个关系 R 和 S 如下：

R

A	B	C
1	1	2
2	2	3
3	1	3

S

A	B	C
3	1	3

则由关系 R 得到关系 S 的操作是（　　）。

A. 选择　B. 投影　C. 并　D. 自然连接

23. 有 3 个关系 R、S 和 T 如下：

R

A	B	C
1	1	2
2	2	3
3	1	3

S

A	B	C
3	1	3

T

A	B	C
1	1	2
2	2	3

则由关系 R 和 S 得到关系 T 的操作是（　　）。

A. 并　B. 交　C. 差　D. 除

24. 有 3 个关系 R、S 和 T 如下：

R

A	B
1	1
2	2
3	1

S

B	C
1	5
2	6

T

A	B	C
1	1	5
2	2	6
3	1	5

则由关系 R 和 S 得到关系 T 的操作是（　　）。

A. 并　B. 交　C. 广义笛卡儿积　D. 自然连接

25. Access 2016 是（　　）。

A. 一个表格处理软件　B. 一个数据库系统

C. 一个关系型的数据库管理系统　D. 一个应用软件

26. 以下说法错误的是（　　）。

A. Access 2016 的数据库中包含 6 个对象

B. 先启动 Access 2016 窗口才能打开数据库窗口

C. 数据库窗口是 Access 2016 窗口的一部分

D. 在 Access 2016 窗口中只有一个数据库为当前数据库

27. 以下说法正确的是（　　）。

A. Access 2016 中包含的对象均可以单独形成文件存储在磁盘中

B. Access 2016 窗口与其数据库窗口没有区别

C. 在一个 Access 2016 窗口中不能同时打开两个数据库

D. Access 2016 能处理的数据只有数字和文字

28. 下列属于 Access 对象的是（　　）。

A. 数据　B. 文件　C. 报表　D. 记录

29. Access 数据库中最基础的对象是（　　）。

A. 查询　B. 报表　C. 模块　D. 表

30. 在 Access 数据库对象中，体现数据库设计目的的对象是（　　）。

A. 查询　B. 模块　C. 报表　D. 宏

31. 在 Access 中，可用于设计输入界面的对象是（　　）。

A. 报表　B. 窗体　C. 查询　D. 表

二、填空题

1. 实体与实体之间有 3 种联系，分别是________、________和________。

2. 数据模型按不同的应用层次分为 3 种类型，它们是________数据模型、________数据模型和________数据模型。

3. Access 2016 由________构成，它由 6 个对象组成，这 6 个对象分别是________、________、________、________、________、________。

4. 在 Access 2016 中，________对象是所有对象的基础。

三、操作题

1. 启动 Access 2016，观察其界面特征，并熟悉它的 6 个数据库对象。

2. 学会使用 Access 2016 的帮助功能。

第2章 数据库的创建与管理

本章将主要介绍数据库的创建、打开与关闭方法，设置默认的数据库格式和文件夹，查看数据库属性、备份数据库、压缩和修复数据库，以及设置和撤销数据库密码。

启动 Access 2016 后，首先要创建数据库，才能完成其他操作。Access 2016 中的数据库是以.accdb 文件的形式存在的，数据库所包含的六大对象也是保存在数据库文件中的，用户在磁盘上不能直接查找到。

2.1 数据库的创建

2.1.1 创建空数据库

要完成一个数据库系统的设计，首先要在 Access 2016 中创建一个空数据库，然后再根据需要在其中设计各个对象。

【例 2.1】创建一个空数据库，将其保存在 D 盘上，并命名为“图书管理”。操作步骤如下。

（1）启动 Access 2016。

（2）如图 2-1 所示，依次单击“文件”选项卡→“新建”按钮→“空白桌面数据库”按钮。

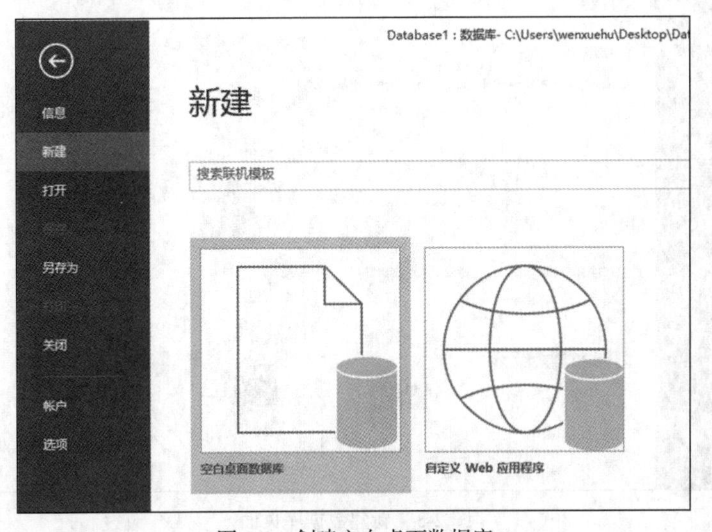

图 2-1　创建空白桌面数据库

（3）在弹出的空白桌面数据库对话框的“文件名”文本框中输入数据库文件的名称“图书管理”，单击右侧的文件夹图标，更改其存储地址为 D 盘，单击“创建”按钮，即可创建一个空白的数据库文件，如图 2-2 所示。

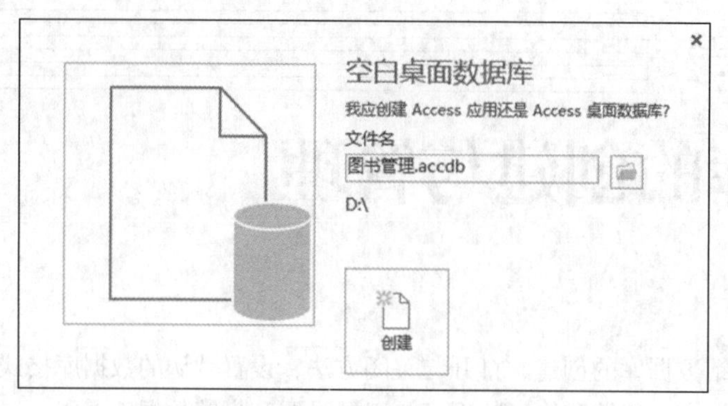

图 2-2　空白桌面数据库对话框

2.1.2　利用模板创建数据库

Access 2016 提供了种类繁多的模板，使用它们可以快速创建数据库。每个模板都是一个完整的数据库，其中包含执行特定任务时所需的所有表、窗体、报表、查询。这些模板被设计为可立即使用，这样就可快速开始工作。如果模板设计符合用户需求，则可以直接开始工作；如果不符合，则可以在其基础上进行自定义，使其符合用户需求。

【例 2.2】使用模板创建一个教职员数据库。操作步骤如下。

（1）启动 Access 2016。

（2）单击“文件”选项卡的“新建”按钮，出现图 2-3 所示页面，在页面的右侧可以搜索联机模板来创建数据库，同时可以在画面下方看到 Access 提供的各“样本模板”，在这里选择“教职员”选项。

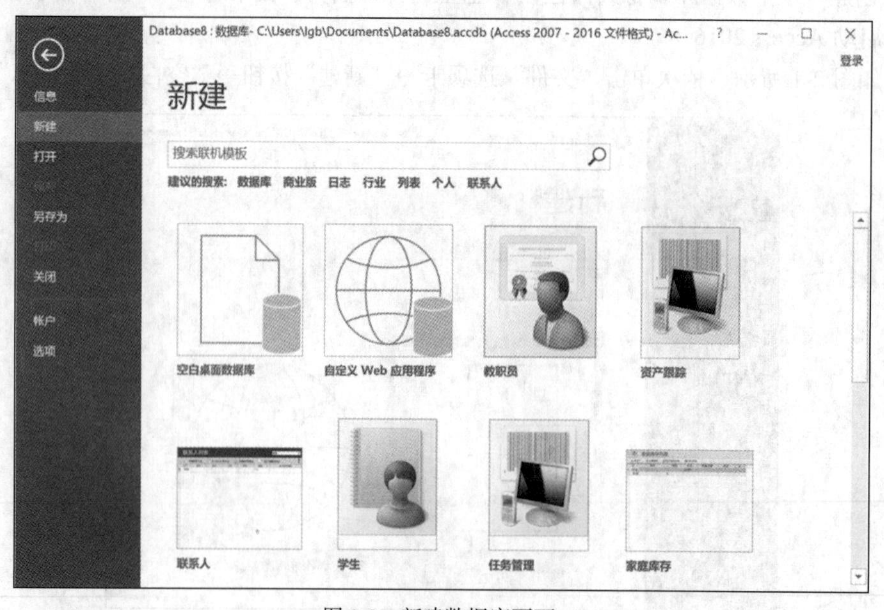

图 2-3　新建数据库页面

（3）选择“教职员”选项后出现图 2-4 所示的页面，提示可以修改数据库的名称和保存位置，单击“创建”按钮，Access 就自动创建好一个教职员管理的数据库，此时 Access 画面如图 2-5 所示，并自动打开该模板数据库中创建的一个窗体“教职员列表”，通过它可以输入教职员的信息。

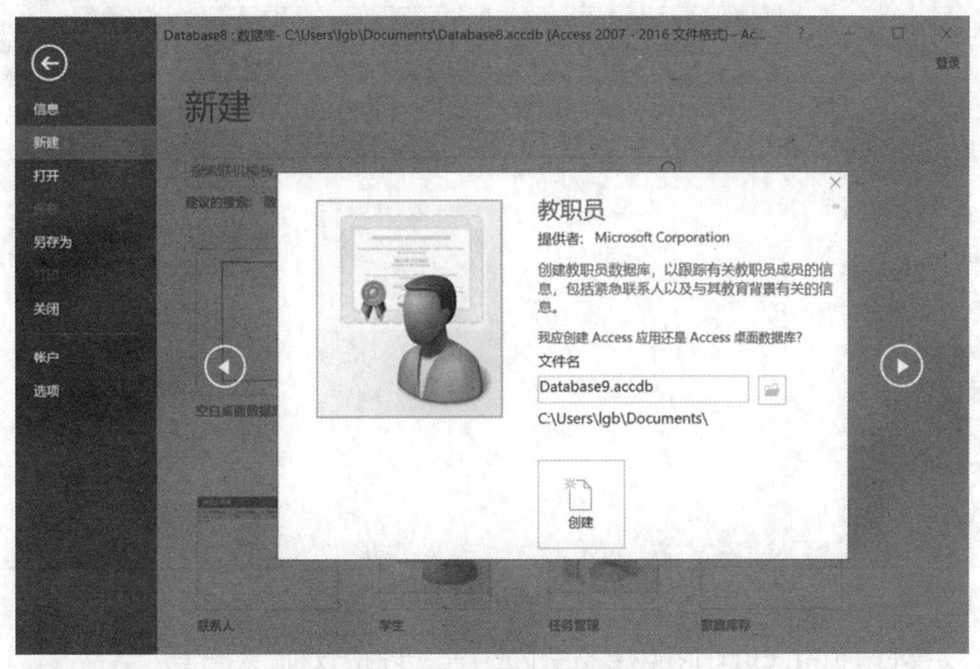

图 2-4　数据库命名和修改保存位置

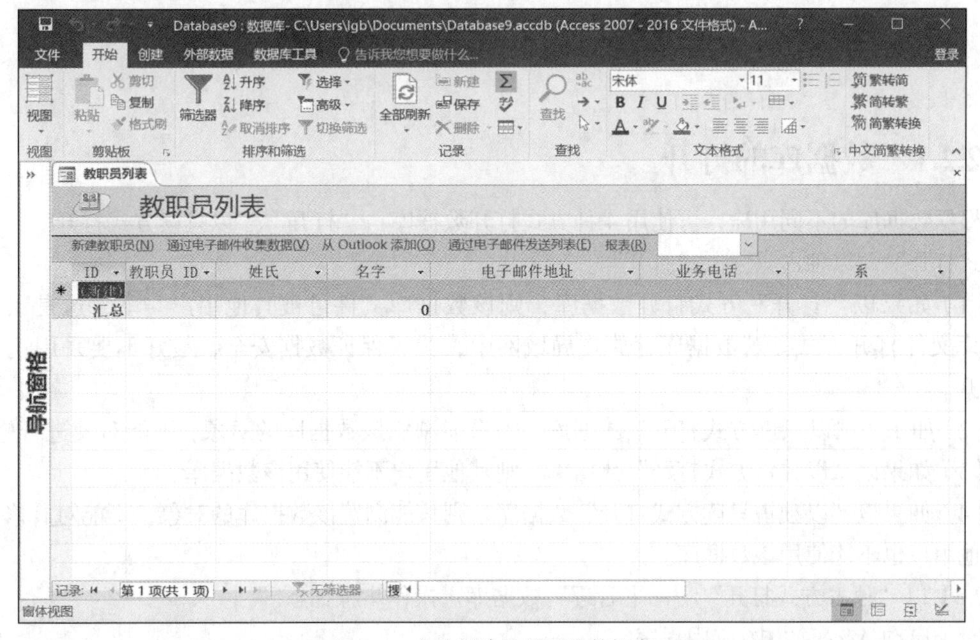

图 2-5　自动创建的教职员数据库

（4）单击图 2-5 左侧导航窗格上的“扩展”按钮，可以展开导航窗格，此时可以在导航窗格类观察到该数据库自动创建好的所有数据库对象，包括两个窗体，6 个报表和两个数据库表，如图 2-6 所示。

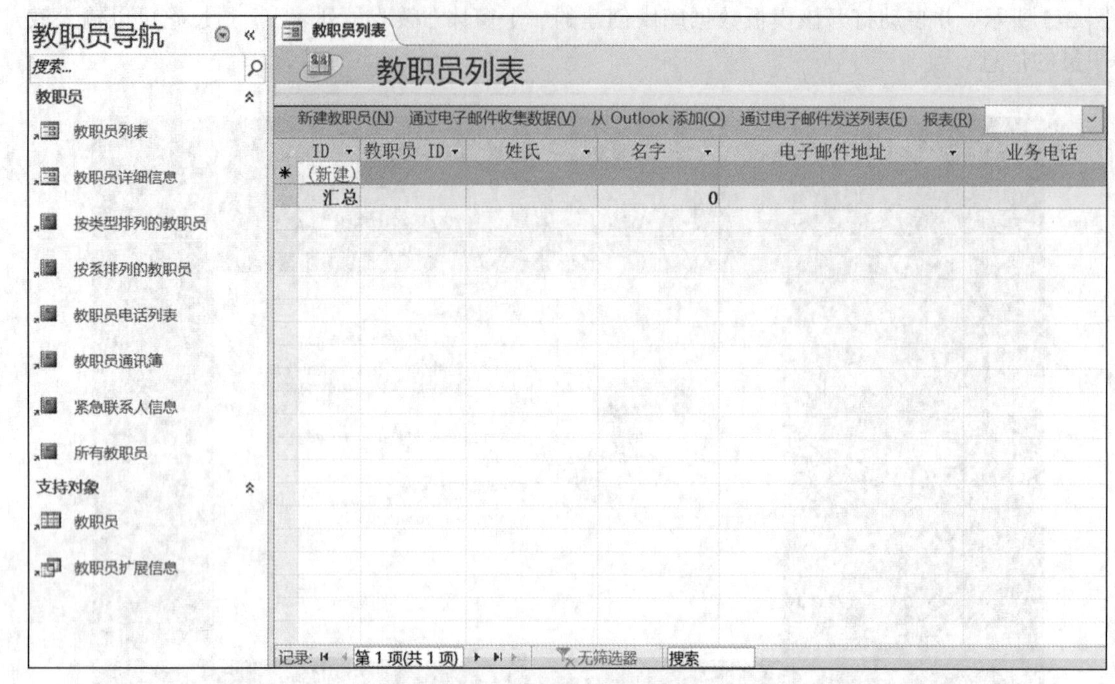

图 2-6　数据库导航窗格截图

（5）接下来可以在创建好的模板数据库中进行进一步的修改和后续操作。

2.2　数据库的打开、关闭与保存

2.2.1　数据库的打开

根据数据库的不同用途，可使用 4 种方式打开数据库：“打开”“以只读方式打开”“以独占方式打开”“以独占只读方式打开”。

（1）如果以“打开”方式打开数据库，则该数据库文件可被其他用户共享，这是默认的数据库文件打开方式。若数据库存放在局域网中，为了保证数据安全，最好不要采用这种方式打开。

（2）如果以“以只读方式打开”数据库，则只能浏览该数据库的对象，不能对其进行修改。

（3）如果以“以独占方式打开”数据库，则其他用户不能使用该数据库。

（4）如果以“以独占只读方式打开”数据库，则只能浏览该数据库的对象，不能对其修改，且其他用户也不能使用该数据库。

【例 2.3】以“独占方式打开”“图书管理”数据库。操作步骤如下。

（1）启动 Access 2016 应用程序。

（2）单击“文件”选项卡中的“打开”按钮，在打开对话框中，选择“图书管理”数据库文件所在的位置，然后选择“图书管理”数据库文件。

（3）单击“打开”下拉按钮，在弹出的下拉列表中选择“以独占方式打开”命令，如图 2-7 所示，实现以独占方式打开“图书管理”数据库。

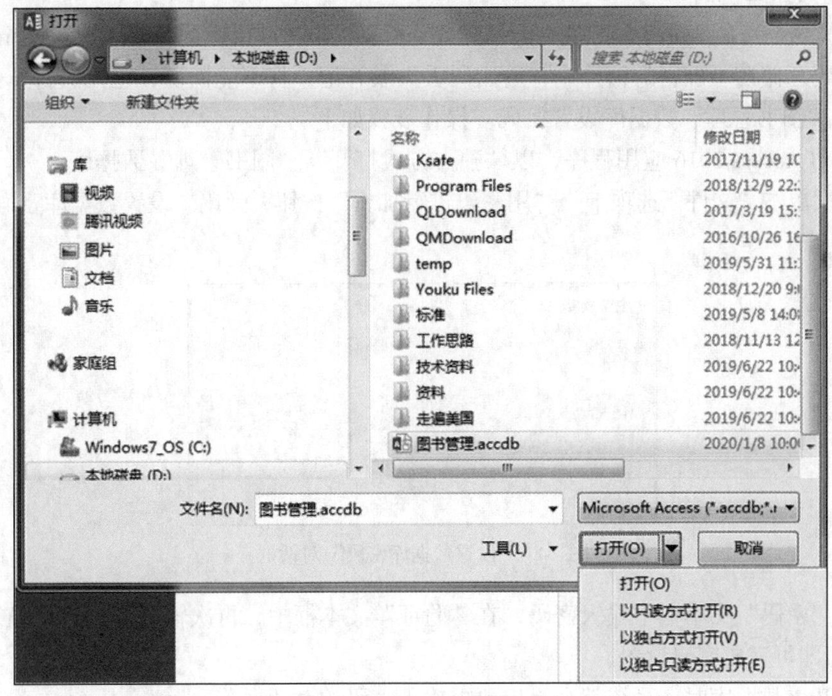

图 2-7 “打开”对话框

2.2.2　数据库的关闭

当完成数据库的操作后，需要将其关闭。关闭数据库的方法常用的有以下两种。

（1）单击“文件”选项卡→“关闭”按钮。

（2）单击“数据库”窗口右上角的“关闭”按钮。

2.2.3　数据库的保存

数据库经过编辑修改，在关闭数据库前，应先保存。保存数据库的方法常用的有 3 种。

（1）单击“文件”选项卡，再单击“保存”命令进行保存。

（2）单击快速访问工具栏上的“保存”按钮进行保存。

（3）依次单击“文件”选项卡→“另存为”→“数据库另存为”按钮，在弹出“数据库另存为”对话框中，确定保存位置和数据库文件名完成保存。

2.3　数据库的管理

由于数据库中保存着大量的数据，通常不希望所有人都能对数据库的内容进行访问和修改，这就要求对数据库进行安全管理，即限制访问、限制修改数据库中的内容。

2.3.1 设置和撤销数据库密码

1. 设置数据库密码

通过设置密码可限制哪些用户能打开数据库，可以提供对数据库的有限保护。Microsoft Access 将数据库密码存储在不加密的窗体中，若密码丢失或忘记，将不能恢复，也无法打开数据库。

【例 2.4】为“图书管理”数据库设置密码。操作步骤如下。

（1）启动 Access 2016 应用程序，以“独占方式打开”“图书管理”数据库。

（2）依次单击“文件”选项卡→“用密码进行加密”按钮，弹出“设置数据库密码”对话框，如图 2-8 所示。

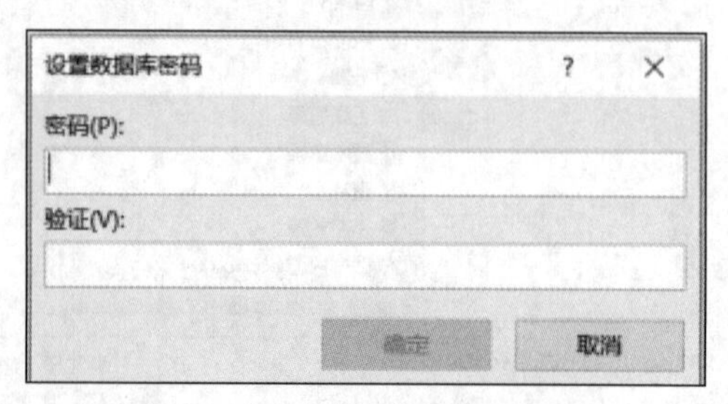

图 2-8 “设置数据库密码”对话框

（3）在“密码”文本框中输入密码，在“验证”文本框中，再次输入密码进行确认，再单击“确定”按钮即可完成密码设置。

下次打开该数据库时，系统就会弹出要求输入密码的对话框。

2. 撤销数据库密码

【例 2.5】撤销“图书管理”数据库的密码。操作步骤如下。

（1）启动 Access 2016 应用程序，以“独占方式打开”“图书管理”数据库，这时系统会弹出“要求输入密码”对话框，输入正确的密码，单击“确定”按钮，打开“图书管理”数据库。

（2）依次单击“文件”选项卡→“解密数据库”按钮，弹出“撤销数据库密码”对话框，如图 2-9 所示。

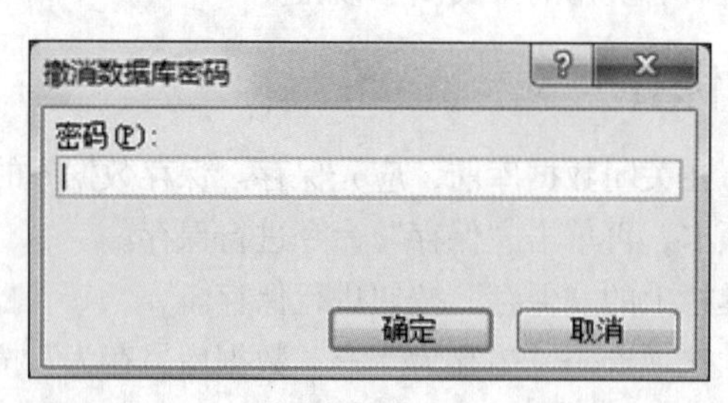

图 2-9 “撤销数据库密码”对话框

（3）在“密码”对话框中输入密码，单击“确定”按钮，即可完成数据库密码的撤销。

2.3.2 数据库的备份

在对当前数据库进行更改之前，可将其备份。该备份将保存在默认的备份位置或当前文件夹中。

【例 2.6】将“图书管理”数据库进行备份。

操作步骤如下。

打开“图书管理”数据库，单击“文件”选项卡→“另存为”→“数据库另存为”，在弹出“另存为”对话框中，在指定的位置输入备份的文件名，如图 2-10 所示。单击“保存”按钮，完成对数据库的备份。

图 2-10　“另存为”对话框

数据库的备份功能类似于文件的“另存为”功能。利用 Windows 的“复制”功能或 Access 中的“另存为”功能都可以完成数据库的备份工作。

2.3.3　数据库的压缩与修复

如果在 Access 数据库中删除数据或对象，文件可能会变得支离破碎，也会使磁盘空间的使用效率降低。这时可通过压缩 Access 文件制作文件的副本，重新组织文件在磁盘上的存储方式。压缩可以优化 Access 数据库的性能。

通常情况下，在打开 Access 数据库文件时，Access 会自动检测该文件是否损坏，如果是，就会提供修复数据库的选项。如果当前的 Access 文件中含有对另一个已损 Access 文件的引用，Access 就不会去尝试修复另一个文件。

Access 可以修复以下内容。

（1）Access 数据库中表的损坏。

（2）有关 Access 文件的 VBA（Visual Basic for Applications）工程信息丢失的情况。

（3）窗体、报表和模块中的损坏。

（4）Access 打开特定窗体、报表或模块所需信息的丢失情况。

压缩和修复数据库的操作步骤如下。

（1）打开要压缩和修复的数据库。

（2）依次单击“文件”选项卡→“压缩和修复数据库”按钮，或者依次单击“数据库工具”选项卡→“工具”选项组→“压缩和修复数据库”按钮，即可完成。

习 题 2

一、选择题

1. 使用 Access 2016 创建的数据库文件，其扩展名是（　　）。

A. .dbf　　B. .accdb　　C. .mdb　　D. .doc

2. Access 2016 数据库的类型是（　　）。

A. 层次数据库　　B. 网状数据库　　C. 关系数据库　　D. 面向对象数据库

3. 关闭 Access 数据库系统不可以使用以下哪项操作（　　）。

A. 使用“文件”选项下的“退出”命令　　B. 使用“关闭”按钮

C. 按【Alt+X】组合键　　D. 按【Alt+F+X】组合键

二、填空题

1. 数据库的 4 种打开方式为________、________、________、________。
2. 创建数据库的方式有________和________。

三、操作题

1. 利用模板创建一个“罗斯福”数据库。
2. 对新创建的“罗斯福”数据库设置密码（撤销密码），并进行压缩和备份操作。

第3章 表的创建与维护

3.1 表的基本知识

表是关系数据库存放数据的场所，是关系数据库最基础的对象。一个关系数据库中包含一个或多个表。每个表对象从数据表视图上看，就是一个符合相应规范和要求的简单二维电子表格，图 3-1 所示为“图书信息”表。表的标题行部分由一个或若干个属性名组成，在 Access 中称为字段；属性名就是字段名。关系表要求字段名不能重复。表中列的方向，每个字段名下方是属于这个字段的相应数据。表中行的方向，字段下方每一行由属于各字段的数据组成一条记录，用于描述一个具体的实体。整张表就是一个实体集或记录集，是表的数据内容。

图书信息

图书编号	书名	作者	出版社	出版日期	藏书量	图书类型	在馆数量
s0001	大学计算机	谢川	高等教育出版	Apr-13	20	1	18
s0002	C语言程序设计	谭浩强	高等教育出版	May-13	20	1	19
s0003	大学物理	周凯	西南交通大学	May-12	20	4	17
s0004	大学英语	王丽	高等教育出版	Oct-13	20	3	19
s0005	计算机原理与设计	刘建杨	中国铁道出版	Mar-14	20	1	18
s0006	会计学原理	张文娟	西南交通大学	Jun-14	20	3	18
s0007	数据库技术及应用	刘平	西南交通大学	Feb-13	20	1	20
s0008	大学语文	谢丽	西南交通大学	Oct-12	20	3	19
s0009	马克思主义原理	张震	清华大学出版社	Feb-14	20	3	20
s0010	高等数学	胡源	清华大学出版社	May-14	20	4	19
s0011	线性代数	张林	清华大学出版社	Dec-14	20	4	19

图 3-1 “图书信息”表

关系数据库的表首先需要定义表的字段部分的字段名称、数据类型、字段属性、是否为主键等，这些称之为表结构。在创建表的时候，必须先在设计视图中或数据表视图中建立表的结构，然后才能在数据表视图中向表中输入数据。“图书信息”表的设计视图如图 3-2 所示。

表名、字段名的命名规则如下。

（1）表名、字段名的长度最大可为 64 个字符，包括空格。但不能以前导空格开头。

（2）表名、字段名中不允许出现的字符：英文句点（.）、感叹号（!）、方括号（[]）、左单引号（'）及控制字符（ASCII 值为 0～31）。

Access 数据库中的每个表通常情况下都需设定一个主键，用以保证表中的记录都是唯一的。若某个表中没有符合主键要求的字段，则可以给该表增加一个自动编号字段作为主键。

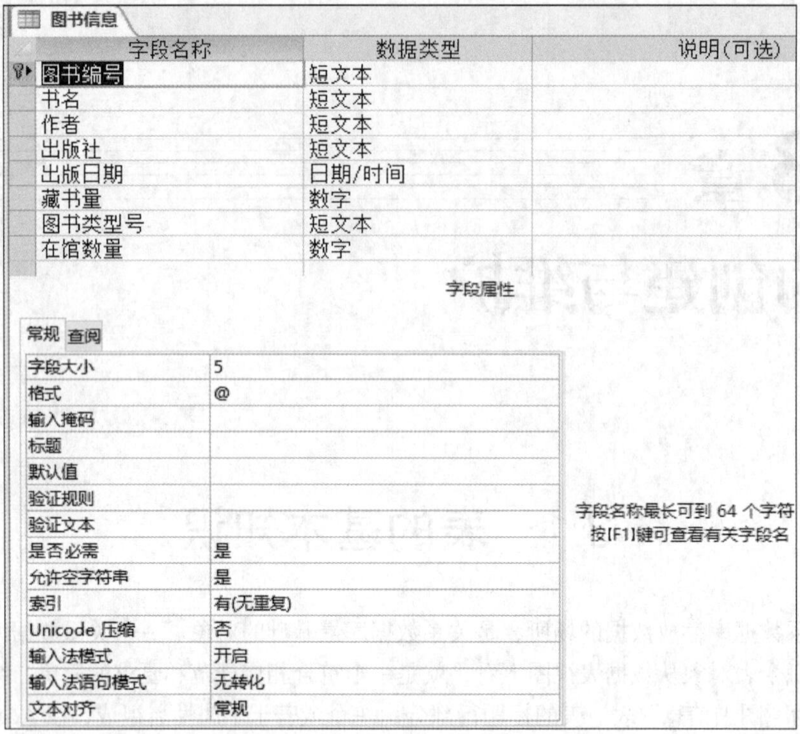

图书信息

字段名称	数据类型	说明(可选)
图书编号	短文本	
书名	短文本	
作者	短文本	
出版社	短文本	
出版日期	日期/时间	
藏书量	数字	
图书类型号	短文本	
在馆数量	数字	

字段属性

常规 查阅

字段大小	5
格式	@
输入掩码	
标题	
默认值	
验证规则	
验证文本	
是否必需	是
允许空字符串	是
索引	有(无重复)
Unicode 压缩	否
输入法模式	开启
输入法语句模式	无转化
文本对齐	常规

字段名称最长可到 64 个字符
按[F1]键可查看有关字段名

图 3-2 “图书信息”表的设计视图

在“图书管理”数据库（本书配套资源）中共有 8 张表：图书信息、图书馆藏信息、图书借阅信息、图书类型、读者信息、读者类型、读者罚款记录和管理员信息。

3.2 字段的数据类型

在表设计视图中进行表结构的设计过程中，输入了字段名之后，必须选择相应的数据类型。Access 2016 中定义了 12 种数据类型：短文本、长文本、数字、日期/时间、货币、自动编号、是/否、OLE 对象、超链接、附件、计算、查阅向导。各数据类型的说明如表 3-1 所示。

表 3-1 Access 2016 表中字段的数据类型

数据类型	说明	大小
短文本	文本及文本型的数字字符	0～255 个字符
长文本	长文本及文本型的数字字符	0～63 999 个字符
数字	用于数学计算的数值数据	1、2、4 或 8 个字节
日期/时间	日期及时间数据	8 个字节
货币	货币值或用于数学计算的数值数据，这里的数学计算的对象是带有 1～4 位小数的数据。精确到小数点左边 15 位和小数点右边 4 位	8 个字节
自动编号	每当向表中添加一条新记录时，由 Access 指定的一个唯一的顺序号（每次递增 1）或随机数。自动编号字段不能更新	4 个字节

续表

数据类型	说明	大小
是/否	“是”和“否”值，只包含两者之一的字段（Yes/No、True/False 或 On/Off）	1 位
OLE 对象	Access 表中链接或嵌入的对象（例如 Excel 电子表格、Word 文档、图形、声音或其他二进制数据）	最大 1GB
超链接	文本或文本和数字的组合，以文本形式存储并用作超链接地址。超链接地址最多可包含 4 个部分：_要显示的文本_、地址、子地址、屏幕提示	超链接数据类型的每一部分最多可包含 2048 个字符
附件	可将任何类型的多个文件附加到该类型字段	最大为 1GB
计算	该字段的值为表达式计算的结果	—
查阅向导	创建一个字段，通过该字段可以使用列表框或组合框从另一个表或值列表中选择值	4 个字节

3.3　表的创建

Access 2016 创建表对象的方法有以下几种。

（1）利用表设计视图创建表。

（2）利用数据表视图创建表。

（3）利用导入外部数据创建表。

3.3.1　利用表设计视图创建表

通过表设计视图创建数据表是最常用的方法，如果用户完成了 E-R 模型的设计和数据收集便可以进行创建表的操作。

创建表的基本过程是分析确定表的结构以后，进入表的设计视图，输入字段名称，选择相应字段的数据类型，设置每个字段的相应属性，设定表的关键字（主键），保存并命名表；再向表中输入数据。向表中输入数据可以通过数据表视图手动输入、通过窗体输入、通过操作查询输入等方式。

【例 3.1】利用表设计视图创建“读者信息”表，其结构如表 3-2 所示。操作步骤如下。

表 3-2　“读者信息”表结构

字段名称	数据类型	字段大小	是否主键
读者编号	短文本	12	是
姓名	短文本	10	否
性别	短文本	1	否
民族	短文本	5	否
政治面貌	短文本	6	否
出生日期	日期/时间	—	否
所属院系	短文本	6	否

续表

字段名称	数据类型	字段大小	是否主键
读者类型号	短文本	1	否
欠款	货币	—	否
电子邮箱	超链接	—	否
简历	长文本	—	否
照片	OLE 对象	—	否

（1）打开 Access 数据库，单击“创建”选项卡，在“表格”选项组中单击“表设计”按钮，打开表的设计视图。

（2）单击设计视图“字段名称”列下的第一个编辑框，输入“读者编号”；单击与“读者编号”对应的数据类型选择框，单击下拉按钮，出现数据类型列表，从中选择“短文本”数据类型；在字段属性区，设置字段大小为 12，如图 3-3 所示。

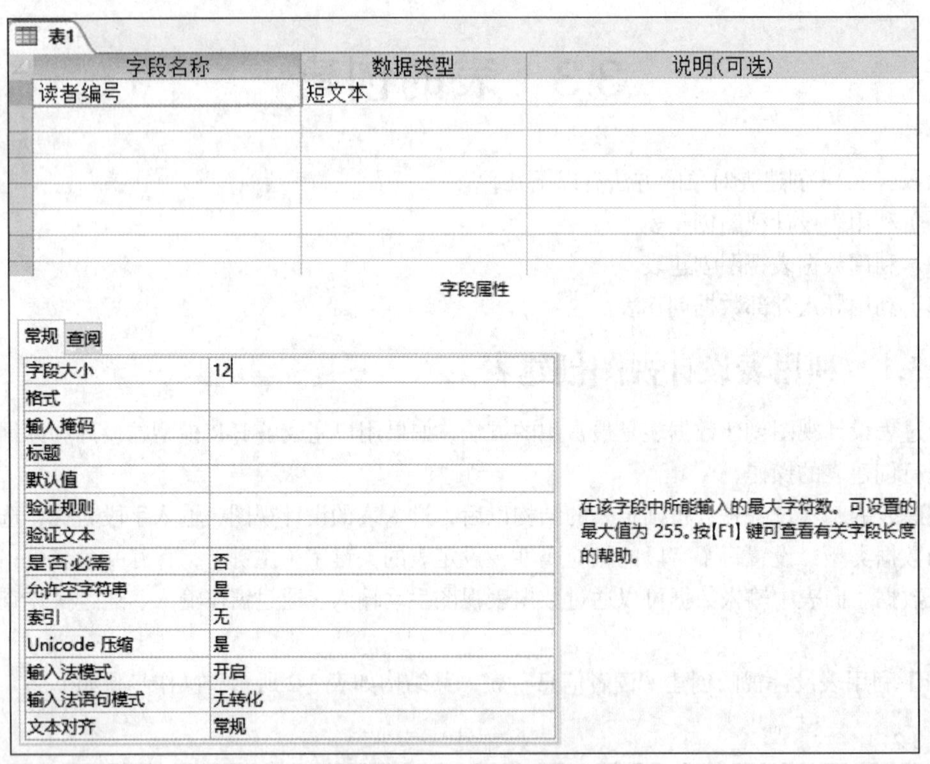

图 3-3　表的“设计视图”

（3）重复步骤（2），依次设计表中的其他字段。

（4）全部字段设计完成后，单击选定“读者编号”字段。在当前的“设计”选项卡中，单击“主键”按钮，将“读者编号”字段设置为主键。

（5）单击快速访问工具栏上的“保存”按钮，弹出“另存为”对话框，输入表名称为：“读者信息”，单击“确定”按钮保存该表。结果如图 3-4 所示。

（6）表命名保存后，单击“设计”选项卡中最左侧的“视图”按钮，将视图切换到数据表视图，可进行表的数据部分的输入。

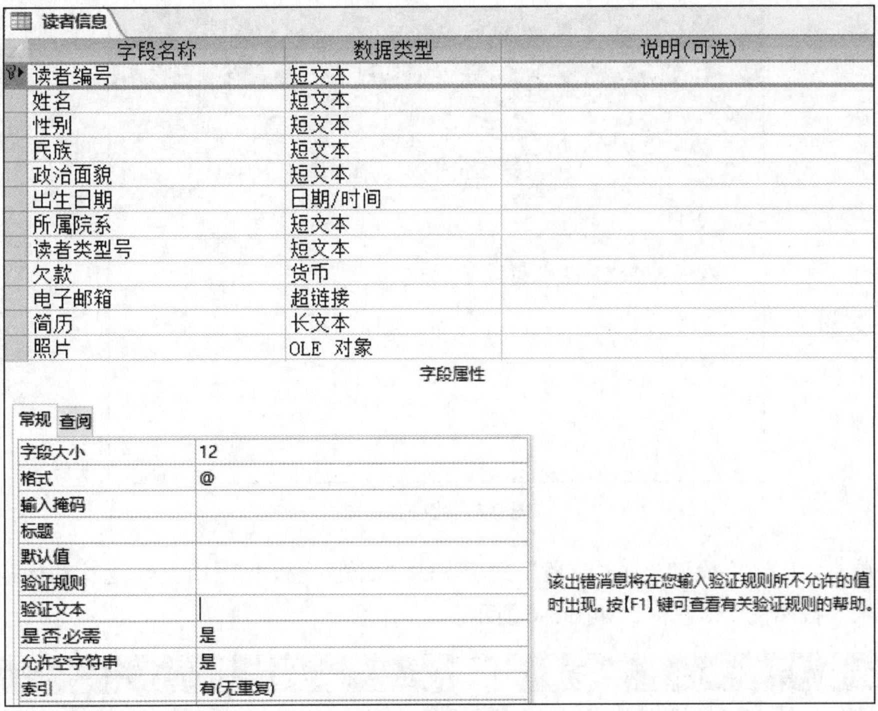

读者信息

字段名称	数据类型	说明(可选)
读者编号	短文本	
姓名	短文本	
性别	短文本	
民族	短文本	
政治面貌	短文本	
出生日期	日期/时间	
所属院系	短文本	
读者类型号	短文本	
欠款	货币	
电子邮箱	超链接	
简历	长文本	
照片	OLE 对象	

字段属性

常规　查阅

字段大小	12
格式	@
输入掩码	
标题	
默认值	
验证规则	
验证文本	
是否必需	是
允许空字符串	是
索引	有(无重复)

该出错消息将在您输入验证规则所不允许的值时出现。按【F1】键可查看有关验证规则的帮助。

图 3-4　“读者信息”表结构

3.3.2　利用数据表视图创建表

Access 2016 可以在数据表视图下利用表格工具浮动工具栏实现创建表、修改表的结构、输入数据等功能。

【例 3.2】 利用数据表视图创建“图书信息”表，其表结构如表 3-3 所示。操作步骤如下。

表 3-3　“图书信息”表结构

字段名称	数据类型	字段大小	是否主键
图书编号	短文本	5	是
书名	短文本	10	否
作者	短文本	5	否
出版社	短文本	10	否
出版日期	日期/时间	—	否
藏书量	数字	整型	否
图书类型号	短文本	2	否

（1）打开 Access 数据库，单击“创建”选项卡，在表格选项组中单击“表”按钮，打开表的“数据表视图”，显示一个空数据表，如图 3-5 所示。

说明

在这个空数据表中第一个字段位置，Access 2016 已默认自动添加了名为“ID”的自动编号类型的主键字段，用以确保以后表中添加记录的唯一性。若用户不选择这个系统自动设定的主键字段，也可以更改该字段名称并可重新选择数据类型。

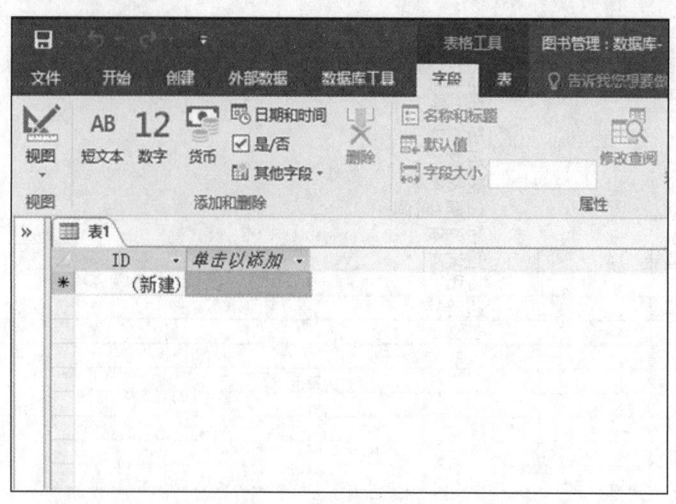

图 3-5　数据表视图

（2）单击“ID”字段名，在“字段”选项卡的“属性”选项组中单击“名称和标题”按钮，弹出“输入字段属性”对话框，如图 3-6 所示。

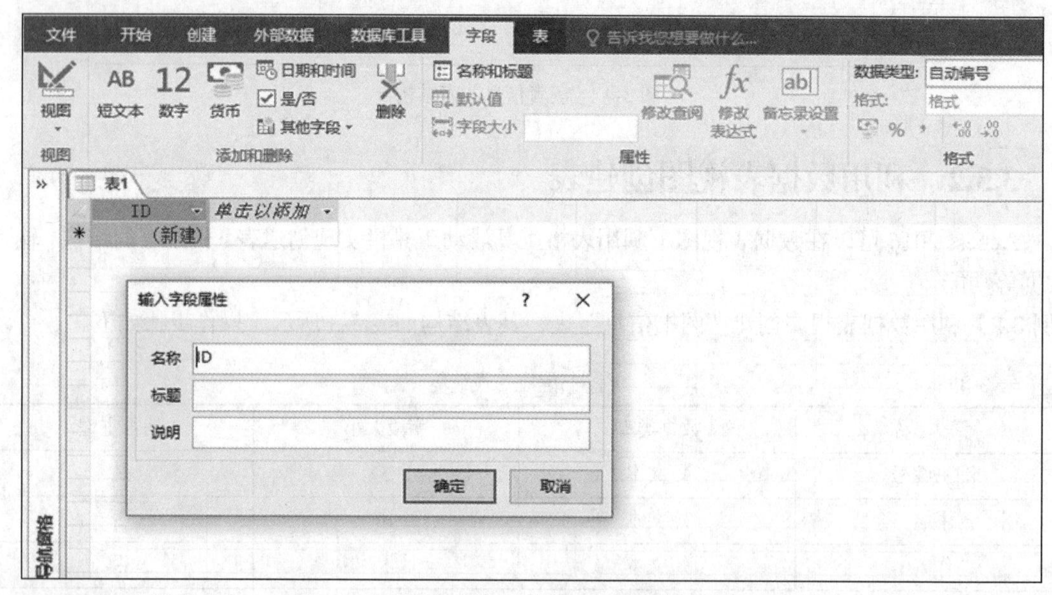

图 3-6　“输入字段属性”对话框

（3）在“名称”文本框中将“ID”更改为“图书编号”。单击“确定”按钮。

（4）在“格式”选项组中，单击数据类型列表框的下拉按钮，将数据类型由“自动编号”更改为“短文本”；在“属性”选项组中的“字段大小”文本框中输入字段大小值为 5，如图 3-7 所示。

目前“图书编号”字段已自动继承了原“ID”字段的主键设置。如需更改主键设置，则可在表设计视图中进行相关操作。

（5）单击“单击以添加”列，从弹出的下拉列表中选择“短文本”数据类型，此时该新字段名被 Access 系统自动命名为“字段 1”，如图 3-8 所示。

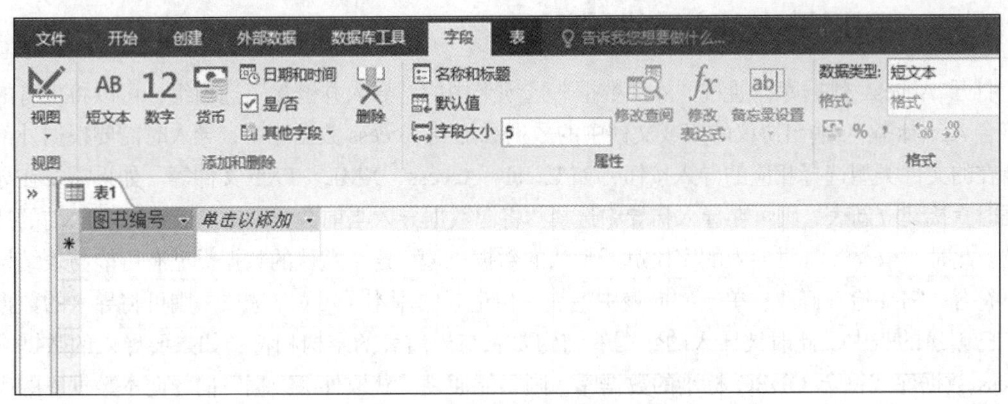

图 3-7　字段大小与数据类型设置

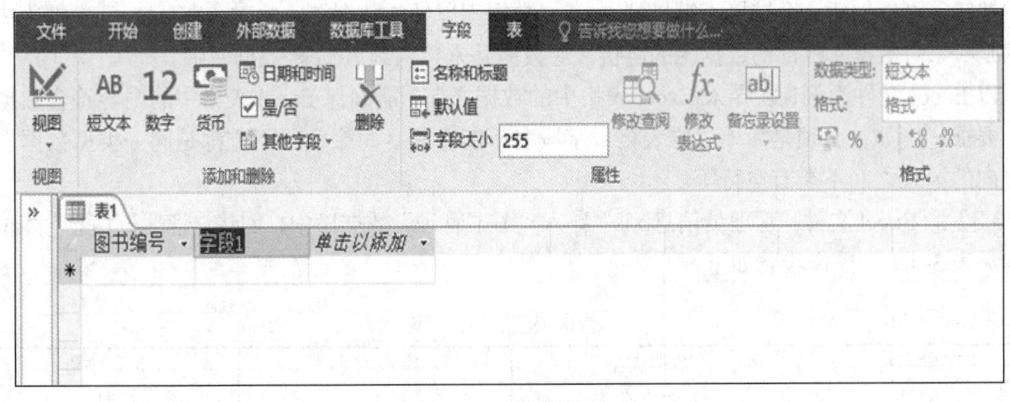

图 3-8　添加新字段

（6）在“字段 1”单元格中将“字段 1”编辑更改为“书名”并按回车键确认；再单击选择“书名”字段列，在“字段”选项卡的“属性”选项组中更改“字段大小”为 10。

（7）按照“图书信息”表结构，参照前述步骤 5、步骤 6，依次添加其他字段。

（8）单击快速访问工具栏上的“保存”按钮，在弹出的“另存为”对话框中，将表名称以“图书信息”保存。录入“图书信息”表中的记录数据，完成表的创建，结果如图 3-9 所示。

图书编号	书名	作者	出版社	出版日期	藏书量	图书类型	在馆数量	单击以添加
s0001	大学计算机	谢川	高等教育出版	Apr-13	20	1	18	
s0002	C语言程序设计	谭浩强	高等教育出版	May-13	20	1	19	
s0003	大学物理	周凯	西南交通大学	May-12	20	4	17	
s0004	大学英语	王丽	高等教育出版	Oct-13	20	3	19	
s0005	计算机原理与设计	刘建杨	中国铁道出版	Mar-14	20	1	18	
s0006	会计学原理	张文娟	西南交通大学	Jun-14	20	3	18	
s0007	数据库技术及应用	刘平	西南交通大学	Feb-13	20	1	20	
s0008	大学语文	谢丽	西南交通大学	Oct-12	20	3	19	
s0009	马克思主义	张震	清华出版社	Feb-14	20	3	20	
s0010	高等数学	胡源	清华出版社	May-14	20	4	19	
s0011	线性代数	张林	清华出版社	Dec-14	20	4	19	

图 3-9　使用“数据表视图”创建的“图书信息”表

3.3.3 利用导入外部数据创建表

打开 Access 数据库，通过“外部数据”选项卡中的“导入并链接”选项组，可以将现有的各种符合 Access 输入/输出协议的表或文件中的数据添加到 Access 数据库中，导入时需要根据外部数据所在的文件类型选择相应的导入按钮，如 Excel、Access、XML、TXT 文件等。如果需要在导入数据时直接建立新表，则可在导入向导中选择“将源数据导入当前数据库的新表中（I）”前的选项按钮。此时，Access 将对导入的字段赋予默认的数据类型，这个默认的数据类型有可能与表结构设计不符合，需要检查修改；单击“向表中追加一份记录的副本（A）”选项，则可将导入的数据追加到已创建的表中，此时被导入的数据的结构要求与当前表的结构相符；如果要导入的数据来自 Access 数据库或符合 ODBC 标准的数据库，则不能通过“获取外部数据”向导向本数据库的表中追加记录数据，只能通过追加查询的方式完成操作。单击“通过创建链接表来链接到数据源（L）”选项按钮，可以创建一个链接表链接到 Access 数据库以外的数据源，此时，在 Access 数据库中维护的是一个对数据库外部的数据源的链接，源数据并未导入到 Access 数据库中。

以 Excel 文件为例，在导入 Excel 表格中的数据之前，需确保 Excel 表格中的内容符合数据清单的要求，例如，必须是简单二维表格、字段名不能重复、每个字段下方都是同一类型数据、水平方向的记录之间不能有空行等。

【例 3.3】将 Excel 文件“管理员信息.xls”导入“图书管理”数据库中，创建“管理员信息”表（表结构见表 3-4）。操作步骤如下。

表 3-4 “管理员信息”表结构

字段名称	数据类型	字段大小	是否主键
编号	短文本	7	是
姓名	短文本	10	否
性别	短文本	1	否
密码	短文本	3	否

（1）打开 Access 数据库，单击“外部数据”选项卡，在“导入并链接”选项组中单击“Excel”按钮，弹出图 3-10 所示的对话框。

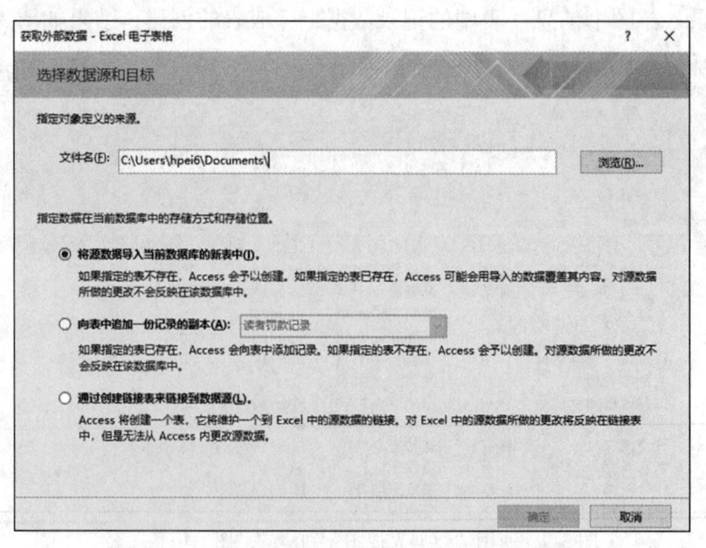

图 3-10 “获取外部数据-Excel 电子表格”对话框

（2）在“获取外部数据-Excel 电子表格”对话框的“文件名”文本框中，通过“浏览”按钮进入相应的文件夹，选定要导入的数据所在的 Excel 文件“管理员信息.xls”。

（3）选择“将源数据导入当前数据库的新表中”，单击“确定”按钮，弹出“导入数据表向导”对话框，按照向导提示即可完成导入工作。注意在导入过程的第二步要勾选“第一行包含列标题”复选框，如图 3-11 所示。

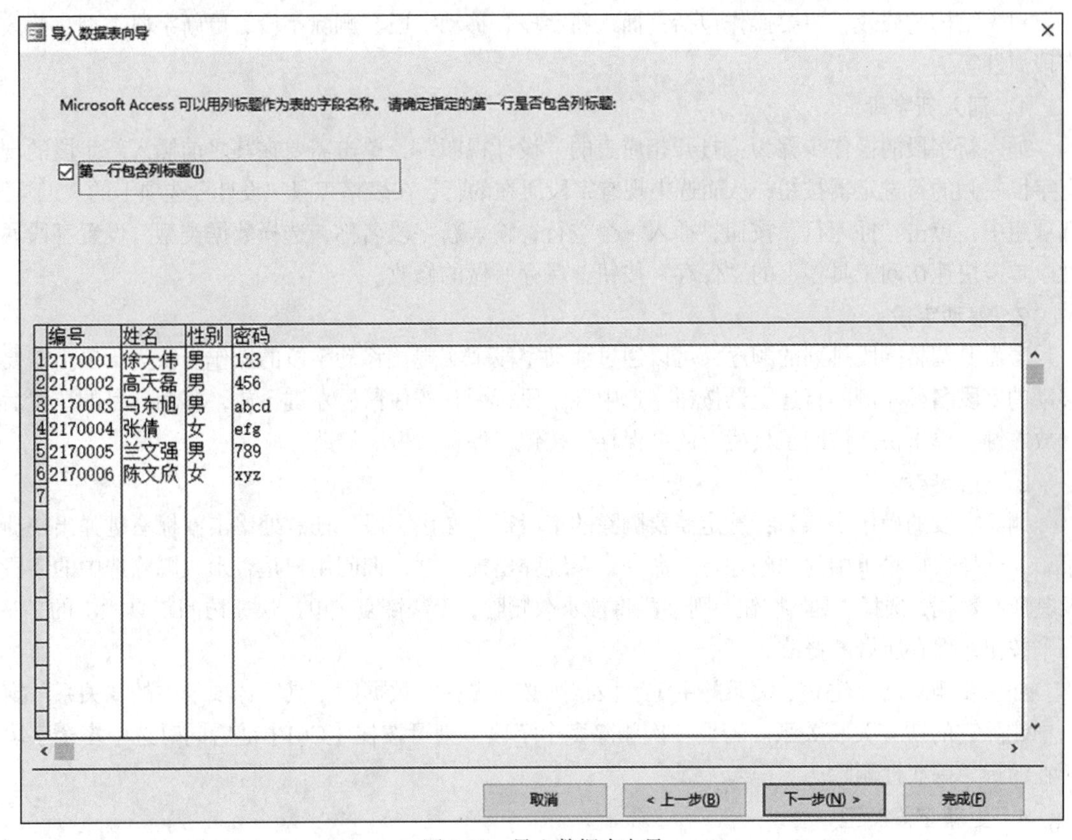

图 3-11　导入数据表向导

（4）打开导入创建的“管理员信息”表的设计视图，根据表结构设计要求检查修改表的结构。

3.4　表的编辑与维护

若要对表进行编辑与维护操作，首先要打开表；完成操作后，必须关闭表。根据操作需要，表可以在“设计视图”中打开以便修改表结构；也可以在“数据表视图”中打开，进行对表的数据的维护。表的打开方式是在 Access 数据库的“导航窗格”中，对相应的表对象双击鼠标左键，打开该表的“数据表视图”。也可以右键单击相应的表对象，在弹出的快捷菜单中，选择“打开”选项以打开该表的“数据表视图”，或选择“设计视图”打开该表的设计视图。单击打开的表窗口右上角的“关闭”按钮；或在表的标题栏处右键单击，在弹出的快捷菜单中选择“关闭”选项关闭打开的表；若先前对表的结构或内容有修改，系统会弹出消息框，询问用户是否保存所做的修改。

有些编辑与维护操作是不可逆的，一旦“确定”该操作将无法通过“撤销”操作恢复原始状态。因此，最好将要进行编辑和维护操作的表进行备份。备份的方式是，在导航窗格中，对该表进行一次复制、粘贴的操作，形成一个原始表的副本。

3.4.1 表结构的修改

对表结构的修改，主要操作包括：插入新字段、移动字段、删除字段、更新字段类型、修改字段属性等。

1. 插入新字段

插入新字段的操作步骤为：打开相应表的“设计视图”，单击需要在其之前插入新字段的现有字段左侧的行选定器按钮，从而选中现有字段所在的行，在表格工具“设计”选项卡的“工具”选项组中，单击“插入行”按钮，插入一个空行；输入新字段名称，选择数据类型，设置字段属性。单击快速访问工具栏上的“保存”按钮，保存所做的修改。

2. 移动字段

若需要调整字段排列的顺序，可以通过移动字段来实现。移动字段的操作步骤为：单击需要移动的字段名称左侧的行选定器按钮，选中该字段行后，按住鼠标左键不放，移动到目的位置后释放左键。单击快速访问工具栏上的“保存”按钮，保存所做的修改。

3. 删除字段

删除字段的操作步骤为：选定需要删除的字段行，在该字段行任意处单击鼠标右键弹出快捷菜单，选择快捷菜单中的“删除行”命令，系统弹出提示框，询问用户是否永久删除选中的字段及其所有数据，选择“是”按钮，则字段将被永久删除，无法恢复。单击快速访问工具栏上的“保存”按钮，保存所做的修改。

如果要删除已经建立了关系的主键字段，则必须先在“数据库工具”选项卡中的“关系”窗口中删除它的所有关联关系。若要一次删除多个字段，则可按住【Ctrl】键后同时选中多个字段所在的行，一次性删除。

4. 更新字段类型

更新字段类型操作步骤为：选定需要更新类型的字段，在该字段名称右侧的数据类型下拉列表中选择需要的数据类型。单击快速访问工具栏上的“保存”按钮，保存所做的修改。

向表中输入过数据后，已有字段的数据类型都不能被更改为“自动编号”；“计算”类型的字段只能通过插入新字段的方式获得，其他字段类型不能直接更新为“计算”类型。

5. 修改字段属性

在打开的表设计视图中的“字段属性”区，根据需要设置相应属性并保存即可。

3.4.2 表内容的编辑与维护

表内容的编辑与维护的操作主要包括选择记录、添加记录、删除记录、查找和替换数据、对记录进行排序、筛选记录、调整表的外观等。

1. 选择记录

遵循“先选定，后操作”的原则，对表内容的编辑首先要选定相应的数据。数据表视图中行的方向为记录，可通过数据表视图左下方的记录导航按钮或位于导航按钮之间的记录选定器直接输入记录号选定某条记录，也可以通过单击记录左侧的记录选择器按钮选择某条记录或与【Shift】键组合同时选定多条记录；若要选择全部记录，则单击数据表视图左上角的全选按钮，如图 3-12 所示。

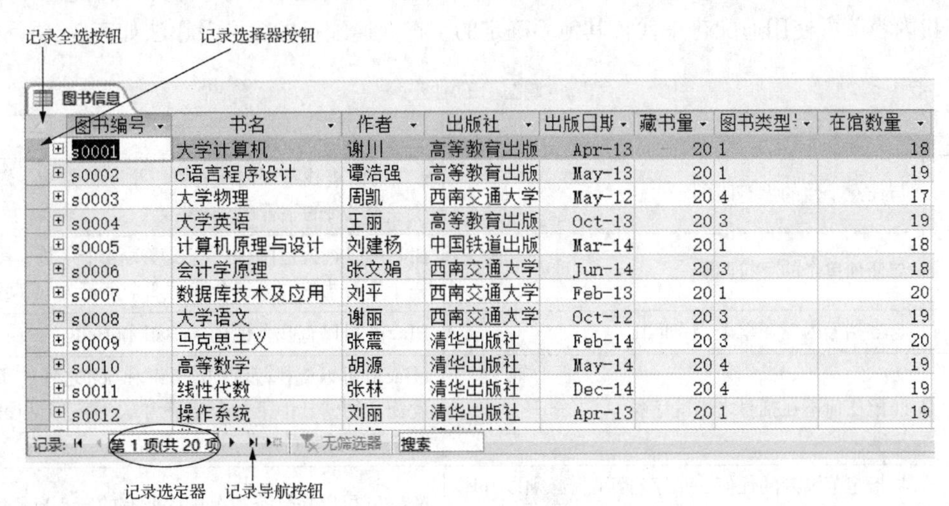

图书编号	书名	作者	出版社	出版日期	藏书量	图书类型	在馆数量
s0001	大学计算机	谢川	高等教育出版	Apr-13	20	1	18
s0002	C语言程序设计	谭浩强	高等教育出版	May-13	20	1	19
s0003	大学物理	周凯	西南交通大学	May-12	20	4	17
s0004	大学英语	王丽	高等教育出版	Oct-13	20	3	19
s0005	计算机原理与设计	刘建杨	中国铁道出版	Mar-14	20	1	18
s0006	会计学原理	张文娟	西南交通大学	Jun-14	20	3	18
s0007	数据库技术及应用	刘平	西南交通大学	Feb-13	20	1	20
s0008	大学语文	谢丽	西南交通大学	Oct-12	20	3	19
s0009	马克思主义	张震	清华出版社	Feb-14	20	3	20
s0010	高等数学	胡源	清华出版社	May-14	20	4	19
s0011	线性代数	张林	清华出版社	Dec-14	20	4	19
s0012	操作系统	刘丽	清华出版社	Apr-13	20	1	19

图 3-12　选择记录

2. 添加记录

现有记录的前后顺序只能通过排序的方式调整。新记录的添加只能在已有记录的后面依次添加。添加记录的操作步骤为：单击“开始”选项卡的“记录”选项组中的“新建”按钮，或在任一记录选择器上右键单击，在弹出的快捷菜单中选择“新记录”，即可在已有记录的后面开始输入新记录数据。

3. 删除记录

删除记录的操作步骤为：在数据表视图中，选定一条或多条需要删除的记录，单击“开始”选项卡的“记录”选项组中的“删除”按钮，系统弹出提示框，确认是否删除。

4. 查找和替换数据

若需要在数据表中查找指定的数据信息或将指定的数据信息替换为其他数据信息，则可以利用查找和替换功能进行快速准确的操作。

（1）查找数据

① 在数据表视图下，单击“开始”选项卡的“查找”选项组中的“查找”按钮，弹出“查找和替换”对话框，如图 3-13 所示。

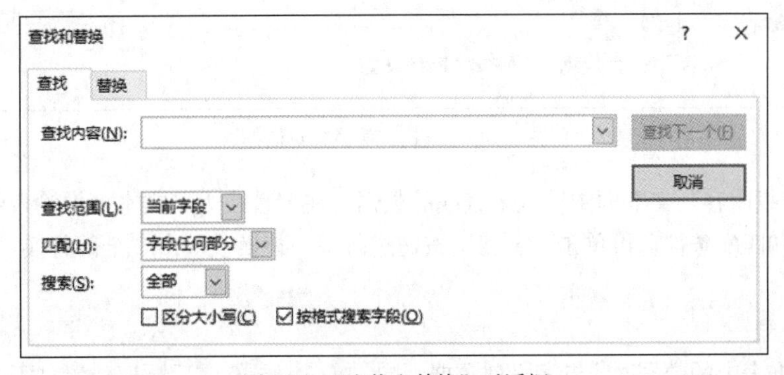

图 3-13　“查找和替换”对话框

② 在“查找内容”文本框中输入需要查找的数据信息，确定“查找范围”和“匹配”条件，单击“查找下一个”按钮，光标将定位到第一个符合查找要求的数据项处。

③ 若在查找数据信息时，只知道部分数据内容或想要按特定的要求查找相关信息时，则可以在“查找内容”中使用通配符来代替其他不确定的字符。通配符的含义及用法如表 3-5 所示。

表 3-5 通配符的用法

字符	用法	示例
*	与任意个数的字符匹配	w*t 可以查找范围内所有第一个字符为 w、最后一个字符为 t 的字符串
?	与任何单个的字符匹配	B?ll 可以查找范围内所有长度为 4 个字符，其中第一个字符为 B，第三个和第四个字符为 l 的字符串
[ ]	与方括号内任何单个字符匹配	B[ae]ll 可以查找范围内的 Ball 和 Bell
!	匹配任何不在括号之内的字符	b[!ae]ll 可以查找范围内除 ball 和 bell 之外的所有长度为 4 的，其中第一个字符为 b，第三个和第四个字符为 l 的字符串
-	与指定范围内的任何一个字符匹配。必须以升序来指定范围（从 A 到 Z，而不是从 Z 到 A）	b[a-c]d 可以找到查找范围内所有的 bad、bbd 和 bcd
#	与任何单个数字字符匹配	1#3 可以查找范围内所有的长度为 3 的字符串，其中，第一个字符为 1，第三个字符为 3，第二个字符为任意数字字符

若要在数据内容中搜索星号（*）、问号（?）、数字号码（#）、左方括号（[）、右方括号（]）、连字符（-）这些字符时，必须将搜索的项目放在方括号[]内。例如，要搜索问号字符，应在“查找内容”文本框中输入[?]。

（2）替换数据

① 在前述的“查找和替换”对话框中，单击“替换”选项卡，如图 3-14 所示。

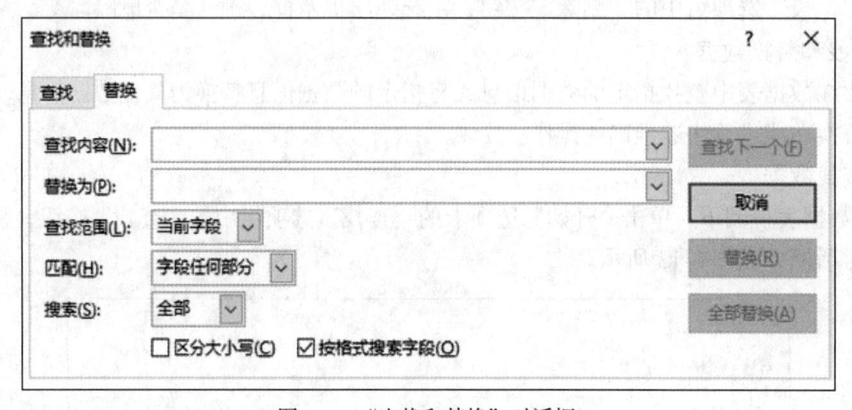

图 3-14 “查找和替换”对话框

② 在“查找内容”文本框中输入要查找的数据，在“替换为”文本框中输入要替换的数据，确定查找范围和匹配条件，再单击“替换”按钮进行一一替换或单击“全部替换”按钮一次性全部替换。

5. 排序记录

在查看数据表中的数据时，与字段列数据不同，单一记录的前后顺序位置是不能随意调整的。

但整个记录集的记录顺序可以根据一个字段或多个字段按照升序或降序重新进行排序。

不同数据类型排序时大小比较规则如下。

（1）数值型数据按数值的大小排序。

（2）日期/时间型数据按照日期时间的先后顺序比较，日期时间靠后的为大。

（3）文本型数据从左到右依次按照对位字符的 ASCII 值比较大小，直到第一位不同的字符为止。如“acbd”大于“abcd”；数字字符串“12”小于“3”：。

（4）中文字符用其汉语拼音按文本型数据比较大小的方式排序。

长文本、超链接、OLE 数据类型的字段不能排序；记录排序的结果将和表一起保存；若排序依据值中有 Null（空值），则按升序排列时，该记录将排在第一条。

（5）单字段排序，按某一个字段列中数据值大小进行排序。

（6）多字段排序，在数据表视图中，对同时选中的多个相邻字段（若要选择的字段不相邻，先移动字段使其相邻），按从左到右的顺序，首先按第一个字段值排序；遇有第一个排序字段值相同的那些记录，再按第二个排序字段值排序，以此类推。各字段的排序方式同为升序或降序。若要选择的多字段排序方式各有不同且不相邻，则可以使用“高级筛选/排序”功能。

【例 3.4】 对“读者信息”表中的数据按“所属院系”字段升序、“性别”字段降序排序。

操作步骤为：在数据表视图下打开“读者信息”表。在“开始”选项卡的“排序和筛选”选项组中，单击“高级筛选选项”下拉按钮；在弹出的下拉菜单中选择“高级筛选/排序”命令，在“读者信息筛选 1”窗口的字段选择网格中选择第一字段“所属院系”，第二字段“性别”；排序方式分别选为升序和降序，如图 3-15 所示。再单击“开始”选项卡的“排序和筛选”选项组中的“切换筛选”按钮。“读者信息”表中所有记录将按照设定的排序方式重新排序。

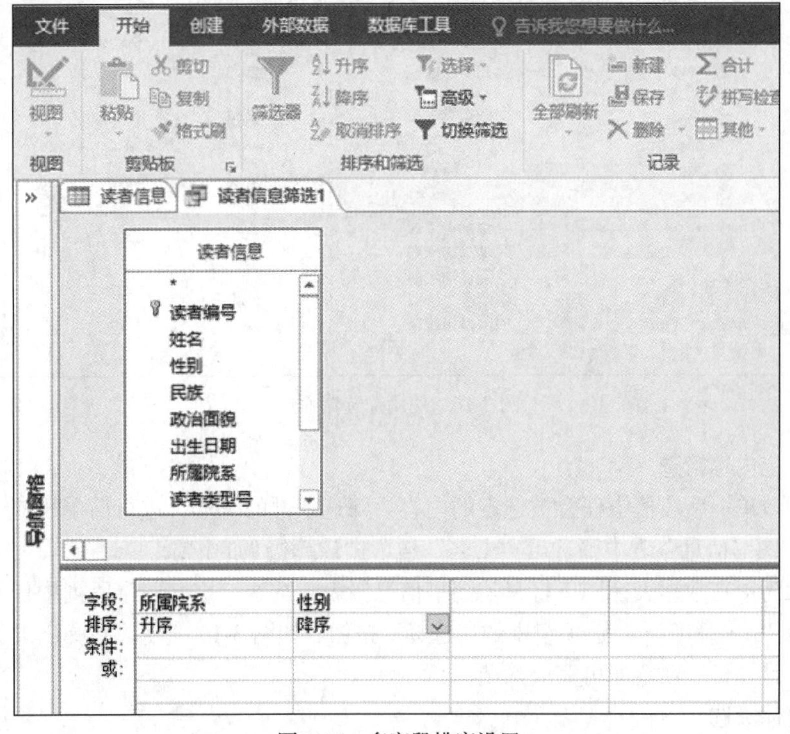

图 3-15　多字段排序设置

6. 筛选记录

筛选记录是将满足给定条件的记录从当前记录集中显现出来，不满足条件的记录将被隐藏。Access 提供了 4 种筛选方法：使用筛选器筛选、按选定内容筛选、按窗体筛选和高级筛选。

（1）使用筛选器筛选

使用筛选器筛选是以单一字段的值或字段值中的特定内容作为筛选条件，通过筛选器对话框进行筛选的方法。

【例 3.5】在“图书信息”表中筛选出“图书编号”字段中包含“01”信息的记录。

操作步骤为：在数据表视图下打开“图书信息”表，单击“图书编号”字段选择器右侧的筛选器按钮，弹出筛选器对话框，从对话框的“文本筛选器”中选择“包含(A)...”命令，如图 3-16 所示。在随后弹出的“自定义筛选”输入信息框中输入“01”并单击“确定”按钮。“图书信息”表将只显示出“图书编号”中包含“01”的记录，其他记录被隐藏。若要将应用的筛选结果取消，显示数据表的全部记录，只需单击“排序和筛选”选项组中的“切换筛选”按钮即可。

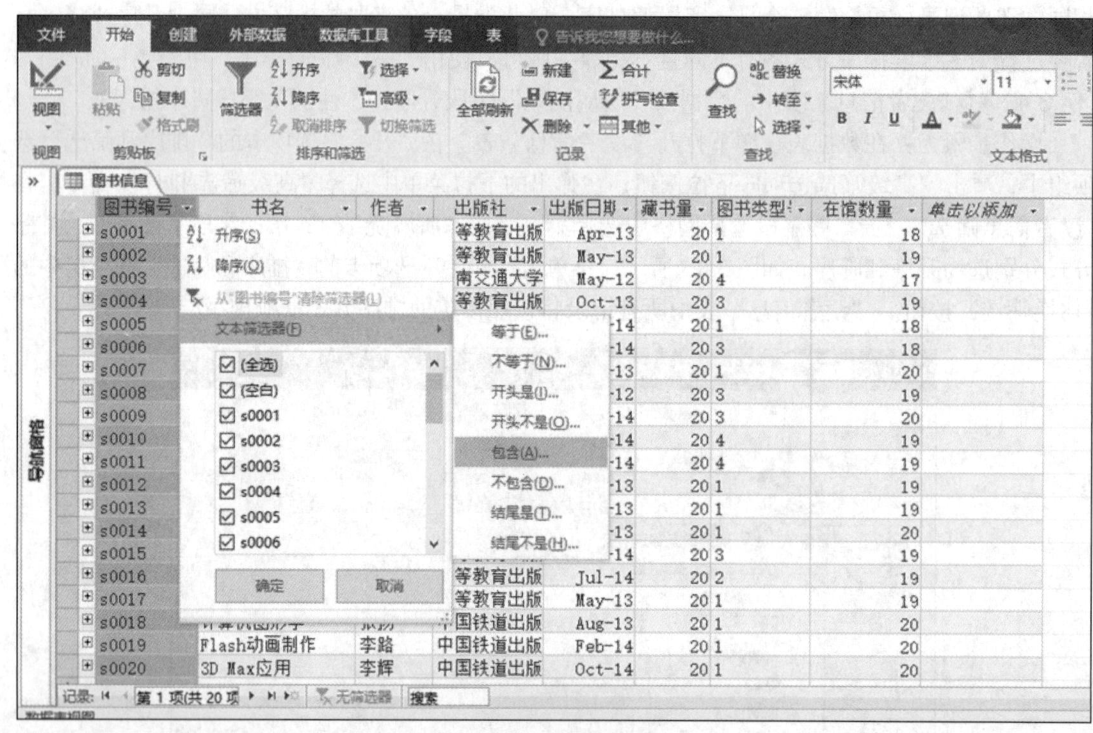

图 3-16 使用筛选器筛选

（2）按选定内容筛选

这是一种以单一字段值中任意被选定的内容为筛选条件的基准，进行简单快速筛选的方法。

【例 3.6】在“图书信息”表中筛选出“书名”包含“计算机”的记录。

操作步骤为：在数据表视图下打开“图书信息”表，选定“书名”字段列中任一“计算机”信息，再单击“排序和筛选”选项组中的“选择”按钮，如图 3-17 所示。在弹出的下拉菜单选项中单击包含“计算机”命令即可完成筛选。

（3）按窗体筛选

按窗体筛选是可以在窗体中同时以若干个字段的值为条件进行筛选。

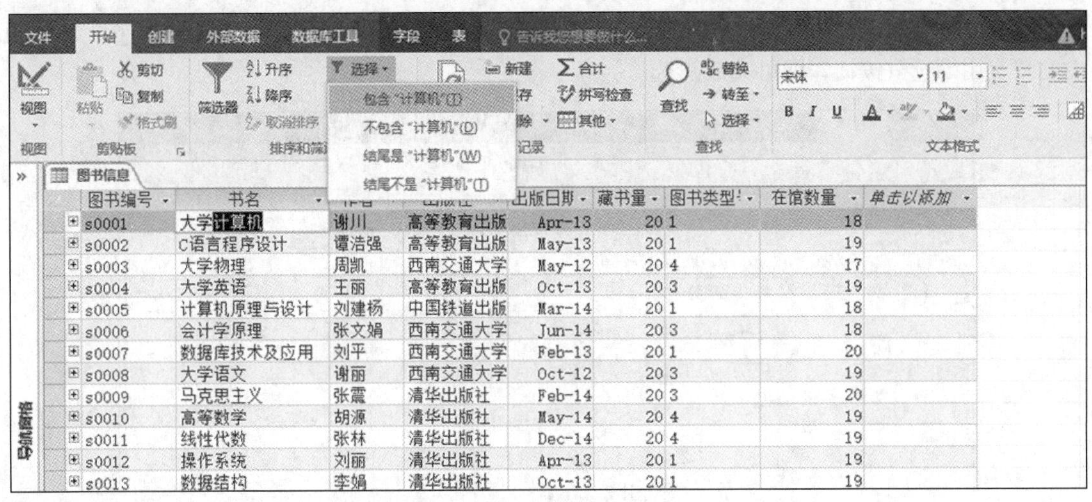

图 3-17　按选定内容筛选

【例 3.7】在“读者信息”表中，筛选出“计科学院”的“男”同学的所有信息。

操作步骤为：在数据表视图下打开“读者信息”表，单击“排序和筛选”选项组中的“高级”按钮，在弹出的下拉菜单中，选择“按窗体筛选”命令。此时“读者信息”数据表视图变更为“读者信息：按窗体筛选”窗口。在字段名下的取值网格中选取“性别”字段值为“男”；“所属院系”字段值为“计科学院”，如图 3-18 所示。然后单击“排序和筛选”选项组中的“切换筛选”按钮即可。

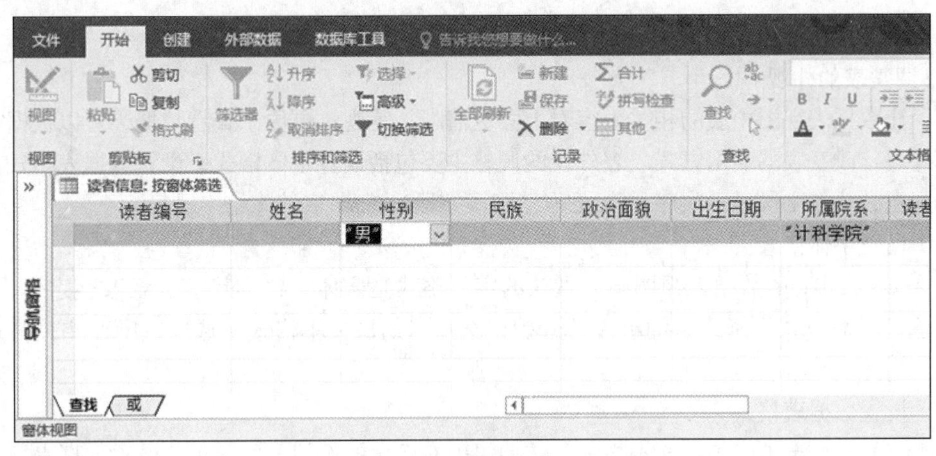

图 3-18　按窗体筛选

（4）高级筛选

我们可以在高级筛选窗口中同时对多个字段借助表达式设定任意的筛选条件，以便从记录集中筛选出符合特定需要的记录。

【例 3.8】在“图书信息”表中筛选出 2014 年 6 月以后由高等教育出版社出版的图书记录。

操作步骤为：在数据表视图下打开“图书信息”表，单击“排序和筛选”选项组中的“高级”按钮；在弹出的下拉菜单中选择“高级筛选/排序”命令，弹出“图书信息筛选 1”窗口。在第一个字段选择网格中选择字段“出版社”，在其下方的条件网格中输入“高等教育出版社”；在第二个字段选择网格中选择字段“出版日期”，在其下方的条件网格中输入条件表达式“year([出版日期])>=2014 And Month([出版日期])>=6”，如图 3-19 所示。然后单击“排序和筛选”选项组中的“应用筛选”按钮，即可完成筛选。

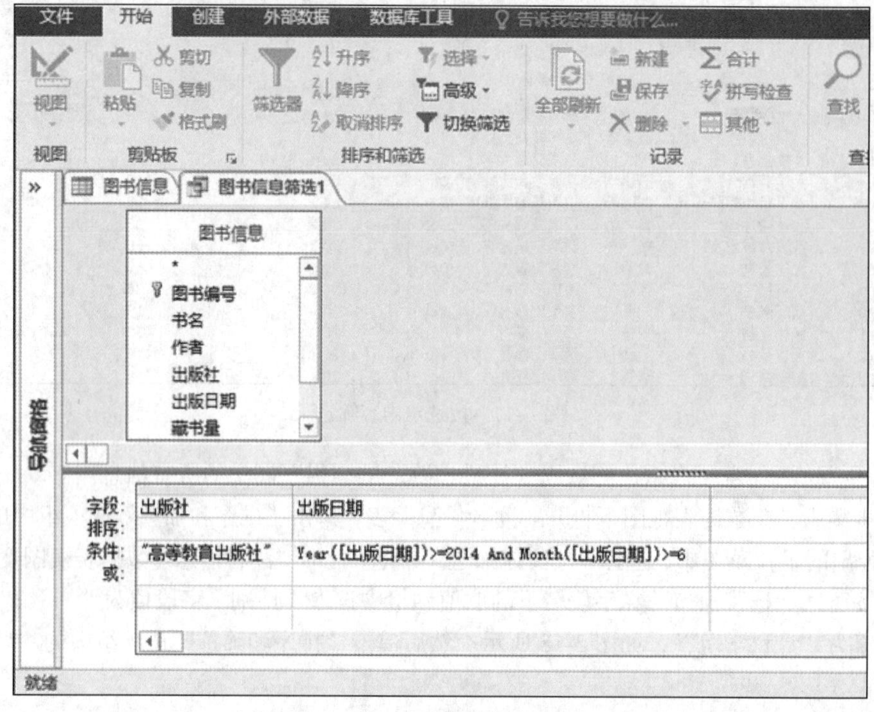

图 3-19　高级筛选

7. 调整表的外观

为了让数据表视图中表的相关内容看上去更清晰、美观，更便于查看数据，可以根据需要调整表的外观，改变表的显示方式。表外观的调整主要包括设置字体格式、设置数据表格式、设定行高和列宽、调整字段显示次序、隐藏/取消隐藏字段、冻结/取消冻结字段等。

（1）设置字体格式

在 Access 2016 的数据表视图中，默认的字体格式是宋体，11 号字。若要改变字体、字号、字体颜色、对齐方式等格式，则可在“开始”选项卡的“文本格式”选项组中对相关格式进行设置。

（2）设置数据表格式

单击“开始”选项卡的“文本格式”选项组中右下角的按钮，可弹出“设置数据表格式”对话框，如图 3-20 所示。可以设置网格线的颜色；选择是否显示水平或垂直网格线；选择单元格显示效果；背景色用于改变数据表视图的背景颜色，替代背景色可以使数据表视图中偶数行记录的背景色不同于数据表视图的背景色，实现数据表视图的间隔色设置。

（3）设定行高和列宽

单击“开始”选项卡的“记录”选项组中的“其他”按钮，在弹出的下拉菜单中选择“行高”或“字段宽度”命令，在相应的对话框中对行高或列宽进行调整设定，如图 3-21 和图 3-22 所示。行高的设定对所有记录行都有效，行高的标准高度取决于表中字号的设定；列宽的设定只对被选中的字段列有效，列宽的标准宽度等同于 Access 2016 中对数据表默认列宽的设定值。行高的输入值不能为 0；列宽的输入值可以输入为 0，此时该字段列将在数据表视图中被隐藏。

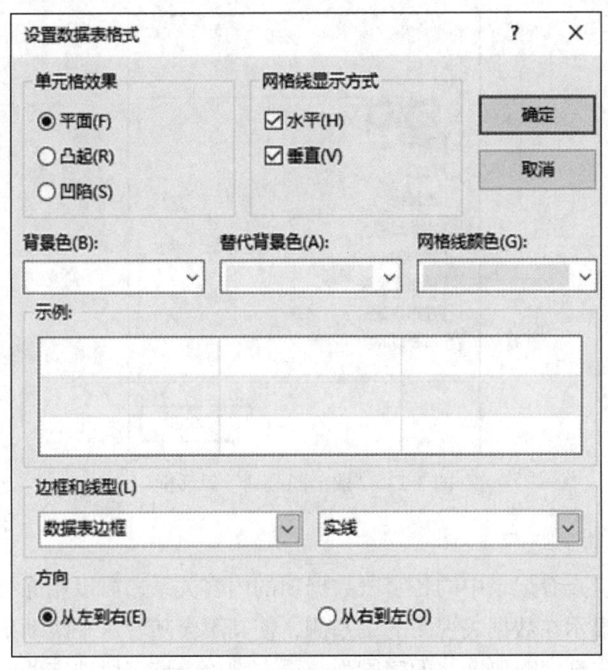

图 3-20　设置数据表格式

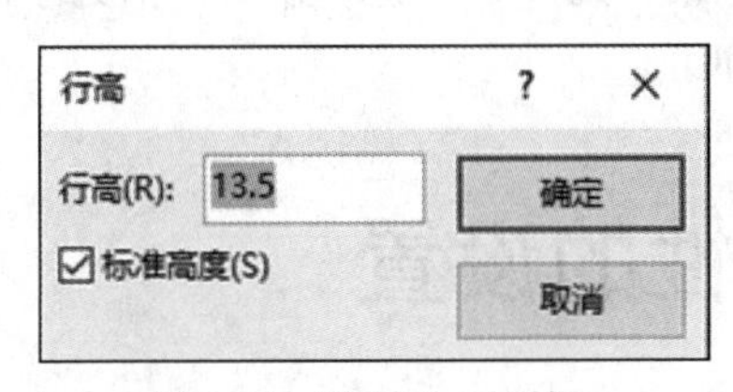

图 3-21　“行高”对话框

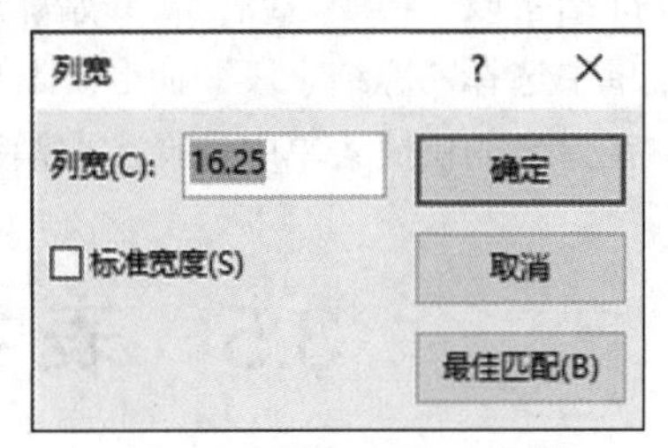

图 3-22　“字段宽度”对话框

（4）调整字段显示次序

默认状态下，数据表视图中字段列的显示次序与设计表结构时字段的输入次序是相同的。为了满足观察数据的需要，可以在数据表视图中调整字段的显示次序。显示次序的调整仅改变数据表视图中字段顺序的次序外观，并不会改变设计表结构时字段的输入次序。

操作方法为先选定一个或若干个相邻的需要整体移动的字段列后释放鼠标左键，再在该字段选定器上用鼠标左键按住并拖曳到需要的次序位置即可。

（5）隐藏/取消隐藏字段

当数据表中字段较多时，为了便于查看数据，可以将当前不需要查看的字段数据隐藏起来，只显示用户感兴趣的数据列。

隐藏字段的操作步骤为：在数据表视图下打开表，选定一列或多列（不相邻的多列字段需先调整次序为相邻）字段，再在字段选定器上右键单击，在弹出的下拉菜单中选择“隐藏字段”命令，相应的字段将被隐藏。如要将已经隐藏的字段再显示出来，则可在现有显示的任一字段的字段选定器上右键单击，在弹出的下拉菜单中选择“取消隐藏列”命令，弹出“取消隐藏字段”对话框，如图 3-23 所示，未被勾选的字段为隐藏的字段。勾选已隐藏的字段，单击“关闭”按钮即可取消隐藏。

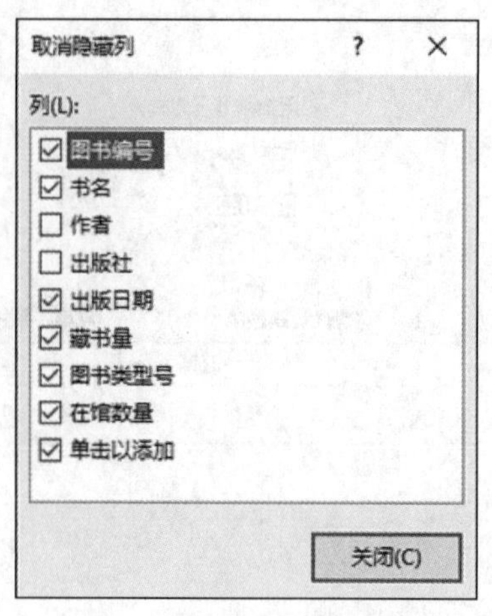

图 3-23 “取消隐藏列”对话框

（6）冻结/取消冻结字段

为了便于水平对应查看记录中的各字段数据项的内容关系，可以用冻结列的方式将一个字段列或多个字段列固定显示在数据表视图的最左侧，使其不会随着水平滚动条的移动而移出窗口显示范围。操作方法为先选定需要冻结的字段列，再右键单击该字段选定器，在弹出的快捷菜单中选择“冻结字段”命令，或在“开始”选项卡的“记录”选项组中单击“其他”按钮，从弹出的下拉菜单中选择“冻结字段”命令。若要解除对字段的冻结，则只需右键单击任一字段的字段选定器，在弹出的快捷菜单中选择“取消冻结所有字段”即可。

3.5 表中字段属性的设置

在表结构设计中，命名了字段、选择了数据类型后，为了保证数据库运行过程中数据的完整性、一致性和兼容性，用户还需要通过“字段属性”设置区进行用户自定义完整性约束设计。不同数据类型的字段属性各有异同。总体而言，常用的字段属性主要包括字段大小、格式、输入掩码、标题、默认值、验证规则与验证文本以及索引等。

1. 字段大小

数据类型为短文本、数字和自动编号的字段的属性。短文本类型的字段大小为一个数字，表示该数据项可以输入的字符个数，最大为 255。自动编号类型的字段大小属性可设置为“长整型”或“同步复制 ID”。数字类型字段大小属性设置说明如表 3-6 所示。

表 3-6 数字类型字段大小属性设置说明

设置	说明	小数精度	存储空间大小
字节	存储 0～255 中的数字（不包括小数）	无	1 个字节
整型	存储-32 768～32 767 中的数字（不包括小数）	无	2 个字节
长整型	（默认）存储-2 147 483 648～2 147 483 647 之间的数字（不包括小数）	无	4 个字节
单精度	存储$-3.402\ 823\times10^{38}$～$-1.401\ 298\times10^{-45}$ 中的负数和 $1.401\ 298\times10^{-45}$～$3.402\ 823\times10^{38}$ 中的正数	7	4 个字节

续表

设置	说明	小数精度	存储空间大小
双精度	存储$-1.797\ 693\ 134\ 862\ 31\times10^{308}$～$-4.940\ 656\ 458\ 412\ 47\times10^{-324}$中的负数和$4.940\ 656\ 458\ 412\ 47\times10^{-324}$～$1.797\ 693\ 134\ 862\ 31\times10^{308}$中的正数	15	8 个字节
同步复制 ID	全局唯一标识符	不适用	16 个字节
小数	存储$-10^{38}-1$～$10^{38}-1$ 中的数字(.adp)； 存储$-10^{28}-1$～$10^{28}-1$ 中的数字（.mdb、.accdb）	28	2 个字节

2. 格式

设定相应数据类型的显示方式和打印方式。Access 2016 为数字、日期/时间、货币及是/否数据类型提供了预定义格式，可以通过格式属性设置框的下拉列表选择；也可以自定义格式。创建自定义格式时常用的符号参见表 3-7。

表 3-7　自定义格式符

字符	说明
c	显示常规日期格式
d 或 dd	将月中的某一天显示为一位或两位数字
ddd	将一周中的某一天缩写为 3 个字母。例如，“星期一”显示为“Mon”
dddd	拼写出完整的周中某一天的名称
w	显示与一周中的某一天相对应的数字（1～7）
ww	显示与一年中的第几周（1～53）相对应的数字
m 或 mm	将月份显示为一位或两位数字
mmm	将月份的名称缩写为 3 个字母。例如，“一月”显示为“Jan”
mmmm	拼写出完整的月份名称
q	显示当前日历季度的编号（1～4）。例如，当前月份是五月，Access 会显示 2 作为季度值
y	日期显示为年中的天数 1～366
yy	显示年份的最后两位数字
yyyy	显示 4 位数的年份
h 或 hh	将小时显示为一位或两位数字
n 或 nn	将分钟显示为一位或两位数字
s 或 ss	将秒显示为一位或两位数字
tttt	显示长时间格式
AM/PM	使用相应的大写字母“AM”或“PM”的十二小时制
am/pm	使用相应的小写字母“am”或“pm”的十二小时制
A/P	使用相应的大写字母“A”或“P”的十二小时制
a/p	使用相应的小写字母“a”或“p”的十二小时制
"文字文本"	用双引号括起希望显示的任何文本
\	强制显示紧跟其后的字符。这等同于在双引号中括起字符
*	如果使用，则紧跟在星号之后的字符将变为填充字符（用于填充空格的字符）

数据表视图中显示的日期/时间数据在计算机内存单元中实际保存的是一个数值，我们可以通过设定格式符的方式让这个数值在表中显示出指定的日期/时间格式。例如，想让日期显示成“2020 年 01 月 10 日星期 5”的格式，只需在格式属性输入框中输入自定义格式符：“yyyy\年 mm\月 dd”日星期”w”即可。

短文本和长文本数据类型没有预定义的格式。“短文本”数据类型只有自定义格式。“长文本”数据类型具有自定义格式和 RTF 格式。RTF 格式可以允许长文本块中被选择的部分字符设置不同的字体、字号、加粗和下画线等字体格式。可以在长文本类型字段属性区的“文本格式”属性中选择“格式文本”来设置长文本字段的 RTF 格式；或者在数据表视图中通过添加“格式文本”字段的方式添加应用 RTF 格式的长文本字段。

文本型字段的自定义格式最多可包含两个部分。第一部分为字段中文本的格式，第二部分是字段值为零长度字符串或 Null 值时的格式。两个部分之间用英文分号隔开。例如，文本字段自定义格式设置为“@;“未输入””，第一部分中的@符号使字段中的文本原样显示，第二部分使得在字段中值为空值或零长度字符串时显示“未输入”。文本型字段自定义格式符参见表 3-8。

表 3-8　文本型字段自定义格式符

字符	说明
@	用于显示格式字符串中其位置的任何可用字符。若@符号的个数大于字段文本字符的个数，则字段文本以添加相应数量的前导空格并左对齐的方式显示
&	用于显示格式字符串中其位置的任何可用字符
!	用于强制从左到右（而不是从右到左）填充占位符字符。必须在任何格式字符串的开头使用此字符
<	用于将所有文本强制为小写。必须在格式字符串的开头使用此字符，但可以在它前面加一个感叹号（！）
>	用于将所有文本强制为大写。必须在格式字符串的开头使用此字符，但可以在它前面加一个感叹号（！）
*	紧跟在星号（*）之后的字符将变成填充字符（用于填充空格的字符）
空格，+/-，$，()	用于在格式字符串中的任意位置插入空格、数学字符（+/-）、财务符号（$、¥、£）和括号
"文本串"	使用英文双引号括起要显示的任何文本串

3. 输入掩码

可以规范和控制用户输入数据的格式和内容范围，使用户按照规定的模式输入数据。设置方式为使用若干掩码字符构建一个输入格式，每个掩码字符定义了该字符位置允许输入的内容。定义输入掩码属性的字符如表 3-9 所示。

表 3-9　输入掩码字符表

字符	说明
0	数字（0~9，必选项；不允许使用加号和减号）
9	数字或空格（非必选项；不允许使用加号和减号）
#	数字或空格（非必选项；空白将转换为空格，允许使用加号和减号）
L	字母（A~Z，必选项）
?	字母（A~Z，可选项）

续表

字符	说明
A	字母或数字（必选项）
a	字母或数字（可选项）
&	任一字符或空格（必选项）
C	任一字符或空格（可选项）
.、,、:、;、-、/	十进制占位符和千位、日期和时间分隔符（实际使用的字符取决于 Microsoft Windows 控制面板中指定的区域设置）
<	使其后所有的字符转换为小写
>	使其后所有的字符转换为大写
!	使输入掩码从右到左显示，而不是从左到右显示。键入掩码中的字符始终都是从左到右填入。可以在输入掩码中的任何地方包括感叹号
\	使其后的字符显示为原义字符。可用于将该表中的任何字符显示为原义字符（例如，\A 显示为 A）
密码	将“输入掩码”属性设置为“密码”，以创建密码项文本框。文本框中输入的任何字符都按字面字符保存，但显示为星号（*）

如果一个字段被同时设定了格式属性和输入掩码属性，则输入数据时必须遵从输入掩码限定的格式；但数据在数据表视图中显示时则按照格式属性设定的格式显示。例如，如图 3-24 所示，“图书信息”表的“出版日期”字段格式属性为自定义格式“mmm-yyyy”（mmm 表示月份的前 3 个字母，yyyy 表示 4 位数字年份）；输入掩码属性为“9999\年 99\月 99\日”。在“图书信息”数据表视图中输入“出版日期”字段项的数据时，如果输入“2020 年 5 月 1 日”，但在数据表视图中显示为“May-2020”。

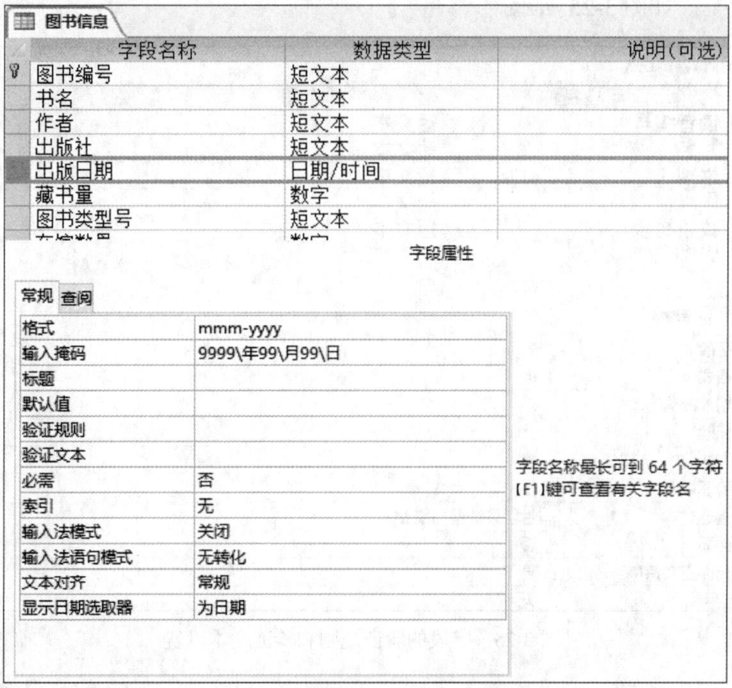

图 3-24　格式属性与输入掩码属性设置

4. 标题

用于设置表结构中的字段名称在数据表视图中显示的标题。如果没有设置字段的“标题”属性，则字段名称将作为字段标题显示。

5. 默认值

当在表中插入新记录时，字段项数据会以默认值属性中设置的内容自动填充，以便减少输入数据时的重复操作，用户随后也可以更改数据。设置默认值时，既可以使用常量，也可以使用表达式。如“图书信息”表中的“藏书量”字段的默认值可设为常量“20”；“出版日期”字段的默认值则可设置为表达式“Date()”，使得插入新记录时自动获取当时的系统日期作为“出版日期”的默认值。

6. 验证规则与验证文本

验证规则属性是用一个表达式来设定输入到字段或记录的数据的约束要求。当输入的数据违反了验证规则的设置时，在验证文本属性中设置的字符串内容将作为错误消息显示给用户；如果未设置验证文本，则系统将显示标准的错误信息。在字段或记录的验证规则表达式中，不能使用用户自定义函数、聚合函数和域聚合函数。

字段的验证规则限定的是单一字段的取值范围，其验证规则表达式中不能包含对其他字段的引用。数据类型为 OLE 对象、附件和计算的字段没有验证规则属性。记录的验证规则表达式则用于设定记录中多个字段值之间的约束关系。一个数据表只能定义一个记录的验证规则。记录的验证规则可在表设计视图中打开属性表窗口进行设置。

【例 3.9】将图书管理数据库中“读者信息”表的“性别”字段的验证规则设置为只能输入“男”或“女”，验证文本设置为“性别只能是男或女”。

操作步骤为：在“图书管理”数据库中打开“读者信息”表的设计视图，选定“性别”字段。在“验证规则”属性编辑框内输入表达式“in("男","女")”；在“验证文本”属性编辑框中输入“性别只能是男或女”。如图 3-25 所示。

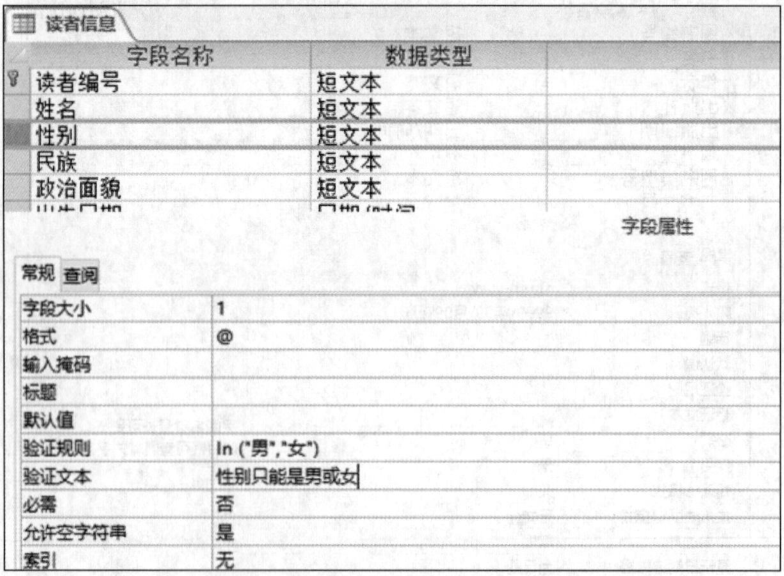

读者信息

字段名称	数据类型
读者编号	短文本
姓名	短文本
性别	短文本
民族	短文本
政治面貌	短文本

字段属性

常规 查阅

字段大小	1
格式	@
输入掩码	
标题	
默认值	
验证规则	In ("男","女")
验证文本	性别只能是男或女
必需	否
允许空字符串	是
索引	无

图 3-25　字段的验证规则和验证文本设置

单击快速访问工具栏上的“保存”按钮保存属性的设置。此后若在“读者信息”表中添加或修改记录时，性别字段项的输入值不是“男”或“女”，系统将弹出错误信息框如图 3-26 所示。

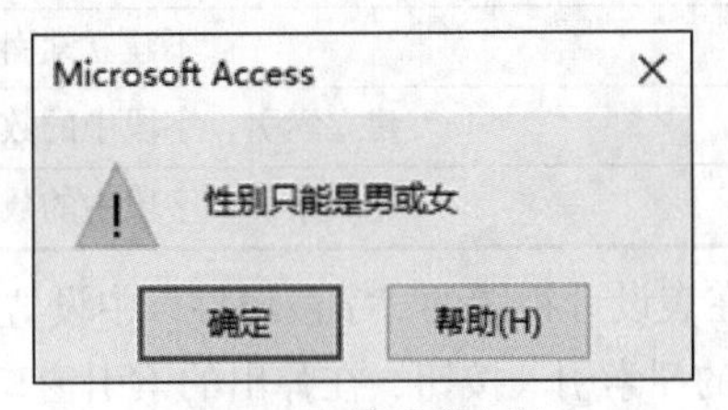

图 3-26　错误信息框

【例 3.10】将“图书管理”数据库中“图书借阅信息”表的记录的验证规则设置为还书日期不能早于借阅日期；记录的验证文本设置为“还书日期不正确！”。

操作步骤为：在“图书管理”数据库中打开“图书借阅信息”表的设计视图，单击“设计”选项卡中的“属性表”按钮，弹出“属性表”窗口。在“属性表”窗口的“验证规则”编辑框中输入表达式“[还书日期]>[借阅日期]”；在“属性表”窗口的“验证文本”编辑框中输入“还书日期不正确！”。如图 3-27 所示。

图书借阅信息

字段名称	数据类型	说明(可选)
读者编号	短文本	
图书编号	短文本	
借阅日期	日期/时间	
还书日期	日期/时间	
借阅天数	计算	
续借次数	数字	

常规　查阅

字段大小	12
格式	@
输入掩码	
标题	
默认值	
验证规则	
验证文本	
必需	否
允许空字符串	是
索引	无
Unicode 压缩	否
输入法模式	开启
输入法语句模式	无转化
文本对齐	常规

属性表

所选内容的类型：表属性

常规

断开连接时为	否
子数据表展开	否
子数据表高度	0cm
方向	从左到右
说明	
默认视图	数据表
验证规则	[还书日期]>[借阅日期]
验证文本	还书日期不正确!
筛选	
排序依据	
子数据表名称	[自动]
链接子字段	
链接主字段	
加载时的筛选	否
加载时的排序	是

图 3-27　记录的验证规则和验证文本设置

7. 索引

索引会加快对编入索引的字段的查询速度，以及执行排序和分组操作的速度，其作用类似于书籍的目录。在单一字段上建立的索引为单字段索引，索引名称默认为该字段名称。在多个字段上建立的组合索引为多字段索引，索引名称由用户自定义。

在表设计视图中，字段的索引属性有 3 个设置选项，如表 3-10 所示。

表 3-10 索引设置选项

设置	说明
无	不建立索引
有（有重复）	建立索引，字段中的数据可以重复
有（无重复）	建立索引，字段中的数据不能重复

建立单字段索引时，可以在表设计视图的“字段属性”中设置索引选项；也可以单击“设计”选项卡“显示/隐藏”选项组中的“索引”按钮，在弹出的索引窗口中建立单字段索引，如图 3-28 所示。还可以在索引窗口中自定义索引名称，选取字段，确定排序次序。

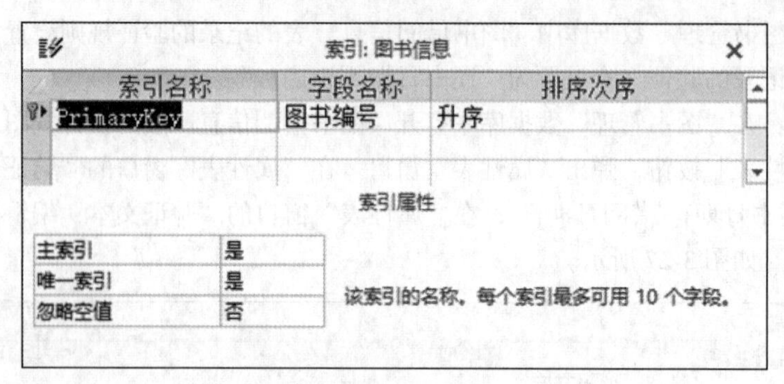

图 3-28 索引窗口

对于数据表的主键字段，系统将在其字段上自动建立一个唯一索引并将其作为主索引使用。唯一索引是指建立索引的字段中的值不能重复和有空值。同一个数据表中可以建立多个唯一索引，但只有一个可以设置为主索引。若字段中有重复的值，则只能建立普通索引。

对于单字段索引，索引窗口中的“唯一索引”属性选择“是”，保存数据表时，表设计视图的“索引”字段属性将被对应设置为“有（无重复）”；“唯一索引”属性选择“否”，保存数据表时，表设计视图的“索引”字段属性将被对应设置为“有（有重复）”。

对于多字段索引，用户只能在索引窗口中，自定义索引名称，在该索引名称下选择建立索引的字段组合，设定组合中每个字段的排序次序，保存数据表创建该索引。

若要删除已建立的索引，则可以在索引窗口中的行选择器上单击选定一行或按住鼠标左键拖曳选定多行，单击键盘上的【Delete】键后保存数据表即可。

3.6 表间关系的建立

在关系数据库中，整体的数据会依据范式要求被分解存放到各个数据表中，因此表与表之间并不是孤立的，彼此之间存在一定的关联关系，即表间关系。通过建立表间关系的操作可以将整个数据库的数据有效地组织在一起，防止数据冗余，便于实现数据操纵。

3.6.1 表间关系的建立

在数据库中创建了若干表后，用户就可以进行建立表间关系的操作。Access 2016 数据库中表间关系有一对一和一对多两种，多数都是一对多的关系。具有一对多关系的两个表，“一”端的表为主表，“多”端的表为相关表。表间的关系通过主表的主键与相关表的外键匹配来建立。如图 3-29 所示的“读者信息”表中的“读者编号”字段可与“图书借阅信息表”中的“读者编号”字段匹配建立表间关系。主表中主键字段的名称与相关表中作为外键的字段名称不一定要相同，但必须具有相同的字段类型和取值含义。若主表的主键是“自动编号”字段，则相关表中与之匹配的“数字”字段必须具有相同的“字段大小”属性。

表间关系的建立应当实施参照完整性规则的约束，以维护表间关系的有效性，确保不会意外删除或更改相关的数据。参照完整性规则如下。

（1）不能在相关表的外键字段中输入不存在于主表主键中的值。

（2）如果在相关表中存在匹配的记录，则不能从主表中删除对应的记录。

（3）如果在相关表中存在匹配的记录，则不能在主表中修改主键对应的值。

如果需要对主表中涉及相关表的记录进行更新或删除时，则可以指定实施级联更新或级联删除。

级联更新：无论何时更改主表中记录的主键值，Access 2016 都会自动更新相关表中所有相关的记录的外键值。

级联删除：无论何时删除主表中记录，Access 2016 都会自动删除相关表中的相关记录。

建立表间关系的操作方法如下。

（1）关闭所有要建立关系的表（已打开的表不能建立关系）。

（2）单击“数据库工具”选项卡的“关系”选项组中的“关系”按钮。若数据库中尚未定义任何关系，则会自动弹出“显示表”对话框。若数据库中已建立过表间关系，则“显示表”对话框不会自动弹出。此时可单击关系工具“设计”选项卡的“关系”选项组中的“显示表”按钮，弹出“显示表”对话框。

（3）在弹出的“显示表”对话框中将需要建立关系的表“添加”到“关系”窗口中，再关闭“显示表”对话框。也可以不通过“显示表”对话框，而是从对象导航栏中将表对象直接拖曳到“关系”窗口中。

（4）在“关系”窗口中将显示出每个表的字段列表信息。识别出要建立关系的表的匹配字段，用鼠标左键按住主表的匹配字段并拖曳到相关表的匹配字段上方，然后释放鼠标左键。此时会弹出“编辑关系”对话框。对话框中将显示相应的主表和相关表名称及匹配字段、关系类型信息；检查确认匹配字段信息，若不正确可加以修改。选中“实施参照完整性”后，“级联更新相关字段”和“级联删除相关记录”选项会变为可选取状态，可根据实际需要决定是否选取。

（5）单击“编辑关系”对话框中的“创建”按钮，完成表间关系的建立。此时两个表的匹配字段之间会出现一根连线。一对多关系的一端会标示符号“1”，多端会标示符号“∞”。一对一关系的两端都会标示符号“1”。

（6）对要建立关系的每对表重复步骤（4）和（5），完成数据库表关系的建立。此时表关系已保存到数据库中。可适当调整“关系”窗口中各表的位置布局，尽量使整个数据库表间关系看起来清晰明了。

（7）单击关系工具“设计”选项卡中的“关闭”按钮，关闭“关系”窗口。系统将询问是否保存该布局。若不保存用户自定义的布局，则系统会保存默认的规则排列的布局。图 3-29 展示了“图书管理”数据库中各表间的关系。其中“管理员信息”表是独立的表，与其他表中的数据之间没有关联关系。

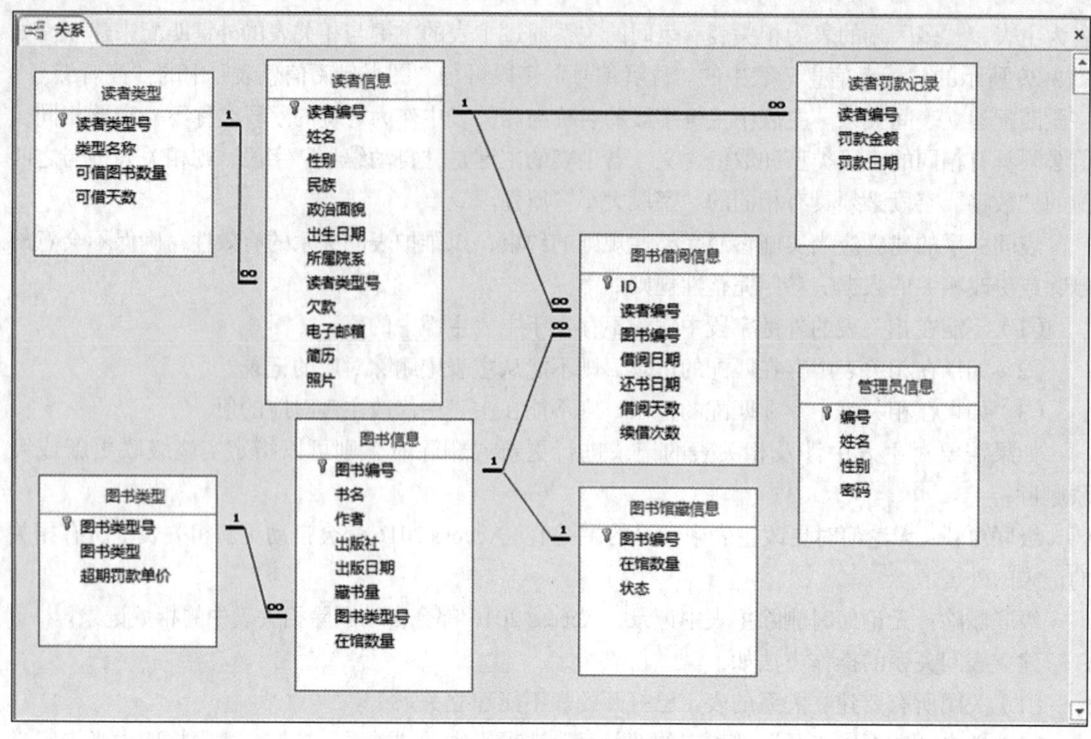

图 3-29 “图书管理”数据库表间关系

3.6.2 表间关系的修改

表间关系的修改包括删除关系和通过“编辑关系”对话框修改关系设置两个方面。

在“关系”窗口中的某个关系连线上单击鼠标右键，弹出的快捷菜单中有“编辑关系”和“删除”两个命令按钮，如图 3-30 所示。

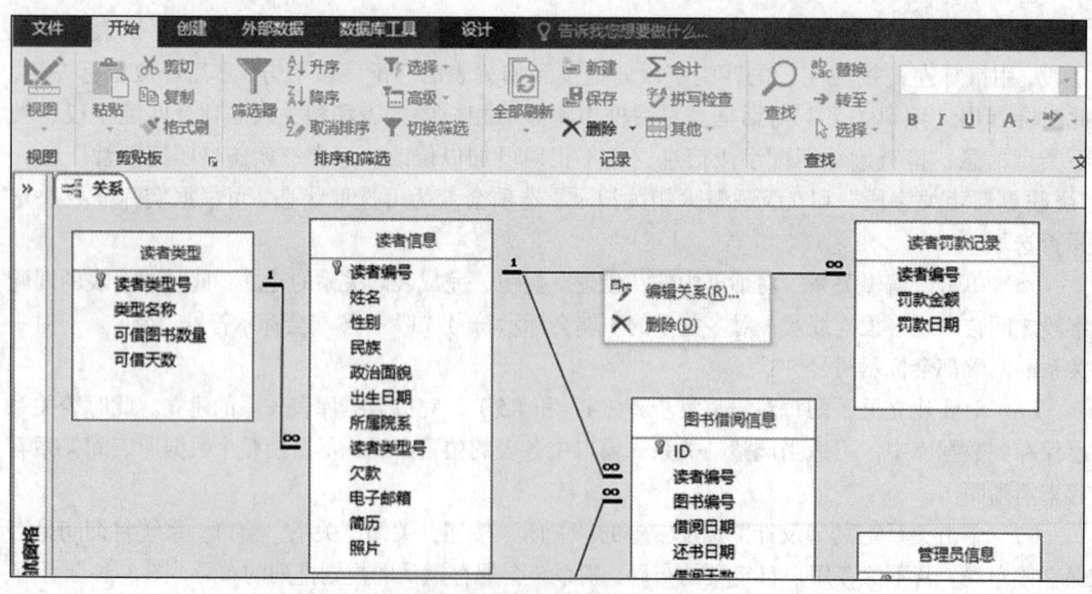

图 3-30 表间关系的修改

选择“删除”命令则可删除关系。例如，需要更改一个表的主键，而这个主键上已建立了关系，则必须先删除该关系才能进行更改。

选择“编辑关系”命令会弹出对应关系的“编辑关系”对话框。可以通过复选框对是否实施参照完整性、级联更新、级联删除进行选择，如图3-31所示；单击“联接类型”按钮弹出联接属性对话框，如图3-32所示，可以修改关系的联接类型。联接类型有3个选项，分别对应关系代数中连接运算的内连接、左连接和右连接。系统默认的联接类型为内连接。联接类型的选择需要结合具体的查询目的进行。

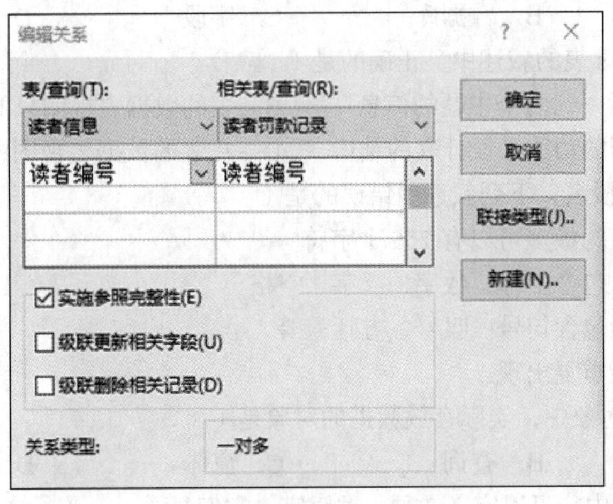

图3-31 “编辑关系”对话框

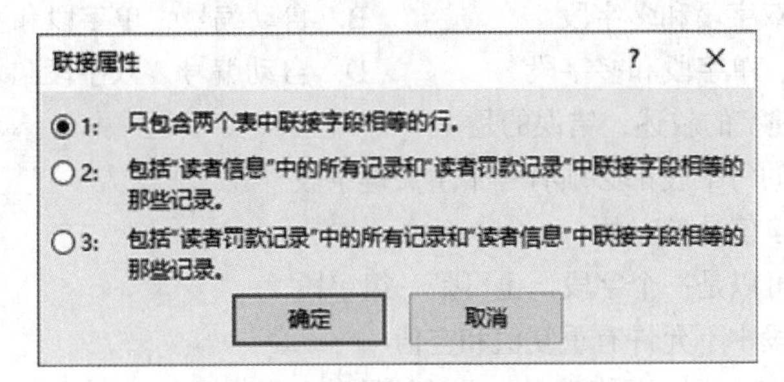

图3-32 “联接属性”对话框

习 题 3

一、选择题

1. Access数据库最基础的对象是（　　）。

   A. 表　　B. 窗体　　C. 报表　　D. 查询

2. 下列关于关系数据库中数据表的描述，正确的是（　　）。

   A. 数据表是相互之间存在联系的独立保存的表格文件

   B. 数据表相互之间存在联系，是用表名称表示相互间的联系

   C. 数据表相互之间不存在联系，完全独立

   D. 数据表既相对独立，又相互联系

3. 在 Access 数据库中，从数据表视图上看表由（　　）组成。

A. 记录和窗体　　B. 字段和记录　　C. 字段和报表　　D. 查询和记录

4. 在 Access 数据库中，在设计视图中定义表结构时，可供选择的数据类型有（　　）种。

A. 10　　B. 11　　C. 12　　D. 13

5. 数据表视图中所有的“数据行”称为（　　）。

A. 数据　　B. 数据视图　　C. 记录集　　D. 实体型

6. 在图书管理的关系数据库中，存取一个读者信息的数据单位是（　　）。

A. 文件　　B. 数据库　　C. 字段　　D. 记录

7. 以下关于 Access 表的叙述中，正确的是（　　）。

A. 表一般包括一到两个主题的信息　　B. 表的数据表视图只能用于显示数据

C. 表设计视图的功能是设计表的结构　　D. 在表的数据表视图中，可以设定主键

8. 关于 Access 字段名，下列叙述中错误的是（　　）。

A. 字段名长度为最多可以有 255 个字符

B. 字段名可以包含字母、数字、汉字、空格

C. 字段名不能包含句号、叹号、方括号等

D. 字段名不能重复出现

9. Access 数据库对象中，实际存放数据的对象是（　　）。

A. 表　　B. 查询　　C. 窗体　　D. 报表

10. Access 数据表中，可以定义 3 种主关键字，它们是（　　）。

A. 单字段、双字段和多字段　　B. 自动编号、单字段和双字段

C. 自动编号、单字段和多字段　　D. 自动编号、双字段和多字段

11. 下列对主关键字的叙述，错误的是（　　）。

A. 数据库中的每个表都必须有一个主关键字段

B. 主关键字段值是唯一的

C. 主关键字可以是一个字段，也可是一组字段

D. 主关键字段中不允许有重复值和空值

12. 在 Access 数据表中，不能定义为主键的是（　　）。

A. OLE 对象　　B. 自动编号　　C. 一个字段　　D. 多个字段组合

13. 在 Access 数据表中，可以被定义为主键的字段的数据类型是（　　）。

A. OLE 对象　　B. 超链接　　C. 附件　　D. 计算

14. 在 Access 数据表中若要定义多字段主键，除了要求这几个字段的组合值不重复外，还要求（　　）。

A. 字段组合中的每个字段下的值都不重复

B. 字段组合中的某一个字段下的值不重复

C. 字段组合中的每一个字段下的值都可重复

D. 必须添加自动编号主键

15. 可以插入图片的字段类型是（　　）。

A. 短文本　　B. 长文本　　C. 超链接　　D. OLE 对象

16. 可以设置字段大小属性的字段类型是（　　）。

A. 短文本、数字、自动编号　　B. 短文本、长文本、自动编号

C. 短文本、数字、货币　　　　　　D. 长文本、附件、OLE 对象

17. 在 Access 数据库中，已保存过的表对象在数据表视图下不能进行的操作是（　　）。

A. 修改字段类型　B. 设置索引　C. 删除字段　D. 添加自动编号字段

18. 若在数据库表的某个字段中存放 Excel 电子表格文件，则该字段的数据类型应是（　　）。

A. OLE 对象　B. 超链接　C. 长文本　D. 短文本

19. 如果要将 4KB 的纯文本块存入一个字段，应选用的字段类型是（　　）。

A. 附件　B. OLE 对象　C. 长文本　D. 短文本

20. Access 表结构中，“字段”的要素包括（　　）。

A. 字段名、数据类型、验证规则　　B. 字段名、数据类型、字段属性

C. 字段名、字段大小、验证规则　　D. 字段名、验证规则、索引

21. 在 Access 数据表中，若要使用一个字段保存多个图像、图表、文档等文件，应该设置的数据类型是（　　）。

A. 超链接　B. 附件　C. 长文本　D. OLE 对象

22. 以下关于字段的叙述中，错误的是（　　）。

A. 验证规则是表达式，可用于限制字段的输入

B. 在数据表视图中不能直接编辑计算类型字段

C. 不同字段类型的字段属性有所不同

D. 可以为任意类型的字段设置默认值属性

23. 定义字段默认值的含义是（　　）。

A. 对输入的数据按默认的方式进行数值转换

B. 字段不能为空，必须输入默认值

C. 在未输入数值之前，系统自动提供的值

D. 字段的取值不允许超出默认值范围

24. 下列关于字段属性的叙述中，正确的是（　　）。

A. 可对任意类型的字段设置输入掩码属性

B. 只有日期型数据能够使用输入掩码向导

C. 格式属性只可能影响数据显示格式

D. 可对任意类型的字段设置默认值属性

25. 下列关于输入掩码属性的叙述中，错误的是（　　）。

A. 当为字段同时定义了输入掩码和格式属性时，格式属性优先

B. 短文本型和日期/时间型字段不能使用合法字符定义输入掩码

C. 输入掩码只为短文本型和日期/时间型字段提供向导

D. 可以控制数据的输入格式并按输入时的格式显示

26. 要将电话号码的输入格式固定为：***-********，应定义字段的属性是（　　）。

A. 格式　B. 默认值　C. 验证规则　D. 输入掩码

27. 对于“电话号码”字段，若要确保输入的电话号码格式为：***-********，则应将该字段的“输入掩码”属性设置为（　　）。

A. 999-99999999　　B. 000-00000000

C. AAA-AAAAAAAA　　D. aaa-aaaaaaaa

28. 若要求在文本框中输入文本时 显示“*”，则应该设置的属性是（　　）。

A. 默认值　B. 验证文本　C. 输入掩码　D. 密码

29. 如果输入掩码设置为“A”，则在输入数据时，该位置上可以接受的合法输入是（　　）。

A. 必须输入字母 A～Z　B. 必须输入字母或数字

C. 可以输入字母、数字或空格　D. 任意符号

30. 若将文本型字段的输入掩码设置为：####-######，则正确的输入数据是（　　）。

A. 0755-abcdef　B. 0755-123456　C. abcd-123456　D. ####-######

31. 车牌号第一个字符为省或直辖市代号，第二个字符以字母作为城市代号，后面 5 位是字母或数字的组合，如“川 A28V89”。则应将车牌号字段的输入掩码设置为（　　）。

A. CAaaaaa　B. CaAAAAA　C. &LAAAAA　D. &?aaaaa

32. 若固话号码字段为短文本类型，字段大小为 12，号码组成是 3 位或 4 位区号加 8 位固话号码，输入后要求区号和号码之间显示一个空格，若是 3 位区号则以前导空格开头，该字段的格式属性应设置为（　　）。

A. #### ########　B. **** ********

C. @@@@ @@@@@@@@　D. 0000 00000000

33. 下列关于格式属性的叙述中，错误的是（　　）。

A. 可在需要控制数据显示格式时设置　B. 显示格式只在输入数据被保存后应用

C. 不能设置自动编号型字段的格式属性　D. 格式属性只影响字段数据的显示格式

34. 下列对数据输入无法起到约束作用的是（　　）。

A. 输入掩码　B. 验证规则　C. 字段名称　D. 数据类型

35. 若“读者信息”表中“政治面貌”为以下 5 种之一：党员、预备党员、团员、群众和其他，为提高数据输入效率，可以设置字段的属性是（　　）。

A. 验证文本　B. 显示控件　C. 验证规则　D. 智能标记

36. 下列关于字段大小属性的叙述中，错误的是（　　）。

A. 字段大小属性用于限制输入到字段中值的最大长度

B. 自动编号型的字段大小属性不能在数据表视图中设置

C. 字段大小属性只适用于短文本或自动编号类型的字段

D. 短文本型字段的字段大小属性可以在数据表视图中设置

37. 如果字段“成绩”的取值范围为 0～100，则下列选项中，错误的验证规则是（　　）。

A. 成绩>=0 and 成绩<=100　B. 0<=[成绩]<=100

C. [成绩]>=0 and[成绩]<=100　D. >=0 and<=100

38. 下列关于索引的叙述中，正确的是（　　）。

A. 索引可以提高数据输入的效率　B. 建立索引的字段取值不能重复

C. 任意类型字段都可以建立索引　D. 索引可以提高记录查询的效率

39. 下列不可以建立索引的数据类型是（　　）。

A. 短文本　B. 超链接　C. 长文本　D. OLE 对象

40. 在 Access 数据表中，设置为主键的字段（　　）。

A. 不能设置索引　B. 可设置为“有（有重复）”索引

C. 系统自动设置索引　D. 可设置为“无”索引

41. 对表中某一字段建立索引时，若其值有重复，可选择（　　）索引。

A. 主键　B. 有（无重复）　C. 无　D. 有（有重复）

42. 不能进行索引的字段类型是（　　）。

A. 长文本　B. 数字　C. 短文本　D. 计算

43. 如果要防止非法的数据输入到数据表中，应设置的字段属性是（　　）。

A. 默认值　B. 验证文本　C. 验证规则　D. 格式

44. 通配符“*”的含义是（　　）。

A. 通配任意个数的字符　B. 通配任何单个字符

C. 通配任意个数的数字字符　D. 通配任何单个数字字符

45. 在筛选时，不需要输入筛选规则的方法是（　　）。

A. 按窗体筛选　B. 使用筛选器筛选　C. 高级筛选　D. 按选定内容筛选

46. 在Access 2016中对表进行“筛选”操作的结果是（　　）。

A. 从数据中挑选出满足条件的记录

B. 从数据中挑选出满足条件的记录并生成一个新表

C. 从数据中挑选出满足条件的记录并输出到一个报表中

D. 从数据中挑选出满足条件的记录并显示在一个窗体中

47. 用数据表视图显示记录时，如果要求将某字段的显示位置固定在窗口左侧，则可以进行的操作是（　　）。

A. 筛选　B. 冻结列　C. 排序　D. 隐藏列

48. 在Access 2016中，如果不想显示数据表中的某些字段，可以使用的命令是（　　）。

A. 隐藏　B. 删除　C. 冻结　D. 筛选

49. 在Access 2016的数据表中删除一条记录，被删除的记录（　　）。

A. 被恢复为最后一条记录　B. 被恢复为第一条记录

C. 可以恢复到原来位置　D. 不能恢复

50. 下列关于Null值的叙述中，正确的是（　　）。

A. Null值表示字段值未知　B. Null值等同于空字符串

C. Access 2016不支持Null值　D. Null 值等同于数值0

51. 在“查找和替换”对话框的“查找内容”文本框中，设置“b[ai]ll”的含义是（　　）。

A. 查找第二个字母属于a～i的字符串　B. 查找第二个字母不属于a～i之间的字符串

C. 查找“ball”和“bill”的字符串　D. 查找“b[ai]ll”字符串

52. 要在一个数据库中的A表与B表之间建立关系，错误的叙述是（　　）。

A. 用于建立关系的字段的字段名必须相同

B. 可以通过第三表间建立A表和B表之间的关系

C. A表B表可以建立关系，A表与A表也可以建立关系

D. 建立表之间的关系必须是一对一或一对多的关系

二、填空题

1. 表名、字段名的长度最长可到________个字符，包括空格，但不能以空格开头。

2. Access数据库中的每个表都必须设定一个________，用以保证表中的记录都是唯一的。

3. 将“输入掩码”属性设置为“密码”，以创建密码项文本框。文本框中键入的任何字符都按字面字符保存，但显示为________。

4. 验证规则属性是用一个________来指定输入到字段或记录的数据的要求。

5. Access数据库中实际建立的表间关系有一对一和________两种。

6. 表间关系实施参照完整性后，如果需要对主表中涉及相关表的记录进行更新时，可以指定实施________。

7. 短文本数据类型没有预定义的格式。“短文本”数据类型只有________格式。

8. 字段的格式属性用于设置该字段数据在数据表视图中的________格式；字段的输入掩码属性则设置该字段数据的________格式。

9. 在数据表视图下，字段的验证规则以及记录的验证规则都可以在“字段”选项卡下的“字段验证”选项组中，通过________按钮进行设置。

10. 数据表视图中，字段的顺序可以随意调整，但记录的前后顺序则只能按字段________的方式调整。

第 4 章 查询

查询是 Access 2016 中具有条件检索和计算功能的数据库对象。利用查询，可以在一个或多个表中根据所给出的条件来筛选用户所需要的信息，供用户查看、更改以及分析。查询的结果可以作为数据库中其他对象的数据源，也可以在一次查询的结果上再进行一次查询。

4.1 查询的种类

在 Access 2016 数据库中，可根据对数据源操作方式及操作结果的不同，将查询分为 5 种，分别是选择查询、参数查询、交叉表查询、操作查询和 SQL 特定查询。

1. 选择查询

选择查询是最基本的查询，也是最常用的查询，它可以从一张或多张表中查询出用户所需要的数据，并可以对数据进行进一步的加工，例如，求和、求平均值、计数等。

2. 参数查询

参数查询是一种交互式的查询，利用对话框来要求用户输入查询的条件，然后根据用户所输入的条件查找出满足此条件的记录。比如，可以通过设计要求用户输入班级来查询该班级所有同学的基本信息等。

3. 交叉表查询

使用交叉表查询计算和重新组织数据，可以简化数据分析。通过交叉表查询，还可以计算数据的统计、平均值、计数或其他类型的总和。这个数据可以分为两组信息，分别是在数据表的左侧排列以及在数据表的顶端。

4. 操作查询

操作查询是在一个操作可以对多个记录进行更改、移动等的查询。Access 的操作查询分为以下 4 种类型。

（1）删除查询

从一个或多个表中删除一组记录。使用删除查询，通常会删除整个记录，而不只是记录中所选择的字段。

（2）更新查询

对一个或多个表中的一组记录进行全面的更改。使用更新查询，可以更改表中已有的数据记录。例如，可以通过更新查询将所有员工的工资增加 500 元。

（3）追加查询

可将一个或多个表中的一组记录追加到一个或多个表的末尾。

（4）生成表查询

利用一个或多个表中的部分或全部数据来创建一个新表。例如，可以使用生成表查询生成所有数学成绩不及格的学生表。

5. SQL 特定查询

有一些无法在设计视图中创建，需要使用 SQL（结构化查询语言）语句创建的查询称为“SQL 特定查询”。对于数据定义查询、传递查询和联合查询，必须在 SQL 视图中创建 SQL 语句。对于子查询，则可以在查询设计视图的“条件”行或“字段”行输入 SQL 语句。

4.2 查询准则

在用户查询某些数据时，可以根据设置的不同条件进行查询，只显示出满足条件的数据，而不满足条件的数据则不显示。而对于条件的设置需要使用一个或多个表达式。表达式是由常量、运算符、函数和字段等多个部分组成的算式，而单个的常量、数值、字段或函数也可以视作表达式的特例，表达式中连接函数、常量和字段的符号就是运算符，如“+”“-”“*”“/”等。不同的运算符功能有所不同，对连接的函数、常量和字段的类型也有相应的要求。比如算术表达式，算术表达式中出现的运算符都应是算术运算符，而如果一个表达式中出现了多种不同类型的运算符，则需按照算术运算符的优先级进行运算。

4.2.1 运算符与表达式

表达式是各种数据、运算符、函数、控件和属性的组合，其运算结果是某个确定的数据类型的值。表达式能实现计算、判断和数据类型转换等功能。

1. 算术运算符

算术运算符用于实现常见的算术运算。表 4-1 列出了常见的算术运算符及示例。

表 4-1 常用的运算符及示例

运算符	含义	示例	
		表达式	结果
+	加	2+65	67
-	减	3-2	1
*	乘	3*5	15
/	浮点除	10/4	2.5
\	整数除	10\4	2
^	乘方	2^3	8
mod	取余	10 mod 3	1

2. 关系运算符

关系运算符用于比较两个运算量间的关系，关系表达式的运算结果为逻辑型。关系运算符及示例如表 4-2 所示。关系运算的规则如下。

表 4-2　关系运算符及示例

运算符	含义	表达式示例	结果
<	小于	25*4<99	False
>	大于	-200>-500	True
=	等于	4*7-2=24	False
<>	不等于	15<>20 或 15#20	True
<=	小于或等于	4*3<=12	True
>=	大于或等于	6+8>=15	False

（1）数值型数据按数值大小比较。

（2）日期型数据按照日期的先后顺序比较，日期在前的小，日期在后的大。

（3）字符型数据按照字符的 ASCII 值的大小从左到右一一进行比较。

3. 逻辑运算符

逻辑运算符主要用于逻辑运算。逻辑表达式运算的结果是逻辑值真（True）或假（False）。逻辑运算符及示例如表 4-3 所示。逻辑运算的规则如表 4-4 所示。

表 4-3　逻辑运算符及示例

运算符	含义	表达式示例	结果
NOT	逻辑非，取逻辑值相反的值	NOT.7>3	False
AND	逻辑与，两边的条件都成立，其结果值为真	5*9>27 AND 36>16	True
OR	逻辑或，只要一边的条件成立，其结果值为真	7*3>20 OR 25<19	True

表 4-4　逻辑运算规则表

A	B	NOT B	A AND B	A OR B
True	True	False	True	True
True	False	True	False	True
False	True	False	False	True
False	False	True	False	False

4. 连接运算符

连接运算符用于字符串的连接。常见的连接运算符有“+”和“&”。当连接的两个操作数都为字符串时，两个连接符等价。连接运算符示例如表 4-5 所示。

（1）+（连接运算）：两个操作数均应为字符串类型。当两边的操作量都为数字时，它就变成了加法符号，执行加法运算。当两边的操作数一个是数字，另一个是字符时，则会出现错误信息提示。

（2）&（连接运算）：两个操作数既可以是字符型，也可是数值型。当操作数是数值型时，系统先自动将其转换为字符，再进行连接操作。

表 4-5 连接运算符示例

示例	结果	示例	结果
"50"+"40"	"5040"	"程序"+"设计"	"程序设计"
"50"&40	"5040"	20&30	"2030"
"ab"+30	出错	"程序"&"设计"	"程序设计"

5. 特殊运算符

特殊运算符及示例如表 4-6 所示。

表 4-6 特殊运算符及示例

运算符	含义	示例
LIKE	像……一样	LIKE "张*"
IN	在集合中	IN("男","女")
BETWEEN…AND	在……与……之间	BETWEEN 60 AND 100
*	表示任意数目的字符串，可以用在字符串的任何位置	LIKE "张*"
?	表示任何单个字符或单个汉字	LIKE "张? "

6. 运算符的优先级

在一个表达式中进行计算时，会按预先确定的顺序进行计算求解，我们称这个顺序为运算符的优先顺序。Access 2016 中常用运算符的优先级如表 4-7 所示。

表 4-7 运算符的优先级

优先级	高←低			
高	算术运算符	连接运算符	关系运算符	逻辑运算符
↑	^	&	=	NOT
	-（负数）	+	<>	
	*、/		<	AND
	\		>	
	MOD		<=	OR
低	+、-		>=	

（1）各种运算符优先级：算术运算符>连接运算符>关系运算符>逻辑运算符。

（2）算术运算符和逻辑运算符按表 4-7 所列的优先顺序处理。

（3）关系运算符和连接运算符的优先级相同。按出现的顺序从左到右执行。

【例 4.1】计算以下表达式的值。

```
200<100+15 AND "AB"+"EFG">"ABC" OR NOT "Pro"="FoxPro"
```

该表达式的运算步骤如下。

（1）先运算 100+15 和"AB"+"EFG"，运算后：

```
200<115 AND "ABEFG">"ABC" OR NOT "Pro"="FoxPro"
```

（2）其次进行小于（<）、大于（>）比较和等于（=）测试，运算后：

```
False AND True OR  NOT  False
```

（3）最后进行逻辑非（NOT）、逻辑与（AND）和逻辑或（OR）运算，即：

```
False AND True OR NOT False  →  False AND True OR True →  False OR True  →  True
```

该表达式的运算结果为逻辑值 True（真）。

4.2.2 函数

函数是数据运算的一种特殊形式，用来实现某些特定的运算。函数是由事先定义好的一系列确定功能的语句组成，并最终返回一个确定类型的值。函数的表示形式一般是在函数名后跟一对圆括号，圆括号内给出函数的自变量，一些没有自变量或者可以缺省自变量的函数，圆括号内为空。

函数自变量有其规定的数据类型，使用时必须符合规定的类型。函数按其功能或返回值的类型主要分为几类：数值运算函数、字符处理函数、类型转换函数、日期和时间函数等。

下面按分类介绍一些常用标准函数的使用方法。

1. 数值运算函数

（1）绝对值函数

【语法】ABS（<数值表达式>）

【功能】返回数值表达式的绝对值。

【例 4.2】 ABS(−13.5)　　　　&& 结果为 13.5
ABS(−7)　　　　&& 结果为 7
ABS(5*7−4*8)　　　　&& 结果为 3

（2）自然指数函数

【语法】EXP（<数值表达式>）

【功能】计算 e 的 *n* 次方。

【例 4.3】 EXP(5)　　　　&& 结果为 148.41
EXP(0)　　　　&& 结果为 1

（3）向下取整函数

【语法】INT（<数值表达式>）

【功能】返回数值表达式值向下取整数的结果，参数为负数时返回小于等于参数值的第一个负数。

【例 4.4】 INT(−8.99+3)　　　　&& 结果为−6
INT(123.75)　　　　&& 结果为 123

（4）取整函数

【语法】FIX（<数值表达式>）

【功能】返回数值表达式的整数部分，参数为负数时返回大于等于参数值的第一个数。

【例 4.5】 FIX(2.718)　　　　&& 结果为 2
FIX(−2.5)　　　　&& 结果为−2

（5）四舍五入函数

【语法】ROUND（<数值表达式>[,<小数保留位数>]）

【功能】计算数值表达式的值，根据小数保留位数进行四舍五入。当小数保留位数为 *n*（≥0）时，对小数点后第 *n*+1 位四舍五入；当小数保留位数为负数 *n* 时，则对小数点前第|*n*|位四舍五入；若省略，则为 0。

【例 4.6】

ROUND(53.6279,2)　　　　&& 结果为 53.63

ROUND(53.6279,0)　　　&& 结果为 54
ROUND(8375.62,-2)　　　&& 结果为 8400
ROUND(3.1515)　　　&& 结果为 3
ROUND(123.45,0)　　　&& 在小数点后面四舍五入，其结果为 123
ROUND(123.45,-1)　　　&& 在小数点左边第一位四舍五入，其结果为 120

（6）开平方函数

【语法】SQR（<数值表达式>）

【功能】计算数值表达式的算术平方根。数值表达式的值不能为负。

【例 4.7】已知 x=6，y=12，计算并输出公式 $\sqrt{x^2+y^2}$ 的值。

SQR(x^2+y^2)　　&& 结果为 13.42

（7）符号函数

【语法】SGN（<数值表达式>）

【功能】返回数值表达式的符号值。当数值表达式值大于 0 时，返回值为 1；当数值表达式值等于 0 时，返回值为 0；当数值表达式值小于 0 时，返回值为-1。

【例 4.8】SGN (-3)=-1
SGN (0)=0
SGN (4)=1

（8）随机函数

【语法】RND（<数值表达式>）

【功能】产生一个[0,1)中的随机数，为单精度型。如果数值表达式值小于 0，则每次产生相同的随机数；如果数值表达式值大于 0，则每次产生新的随机数；如果数值表达式值等于 0，则产生最近生成的随机数，且生成的随机数序列相同；如果省略数值表达式参数，则默认参数值大于 0。

【例 4.9】RND ( )　　　&&产生[0,1）中的随机数
INT(101* RND ( ))　　　&&产生[0,100]中的随机整数

2．字符处理函数

（1）字符串长度检测函数

【语法】LEN（<字符表达式>）

【功能】返回字符串所包含的字符数，返回值为数值型。

【例 4.10】LEN ("abcdef")　　　&& 结果为 6

（2）字符串检索函数

【语法】INSTR（[start]，<str1>，<str2>[，Compare]）

【功能】检索子字符串 str2 在字符串 str1 中最早出现的位置，返回一个整型数。start 为可选参数，为数值型，设置检索的起始位置。如省略，则从第一个字符开始检索；如包含 Null 值，则发生错误。Compare 也为可选参数，指定字符串比较方法，值可以为 1、2 和 0（默认），0 表示进行二进制比较，1 表示进行不区分大小写的文本比较，2 表示进行基于数据库中包含信息的比较；若值为 NULL，则会发生错误。如指定了 Compare 参数，则 start 一定要有参数。

【例 4.11】INSTR ("Internet","*n*")　　　&& 结果为 2
INSTR (3, "FoxPrO","o",1)　　&& 结果为 6

（3）字符串截取函数

【语法】LEFT（<字符表达式>,<数值表达式>）

RIGHT（<字符表达式>,<数值表达式>）

MID（<字符表达式>,<数值表达式 1>[,<数值表达式 2>]）

【功能】LEFT：从<字符表达式>的左端开始截取由<数值表达式>指定个数的子字符串，返回值为字符型。

RIGHT：从<字符表达式>的右端开始截取由<数值表达式>指定个数的子字符串，返回值为字符型。

MID：在<字符表达式>中截取子字符串，从<数值表达式 1>指定的字符开始截取由<数值表达式 2>指定个数的字符。如缺省<数值表达式 2>，将从<数值表达式 1>指定的字符开始截取到字符表达式的结尾。函数的返回值为字符型。

【例 4.12】LEFT("FoxPro",3)　　&& 结果为：Fox

RIGHT("FoxPro",3)　　&& 结果为：Pro

MID ("FoxPRO",2,2)　　&& 结果为：ox

（4）生成空格字符函数

【语法】SPACE（<数值表达式>）

【功能】返回数值表达式所指定的空格字符。

【例 4.13】SPACE(4)　　&& 结果为：返回 4 个空格字符

（5）删除空格函数

【语法】TRIM（<字符表达式>）

LTRIM（<字符表达式>）

RTRIM（<字符表达式>）

【功能】TRIM()函数返回删除指定字符串中的前导空格和尾部空格后的字符串。LTRIM()函数返回删除指定字符串的前导空格后的字符串。RTRIM()函数删除指定字符串中的尾部空格后的字符串。

【例 4.14】

LTRIM("   FoxPro")　　&& 去掉字符串左端空格，结果为："FoxPro"

RTRIM("FoxPro   ")　　&& 去掉字符串右端空格，结果为："FoxPro"

TRIM("   FoxPro   ")　　&& 去掉字符串前导和尾部空格，结果为："FoxPro"

（6）大小写转换函数

【语法】LCASE（<字符表达式>）

UCASE（<字符表达式>）

【功能】LCASE()函数将字符表达式中的大写字母转换为小写字母，返回值为字符型。UCASE()函数将字符表达式中的小写字母转换为大写字母，返回值为字符型。

【例 4.15】LCASE ("FoxPro")　　&& 结果为：foxpro

UCASE ("FoxPro")　　&& 结果为：FOXPRO

3. 类型转换函数

（1）数字转换成字符串函数

【语法】STR（<数值表达式>）

【功能】将<数值表达式>的值转换为字符串，返回值为字符型。注意：当一个数字被转换成字符串时，总会在前面保留一个空格来表示正负。若表达式值为正，则返回的字符串包含一个前导空格表示有正号。

【例 4.16】STR(123.4)　　&& 结果为：123.4（123.4 前有一个前导空格）
STR(-6)　　&& 结果为：-6

（2）字符串转换成数字函数

【语法】VAL（<字符表达式>）

【功能】将由数字组成的字符串转换为数值型数字。数字字符串转换时可自动将字符串中的空格、制表符和换行符去掉，若在转换时遇到系统不能识别为数字的第一个字符，则停止字符串的转换。若第一个字符不是数字，则返回结果为 0。

【例 4.17】VAL("A18")　　&& 结果为：0
VAL("15A19")　　&& 结果为：15

（3）字符串转换字符代码函数

【语法】ASC（<字符表达式>）

【功能】返回字符表达式中第 1 个字符的 ASCII 值

【例 4.18】ASC("FoxPro")　　&& 结果为：70（字母 F 的 ASCII 值）

（4）字符代码转换字符函数

【语法】CHR（<字符代码>）

【功能】返回与字符代码相对应的字符。

【例 4.19】CHR(65)　　&& 结果为：A
CHR(70)　　&& 结果为：F

（5）字符串转换成日期函数

【语法】DATEVALUE（<字符串表达式>）

【功能】将一个日期格式的字符串转换为日期型。若字符串中略去了“年”这一部分，函数将使用系统日期的年份。若字符串中包含时间信息，则函数不会返回时间部分。

【例 4.20】DATEVALUE ("2019-5-3")　　&& 结果为：#2019-5-3#
DATEVALUE ("2019-5-3 21:29")　　&& 结果为：#2019-5-3#

4. 日期和时间函数

（1）返回系统日期和时间函数

【语法】DATE( )
TIME( )
NOW( )

【功能】DATE( )函数返回系统当前日期。TIME( )函数返回系统当前时间。NOW( )函数返回当前系统的日期和时间。

【例 4.21】设系统的当前日期为 2020/04/22，当前时间为 10 点 26 分 45 秒。

DATE( )　　&& 结果为：2020/04/22
TIME( )　　&& 结果为：10:26:45
NOW( )　　&& 结果为：2020/04/22 10:26:45 AM

（2）截取日期分量函数

【语法】YEAR（<日期表达式>）
MONTH（<日期表达式>）

DAY（<日期表达式>）

WEEKDAY(<表达式>[，W])

【功能】YEAR( )函数返回日期表达式的年份。MONTH( )函数返回日期表达式的月份。DAY( )函数返回日期表达式的日期。WEEKDAY( )返回 1～7 的整数，表示星期几。返回的星期值如表 4-8 所示。在 WEEKDAY( )函数中，参数 W 可以指定一个星期的第一天是星期几。默认周日是一个星期的第一天，W 的值为 1 或 vbSunday。

表 4-8 星期函数

常数	值	描述
vbSunday	1	星期日（默认）
vbMonday	2	星期一
vbTuesday	3	星期二
vbWednesday	4	星期三
vbThursday	5	星期四
vbFriday	6	星期五
vbSaturday	7	星期六

【例 4.22】YEAR(#2019/08/09#)　　&& 结果为：2019

MONTH(#2019/08/09#)　　&& 结果为：8

DAY(#2019/08/09#)　　&& 结果为：9

（3）组合日期函数

【语法】DATESERIAL（<表达式 1>,<表达式 2>,<表达式 3>）

【功能】返回包含指定年月日的日期，其中，表达式 1 为年，表达式 2 为月，表达式 3 为日。

每个参数的取值范围应该是可接受的，即日的取值范围应为 1～31，月的取值范围应为 1～12。当任何一个参数的取值范围超出可接受的范围时，它会自动进位到下一个较大的时间单位。例如，如果指定了 32 天，则这个天数被解释成一个月加上多出来的天数，多出来的天数将由其年份和月份决定。

【例 4.23】DATESERIAL (2019,4,20)　　&& 结果为：#2019-4-20#

DATESERIAL (2019-2,6,0)　　&& 结果为：#2017-5-31#

4.3 简单查询

创建一个查询时，需要搞清楚以下问题。

（1）数据源（即到哪里去查）。

（2）查找的内容（即要从数据源中查找什么信息）。

（3）是否有查找的条件。

创建查询的方法有两种：一种是使用查询向导，另一种是使用设计视图。

4.3.1 使用查询向导创建查询

使用查询向导创建查询比较简单，用于从一个或多个表或查询中抽取字段检索数据，但不能通过设置条件来筛选记录。

1. 创建一个简单查询

【例 4.24】利用“读者信息”表，使用查询向导创建一个查询，查询“读者编号”“姓名”“性别”和“民族”4 个字段，所建查询命名为“读者信息查询”。操作步骤如下。

（1）启动 Access 2016，打开“图书管理”数据库。

（2）依次单击“创建”选项卡→“查询”选项组→“查询向导”按钮，单击后会弹出“新建查询”对话框，如图 4-1 所示。

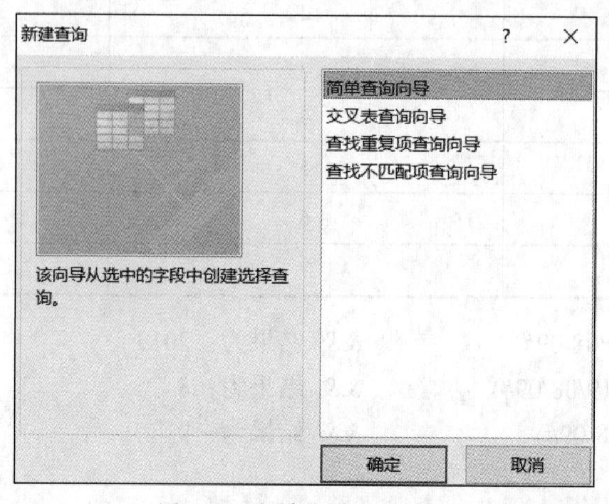

图 4-1 “新建查询”对话框

（3）选择“简单查询向导”选项，单击“确定”按钮，会弹出“简单查询向导”对话框，如图 4-2 所示。

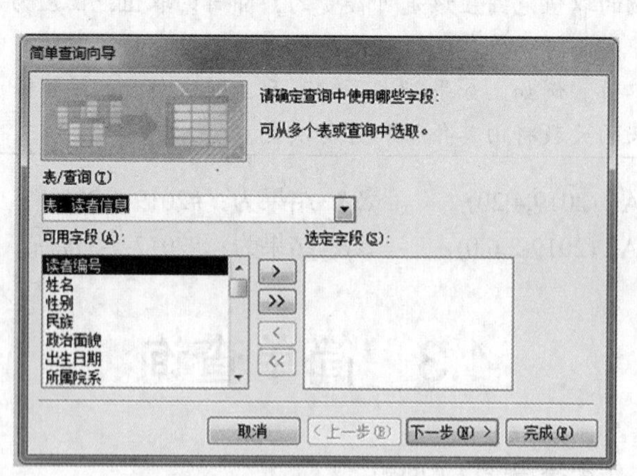

图 4-2 “简单查询向导”对话框 1

（4）在“表/查询”下拉列表框中选择建立查询的数据源“读者信息”表，此时在“可用字段”列表框中显示了“读者信息”表中所有字段。选择查询需要的字段，然后单击按钮 >，将选中的字段添加到右边“选定的字段”列表框中，如图 4-3 所示。

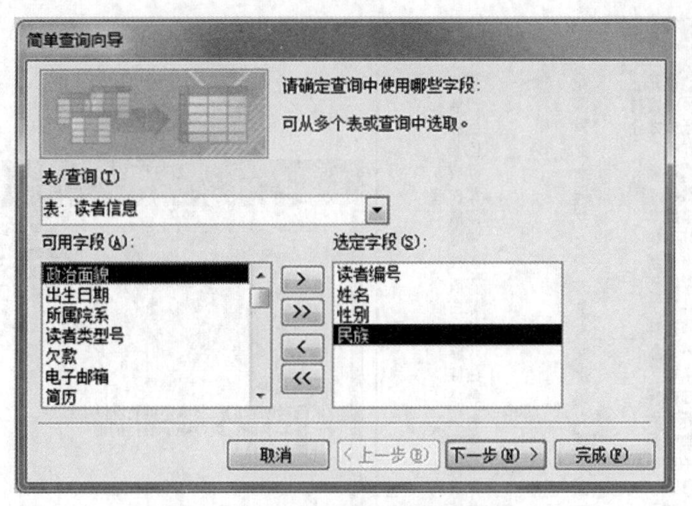

图 4-3　“简单查询向导”对话框 2

（5）单击“下一步”按钮，弹出为查询命名的对话框，如图 4-4 所示，输入查询名称“读者信息查询”，选中“打开查询查看信息”单选按钮，最后单击“完成”按钮，结束查询的创建。

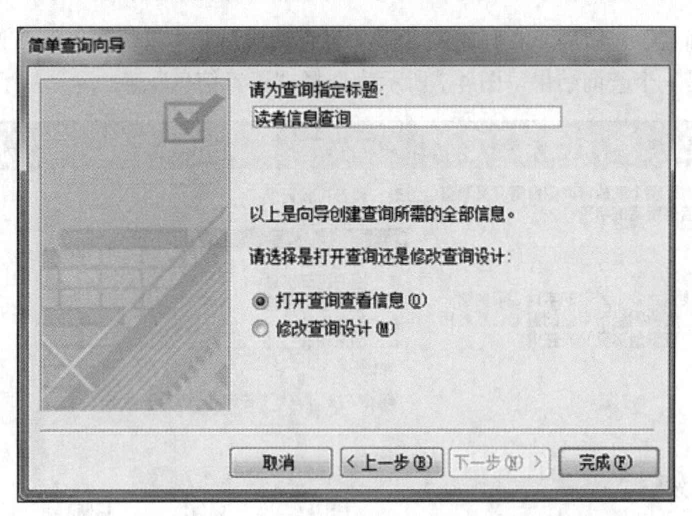

图 4-4　完成创建

（6）创建查询后，便能查看到当前选择的读者的“读者编号”“姓名”“性别”以及“民族”字段的所有信息，如图 4-5 所示。

2. 创建交叉表查询

可以通过交叉表查询在扩展表格中查看计算的结果，即在现有数据的基础上进行相关的计算，在行列交叉处显示计算的结果，是一类特殊的查询。

【例 4.25】 创建一个查询，查询“读者信息”表中各个院系的总人数以及男生、女生各自的人数，查询名称为“读者信息_交叉表”。操作步骤如下。

（1）启动 Access 2016，打开“图书管理”数据库。

（2）单击“创建”选项卡，再单击“查询向导”按钮，在弹出“新建查询”对话框中选择“交叉表查询向导”选项，如图 4-6 所示。

读者信息查询

读者编号	姓名	性别	民族
201130505034	完德开	女	汉族
201130505036	罗绒吉村	男	汉族
201130505037	杨秀才让	男	回族
201330103003	高杨	女	回族
201330103004	梁冰冰	女	回族
201330103005	蒙铜	男	蒙古族
201330103006	韦凤宇	女	回族
201330103007	刘海艳	女	汉族
201330103008	韦蕾蕾	男	汉族
201330103009	梁淑芳	女	汉族
201330402001	韩菁	女	蒙古族
201330402002	顾珍玮	女	壮族
201330402005	陈佳莹	女	汉族
201330402007	韦莉	女	白族
201330402008	陆婷婷	男	彝族
201330402009	陈建芳	女	畲族
201330402010	李莹月	男	回族
201330402019	柏雪	女	汉族
201330805019	陈盼	女	蒙古族
201331101003	伍娟	女	彝族
201331101010	刘天锐	男	畲族
201331101015	邬连梅	女	回族
201331101022	文致远	男	白族

图 4-5　查询结果

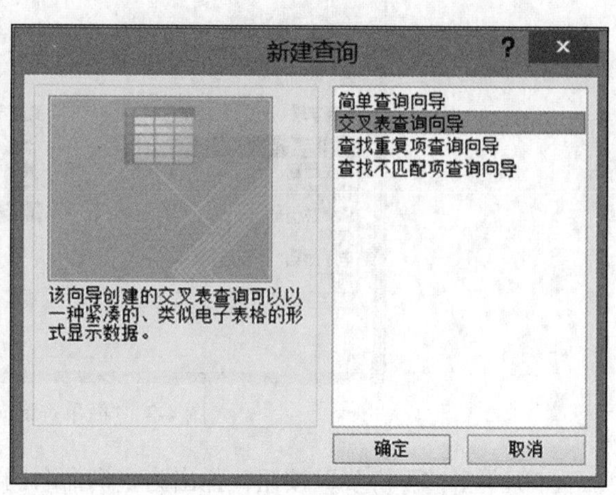

图 4-6　选择“交叉表查询向导”选项

（3）单击“确定”按钮后，在弹出的“交叉表查询向导”中选择数据源，该数据源既可以是一张表，也可以是一个查询结果。图 4-7 所示为选择“读者信息”表。

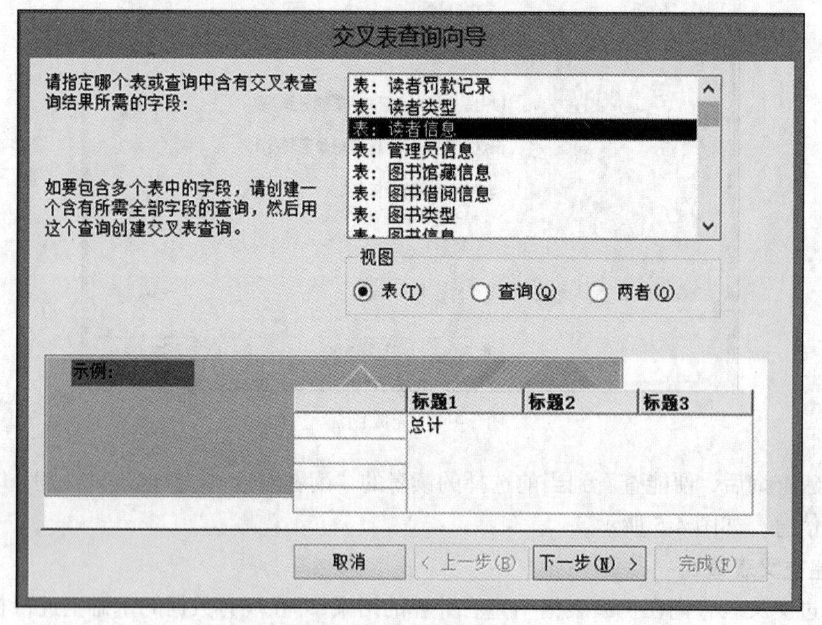

图 4-7　选择“读者信息”表

（4）单击“下一步”按钮，弹出提示选择行标题的对话框中“行标题”字段，行标题最多可以选择 3 个。本例中选择“所属院系”作为行标题，如图 4-8 所示。

（5）单击“下一步”按钮，在对话框中选择“性别”作为“列标题”字段，如图 4-9 所示。

（6）单击“下一步”按钮，在对话框中选择要显示在交叉点的字段，以及字段的显示函数，如图 4-10 所示。

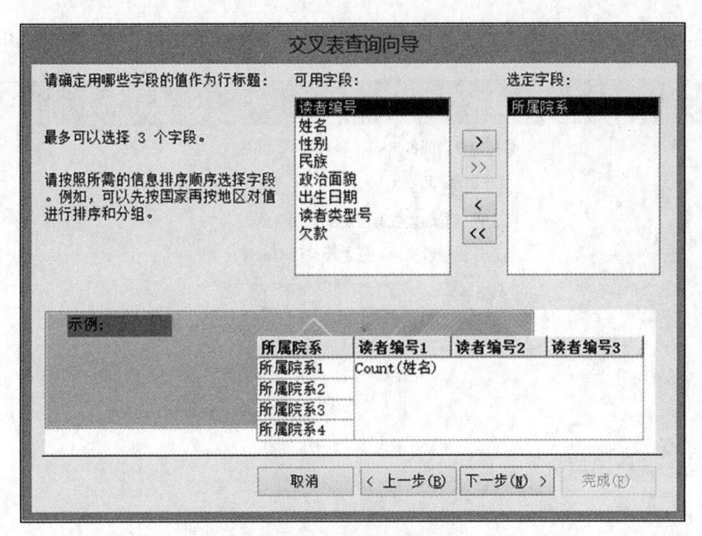

图 4-8 选择行标题

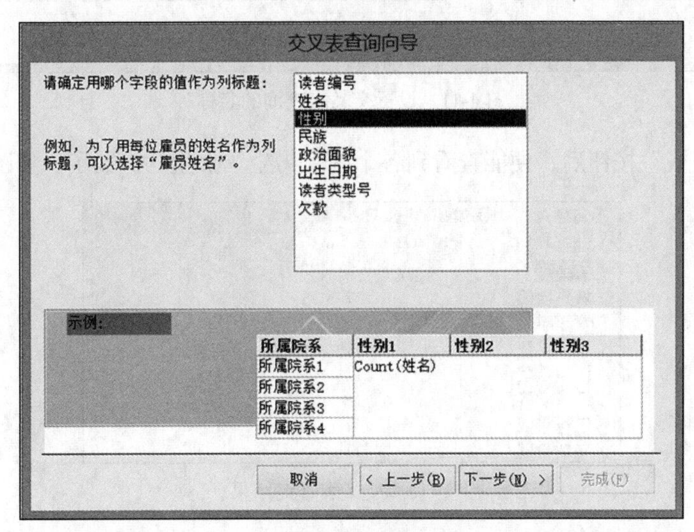

图 4-9 选择列标题

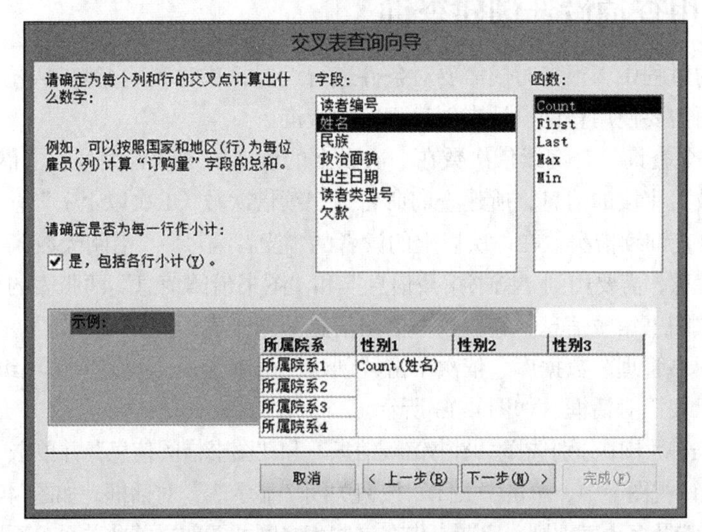

图 4-10 选择交叉点字段和显示函数

（7）单击“下一步”按钮，为该查询设置名称，设置完成后单击“完成”按钮，如图 4-11 所示。

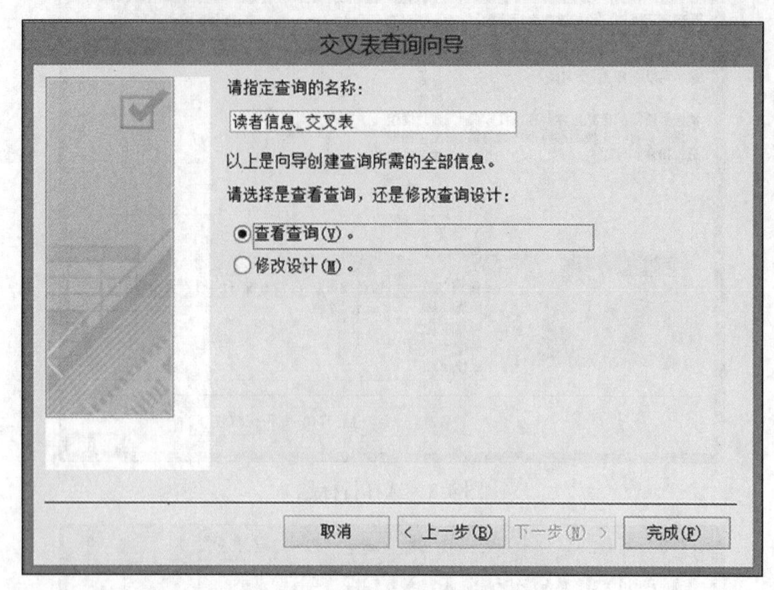

图 4-11　设置交叉表查询的名称

（8）单击“完成”按钮后，便能查看到各个院系男生、女生的人数了，如图 4-12 所示。

所属院系	总计 姓名	男	女
藏学院	4	3	1
城建学院	17	8	9
管理学院	19	7	12
化环学院	11	8	3
计科学院	11	4	7
经济学院	18	1	17
生科学院	7	3	4
文新学院	11	4	7

图 4-12　交叉表查询结果

4.3.2　使用查询设计创建查询

在创建查询的过程中，很多时候需要对条件进行设置，这时利用查询向导创建的简单查询便不能满足要求，而需要使用查询设计来创建相应的查询。

【例 4.26】创建一个查询，查询续借次数在一次以上的读者的“读者编号”“借阅天数”“图书编号”“续借次数”字段的信息，所建查询命名为“续借次数（1 次以上）”。

通过分析，要查询续借次数在一次以上的读者的“读者编号”“借阅天数”“图书编号”“续借次数”字段的信息，需要用到“图书馆藏信息”和“图书借阅信息”两张表的数据。也就是说，查询的数据源为“图书馆藏信息”和“图书借阅信息”两张表。操作步骤如下。

（1）打开“图书管理”数据库，依次单击“创建”选项卡→“查询”选项组→“查询设计”按钮，弹出“显示表”对话框，如图 4-13 所示。

（2）在“表”选项卡中分别选择“图书馆藏信息”和“图书借阅信息”并单击“添加”按钮，将两张表添加到“设计视图”中，单击“关闭”按钮关闭“显示表”对话框，如图 4-14 所示。注意，如果查询的数据源涉及多个表，则一定要事先在这些表之间两两建立关联关系，否则结果会出错。

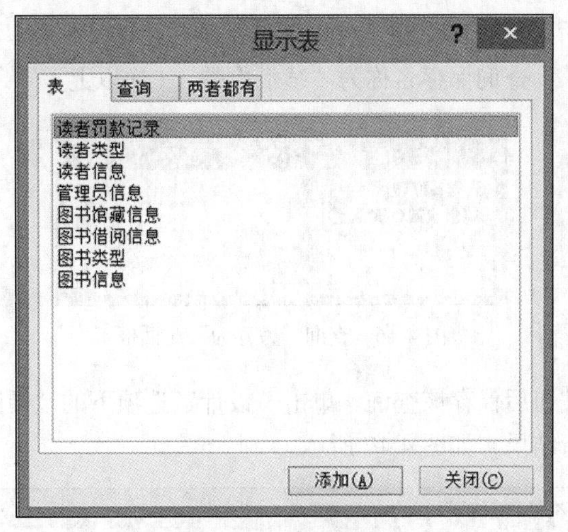

图 4-13　选择数据源

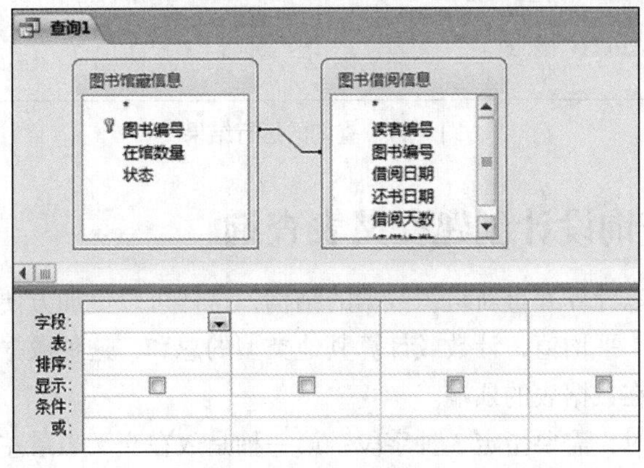

图 4-14　添加数据源

（3）在设计视图中下半部分出现的需要设置的内容中：“字段”表示的是查询结果中需要包含的字段，“表”代表该字段来自某张数据表；“排序”表示可以将查询的结果进行某种排序；“显示”代表是否将该字段查询结果中显示出来；“条件”和“或”用于填写查询条件。

在“字段”的下拉菜单中选择表中需要显示的字段，“显示”和“条件”部分的设置如图 4-15 所示。

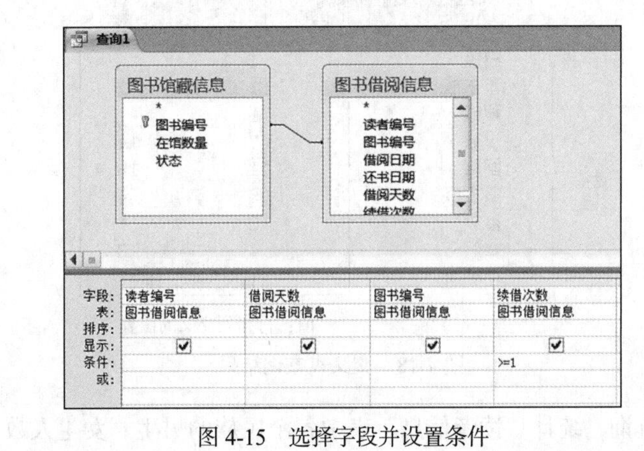

图 4-15　选择字段并设置条件

（4）全部设置完成后，将查询保存（可以单击工具栏上的“保存”按钮，或使用【Ctrl+S】组合键对查询进行保存），查询保存名称为“续借次数（1 次以上）”，如图 4-16 所示。

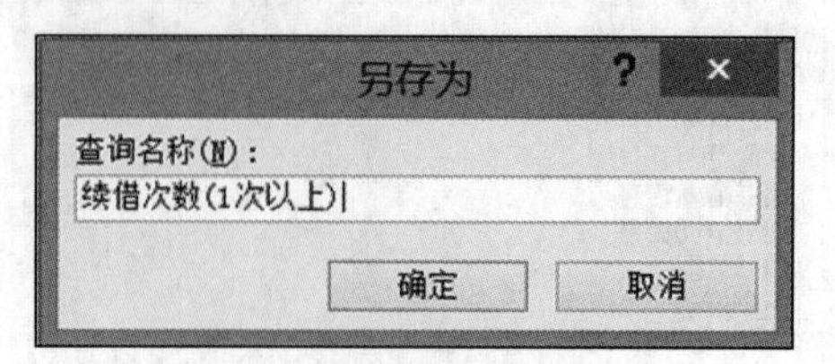

图 4-16　查询“另存为”对话框

（5）单击“确定”按钮后保存该查询。单击“设计”选项下的“视图”按钮或者“运行”按钮，即可查看查询的运行结果，如图 4-17 所示。

续借次数(1次以上)

读者编号	借阅天数	图书编号	续借次数
201330103007	31	s0001	1
201330103007	23	s0003	1
201431202008	29	s0008	1
*			

图 4-17　查询的运行结果

4.3.3　使用查询设计创建交叉表查询

使用交叉表查询可以计算并重新组织数据的结构，这样可以更加方便地分析数据。交叉表查询用于计算数据的总和、平均值，计数或计算其他类型的总和，这种数据可分为两类：一类在数据表左侧排列，另一类在数据表的顶端。

在创建交叉表查询时，需要指定 3 种字段：第一种是放在交叉表最左端的行标题，它将某一字段的相关数据分组后放入指定的行中；第二种是放在交叉表最上面的字段，它将某一个字段的相关数据值分组后放入指定的列中；第三种是放在交叉表行与列交叉位置上的字段，需要为该字段指定一个总计项，如计数、求平均值、求和等。

在交叉表查询中，只能指定一个列字段和一个总计类型的“值”字段，如图 4-18 所示。

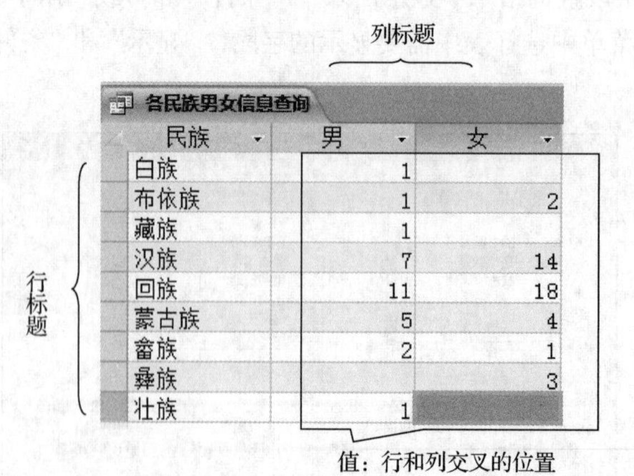

民族	男	女
白族	1	
布依族	1	2
藏族	1	
汉族	7	14
回族	11	18
蒙古族	5	4
畲族	2	1
彝族		3
壮族	1	

图 4-18　交叉表查询结果

【例 4.27】创建一个查询，统计“读者信息”表中各个民族的男生、女生人数，所建查询的名称为“各民族男女生信息查询”。操作步骤如下。

（1）打开“图书管理”数据库。依次单击“创建”选项卡→“查询”选项组→“查询设计”按钮，在弹出的“设计视图”和“显示表”对话框中选择需要创建查询的数据源“读者信息”表，如图4-13所示。

（2）在查询类型中单击“交叉表查询”按钮，弹出图4-19所示的界面。

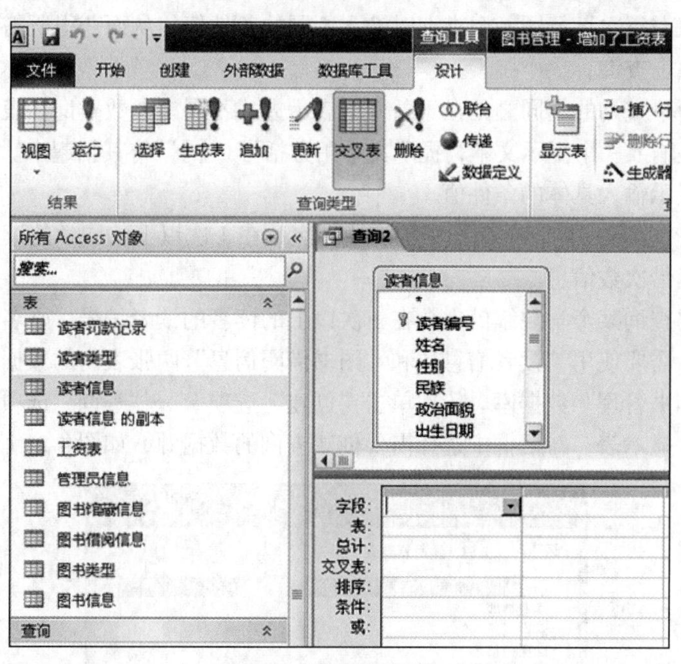

图4-19　交叉表查询界面

（3）选择民族、性别字段，进行如图4-20所示的设置，设置完成后，将查询保存为“各民族男女生信息查询”，运行结果如图4-18所示。

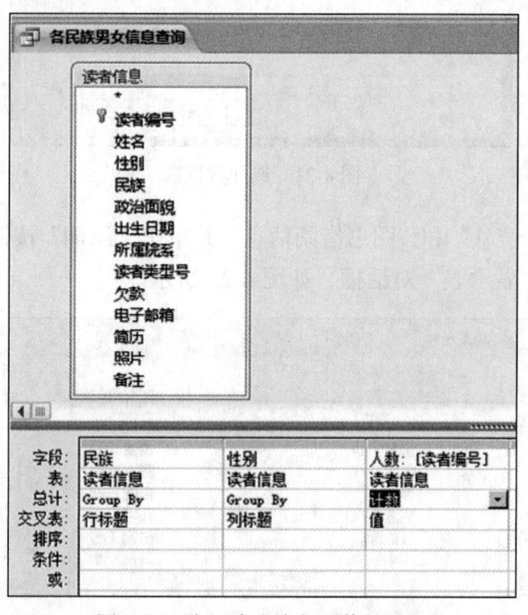

图4-20　交叉表查询行列值的设置

4.4 参数查询

如果想在运行查询时再给定查询条件，而不是在创建查询时就给出，这时就需要使用参数查询。参数查询可以在每次运行同一个查询时输入不同的条件值，从而获得所需的查询结果，而不必每次重新创建整个查询。

参数查询与简单查询的不同之处在于条件的表示方式不同。参数查询在表示条件时不是输入具体的数据，而是输入一个提示文本，提示文本用方括号“[ ]”将其括起来。运行查询时，会弹出一个对话框，提示输入具体的条件值。

【例 4.28】创建一个参数查询，查询某个学院续借次数在 1 次以上的同学的读者编号、姓名、性别、所属院系及续借次数信息。

通过分析，要查询某个学院续借次数在 1 次以上的读者的读者编号、姓名、性别、所属院系及续借次数信息，需要使用“读者信息”和“图书借阅信息”两张表内的数据。操作步骤如下。

（1）打开“图书管理”数据库。依次单击“创建”选项卡→“查询”选项组→“查询设计”按钮，在弹出的“显示表”对话框中选择需要创建查询的数据源，如图 4-21 所示。

图 4-21　选择数据源

（2）分别选择“读者信息”和“图书借阅信息”并单击“添加”按钮，将两张表添加好以后，单击“关闭”按钮关闭“显示表”对话框，如图 4-22 所示。

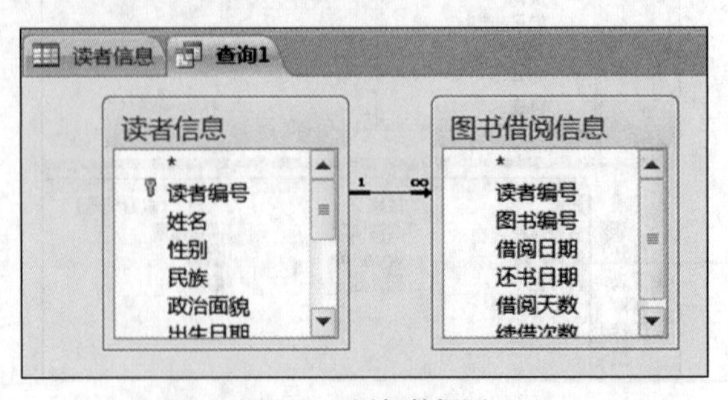

图 4-22　添加数据源

（3）除了选择字段和设置续借次数的条件之外，还需要在“所属院系”字段设置参数。操作方法为：在“[ ]”中输入相应的提示信息，比如，要查询某个院系的同学信息，则表示为“[请输入所属院系]”。需要注意的是，“[ ]”是在英文状态下输入的，中文状态下输入的“【 】”不能用于参数查询的参数设置，如图 4-23 所示。

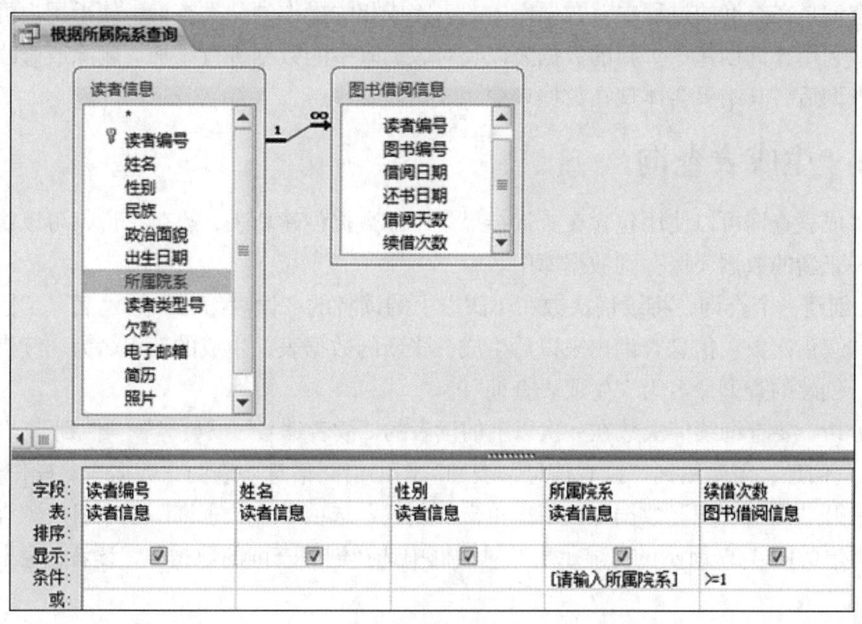

图 4-23　参数设置

（4）保存该查询。这时弹出一个“另存为”对话框（见图 4-24），输入要存取的查询名称，如输入“根据所属院系查询”。

（5）单击“设计”选项卡下的视图，或者“运行”按钮，弹出“输入参数值”对话框，如图 4-25 所示。

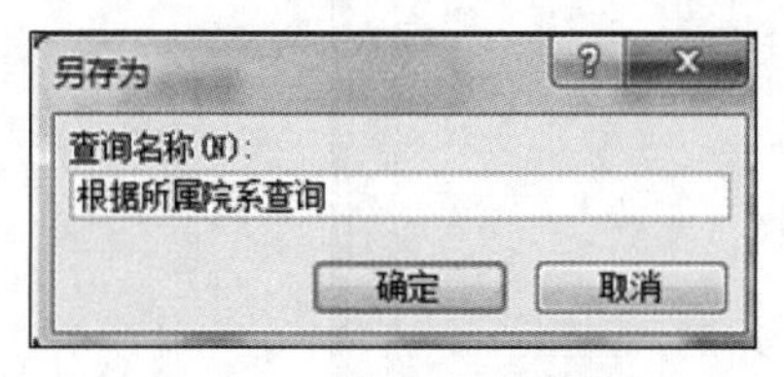

图 4-24　“另存为”对话框

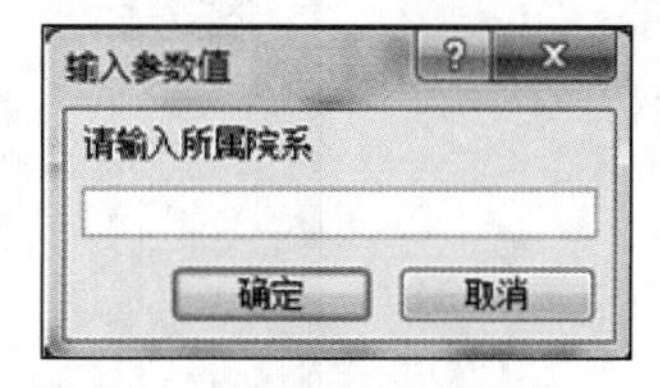

图 4-25　“输入参数值”对话框

（6）在“输入参数值”对话框中输入要查询内容，并单击“确定”按钮就能得到所需的结果。比如，输入“计科学院”并单击“确定”按钮后，得到的结果如图 4-26 所示。

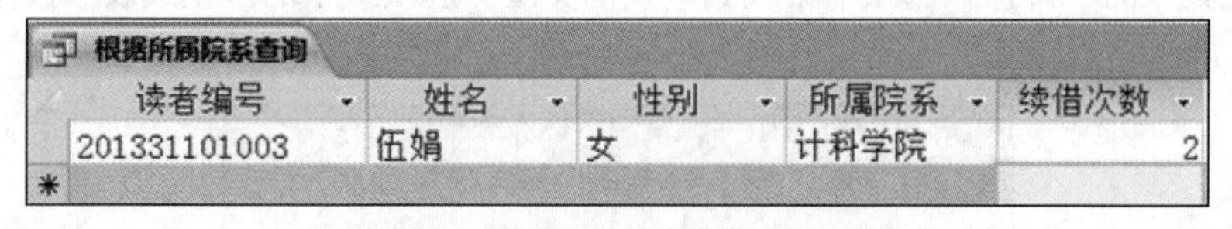

图 4-26　根据所属院系的查询结果

每次运行这个参数查询时，都会出现要求输入所属院系的对话框，输入要查询的所属院系，即可得到查询结果。若输入的所属院系名不同，则得出的结果也就不同。

4.5 操作查询

操作查询是在查询的过程中对数据库中的表完成相关操作的一类查询，使得用户可以根据自己的需要，利用查询创建一个新的数据表以及对数据表中的数据进行添加、删除或修改等操作。运行操作查询后，其结果会体现在数据表中。

4.5.1 生成表查询

利用生成表查询可以使用包含在查询结果集中的数据创建新表，也就是说，可以将查询的结果创建为一张新的数据表保存到数据库中。

【例 4.29】创建一个查询，将续借次数在 1 次以上的读者的“读者编号”“姓名”“性别”“所属院系”“续借次数”信息查询出来以后生成一张新的数据表，生成的新表名为“续借次数在 1 次以上”，创建的查询命名为“生成表查询”。

经过分析，要查询续借次数在一次以上的读者的“读者编号”“姓名”“性别”“所属院系”“续借次数”信息，需要用到“读者信息”表和“图书借阅信息”表两张数据表。操作步骤如下。

（1）打开“图书管理”数据库。依次单击“创建”选项卡→“查询”选项组→“查询设计”按钮，在弹出的图 4-27 所示的“显示表”对话框中选择创建查询的数据源“读者信息”表和“图书借阅信息”表。

图 4-27 选择数据源

（2）在工具栏的“设计”选项卡中找到“查询类型”选项组中的“生成表”按钮，如图 4-28 所示。

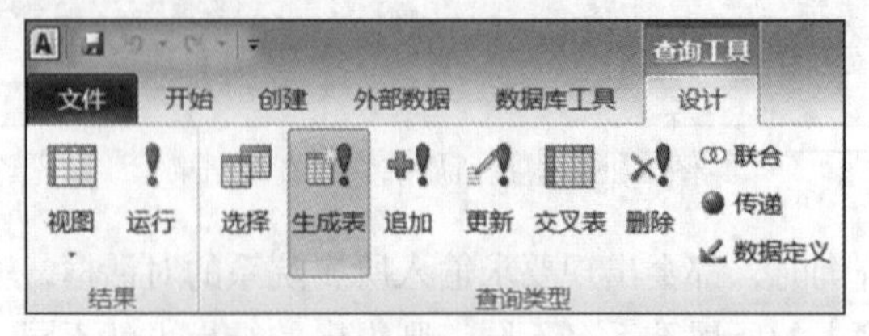

图 4-28 “追加查询”设计窗口

（3）单击“生成表”按钮以后，会出现一个“生成表”对话框，选择将新表生成在当前数据库中，并将新表命名为“续借次数在 1 次以上”，如图 4-29 所示。

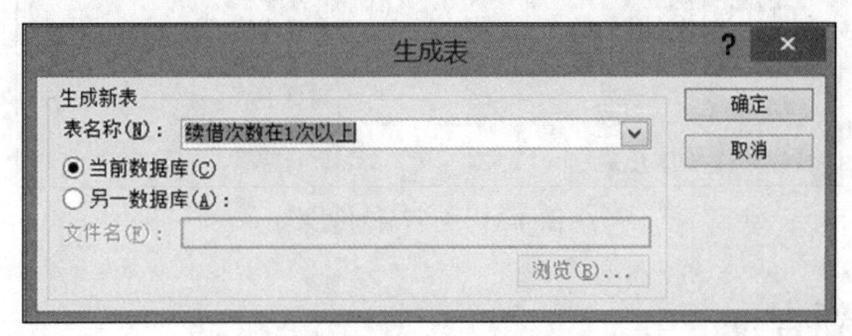

图 4-29 “生成表”对话框

（4）单击“确定”按钮，返回查询的“设计视图”，然后在数据表中设置相应的条件，如图 4-30 所示。

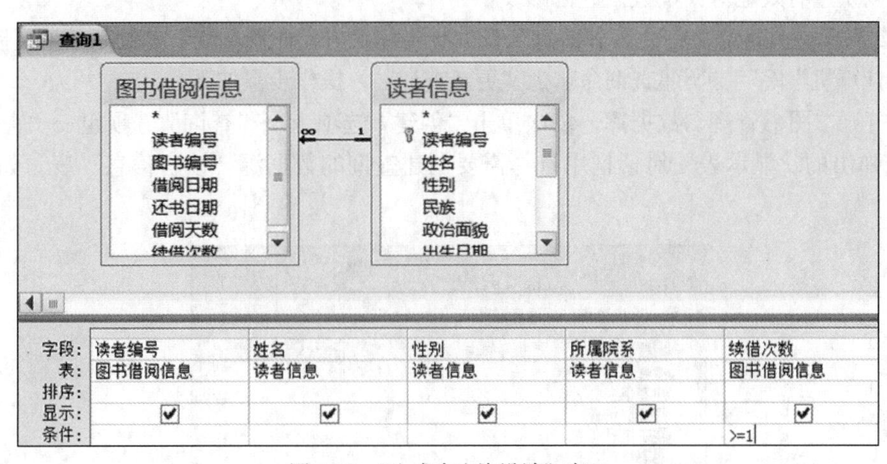

图 4-30 “生成表查询设计”窗口

（5）保存查询。弹出一个“另存为”对话框，输入要保存的查询名称，如输入“生成表查询”，如图 4-31 所示。

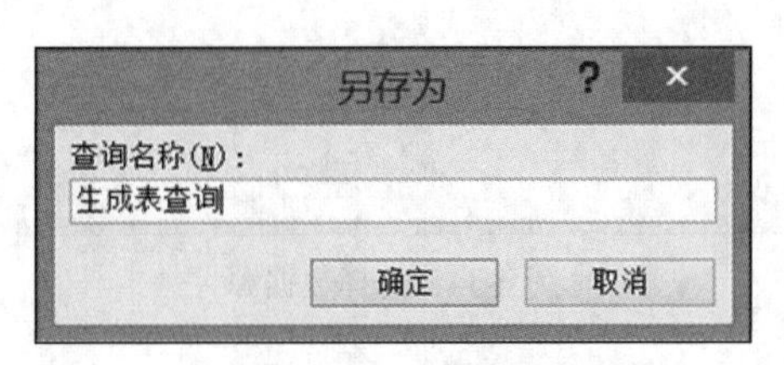

图 4-31 保存查询

（6）单击“运行”按钮，在数据库中会生成一张新的表，并命名为“续借次数在 1 次以上”。运行过程中系统提示图 4-32 所示，运行后的结果如图 4-33 所示。

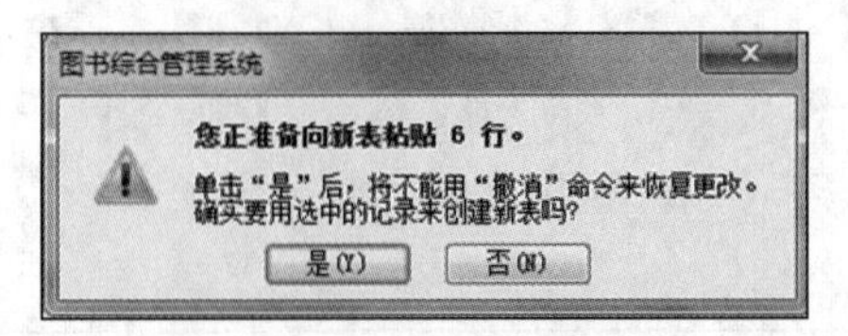

图 4-32 运行过程中系统提示

生成表查询 | 图书借阅信息 | 续借次数在1次以上

读者编号	姓名	性别	所属院系	续借次数
20133010300	刘海艳	女	管理学院	1
20143120200	解毓朝	男	城建学院	2
20143010603	王冬雪	女	管理学院	2
t1114	李惠	女	管理学院	1
t1113	王凯	男	管理学院	2
20133110100	伍娟	女	计科学院	2

图 4-33　运行后的结果

4.5.2　更新查询

在日常的使用中，经常会遇到需要大批量修改数据库中某些数据的情况。如果使用手工方法修改，不仅效率低，而且准确性差。针对这种情况，Access 2016 数据库提供了更新查询，利用更新查询可以快速有效地对大量数据进行修改。

【例 4.30】创建一个查询，将“读者信息”表中所属院系为“计科学院”的读者的所属院系字段值改成“计算机学院”，所建查询命名为“更新查询”。操作步骤如下。

（1）打开“图书管理”数据库。依次单击“创建”选项卡→“查询”选项组→“查询设计”按钮，在弹出的“显示表”对话框中选择需要创建查询的数据源“读者信息”表，如图 4-34 所示。

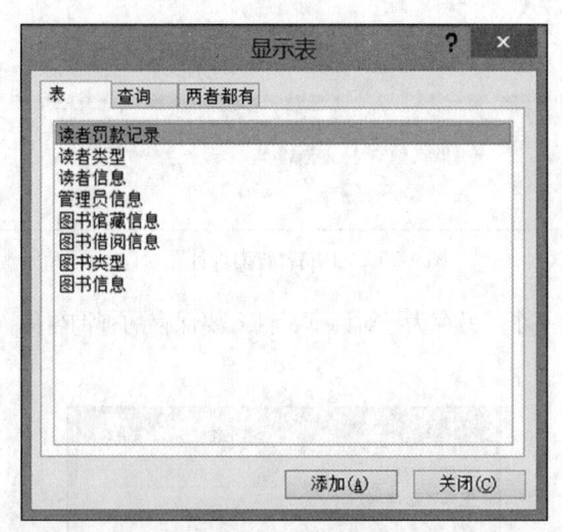

图 4-34　选择数据源

（2）添加数据源以后，单击“关闭”按钮，在工具栏的“设计”选项卡中找到“查询类型”组中的“更新”按钮，如图 4-35 所示。

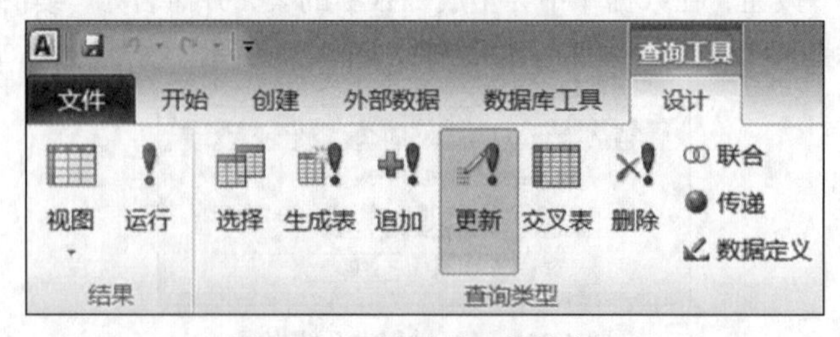

图 4-35　“更新查询”设计窗口

（3）单击“更新”按钮后会发现在字段列表框中增加了一个列表行，名为“更新到”，如图 4-36 所示。

（4）更新查询是将所有满足条件的字段，用“更新到”里面的内容来替换原有“字段”的内容。本例中是将所有的“计科学院”替换为“计算机学院”，即在“更新到”里填入“计算机学院”，在“条件”里填入“计科学院”，设置如图 4-37 所示。

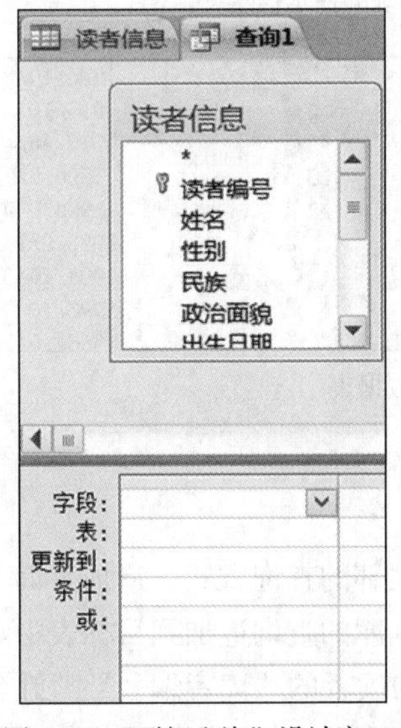

图 4-36 “更新查询”设计窗口

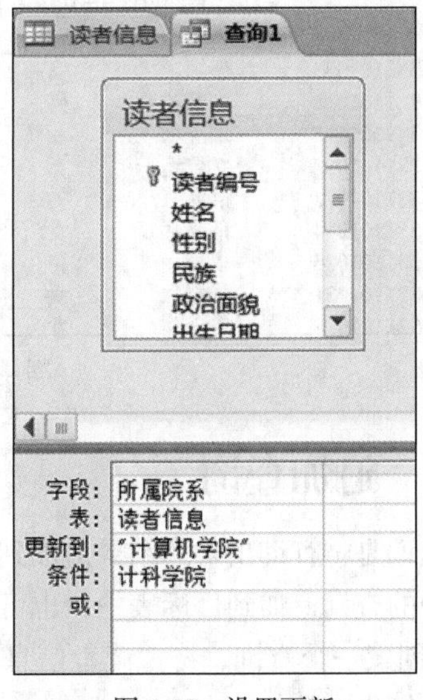

图 4-37 设置更新

（5）保存该查询。这时弹出一个“另存为”对话框，输入要存取的查询名称，如输入“更新查询”，如图 4-38 所示。

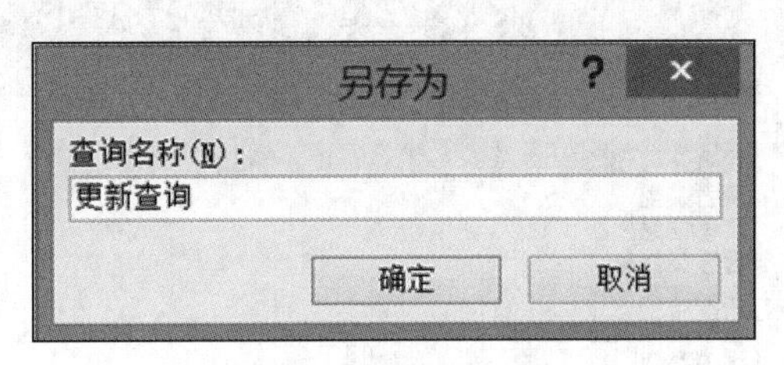

图 4-38 保存更新查询

（6）单击“结果”选项组中的“视图”按钮，可以预览到要更新的数据，如果单击“运行”按钮，数据表中的数据就会被更新。图 4-39 所示为更新前的数据表，图 4-40 所示为运行更新查询时系统的提示信息，图 4-41 所示为更新后的数据表。

⊞ 201331101003	伍娟	女	彝族	团员	1996/10/2	计科学院	1
⊞ 201331101010	刘天锐	男	畲族	团员	1996/10/3	计科学院	1
⊞ 201331101015	邬连梅	女	回族	团员	1996/10/4	计科学院	1
⊞ 201331101022	文致远	男	白族	团员	1996/9/8	计科学院	1
⊞ 201331101023	洪家兴	男	彝族	团员	1996/9/9	计科学院	1
⊞ 201331101024	任光熙	女	畲族	团员	1996/9/10	计科学院	1
⊞ 201331101026	季超	男	布依族	预备党员	1996/10/5	计科学院	1
⊞ 201331101031	张春瑞	女	回族	团员	1996/10/6	计科学院	1
⊞ 201331101038	唐天琪	女	蒙古族	团员	1996/10/7	计科学院	1

图 4-39 更新前的数据表

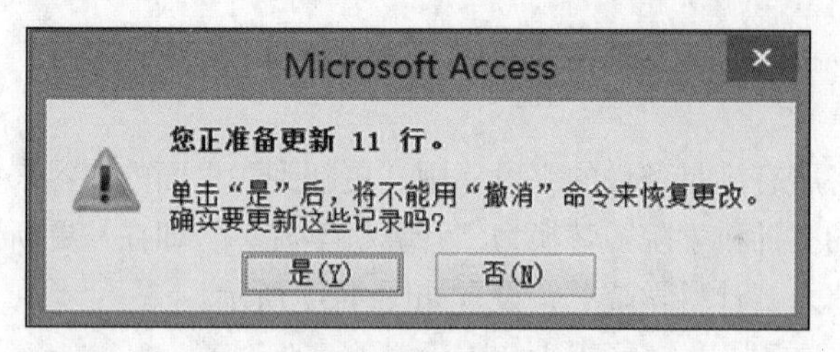

图 4-40　运行更新查询时系统的提示信息

201331101003	伍娟	女	彝族	团员	1996/10/2	计算机学院
201331101010	刘天锐	男	畲族	团员	1996/10/3	计算机学院
201331101015	邬连梅	女	回族	团员	1996/10/4	计算机学院
201331101022	文致远	男	白族	团员	1996/9/8	计算机学院
201331101023	洪家兴	男	彝族	团员	1996/9/9	计算机学院
201331101024	任光熙	女	畲族	团员	1996/9/10	计算机学院
201331101026	季超	男	布依族	预备党员	1996/10/5	计算机学院
201331101031	张春瑞	女	回族	团员	1996/10/6	计算机学院
201331101038	唐天琪	女	蒙古族	团员	1996/10/7	计算机学院

图 4-41　更新后的数据表

4.5.3　追加查询

追加查询是将查询出来的结果追加到另一个表的尾部的查询方式。追加查询不仅可以将同一个数据库中的查询追加到目标表中，也可以将外部数据库的查询追加到目标表中。

【例 4.31】 创建一个查询，将“读者信息”表中姓张的读者的“读者编号”“姓名”“性别”内容追加到“续借次数在 1 次以上”表中，所建查询命名为“追加查询”。操作步骤如下。

（1）打开“图书管理”数据库。依次单击“创建”选项卡→“查询”选项组→“查询设计”按钮，在弹出的“显示表”对话框中选择需要创建查询的数据源，如图 4-42 所示。

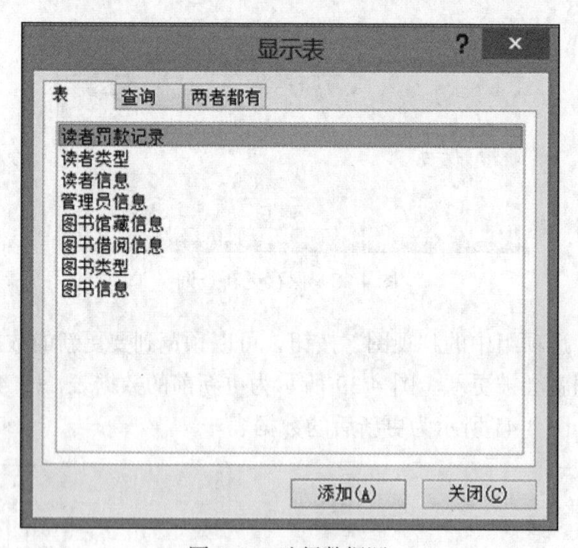

图 4-42　选择数据源

（2）添加好数据表“读者信息”后，单击“关闭”按钮，在工具栏的“设计”选项卡→“查询类型”中单击“追加”按钮，如图 4-43 所示。

（3）单击“追加”按钮后，弹出图 4-44 所示“追加”对话框，输入待追加的数据表名“续借次数在 1 次以上”。

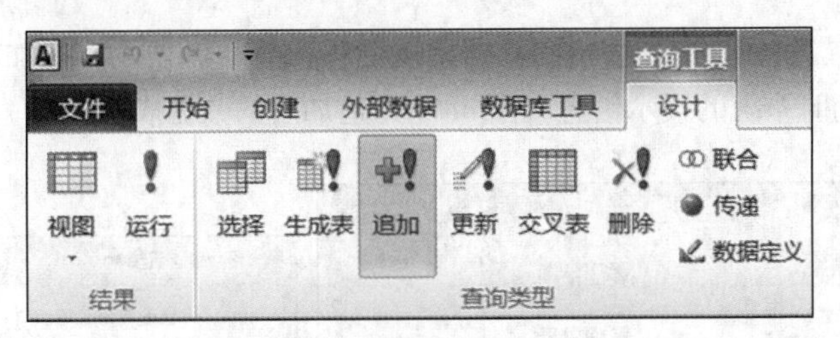

图 4-43 “追加查询”设计窗口

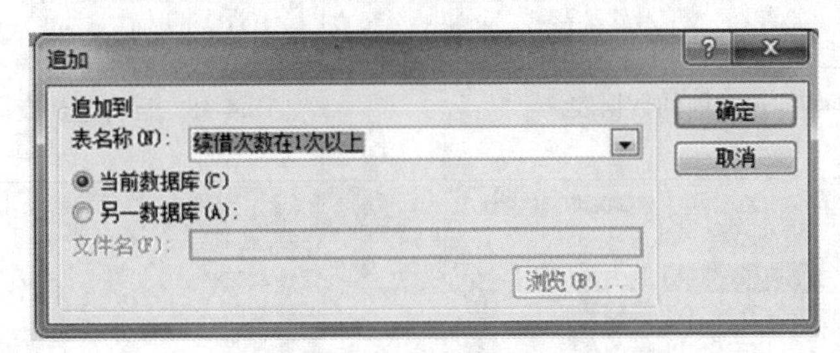

图 4-44 “追加”对话框

（4）在字段列表框中有“追加到”列表行，在该行中选择与其对应的字段名，如图 4-45 所示。

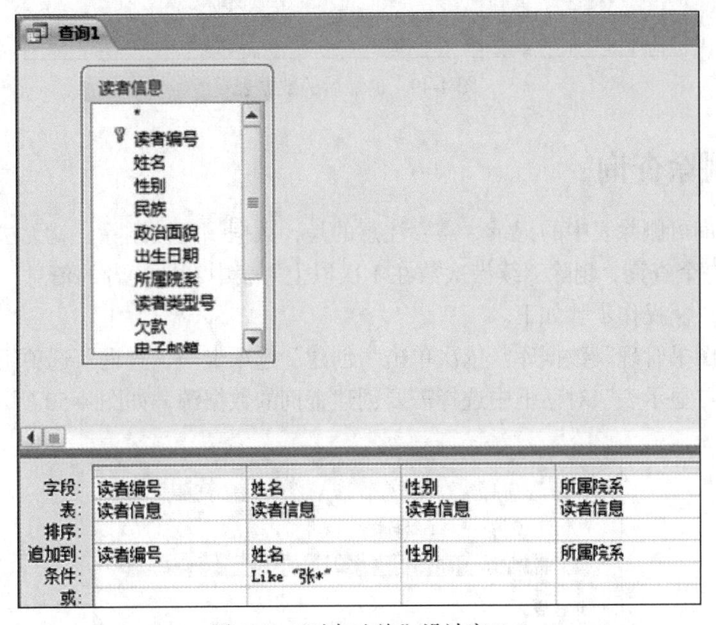

图 4-45 “追加查询”设计窗口

（5）保存该查询。这时弹出一个“另存为”对话框，输入要保存的查询名称“追加查询”，如图 4-46 所示。

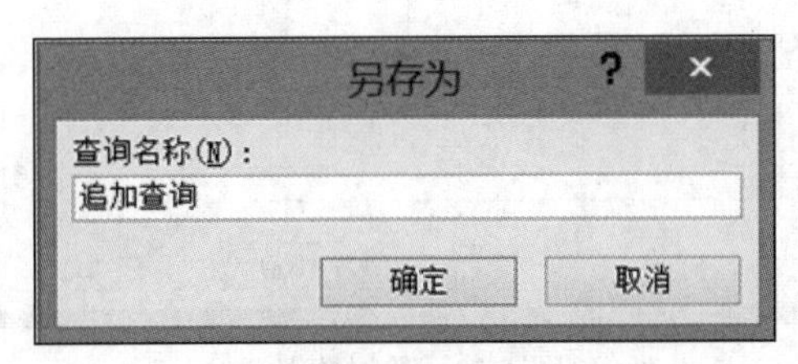

图 4-46 保存追加查询

（6）单击“运行”按钮，数据表中的数据则被更新。图 4-47 所示为追加前的数据表，图 4-48 所示为运行追加查询时系统的提示信息，图 4-49 为追加后的数据表。

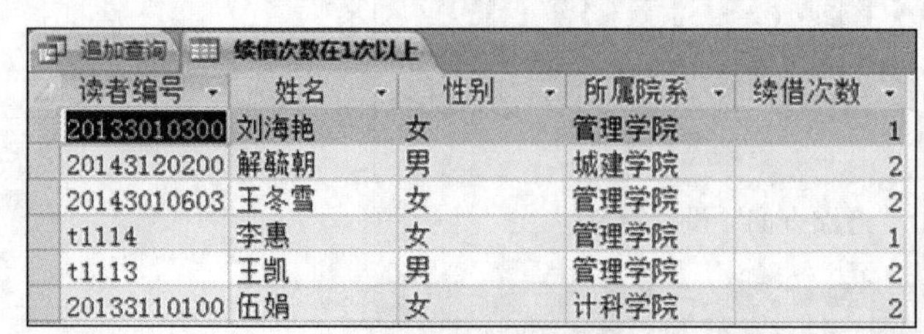
追加查询　续借次数在1次以上

读者编号	姓名	性别	所属院系	续借次数
20133010300	刘海艳	女	管理学院	1
20143120200	解毓朝	男	城建学院	2
20143010603	王冬雪	女	管理学院	2
t1114	李惠	女	管理学院	1
t1113	王凯	男	管理学院	2
20133110100	伍娟	女	计科学院	2

图 4-47　追加前的数据表

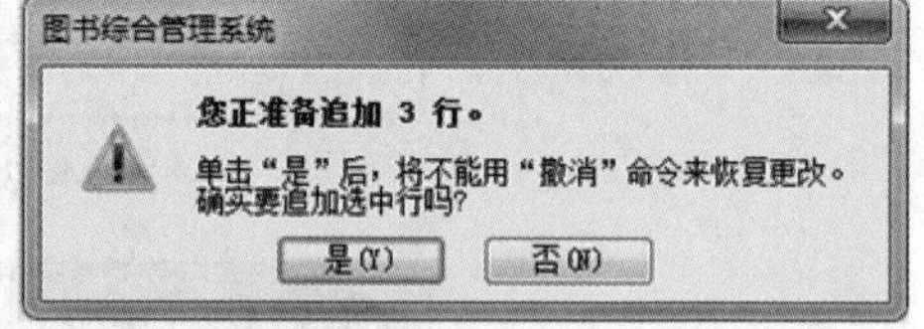

图 4-48　运行追加查询时系统的提示信息

追加查询　续借次数在1次以上

读者编号	姓名	性别	所属院系	续借次数
20133010300	刘海艳	女	管理学院	1
20143120200	解毓朝	男	城建学院	2
20143010603	王冬雪	女	管理学院	2
t1114	李惠	女	管理学院	1
t1113	王凯	男	管理学院	2
20133110100	伍娟	女	计科学院	2
20133110103	张春瑞	女	计科学院	
t1102	张琳	女	计科学院	
t1125	张政	男	文新学院	

图 4-49　追加后的数据表

4.5.4　删除查询

利用删除查询可删除表中的记录。需要注意的是，数据一旦被删除，就无法恢复。

【例 4.32】创建一个查询，删除“续借次数在 1 次以上”表中女性读者的信息，并将所建查询命名为“删除查询”。操作步骤如下。

（1）打开“图书管理”数据库。依次单击“创建”选项卡→“查询”选项组→“查询设计”按钮，在弹出的“显示表”对话框中选择需要创建查询的数据源，如图 4-50 所示。

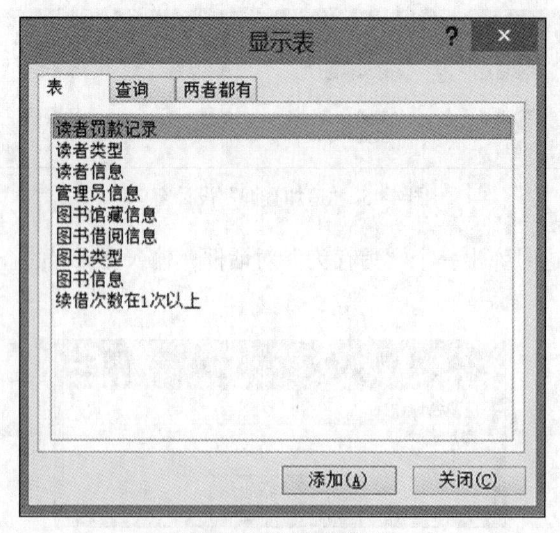

图 4-50　选择数据源

（2）选择“续借次数在 1 次以上”表，添加到设计视图中，单击“关闭”按钮关闭“显示表”对话框。在工具栏的“设计”选项卡→“查询类型”中单击“删除”按钮，如图 4-51 所示。

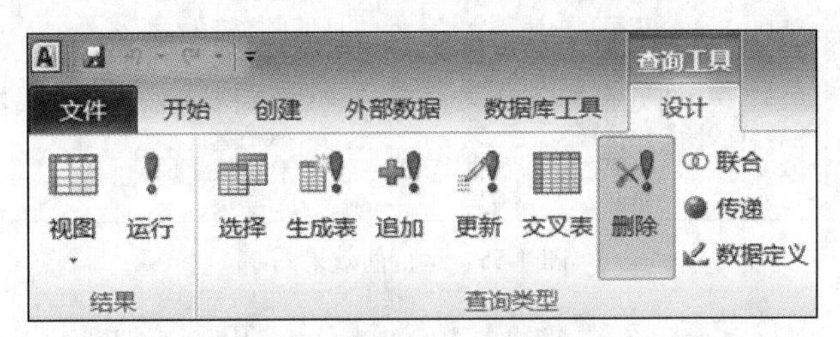

图 4-51　“删除查询”设计窗口

（3）然后就会发现在字段列表框中增加了一个列表行，名为“删除”，如图 4-52 所示。

（4）指定删除条件。在“字段”行的第一个单元格的下拉菜单中选择“性别”，在删除行中会自动显示“Where”，在条件行中输入“女”，表示在“续借次数在 1 次以上”表中删除“性别”为“女”的读者的信息，如图 4-53 所示。

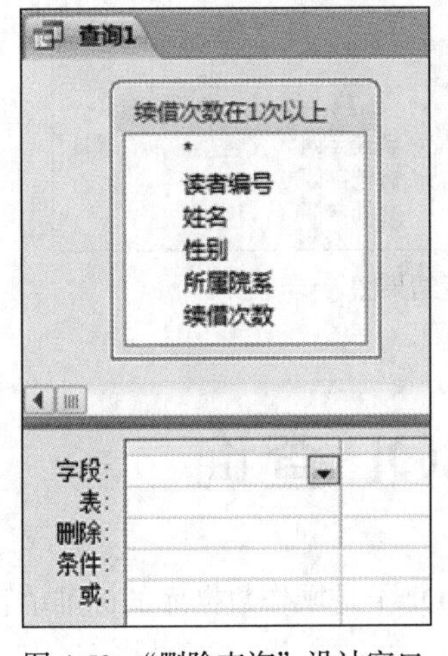

图 4-52　“删除查询”设计窗口

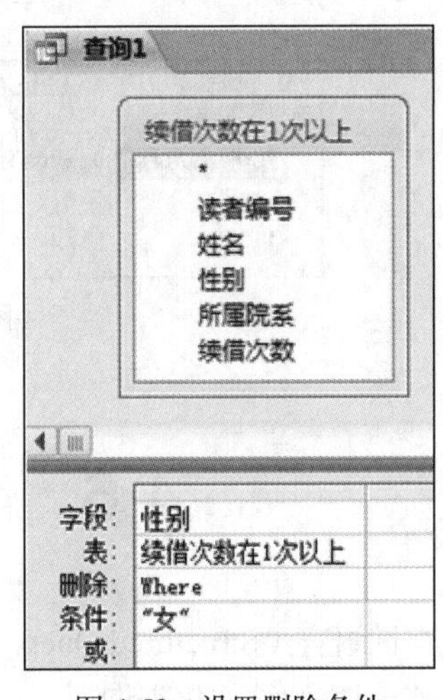

图 4-53　设置删除条件

（5）保存查询。弹出一个“另存为”对话框，输入要保存的查询名称“删除查询”，如图 4-54 所示。

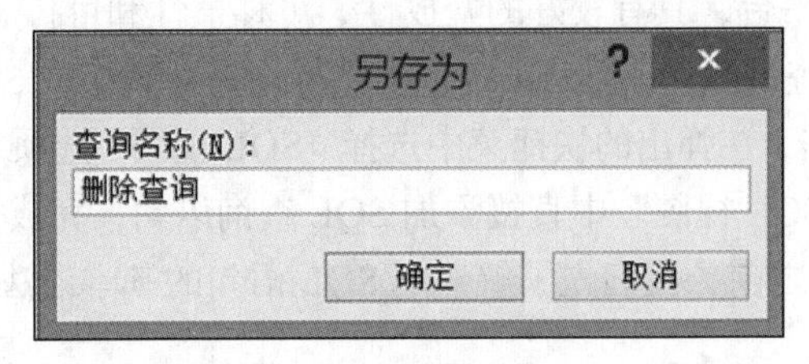

图 4-54　保存查询

（6）单击“运行”按钮，运行删除查询前的效果如图 4-55 所示，运行过程中系统的提示信息如图 4-56 所示，运行后的结果如图 4-57 所示。

读者编号	姓名	性别	所属院系	续借次数
20133010300	刘海艳	女	管理学院	1
20143120200	解毓朝	男	城建学院	2
20143010603	王冬雪	女	管理学院	2
t1114	李惠	女	管理学院	1
t1113	王凯	男	管理学院	2
20133110100	伍娟	女	计科学院	2
20133110103	张春瑞	女	计科学院	
t1102	张琳	女	计科学院	
t1125	张政	男	文新学院	

图 4-55　运行前效果图

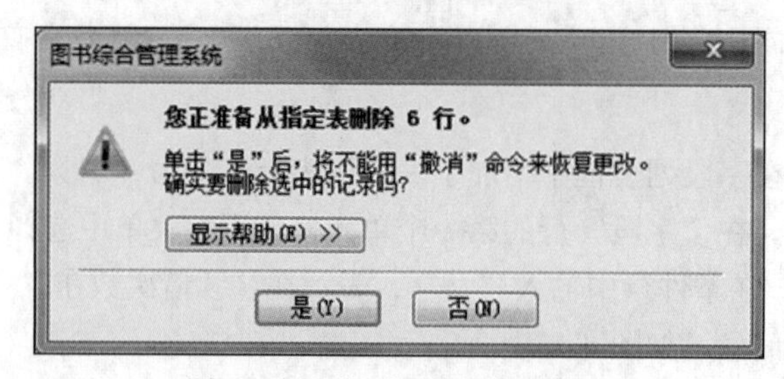

图 4-56　运行时系统的提示信息

读者编号	姓名	性别	所属院系	续借次数
20143120200	解毓朝	男	城建学院	2
t1113	王凯	男	管理学院	2
t1125	张政	男	文新学院	

图 4-57　运行后结果图

4.6　创建 SQL 查询

结构化查询语言（Structured Query Language，SQL）是操作数据库的标准语言。SQL 查询是使用 SQL 语句创建的结构化查询。

Access 2016 有 3 个不能用查询设计实现的查询，建立这些查询需要在"SQL 视图"窗口中直接输入 SQL 代码，因此称为 SQL 特定查询。SQL 特定查询包括联合查询、传递查询、数据定义查询。

SQL 查询语句独立于平台，具有较好的开放性、可移植性和可扩展性。

前面我们介绍的各种查询操作，都是系统自动将操作命令转换成 SQL 语句，我们可以在某一查询的"设计视图"中右击，在弹出的快捷菜中选择"SQL 视图"选项，就可以进入查询的"SQL 视图"。然后就可以在"SQL 视图"中直接添加 SQL 查询语句，完成需要的查询功能。

在讲述 SQL 特定查询之前，我们先了解一下 SQL 语句的基本语法。

4.6.1　SELECT 语句

SELECT 语句是创建 SQL 查询中最常用的语句，它能使 Microsoft Access 数据库引擎以一组记录的形式从数据库返回信息，此时将数据库看成记录的集合。

其语句基本格式如下：

```
SELECT [ALL|DISTINCT] <列名>|<目标列表达式>|<函数>[,…]
FROM<表名或视图名>[,…]
[WHERE <条件表达式>]
[GROUP BY <列名1> [HAVING <条件表达式>]]
[ORDER BY <列名2> [ASC] [DESC]]
```

在一般的语法格式描述中，各符号的含义分别如下。

<>：表示在实际的语句中要用实际需要的内容进行代替。

[ ]：表示可以根据需要进行选择，也可以不选。

|：表示多项选项只能选择其中之一。

【功能】从指定的基本表或视图中，创建一个由指定范围内、满足条件、按某字段分组、按某字段排序的指定字段组成的新记录集。

整个SELECT语句的含义是，根据WHERE子句的条件表达式，从FROM子句指定的基本表或视图中找出满足条件的元组，再按SELECT子句中的目标表达式，筛选出元组中的属性值形成结果表。如果有GROUP BY子句，则将结果按列名1的值进行分组，该属性列值相等的元组为一个组。如果GROUP BY子句含有HAVING短语，则只有满足指定条件的组才予以输出。如果有ORDER BY子句，则结果还要按列名2的值的升序或降序排序。查询条件中常用运算符如表4-9所示。

表4-9　查询条件中常用的运算符

运算符	说明
ALL	满足子查询中所有值的记录。 语法：<字段><比较符>ALL(<子查询>)
ANY	满足子查询中任意一个值的记录。 语法：<字段><比较符>ANY(<子查询>)
SOME	满足集合中的某一个值，功能与用法与ANY相同。 语法：<字段><比较符>SOME <字符表达式>
BETWEEN…AND	字段的内容在指定范围内，包括上、下限。 语法：<字段>BETWEEN <下限>AND <上限>
EXISTS	测试子查询中查询结果是否为空，若为空，则返回.F.。 语法：EXISTS(<子查询>)
IN	字段内容是否是结果集合或者子查询中的内容。 语法：<字段> [NOT] IN <结果集合> 或者<字段> [NOT] IN（<子查询>）
LIKE	对字符型数据进行字符串比较，提供两种通配符，即下画线"_"和百分号"%"，下画线表示1个字符，百分号表示0个或多个字符。 语法：<字段>LIKE <字符表达式>

利用"图书管理"数据库中的表，完成以下查询。

【例4.33】查询显示读者信息表中的所有信息。

```
SELECT * FROM 读者信息
```

【例4.34】查询显示读者信息表中的读者编号、姓名、性别、民族等信息。

```
SELECT 读者编号,姓名,性别,民族 FROM 读者信息
```

【例 4.35】查询显示读者信息表中男性读者的读者编号、姓名、性别、民族等信息。

```
SELECT 读者编号,姓名,性别,民族 FROM 读者信息 WHERE 性别="男"
```

【例 4.36】查询显示读者信息表中姓李的读者的读者编号、姓名、性别、民族等信息。

```
SELECT 读者编号,姓名,性别,民族  FROM 读者信息   WHERE 姓名 LIKE "李*"
```

或者

```
SELECT 读者编号,姓名,性别,民族 FROM 读者信息 WHERE  LEFT([姓名],1) ="李"
```

或者

```
SELECT读者编号,姓名,性别,民族 FROM 读者信息 WHERE MID([姓名],1,1) ="李"
```

【例 4.37】查询显示读者信息表中 1996 年出生的读者的读者编号、姓名、出生日期等信息。

```
SELECT  读者编号,姓名,出生日期 FROM  读者信息  WHERE 出生日期  BETWEEN #01/01/96#  AND #12/31/96#
```

或者

```
SELECT  读者编号,姓名,出生日期 FROM  读者信息  WHERE YEAR([出生日期])=1996
```

【例 4.38】查询显示“读者信息”表中各院系的人数在 5 人以上的“所属院系”和“人数”信息。

分析：由于各院系的人数在“读者信息”表并没有现成的数据，这就需要在查询中进行统计，本例会用到 COUNT( )函数进行统计。

```
SELECT  所属院系,COUNT([读者编号])  AS 人数 FROM  读者信息 GROUP BY 所属院系 HAVING COUNT([读者编号])>5
```

【例 4.39】查询显示续借次数在一次以上的读者的“读者编号”“姓名”“性别”“所属院系”“续借次数”信息。

经过分析，要查询续借次数在一次以上的读者的“读者编号”“姓名”“性别”“所属院系”“续借次数”信息，需要用到“读者信息”表和“图书借阅信息”表两张数据表。因为查询时数据源涉及了多表，所以，在表示条件时就必须使用连接条件。

```
SELECT  读者信息.读者编号,姓名,性别,所属院系,续借次数 FROM  读者信息,图书借阅信息  WHERE 读者信息.读者编号=图书借阅信息.读者编号  AND 续借次数>=1
```

4.6.2 联合查询

联合查询可以组合来自两个结构相似的表中的数据，即可以将两个或多个表的对应字段组合成一个字段。

【例 4.40】在“图书管理.accdb”数据库中，建立一个基于“读者信息”表和“图书借阅信息”表的“读者信息情况”联合查询。操作步骤如下。

（1）单击“创建”选项卡下的“查询设计”按钮。直接关闭“显示表”对话框。

（2）单击“查询类型”中的“联合”按钮，进入“SQL 视图”。

（3）在视图的空白区域输入如下 SQL 代码：

```
SELECT [读者编号],[姓名],[性别] FROM [读者信息] UNION SELECT [读者编号],[借阅日期],[借阅天数] FROM [图书借阅信息] ORDER BY [读者编号] DESC
```

此时的“SQL 视图”如图 4-58 所示。

联合查询

```
select   [读者编号],[姓名],[性别] from [读者信息] union
select [读者编号],[借阅日期],[借阅天数] from [图书借阅信息]  order by [读者编号] desc
```

图 4-58　编辑 SQL 语句窗口

（4）保存该查询为“联合查询”，双击该查询，结果如图 4-59 所示。

联合查询

读者编号	姓名	性别
t1125	张政	男
t1119	李琦	女
t1118	刘书	女
t1117	丁勇	男
t1116	黄琳	女
t1115	王惠	男
t1114	李惠	女
t1113	2014/12/25	
t1113	2014/12/26	
t1113	王凯	男
t1112	陈凯	男
t1111	朱辉	男
t1110	2014/12/10	
t1110	2014/12/8	
t1110	2014/12/8	38
t1110	赵辉	男
t1109	刘涛	男
t1108	孙立波	男
t1107	肖君	女
t1106	谢丽	女
t1105	周李	女
t1104	周密	男
t1103	陈娟	女
t1102	张琳	女
t1101	陈静	女
201431305032	石黎琳	女
201431305031	邵小钦	男
201431305030	钱欣宇	男
201431303082	赵峰	男

图 4-59　“联合查询”结果

4.6.3　传递查询

传递查询就是将查询命令直接发送到 SQL 数据库服务器（如 Microsoft SQL Server）中。使用传递查询可以直接操作和使用服务器中的表，而不需要将服务器表链接到本地的 Access 数据库中。

SQL 传递查询主要用于以下几种场合。

（1）需要在后台服务器上运行 SQL 语句。

（2）Access 或者对该 SQL 代码的支持效果不好，需要发送一个优化语法到后端数据库。

（3）要联接存在于数据库服务器上的多个表。

【例 4.41】在“图书管理.accdb”数据库中，建立一个传递查询。操作步骤如下。

（1）单击“创建”选项卡下的“查询设计”按钮。直接关闭“显示表”对话框。

（2）单击“查询类型”中的“传递”按钮，进入“SQL 视图”。

（3）在视图的空白区域输入供后端数据库使用 SQL 代码。

（4）单击“显示/隐藏”组中的“属性表”按钮，弹出“属性表”窗口，如图 4-60 所示。

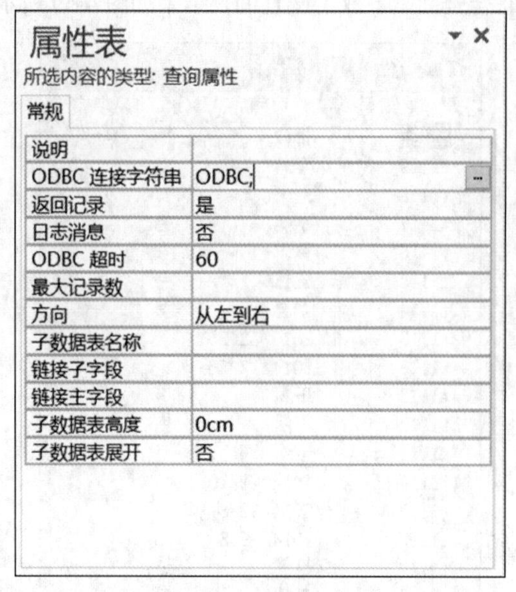

图 4-60 “属性表”窗口

（5）单击“ODBC 连接字符串”行右边的省略号按钮[...]，弹出“选择数据源”对话框，如图 4-61 所示。

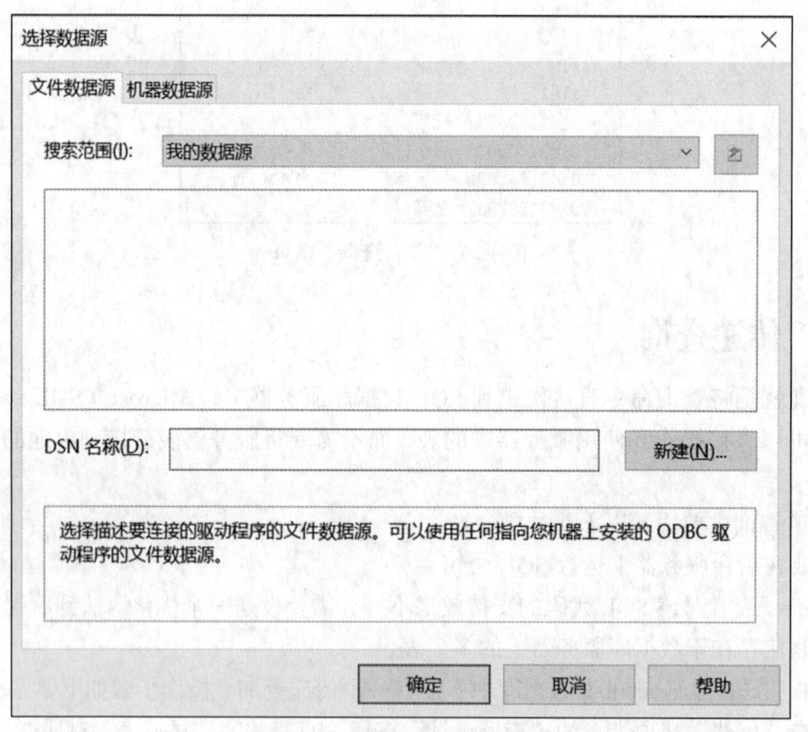

图 4-61 “选择数据源”对话框

（6）选择好数据源后，单击“确定”按钮，再单击“结果”组中的“运行”按钮，即可运行传递查询。

4.6.4　数据定义查询

数据定义查询能够创建、修改、删除数据表或索引，也能增加、更新、删除数据表中的数据。一般地，能用数据定义查询完成的工作也能用 Access 2016 的设计工具完成。

一般用于数据定义查询的有以下 SQL 语句。

1. CREATE 语句

CREATE TABLE 语句的基本格式如下：

```
CREATE TABLE <表名> (<字段名 1> <数据类型 1> [字段级完整性约束条件 1] [，<字段名 2> <数据类型 2> [字段级完整性约束条件 2][,…] [，<字段名 n> <数据类型 n> [字段级完整性约束条件 n]]) [,<表级完整性约束条件>]
```

【功能】创建一个表结构。其中，<表名>定义表的名称；<字段名>定义表中一个或多个字段的名称，<数据类型>是对应字段的数据类型。每个字段必须定义字段名和数据类型。[字段级完整性约束条件]定义字段的约束条件，包括主键约束（Primary Key）、数据唯一约束（Unique）、空值约束（Null）、完整性约束（CHECK）等。

【例 4.42】创建一个表，并将其命名为“学生 1”，表中的字段有学号（文本型，长度为 12），姓名（文本型，长度为 8），性别（文本型，长度为 1），出生年月（日期型），其中，学号字段的值不能为空且是唯一的。

```
CREATE TABLE 学生 1 (学号  CHAR(12) NOT NULL UNIQUE, 姓名 CHAR(8), 性别  CHAR(1), 出生年月  DATE)
```

2. ALTER 语句

创建好的表一旦不满足使用的需要，就需要进行修改，这时可以使用 ALTER TABLE 语句修改已建好的表的结构。

ALTER TABLE 语句的基本格式如下：

```
ALTER TABLE <表名>  [ADD <新字段名> <数据类型> [字段级完整性约束条件]]
 | [DROP [<字段名>]]  | [ALTER  <字段名> <数据类型>]
```

【功能】修改表的结构。其中，<表名>是指需要修改的表的名称，ADD 子句用于增加新字段和该字段的完整性约束条件，DROP 子句用于删除指定的字段，ALTER 子句用于修改原有字段属性。

【例 4.43】为“学生 1”表增加一个字段“政治面貌”，数据类型为文本型，长度为 4。

```
ALTER  TABLE 学生 1  ADD  政治面貌  CHAR(4)
```

【例 4.44】删除“学生 1”表中的字段“出生年月”。

```
ALTER  TABLE 学生 1  DROP  出生年月
```

【例 4.45】修改“学生 1”表的“姓名”字段，数据类型为文本型，长度为 20。

```
ALTER  TABLE 学生 1  ALTER  姓名  CHAR(20)
```

3. INSERT 语句

创建好表结构以后，如果要向表中添加数据，则可以使用 INSERT 语句实现。

INSERT INTO 语句的基本格式如下：

```
INSERT  INTO <表名>  [(<字段名 1>  [,<字段名 2>…])]VALUES (<常量 1>  [,<常量 2>]…)
```

【功能】向表中添加一个记录。其中，<表名>是指要添加记录的表的名称，<字段名>是指要添加数据的字段的名称，<常量>是指要插入新记录的特定字段中的值。

【例 4.46】在“学生 1”表中插入一条记录，该记录中学号字段的值为“20110001”，姓名字段的值为“张三”，性别字段的值为“男”。

```
INSERT INTO 学生1（学号,姓名,性别）VALUES ("20110001", "张三", "男")
```

4. UPDATE 语句

如果要对表中现有数据进行修改，则可以使用 UPDATE 语句实现数据的修改。

UPDATE 语句的基本格式如下：

```
UPDATE  <表名>  SET <字段1> = <表达式1> [,<字段2>=<表达式2>]  [WHERE <条件>]
```

【功能】基于指定条件在指定表中更改字段中的值。

【例 4.47】修改“学生 1”表，把姓名为“张三”修改为“李四”。

```
UPDATE 学生1  SET 姓名 =  "李四"  WHERE 姓名 = "张三"
```

5. DELETE 语句

如果要删除表中的数据，则可以使用 DELETE 语句实现数据的删除。

DELETE FROM 语句的基本格式如下：

```
DELETE  FROM  <表名>  [WHERE <条件>];
```

【功能】删除指定表中满足条件的记录。

【例 4.48】删除“学生 1”表中学号为“20110001”的学生记录。

```
DELETE  FROM 学生1    WHERE 学号 =  "20110001"
```

6. DROP 语句

如果要删除某个不需要的表，则可以使用 DROP 语句实现表的删除。

DROP TABLE 语句的基本格式如下：

```
DROP TABLE <表名>
```

【功能】删除指定的表。

【例 4.49】删除“学生 1”表

```
DROP TABLE 学生1
```

表一旦被删除，表中数据以及在此表上建立的索引等都将自动被删除，并且无法恢复。因此执行删除表的操作一定要格外小心。

本章小结

本章首先讲解了查询的基本知识，然后介绍了如何使用查询向导和设计视图创建查询，并通过讲解一些实例介绍了操作查询和 SQL 查询，最后对 Access 2016 的查询进行了简单介绍。

习 题 4

一、选择题

1. 在查询时如果使用条件表达式 IN（"A","B"），则它与下面哪个表达式等价（　　）。

A. BETWEEN "A" AND "B"　　　　B. >="A" AND　<= "B"

C. "A" OR "B"　　　　D. 以上都不对

2. 若要查询成绩为 70~80 分（包括 70 分，不包括 80 分）的学生的信息，查询准则设置正确的是（　　）。

A. >69 OR<80;　　　　B. BETWEEN 70 WITH 80;

C. >=70 AND <80; D. IN(70,79) ;

3. 若要查询姓李的学生，查询准则应设置为（ ）。

A. LIKE "李" B. LIKE "李*" C. ="李" D. >="李"

4. 若要用设计视图创建一个查询，查找总分在255分以上（包括255分）的女同学的姓名、性别和总分，正确的设置查询准则的方法应为（ ）。

A. 在准则单元格键入：总分>=255 AND 性别="女"

B. 在总分准则单元格键入：总分>=255；在性别的准则单元格键入："女"

C. 在总分准则单元格键入：>=255；在性别的准则单元格键入："女"

D. 在准则单元格键入：总分>=255 OR 性别="女"

5. 若要取得“学生”数据表的所有记录及字段，其SQL语法应是（ ）。

A. SELECT 姓名 FROM 学生

B. SELECT * FROM 学生

C. SELECT * FROM 学生 WHERE 学号=12

D. 以上皆非

6. 有SQL语句：SELECT * FROM 教师 WHERE NOT(工资>3000 OR 工资<2000)，与如上语句等价的SQL语句是（ ）。

A. SELECT * FROM 教师 WHERE 工资 BETWEEN 2000 AND 3000

B. SELECT * FROM 教师 WHERE 工资 >2000 AND 工资<3000

C. SELECT * FROM 教师 WHERE 工资>2000 OR 工资<3000

D. SELECT * FROM 教师 WHERE 工资<=2000 AND 工资>=3000

7. 以下表达式合法的是（ ）。

A. 学号 BETWEEN 05010101 AND 05010305

B. [性别] = "男" OR [性别] = "女"

C. [成绩] >= 70 [成绩] <= 85

D. [性别] LIKE "男"= [性别] = "女"

8. 在查询设计视图中设计排序时，如果选取了多个字段，则输出结果是（ ）。

A. 按设定的优先次序依次进行排序 B. 按最右边的列开始排序

C. 按从左向右优先次序依次排序 D. 无法进行排序

9. 以下关于运算符优先级比较，正确的是（ ）。

A. 算术运算符>关系运算符>逻辑运算符 B. 算术运算符>逻辑运算符>关系运算符

C. 逻辑运算符>关系运算符>连接运算符 D. 关系运算符>逻辑运算符>连接运算符

10. 下列表达式计算结果为数值型的是（ ）。

A. 100=93+7 B. " A" >" B"

C. #2015-3-20#+4 D. #2015-4-30#-#2015-3-21#

11. 表达式INT(100*RND( ))的值是（ ）。

A. [0,99）的随机整数 B. [0,99]的随机整数

C. [1,100）的随机整数 D. [1,100]的随机整数

12. 给定日期DD，可以计算该日期当月最大天数的正确表达式是（ ）。

A. DAY(DD)

B. DAY(DATESERIAL(YEAR(DD),MONTH(DD)+1),0）

C. DAY(DATESERIAL(YEAR(DD),MONTH(DD),DAY(DD))

D. DAY(DATESERIAL(YEAR(DD),MONTH(DD),0))

13. 用于获得字符串 A 最左边 3 个字符的函数是（　　）。

A. LEFT(A,3)　B. LEFT(A,1,3)　C. LEFTSTR(A,3)　D. LEFTSTR(A,0,3)

二、简答题

1. 简述什么是查询。
2. 简述查询的作用是什么。
3. 简述创建查询有哪几种方法。
4. 简述什么是 SQL 查询。

第5章 窗体

窗体也称为表单，是 Access 数据库中的一个重要对象，可用于为数据库应用程序创建用户界面。窗体为查看、添加、编辑和删除数据提供了一种直观而灵活的方法，利用窗体可将数据表中的数据输出到屏幕呈现给用户，又可将用户的输入反馈到数据表中。窗体主要是通过文字、图形、图像、音频、视频等各种控件将数据表中的内容显示出来。

5.1 窗体概述

5.1.1 窗体的概念与功能

一个优秀的数据库应用系统不但要设计合理，而且还应该具备功能完善、美观友好的用户操作界面。窗体正是提供给用户操作 Access 数据库最主要的界面。事实上，在 Access 2016 中，用户对数据库的任何操作都是通过窗体来实现的。窗体设计的好坏直接影响数据库应用系统的友好性和可操作性。

窗体有“绑定”型窗体和“非绑定”型窗体之分，“绑定”窗体是直接连接到数据源（如表或查询）的窗体，并可用于输入、编辑或显示来自该数据源的数据。另外，也可以创建“未绑定”窗体，该窗体没有直接链接到数据源，但仍然包含操作数据库应用系统所需的命令按钮、标签或其他控件。

5.1.2 窗体的结构

窗体中的内容是按照多个“节”来组织的，包括“窗体页眉”“页面页眉”“主体”“页面页脚”“窗体页脚”5 节，其中，“主体”节是所有窗体都具有的，而其他节可以根据情况增加或消除。窗体中各节的功能如下。

（1）“窗体页眉”节在窗体顶部，该节一般用于设置窗体的总标题、窗体使用说明或一些执行任务的命令按钮等。窗体页眉的信息对每个记录而言都是相同的，在“窗体视图”中，窗体页眉出现在屏幕的顶端，而在打印的窗体中，窗体页眉只出现在首页的顶部。

（2）“页面页眉”节用于在每个打印页的顶部显示诸如标题或列标题等信息。页面页眉只能出现在打印的窗体中。

（3）“主体”节是每个窗体必有的一节，用于显示数据表中的记录。可以在屏幕或打印的页面上显示一条记录，也可以显示多条记录。

（4）“页面页脚”节一般用于在每张打印页的底部显示诸如日期或页码等信息。页面页脚只能出现在打印的窗体中。

（5）“窗体页脚”节和“窗体页眉”节相对应，位于窗体底部，显示对每条记录都一样的信息。在“窗体视图”中，窗体页脚出现在屏幕的底部，而在打印窗体中，窗体页脚只出现在最后一条主体节之后。

在“设计视图”下清楚地展示了窗体中各节的分布形式，如图 5-1 所示。可以向每个节中放置控件（如标签、按钮、文本框等）来显示数据库中的信息，可以隐藏节或者调整节高度和宽度，向节中添加图片，或设置节的背景色彩。另外，还可以设置节属性以对节内容的打印方式进行定义。

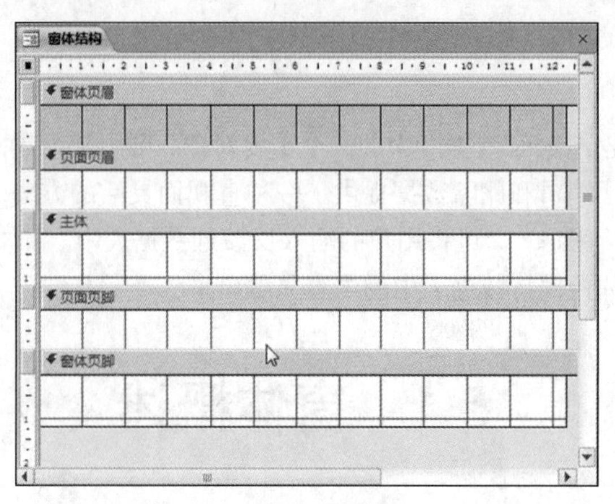

图 5-1　窗体的结构

5.1.3　窗体的视图

与其他 Access 对象相同，窗体也有不同的视图，有 4 种基本类型：设计视图、布局视图、窗体视图、数据表视图。它们的功能分别如下。

（1）设计视图。该视图用于窗体界面的详细设计，提供了窗体结构的详细视图，使用者从中可以清楚地看到窗体各节的组成情况，如图 5-2 所示。

图 5-2　窗体设计视图

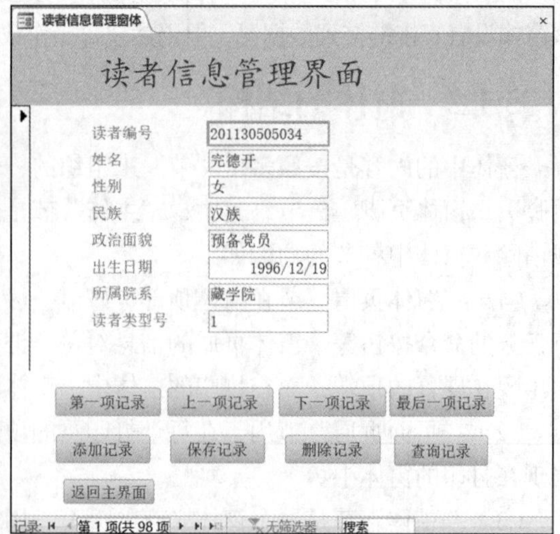

图 5-3　窗体布局视图

在设计视图下可以完成很多在布局视图下不能完成的工作，包括调节窗体各节的高度和大小；向窗体添加更多类型的控件，如绑定对象框架、分页符和图表等；在文本框中编辑修改控件来源，而不使用属性表；更改某些无法在布局视图下更改的属性。

（2）布局视图。该视图是修改窗体的最直观的视图。在布局视图下，窗体实际在运行中，能看到窗体中的数据，还可以在此视图下对窗体进行直观的修改，具有所见即所得的效果，如图 5-3 所示。另外，如果通过“空白 Web 数据库”来创建数据库，则布局视图是唯一可用来设计窗体的视图。

（3）窗体视图。在该视图下才能看到窗体最终的数据显示及设计运行效果，该视图是提供给用户使用数据库管理系统的界面，在该视图下不可以对窗体的设计进行修改，其界面效果与布局视图基本相似。

（4）数据表视图。该视图以类似电子表格的方式按行或列显示多条记录信息，在该视图下也可以添加、修改和删除数据表中的数据。

5.2　创建窗体

在 Access 早期的版本中创建窗体的方式只有窗体向导和窗体设计两种，Access 2016 在此基础上提供了更多智能化的自动创建窗体的方式，如导航窗体、分割窗体及模式对话框等。下面，本节主要介绍“窗体”“窗体向导”“多个项目”“分割窗体”“空白窗体”，“导航”窗体将在 5.4 节中介绍，其他如“数据表”“模式对话框”等方式比较简单就不进行介绍了。

5.2.1　“窗体”工具

在使用“窗体”工具时，只需要单击该工具一次便可以自动创建一个单记录窗体。使用此工具时，必须先选择一个基础数据源（如表或查询），然后该工具会将数据源中的所有字段都添加到窗体中。创建好的窗体的默认视图为布局视图，其结构布局简单、规整，也可以切换视图对其修改或运行查看。

【例 5.1】使用“窗体”工具创建“图书信息”窗体。操作步骤如下。

（1）打开“图书管理”数据库，在导航窗格中选中“图书信息”表（使其作为窗体的数据源）。

（2）单击“创建”选项卡，再单击窗体按钮组中“窗体”按钮，窗体立即生成，并以布局视图显示，如图 5-4 所示。

（3）单击快捷工具栏“保存”按钮（或按【Ctrl+S】组合键），弹出“另存为”对话框，输入窗体名“图书信息”后保存。

若要查看窗体运行效果，则可以切换到“窗体视图”；若需要进行详细修改，还可以切换到“设计视图”来进行修改。

另外，如果窗体的数据源与某个表之间有一对多关系，则 Access 将会在窗体底部添加一个子数据表，如图 5-5 所示窗体底部显示的“图书借阅信息”表数据。如果不希望窗体上有子数据表，则可以选中该子数据表，按【Delete】键将其删除。

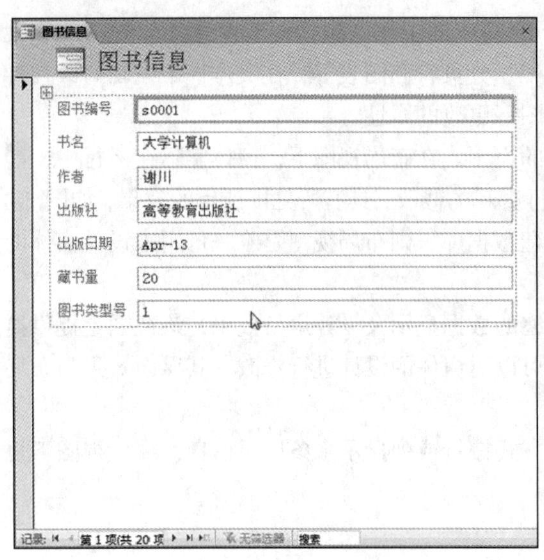

图 5-4 “图书信息”窗体

图 5-5 子数据表窗体

5.2.2 “窗体向导”工具

虽然用“窗体”工具创建窗体智能、快捷，但不能对窗体的显示内容及外观布局等进行自定义的设计。而“窗体向导”工具通过一系列的辅助向导能让使用者对窗体内容、数据的组合和排列方式等按照自己的想法进行设计。

【例 5.2】使用“窗体向导”工具创建“读者信息”窗体。操作步骤如下。

（1）打开“图书管理”数据库，在导航窗格中选中“读者信息”表。

（2）单击“创建”选项卡，再单击窗体按钮组中的“窗体向导”按钮，弹出窗体向导“请确定窗体上使用哪些字段”对话框，如图 5-6 所示。此时“表/查询”下拉列表已选定“读者信息”表（也可以更改为其他表），在“可用字段”列表框中选定某个字段，单击 > 按钮便可将该字段添加到右侧“选定字段”列表框中（或单击 >> 按钮一次性将所有字段添加到“选定字段”列表框），然后单击“下一步”按钮弹出窗体向导“请确定窗体使用的布局”对话框，如图 5-7 所示。

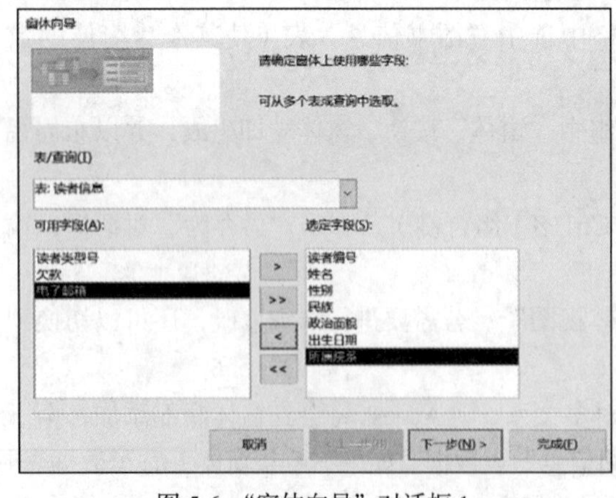

图 5-6 “窗体向导”对话框 1

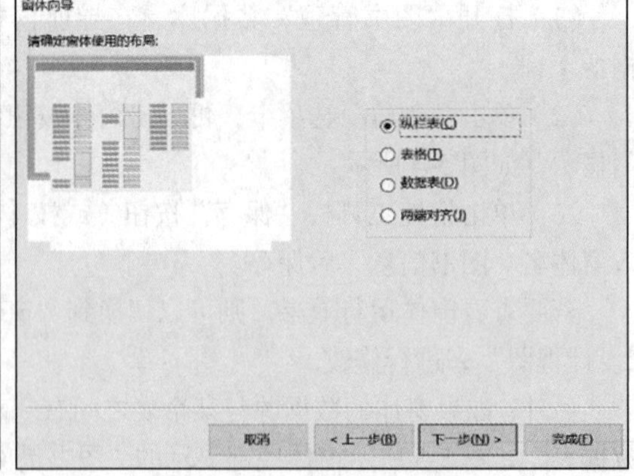

图 5-7 “窗体向导”对话框 2

（3）有 4 种布局方式，分别为“纵栏式”“表格”“数据表”和“两端对齐”。它们之间的区别在于各字段在窗体中的排列分布有差别，这里选择“纵栏表”布局，单击“下一步”按钮弹出窗体向导“请为窗体指定标题”对话框，如图 5-8 所示，输入标题“读者信息”，单击“完成”按钮，窗体显示效果如图 5-9 所示。

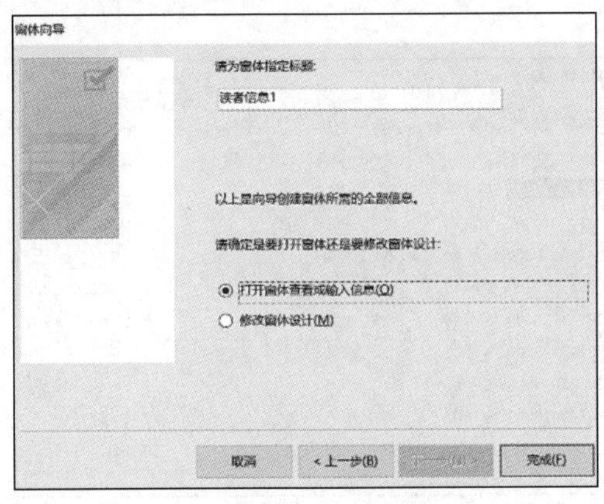

图 5-8　“窗体向导”对话框 3

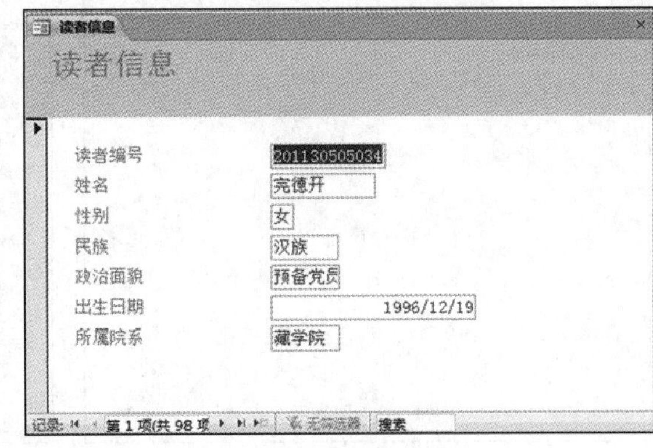

图 5-9　窗体显示效果

有些时候窗体要显示的数据内容可能来自多个表，使用“窗体向导”也可以很方便地创建基于多表的窗体（见【例 5.3】）。

【例 5.3】使用“窗体向导”工具创建基于“读者信息”表和“图书借阅信息”表的“读者借阅信息”窗体。操作步骤如下。

（1）打开“图书管理”数据库，在导航窗格中选中“读者信息”表，单击“创建”选项卡后再单击窗体按钮组中的“窗体向导”按钮。

（2）在打开的“请确定窗体上使用哪些字段”对话框中，此时“表/查询”下拉列表已选定“读者信息”表，将该表的“读者编号”“姓名”和“性别”字段添加到右侧“选定字段”列表框中。

（3）在“表/查询”下拉列表中选择“图书借阅信息”表，将该表的“图书编号”“借阅日期”“还书日期”和“借阅天数”字段添加到右侧“选定字段”列表框中，如图 5-10 所示，单击“下一步”按钮。

（4）在弹出的“请确定查看数据的方式”对话框（见图 5-11）中，“通过：读者信息”和“通过：图书借阅信息”两个选项表示两个数据源的布局关系，这里选择“通过：图书借阅信息”，单击“下一步”按钮，进入“请确定窗体使用的布局”对话框。

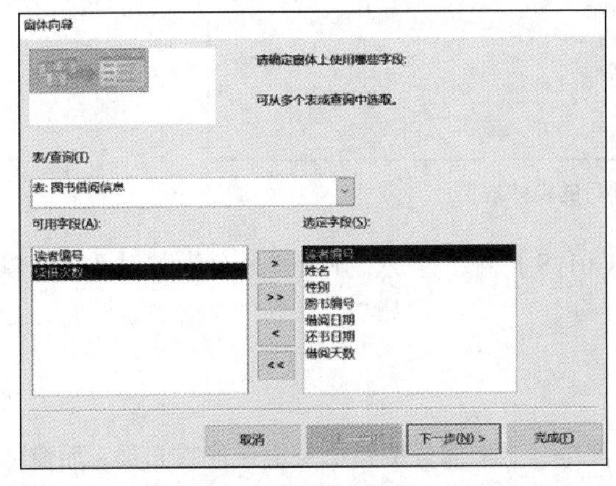

图 5-10　选定多表字段

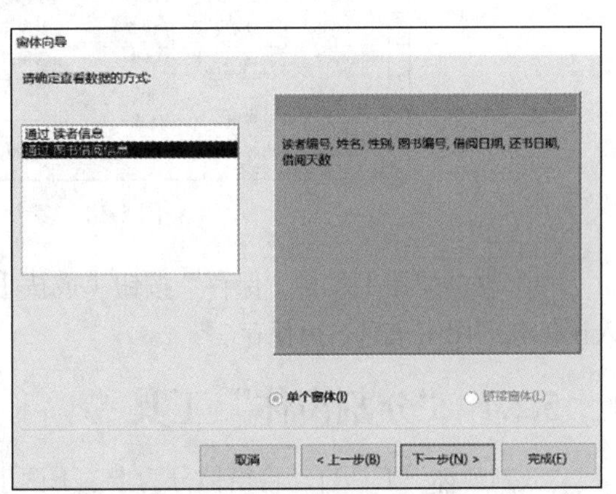

图 5-11　确定数据查看方式

（5）这里选择“表格”布局（见图 5-12），然后单击“下一步”按钮进入“请为窗体指定标题”对话框，输入标题“读者借阅信息”，单击“完成”按钮，即可得到图 5-13 所示效果的窗体。

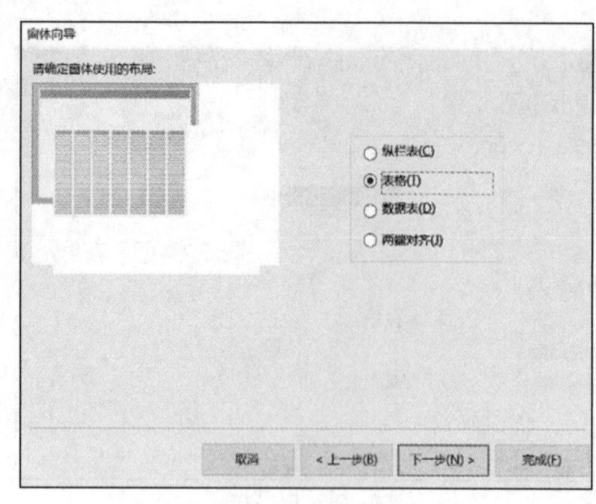

图 5-12　选定窗体布局

图 5-13　效果图

5.2.3　“多个项目”工具

使用“多个项目”工具可以快速自动创建显示多条记录的窗体，而“窗体”工具方式自动生成的是显示一条记录的窗体。

【例 5.4】使用“多个项目”工具创建显示多条记录的“图书信息”窗体。操作步骤如下。

（1）打开“图书管理”数据库，在导航窗格中选中“图书信息”表（使其作为窗体的数据源）。

（2）单击“创建”选项卡，再单击窗体按钮组中“其他窗体”按钮，选择单击“多个项目”按钮，则窗体立即生成，并以布局视图显示，如图 5-14 所示。

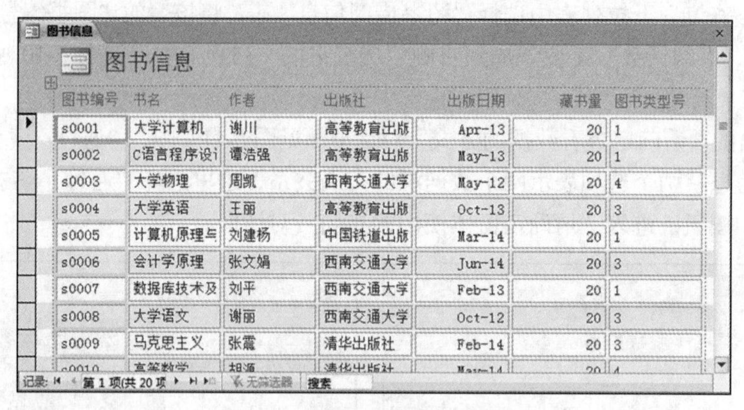

图 5-14　多个项目的窗体效果

（3）单击快捷工具栏“保存”按钮（或按【Ctrl+S】组合键），弹出“另存为”对话框，输入窗体名“图书信息”后保存。

5.2.4　“分割窗体”工具

“分割窗体”工具自动将窗体分为上、下两个部分，上半部分按照单一记录形式布局，而窗体下半部分则按照数据表形式显示多条记录。这种窗体使得用户既可以很清晰地浏览单条记录信息，也可以对整个表中的记录进行全局浏览。

【例 5.5】使用“分割窗体”工具创建“管理员信息”分割窗体。操作步骤如下。

（1）打开“图书管理”数据库，在导航窗格中选中“管理员信息”表（使其作为窗体的数据源）。

（2）单击“创建”选项卡，再单击窗体按钮组中的“其他窗体”按钮，选择单击“分割窗体”按钮，则立即生成窗体，并以布局视图显示，如图 5-15 所示。

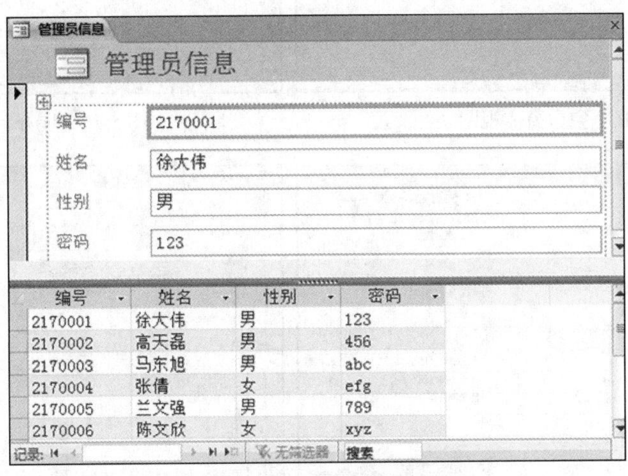

图 5-15　分割窗体的窗体效果

（3）单击快捷工具栏上的“保存”按钮（或按【Ctrl+S】组合键），弹出“另存为”对话框，输入窗体名“管理员信息”完成保存。

5.2.5　“空白窗体”工具

使用“空白窗体”工具时，Access 2016 会先以“布局视图”视图方式打开一个没有任何内容的“空白”窗体，和一个包含数据库中各表的“字段列表”窗格。用户可以根据需要把“字段列表”窗格中的字段拖曳到窗体上，从而完成窗体的创建工作。

【例 5.6】使用“空白窗体”工具创建基于“图书信息”表和“图书借阅信息”表的“图书借阅情况”窗体。操作步骤如下。

（1）打开“图书管理”数据库，单击“创建”选项卡后再单击窗体按钮组中的“空白窗体”按钮。

（2）这时就打开了一个“空白”窗体，窗体右侧出现“字段列表”窗格，窗格中列出了所有数据库中的表，如图 5-16 所示，可以单击表前方的“+”号，展开显示表中的字段信息，如图 5-17 所示。

（3）在“字段列表”中依次双击“图书信息”表中的所有字段，将这些字段添加到左侧的空白窗体中。此时，“字段列表”窗格将变为 3 个子窗格，分别是为“可用于此视图的字段”“相关表中的可用字段”和“其他表中的可用字段”，如图 5-18 所示。

（4）在 3 个子窗格中，“相关表中的可用字段”子窗格中的表与“可用于此视图的字段”子窗格中的表之间存在关系，当向窗体中添加相关表字段时，就会在主窗体中生成一个子窗体。再双击“相关表中的可用字段”子窗格中“图书借阅信息”表的“读者编号”字段，该字段将被添加到子窗体中，效果如图 5-19 所示。

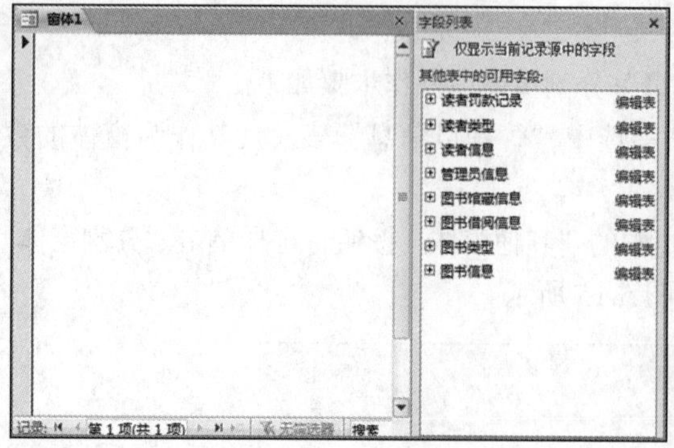

图 5-16　空白窗体视图

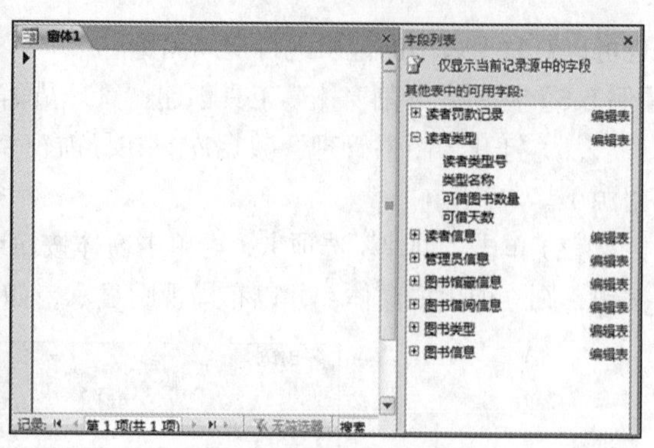

图 5-17　展开字段列表窗格

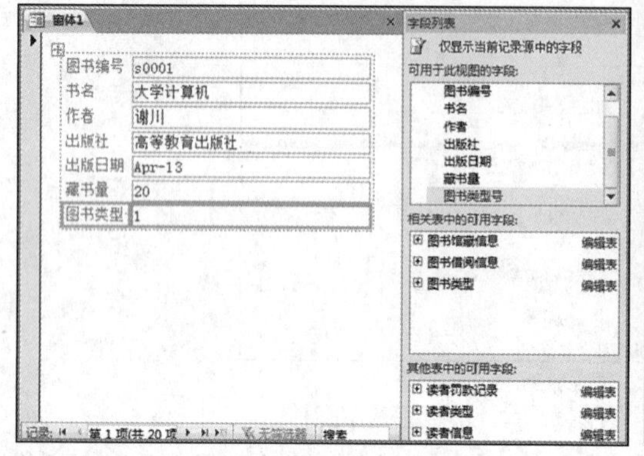

图 5-18　添加了字段的空白窗体

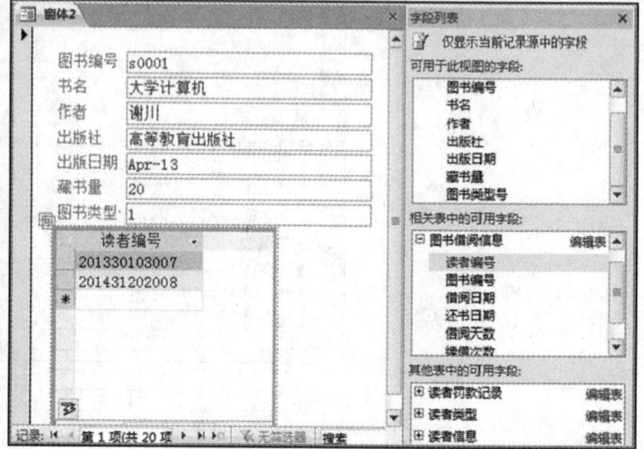

图 5-19　带子窗体的效果

（5）单击快捷工具栏上的“保存”按钮（或按【Ctrl+S】组合键），弹出“另存为”对话框，输入窗体名“管理员信息”后保存。

5.3　设计窗体

窗体是 Access 数据库提供的用于与用户进行沟通的对象，它是一个容器对象，可根据需要在其中添加大量的控件。为了更好地满足用户的需要，可以在设计视图方式下对窗体结构以及内容等进行详细的设计；也可以在窗体中添加、删除控件，对控件进行属性等进行修改；还可以对窗体内容进行整体的排列布局的设置，以及对窗体外观进行美化等。

5.3.1　窗体设计视图

使用自动方式或向导方式创建窗体虽然快捷方便，但生成的窗体结构比较简单，形式较为固定，只能满足一般的需要，不能满足用户的特定要求。为了满足用户的个性化需求，创建实用、美观、大方的窗体，Access 2016 允许用户在设计视图下对窗体进行全方位的个性化设计。

1．窗体设计视图简介

在设计视图下能观察到窗体“节”的组成情况，如图 5-1 所示。所有窗体都有“主体”节，当单击“创建”选项卡中窗体按钮组的“窗体设计”按钮进入窗体设计时，默认情况下设计视图只有“主体”节。如果需要添加其他节，在窗体空白位置右击，在弹出的右键菜单（见图 5-20）

中选择“页面页眉/页脚”或“窗体页眉/页脚”命令即可将所需要的节加入窗体中。反之，若要删除某个节也可以在该右键菜单下进行。另外，默认情况下窗体的左边缘及上边缘都有标尺，以及窗体内会有网格线，它们可以帮助用户对齐对象、调整位置等。

窗体中各节的分割横条称为节选择器，使用它可以选定节，向上、下拖曳就可以调整节的高度。窗体的左上角水平标尺和垂直标尺交汇处的小方块称为“窗体选择器”，单击它可以打开窗体的属性表窗口，如图 5-21 所示。

图 5-20 右键快捷菜单

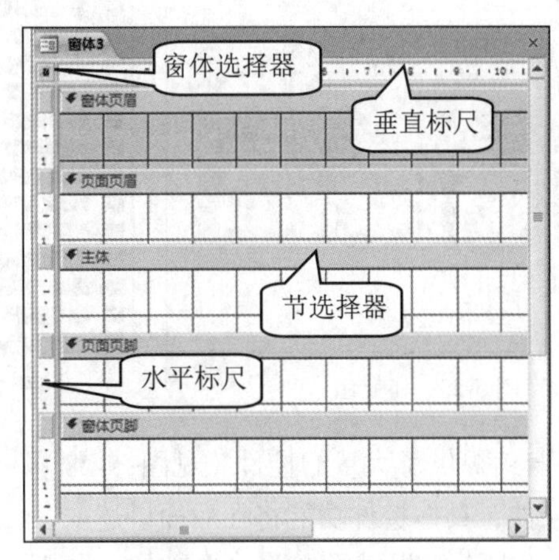

图 5-21 “窗体布局”工具

可以调整窗体各节的高度和宽度，若要调整节的高度，首先单击节选择器（颜色变黑），然后把鼠标指针移动到节选择器的上方变为上下箭头后，按住鼠标左键拖曳即可调整节的高度。若要调整节的宽度，将鼠标指针移动至节的右侧边缘位置，鼠标指针变为水平双向箭头后，按住鼠标左键拖曳即可调整节的宽度（所有节宽度同时调整）。

2. 窗体设计工具

在处于窗体设计视图时，Access 2016 的菜单上会增加“窗体设计工具”选项卡，该选项卡提供了大量用于窗体设计的工具，包括“设计”“排列”和“格式”3 个子选项卡，其中每个子选项卡又由多个功能组构成。

（1）“设计”子选项卡

“设计”子选项卡如图 5-22 所示，包括“视图”“主题”“控件”“页眉/页脚”和“工具”5 个组，这些组提供了相关主题的窗体设计工具。

图 5-22 “设计”子选项卡

“视图”组提供了一个视图按钮，并带有下拉列表，可用于单击展开下拉列表切换不同的窗体视图。

“主题”组提供了一系列的视觉外观样式，通过它们可以对 Access 数据库系统的外观进行设置。“主题”组包括“主题”“颜色”和“字体”3 个按钮，单击每一个按钮会进一步打开相应的下拉列表，分别如图 5-23、图 5-24 和图 5-25 所示。选择某一主题后，所选主题将改变整个系统的外观效果。同理，选择颜色列表和字体列表中的某一项后，就会使整个系统的颜色和字体随之变化。

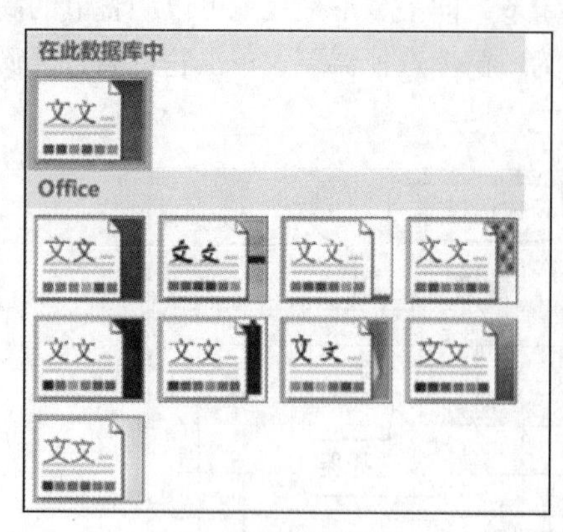

图 5-23　主题组

图 5-24　颜色组

图 5-25　字体组

“控件”组提供了大量的控件（见图 5-28）。窗体和报表设计的主要工作就是在其中布局各种各样的控件，具体控件功能将在后面讲述。

“页眉/页脚”组提供了 3 个命令按钮，分别是“徽标”“日期和时间”和“标题”按钮。单击“徽标”按钮可以把某张照片添加到窗体页眉部分作为 Logo 标志；单击“日期和时间”可以在窗体中插入当前日期和时间；单击“标题”按钮可以快速实现向窗体中添加标题信息。

“工具”组提供了窗体设计常用的几个工具，有“添加现有字段”“属性表”“Tab 键次序”“代码”“子窗体”以及“将宏转变为代码”按钮等，它们的功能如表 5-1 所示。

表 5-1　“工具”组命令按钮

按钮名称	功能
添加现有字段	显示数据库表的字段列表，可以添加到窗体中
属性表	显示窗体或某个窗体对象的属性对话框
Tab 键次序	修改窗体中控件获得焦点的键次序
代码	显示窗体的 VBA 代码
子窗体	在新窗体中添加子窗体
将宏转变为代码	将窗体的宏转变为 VBA 代码

（2）“排列”子选项卡

“排列”子选项卡如图 5-26 所示，该选项卡主要用于窗体对象的排列、对齐等布局用途，包括“表”“行和列”“合并/拆分”“移动”“位置”和“调整大小和排序”等 6 个组。

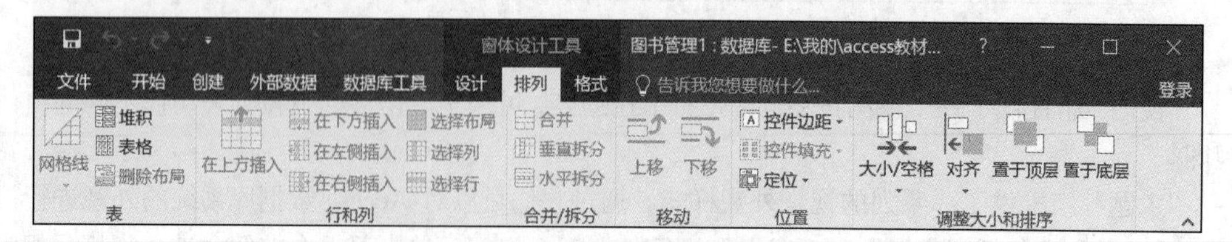

图 5-26　“排列”子选项卡

①“表”组中提供了 4 个按钮，分别是“网格线”“堆积”“表格”和“删除布局”，通过它们可以进行窗体中控件的自动布局的设置。

②“行和列”组提供了布局格式下类似 Word 中表格插入行/列的命令按钮功能。

③“合并/拆分”组提供了对布局格式中的单元格的合并与拆分功能。

④“移动”组用于快速移动控件在窗体之间的相对位置。

⑤“位置”组提供了 3 个调整控件位置的按钮，其中，“控件边距”按钮可以调整控件内文本与控件边界的位置关系，“控件填充”按钮可以调整一组控件在窗体上的布局，“定位”按钮可以调整控件在窗体上的位置。

⑥“调整大小和排序”组提供了调整大小与对齐控件等功能。

（3）“格式”子选项卡

“格式”子选项卡如图 5-27 所示。该选项卡主要提供大量对控件的外观格式（诸如字体、颜色等）设置功能，其用法与 Word 中对文字格式设置十分相似，比较简单易懂，此处不再赘述。

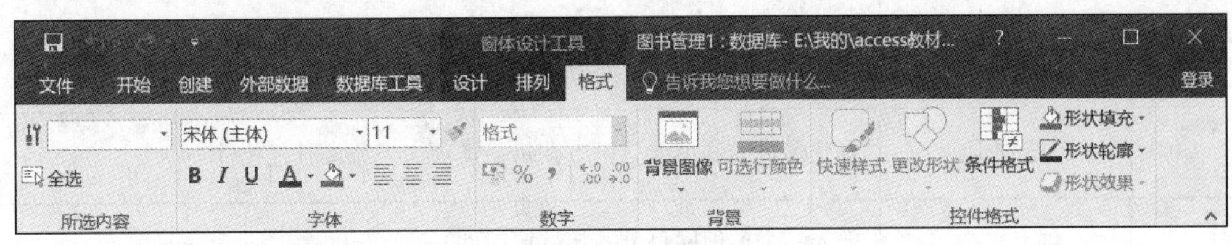

图 5-27　“格式”子选项卡

5.3.2　窗体控件及使用

1. 控件基本介绍

控件是放置在窗体中的对象，可用于显示数据、执行操作或美化装饰窗体。控件只能放置到窗体或报表中，其中常用的控件有标签、文本框和按钮控件，其他控件还包括组合框、列表框、复选框、选项按钮和子窗体/子报表控件等，“控件”组如图 5-28 所示。

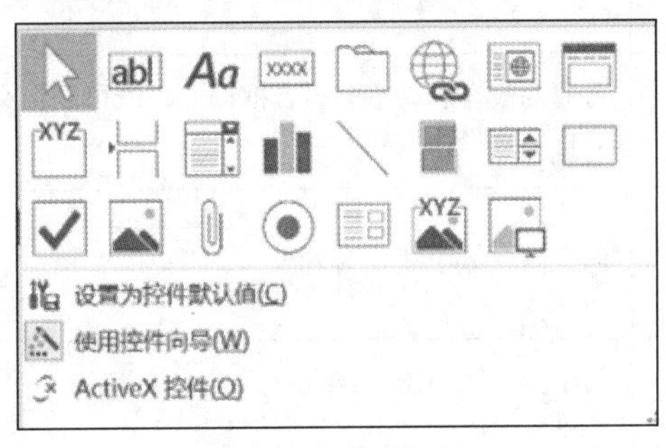

图 5-28　“控件”组

每个控件都具有各种各样属性，可以根据需要对属性的值进行更改，一般可以通过属性表窗口（按【Alt+Enter】组合键打开）进行，也可以通过 VBA 代码进行更改。控件一般可以分为如下 3 类。

（1）绑定型控件。该类控件可以与某个数据源（表或查询等）的字段建立绑定关系。这样一来，当数据源的数据发生改变时，控件显示内容会随之变化；反之，当向控件输入数据时，Access 2016 也会自动更新数据源的值。这类控件有文本框、组合框、列表框、复选框和选项按钮等。

（2）非绑定型控件。该类控件没有与某个数据源（表或查询等）的字段建立绑定关系，该类控件一般用于显示某些固定信息。这类控件有标签、直线和矩形等。

（3）计算型控件。指控件的数据源是某个表达式，如函数或计算式等。如可以设置文本框的“控件来源”属性为一个计算表达式。

在 Access 2016 中，各种控件的基本情况如表 5-2 所示。

表 5-2 控件简介表

控件	名称	功能
	选择	选择控件、节或窗体对象，单击按钮可以释放已选择对象
abl	文本框	用于显示、输入或编辑窗体的基础记录源数据，显示计算结果和接受用户输入数据
Aa	标签	显示说明文本，如窗体标题或其他控件说明文本
XXXX	按钮	用来完成各种操作，或者执行一段 VBA 代码
	选项卡	创建多页的选项卡，可以在每一选项卡上添加其他控件
	超链接	插入一个类似网页上的超链接控件
	Web 浏览器	向窗体中插入网页浏览器控件
	导航	向窗体中插入导航条
XYZ	选项组	显示一组可选值，常与复选框、选项按钮或切换按钮搭配使用
	分页符	用来定义多页窗体或报表的分页位置
	组合框	含有列表框和文本的组合框控件，既可以在文本框中键入文字，也可以在列表框中选择输入项
	图表	用于向窗体中插入图表
	直线	用于在窗体中绘制直线
	切换按钮	模拟开/关状态切换，用来显示二值数据，如“是/否”
	列表框	显示可滚动的数值列表，可在列表中选择一个值
	矩形框	用于在窗体上绘制矩形
	复选框	创建复选按钮，可以绑定“是/否”字段

续表

控件	名称	功能
	未绑定对象框	向窗体中插入未绑定对象，如 Word、Excel 文档
	附件	向窗体中插入附件控件
	选项按钮	单选按钮，在一组中只能选择一个
	子窗体/子报表	添加一个子窗体或子报表，以显示多个一对多的数据
	绑定对象框	用于在窗体或报表中显示 OLE 对象
	图像	用于显示静态的图像

每一个控件都具有各自的属性，控件的属性决定控件的结构、外观和行为，包括它所含有的文本和数据的特性。若一个控件的属性不同，则其外观以及其他特性也会不同，设置控件的属性是开发 Access 数据库的重要工作之一。

设置控件的属性一般是通过“属性表”窗格进行的。打开“属性表”窗格一般有如下 4 种方式。

（1）双击窗体左上角水平标尺和垂直标尺交汇处的“窗体选定器”。

（2）在窗体设计或布局视图下，单击“窗体设计工具”选项卡中的“设计”子选项卡下的“属性表”按钮。

（3）在窗体设计或布局视图下，按【Alt+Enter】组合键即可。

（4）在窗体设计或布局视图下，右击某个控件，在弹出快捷菜单中选择“属性”选项即可。

“属性表”窗格的外观如图 5-29 所示，在窗格的上方区域有一个组合框，利用它可以选择窗体或窗体中的其他控件，下方将会出现相应对象的属性，如需修改某个属性值，只需要在属性值列单击“更改”按钮即可。“属性表”窗格把窗体的属性分为格式、数据、事件、其他和全部等 5 组，其中格式、数据和事件是 3 个主要的属性组，而全部组是把前面 4 个属性组的项目合并在一起。

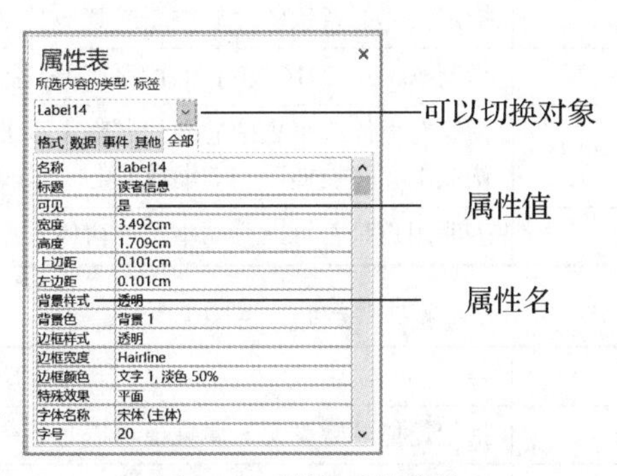

图 5-29 “属性表”窗格

窗体和控件的属性有很多，其中表 5-3、表 5-4、表 5-5 分别列举了窗体的常用属性，而表 5-6、表 5-7、表 5-8 分别列举了控件中常用属性，并标注了其英文标识以及相应功能。

表 5-3　　　　窗体“格式”选项卡

属性名称	属性标识	功能
标题	Caption	指定在“窗体”视图中标题栏上显示的文本。默认为“窗体名：窗体”
默认视图	DefaultView	指定打开窗体时所用的视图。有 5 个选项：“单个窗体”（默认值）、“连续窗体”“数据表”“数据透视表”“数据透视图”“分割窗体”
滚动条	ScrollBars	指定是否在窗体上显示滚动条。该属性值有“两者均无”“只水平”“只垂直”和“两者都有”（默认值）4 个选项
允许“窗体”视图	AllowFormView	表明是否可以在“窗体”视图中查看指定的窗体。属性值为：“是”（默认值）和“否”
记录选择器	RecordSelectors	指定窗体在“窗体”视图中是否显示记录选择器。属性值为：“是”（默认值）和“否”
导航按钮	NavigationButtons	指定窗体上是否显示导航按钮和记录编号框。属性值为：“是”（默认值）和“否”
分隔线	DividingLines	指定是否使用分隔线分隔窗体上的节或连续窗体上显示的记录。属性值为：“是”（默认值）和“否”
自动调整	AutoResize	在打开“窗体”窗口时，是否自动调整“窗体”窗口大小以显示整条记录。属性值为：“是”（默认值）和“否”
自动居中	AutoCenter	当窗体打开时，是否在应用程序窗口中将窗体自动居中。属性值为：“是”（默认值）和“否”
边框样式	BorderStyle	可以指定用于窗体的边框和边框元素（标题栏、“控制”菜单、“最小化”和“最大化”按钮或“关闭”按钮）的类型。属性值为：“无”“细边框”“可调边框”（默认值）和“对话框边框”
控制框	ControlBox	指定在“窗体”视图和“数据表”视图中窗体是否具有“控制”菜单。属性值为：“是”（默认值）和“否”
最大最小化按钮	MinMaxButtons	指定在窗体上“最大化”或“最小化”按钮是否可见。属性值为：“无”“最小化按钮”“最大化按钮”和“两者都有”（默认值）
关闭按钮	CloseButton	指定是否启用窗体上的“关闭”按钮。属性值为：“是”（默认值）和“否”
宽度	Width	可以将窗体的大小调整为指定的尺寸。窗体的宽度是从边框的内侧开始度量的
图片	Picture	指定窗体的背景图片的位图或其他类型的图形
图片类型	PictureType	指定 Access 2016 是将图片存储为链接对象还是嵌入（默认值）对象
图片缩放模式	PictureSizeMode	指定对窗体或报表中的图片调整大小的方式。属性值为：“剪裁”（默认值）、“拉伸”和“缩放”
可移动的	Moveable	表明用户是否可以移动指定的窗体。属性值为“是”（默认值）和“否”

表 5-4　　　　窗体“数据”选项卡

属性名称	属性标识	功能
记录源	RecordSource	指定窗体的数据源。属性值可以是表名称、查询名称或者 SQL 语句
筛选	Filter	在对窗体应用筛选时指定要显示的记录子集
排序依据	OrderBy	指定如何对窗体中的记录进行排序。属性值是一个字符串表达式，表示要以其对记录进行排序的一个或多个字段（用逗号分隔）的名称。降序时输入 DESC

续表

属性名称	属性标识	功能
允许筛选	AllowFilters	指定窗体中的记录能否进行筛选。属性值为："是"（默认值）和"否"
允许编辑 允许删除 允许添加	AllowEdits AllowDeletions AllowAdditions	指定用户是否可在使用窗体时编辑、删除、添加记录。属性值为："是"（默认值）和"否"
数据输入	DataEntry	指定是否允许打开绑定窗体进行数据输入。该属性不决定是否可以添加记录，只决定是否显示已有的记录。属性值有："是"和"否"（默认值）
记录集类型	RecordsetType	指定何种类型的记录集可以在窗体中使用。属性值如下。 ①"动态集"（默认值）：对基于单个表或基于具有一对一关系的多个表的绑定控件可以编辑。对于绑定到字段（基于一对多关系的表）的控件，若未启用表间的级联更新，则不能编辑位于关系中的"一"方的联接字段中的数据。 ②"动态集（不一致的更新）"：所有绑定到其字段的表和控件都可以编辑。 ③"快照"：绑定到其字段的表和控件都不能编辑
记录锁定	RecordLocks	指定在多用户数据库中更新数据时，如何锁定基础表或基础查询中的记录。属性值如下。 ①"不锁定"（默认值）在窗体中，两个或更多用户能够同时编辑同一条记录，这也称为"开放式"锁定。如果两个用户试图保存对同一条记录的更改，则 Access 2016 将对第二个试图保存记录的用户显示一则消息。此后这个用户可以选择放弃保存该记录，将记录复制到剪贴板，或替换其他用户所做的更改。这种设置通常用在只读窗体或单用户数据库中；也可以用在多用户数据库中，允许多个用户同时更改同一条记录。 ②"所有记录"：当在"窗体"视图或"数据表"视图中打开窗体，基础表或基础查询中的所有记录都将锁定。用户可以读取记录，但在关闭窗体以前不能编辑、添加或删除任何记录。 ③"已编辑的记录"：只要用户开始编辑某条记录中的任一字段，就会锁定该页面记录，直到用户移动到其他记录，锁定才会解除。这样一来，一条记录每次只能由一位用户进行编辑。这也称为"保守式"锁定

表 5-5　窗体"其他"选项卡

属性名称	属性标识	功能
弹出方式	PopUp	指定窗体是否作为弹出式窗口打开。弹出式窗口将停留在其他所有 Access 窗口的上面。典型的情况是将弹出式窗口的"边框样式"属性设为"细边框"。属性值为："是"和"否"（默认值）
模式	Modal	指定窗体是否可以作为模式窗口打开。作为模式窗口打开时，在焦点移到另一个对象之前，必须先关闭该窗口。属性值为："是"和"否"（默认值）

续表

属性名称	属性标识	功能
循环	Cycle	指定当按【Tab】键时绑定窗体中位于最近一个控件上的焦点的去向。属性值如下。 ①“所有记录”（默认值）：从窗体的最后获得焦点的控件上按【Tab】键，焦点将移动到下一记录的【Tab】键次序中的第一个控件上。 ②“当前记录”：从记录中最后一个获得焦点的控件上按下【Tab】键，焦点将移动到同一条记录的【Tab】键次序中第一个控件上。 ③“当前页”：从页面上最后一个获得焦点的控件上按下【Tab】键，焦点将移到本页的【Tab】键次序中第一个控件上
菜单栏	MenuBar	可以将菜单栏指定给 Access 数据库（.mdb）、Access 项目（.adp）、窗体或报表使用。也可以使用“菜单栏”属性来指定菜单栏宏，以便用于显示数据库、窗体或报表的自定义菜单栏
工具栏	ToolBar	可以指定窗体或报表使用的工具栏。通过使用“视图”菜单上“工具栏”命令的“自定义”子命令可以创建这些工具栏
快捷菜单	ShortcutMenu	指定当用鼠标右键单击窗体上的对象时是否显示快捷菜单。属性值为：“是”（默认值）和“否”
允许设计更改	AllowDesignChanges	指定或确定对窗体是否可以在所有视图中进行设计更改，还是只能在“设计”视图中进行设计更改。属性值为：“所有视图”（默认值）和“仅设计视图”

表 5-6　控件“格式”选项卡

属性名称	属性标识	功能
标题	Caption	对不同视图中对象的标题进行设置，为用户提供有用的信息。它是一个最多包含 2048 个字符的字符串表达式。窗体和报表上超过标题栏所能显示数的标题部分将被截掉。可以使用该属性为标签或命令按钮指定访问键。在标题中，将&字符放在要用作访问键的字符前面，则字符将以下画线形式显示。通过按【Alt】键和打下画线的字符，即可将焦点移到窗体中该控件上
小数位数	DecimalPlaces	指定自定义数字、日期/时间和文本显示数字的小数点位数。属性值为：“自动”（默认值）、0～15
格式	Format	自定义数字、日期、时间和文本的显示方式。可以使用预定义的格式，或者可以使用格式符号创建自定义格式
可见性	Visible	显示或隐藏窗体、报表、窗体或报表的节、数据访问页或控件。属性值为：“是”（默认值）或“否”
边框样式	BorderStyle	指定控件边框的显示方式。属性值为：“透明”（默认值）、“实线”“虚线”“短虚线”“点线”“稀疏点线”“点画线”“点点画线”“双实线”
边框宽度	BorderWidth	指定控件的边框宽度。属性值为：“细线”（默认值）、1～6 磅（1 磅=0.035 27cm）
左边距	Left	指定对象在窗体或报表中的位置。控件的位置是指从它的左边框到含该控件的节的左边缘的距离，或者它的上边框到包含该控件的节的上边缘的距离
背景样式	BackStyle	指定控件是否透明。属性值为：“常规”（默认值）和“透明”

续表

属性名称	属性标识	功能
特殊效果	SpecialEffect	指定是否将特殊格式应用于控件。属性值为：“平面”“凸起”“凹陷（默认）”“蚀刻”“阴影”和“凿痕”6 种
字体名称	FontName	是显示文本所用的字体名称。默认值：宋体（与 OS 设定有关）
字号	FontSize	指定显示文本字体的大小。默认值为：9 磅（与 OS 设定有关），属性值范围 1～127
字体粗细	FontWeight	指定 Windows 在控件中显示以及打印字符所用的线宽（字体的粗细）。属性值为：淡、特细、细、正常（默认值）、中等、半粗、加粗、特粗、浓
倾斜字体	FontItalic	指定文本是否变为斜体。默认值为：“是”（默认值）和“否”
背景色	ForeColor	指定一个控件的文本颜色。属性值是包含一个代表控件中文本颜色的值的数值表达式。默认值为：0
前景色	BackColor	属性值包括数值表达式，该表达式对应于填充控件或节内部的颜色。默认值为：1677721550

表 5-7　控件“数据”选项卡

属性名称	属性标识	功能
控件来源	ControlSource	可以显示和编辑绑定到表、查询或 SQL 语句中的数据。还可以显示表达式的结果
输入掩码	InputMask	可以使数据输入更容易，并且可以控制用户在文本框类型的控件中输入的值。只影响直接在控件或组合框中键入的字符
默认值	DefaultValue	指定在新建记录时自动输入到控件或字段中的文本或表达式
有效性规则	ValidationRule	指定对输入到记录、字段或控件中的数据的限制条件
有效性文本	ValidationText	当输入的数据违反了“有效性规则”的设置时，可以使用该属性指定将显示给用户的消息
是否锁定	Locked	指定是否可以在“窗体”视图中编辑控件数据。属性值为：“是”和“否”（默认值）
可用	Enabled	可以设置或返回“条件格式”对象（代表组合框或文本框控件的条件格式）的条件格式状态

表 5-8　控件“其他”选项卡

属性名称	属性标识	功能
名称	Name	可以指定或确定用于标识对象名称的字符串表达式。对于未绑定控件，默认名称是控件的类型加上一个唯一的整数；对于绑定控件，默认名称是基础数据源字段的名称。控件名称的长度不能超过 255 个字符
状态栏文字	StatusBarText	指定当选定一个控件时显示在状态栏上的文本。该属性只应用于窗体上的控件，不应用于报表上的控件。所用的字符串表达式长度最多为 255 个字符
允许自动更正	AllowAutoCorrect	指定是否自动更正文本框或组合框控件中的用户输入内容。属性值为：“是”（默认值）和“否”
自动【Tab】键	AutoTab	指定当输入文本框控件的输入掩码所允许的最后一个字符时，是否发生自动【Tab】键切换。属性值为：“是”和“否”（默认值）

续表

属性名称	属性标识	功能
【Tab】键索引	TabIndex	指定窗体上的控件在【Tab】键次序中的位置。该属性仅适用于窗体上的控件，不适用于报表上的控件。属性值起始值为 0
控件提示文本	ControlTipText	指定当鼠标停留在控件上时，显示在 ScreenTip 中的文字。可用最长 255 个字符的字符串表达式
垂直显示	Vertical	设置垂直显示和编辑的窗体控件，或设置垂直显示和打印的报表控件。属性值为："是"和"否"（默认值）

在"属性表"窗格中的事件组由针对一个对象发生的事件构成，允许为这些事件指定执行命令或编写事件过程代码，如一个命令按钮的"单击"事件表示，单击该命令按钮后，Access 2016 就会完成某个指定的任务。关于控件事件的使用，将在第 7 章和第 8 章中介绍。

2. 控件的基本使用方法

设计窗体的主要工作是在窗体中添加绘制各种各样的控件，并对各控件进行外观调整、属性设置以及对控件关联事件设计编写方法过程（有关于事件、方法过程将在第 8 章进行详述）。一个窗体可以根据需要创建表 5-2 中所列的各种控件，如图 5-30 所示的窗体中使用了标签、绑定型文本框、组合框、列表框、选项组、命令按钮、绑定型对象框、子窗体等控件，下面将结合该例子来介绍如何使用各种控件。

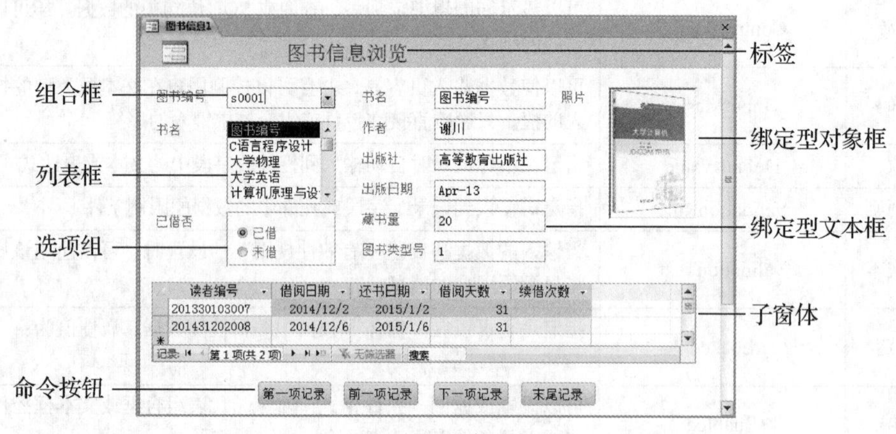

图 5-30 窗体示例

（1）标签的创建

当需要在窗体中加入一些说明性文字时，一般可用标签控件（称为独立标签）来实现。标签没有数据源，不用来显示字段的数值。除此之外，在创建其他控件时，Access 2016 会自动创建一个与该控件相关联的标签控件（称为附加控件），用以说明该控件的作用。

标签控件的创建过程非常简单，当窗体在设计视图或布局视图下时，单击控件工具组中的"标签"按钮后，在窗体适当位置单击或拖曳，并输入说明文字后即可。

【例 5.7】创建一个标签控件，显示内容为"图书信息浏览"。操作步骤如下。

① 在窗体"设计"视图中，右击窗体空白区域，在弹出的快捷菜单中执行"窗体页眉/页脚"命令，就会在窗体"设计"视图中添加一个"窗体页眉"节。

② 单击"窗体设计工具"选项卡中"设计"子选项卡中的"标签"工具按钮 Aa。在窗体页眉处单击要放置标签的位置，然后输入标签内容"图书信息浏览"，如图 5-31 所示。

（2）文本框的创建

文本框既可以显示指定的数据，也可用来输入或编辑数据以实现窗体与用户的交互。文本框分为 3 种类型：绑定型、非绑定型与计算型。绑定型文本框从表、查询或 SQL 语句中获得所需要的内容，如图 5-31 所示；非绑定型文本框并没有链接到某一字段，一般用来显示提示信息或接收用户输入数据等；在计算型文本框中，可以显示表达式的结果。当表达式发生变化时，数值就会被重新计算。

【例 5.8】利用绑定型文本框控件创建“图书信息浏览”窗体。操作步骤如下。

① 在窗体“设计”视图中，单击“窗体设计工具”选项卡内“设计”子选项卡内“工具”组内的“添加现有字段”按钮，弹出“字段列表”窗格（见图 5-32）。

② 在“字段列表”窗格中单击“显示所有表”按钮后，窗格下方显示出数据库中所有的表，将图书信息表的“图书编号”“书名”“作者”“出版社”“出版日期”等字段依次拖曳到（双击）窗体内适当的位置上，即可在该窗体中创建结合型文本框。Access 根据字段的数据类型和默认的属性设置，为字段创建相应的控件并设置特定的操作。

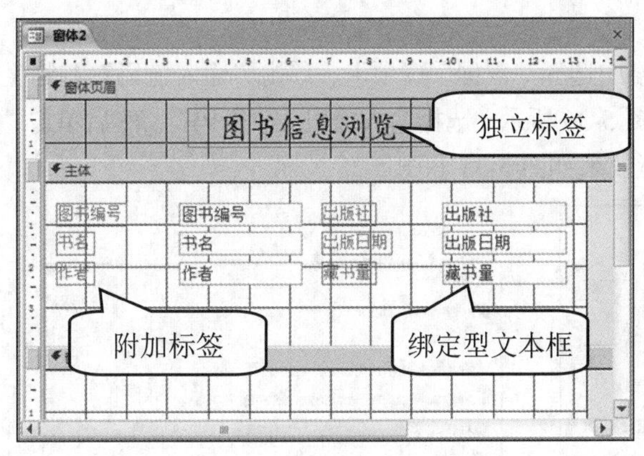

图 5-31　图书信息浏览窗体

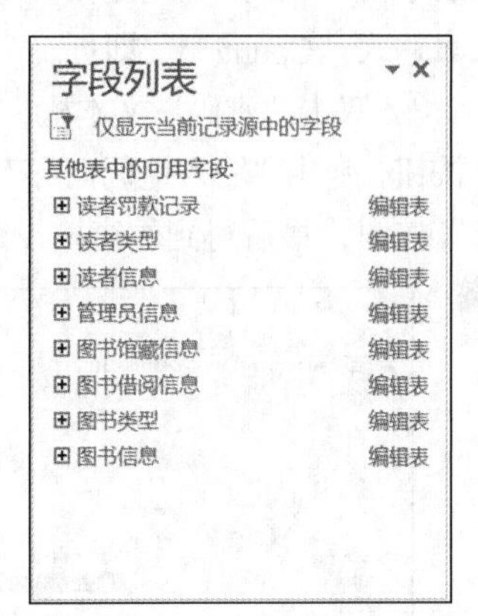

图 5-32　字段列表窗格

通过上述方式向窗体添加文本框控件时，在文本框左边会自动生成一个附加标签，标签的标题属性内容就是该字段的名称。

【例 5.9】利用文本框控件，创建能显示系统日期、显示表记录总数以及输入密码的窗口。操作步骤如下。

① 打开“图书管理”数据库，选择“图书信息”表后，单击“创建”菜单下“窗体”组中的“窗体设计”按钮，打开一个空白窗体。

② 在“设计”选项卡的“控件”组中，单击“文本框”按钮，移动鼠标指针到窗体适当位置并绘制一个文本框，这时出现“文本框”向导对话框，如图 5-33 所示。该对话框可以设置文字的字体、字号、字形以及对齐方式等。

③ 单击“下一步”按钮，打开“输入法模式设置”对话框，可在该对话框中设置文本框运行时是否要开启输入法，如文本框中用于输入的日期或数字，应选择“输入法关闭”选项。这里不做选择，单击“下一步”按钮进入向导的最后一步，其对话框如图 5-34 所示。

④ 在“请输入文本框的名称”对话框中输入“日期”，单击“完成”按钮，就创建了第一个文本框。再重复执行步骤②～④，即可分别再创建“记录总数”和“密码”两个文本框。

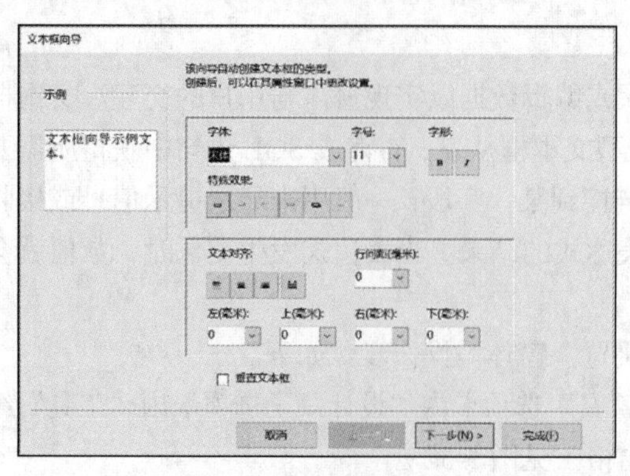
图 5-33　文本框向导 1

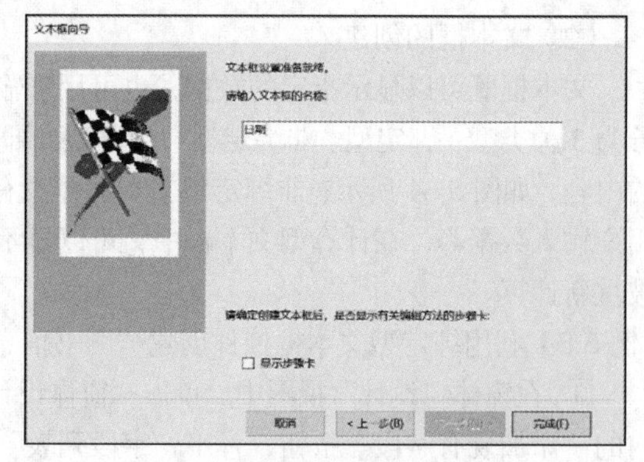
图 5-34　文本框向导 2

⑤ 双击“日期”文本框，打开属性表窗格，选择“数据”选项卡，单击“控件来源”属性右侧“生成器”按钮，弹出“表达式生成器”对话框，如图 5-35 所示，输入表达式“Date()”，然后单击“确定”按钮退出。双击“记录总数”文本框，按照相同的方法在其表达式生成器中输入表达式“Count(*)”即可。

⑥ 双击“密码”文本框，在属性表窗格中选择“数据”选项卡，单击“输入掩码”右侧生成器按钮，弹出“输入掩码向导”对话框，如图 5-36 所示，选择输入掩码为“密码”，然后单击“完成”按钮，最后得到的窗体设计视图及运行效果如图 5-37 和图 5-38 所示。

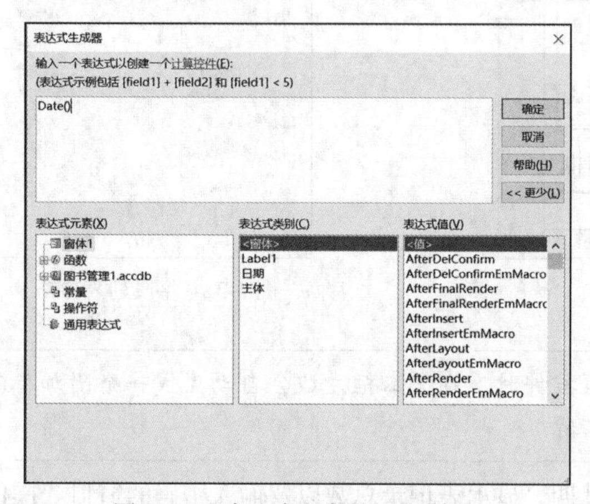
图 5-35　“表达式生成器”对话框

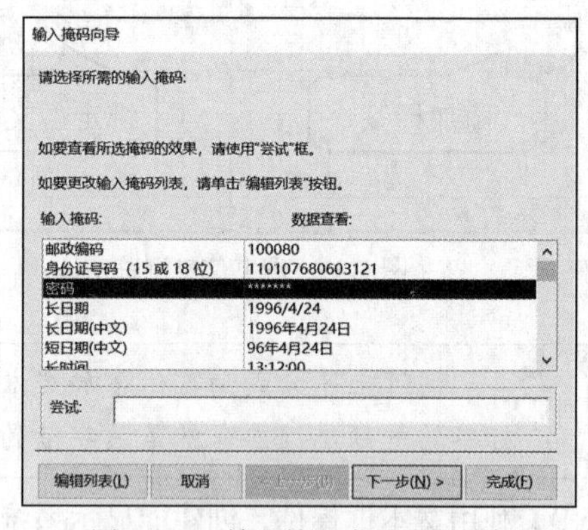
图 5-36　“输入掩码向导”对话框

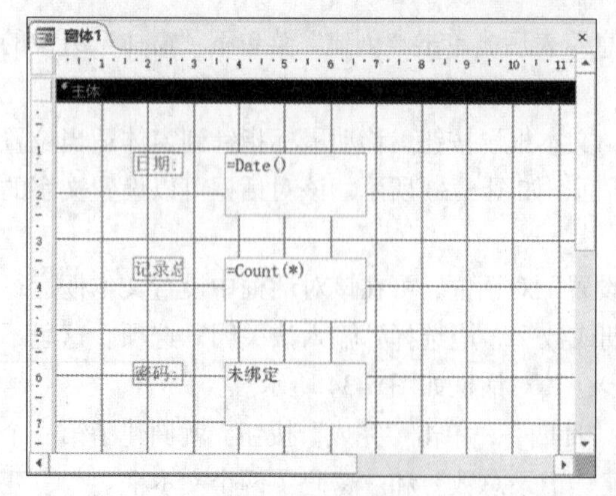
图 5-37　窗体设计视图

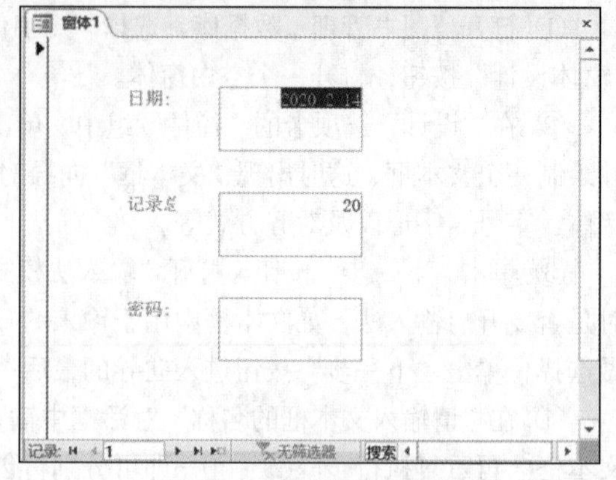
图 5-38　窗体运行效果

（3）命令按钮的创建

在窗体中可以使用命令按钮来执行某项操作或某些操作。这些操作可以是一个 VBA 过程，也可以是一个宏，例如，“确定”“取消”“关闭”。使用 Access 2016 提供的“命令按钮向导”可以创建 30 多种不同类型的命令按钮，也可以利用代码生成器来编写 VBA 代码完成复杂的操作。

【例 5.10】在“图书信息浏览”窗体上创建“首记录”“上一条记录”“下一条记录”“末记录”和“退出”按钮。操作步骤如下。

① 打开【例 5.3】创建的“图书信息浏览”窗体，切换到设计视图下。

② 在“设计”选项卡的“控件”组中，单击▭命令按钮后，移动鼠标指针到窗体适当位置画出一个按钮控件，这时出现“命令按钮向导”对话框 1，如图 5-39 所示。在对话框的“类别”列表框中，列出了可供选择的操作类别，每个类别在“操作”列表框下都对应着多种不同的操作。先在“类别”框内选择“记录导航”，然后在对应的“操作”框中选择“转至第一项记录”。

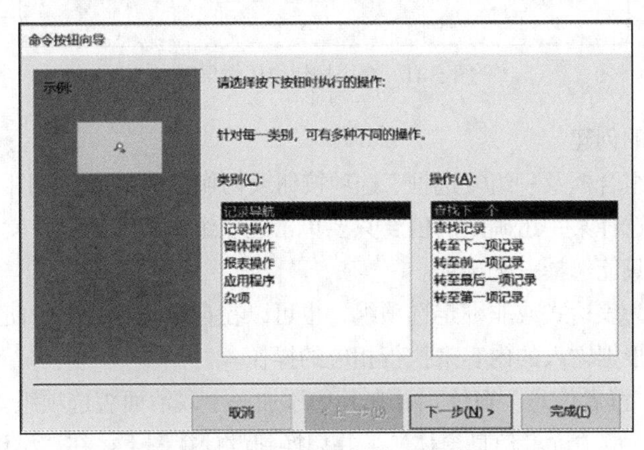

图 5-39 “命令按钮向导”对话框 1

③ 单击“下一步”按钮，如图 5-40 所示。为使在按钮上显示文本，单击“文本”选项，在文本框内输入“首记录”。

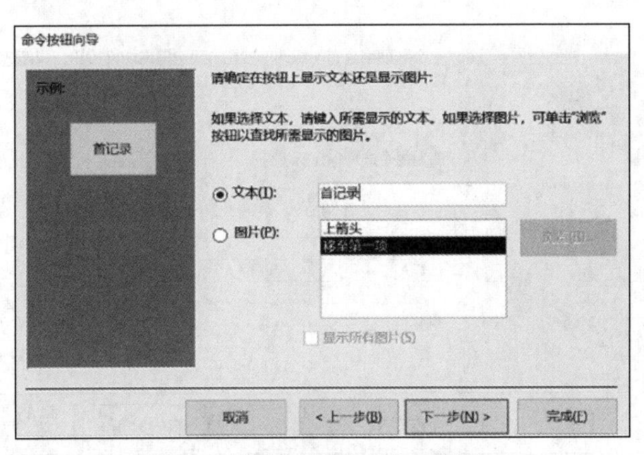

图 5-40 “命令按钮向导”对话框 2

④ 单击“下一步”按钮，弹出“命令按钮向导”对话框 2。可在该对话框中为创建的命令按钮命名，以便以后引用。单击“完成”按钮。命令按钮就被成功创建，其他按钮的创建方法与此相同。需要注意的是，“退出”按钮在图 5-39 所示的对话框中，“类别”列表项应选择“窗体操作”，“操作”列表项应选择“关闭窗体”。

⑤ 最后得到的窗体效果如图 5-41 所示。

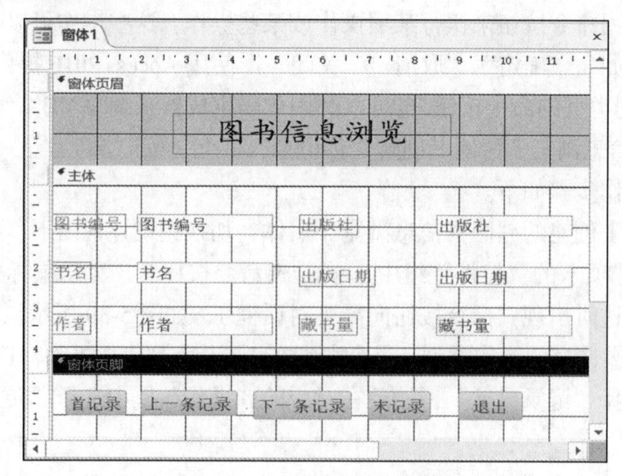

图 5-41　命令按钮窗体效果图

（4）选项组控件的创建

选项组是由一个组合框及一组复选框、选项按钮或切换按钮组成，如图 5-30 所示。选项组可以使用户十分容易地选择某一组确定的值。只要单击选项组中所需的值，就可以为字段选定数据值。在选项组中每次只能选择一个选项。

选项组可以设置为表达式或非绑定选项组，也可以在自定义对话框中使用非绑定选项组来接受用户的输入，然后根据输入的内容来执行相应的操作。

【例 5.11】创建一个“读者信息”窗体，并在其中添加一个政治面貌选项组。操作步骤如下。

① 打开【例 5.2】的“读者信息窗体”，并切换到设计视图下。在“设计”选项卡的“控件”组中单击“选项组”按钮，在主体节右侧适当位置拖曳鼠标绘制一个矩形，此时弹出“选项组向导”对话框 1，如图 5-42 所示。

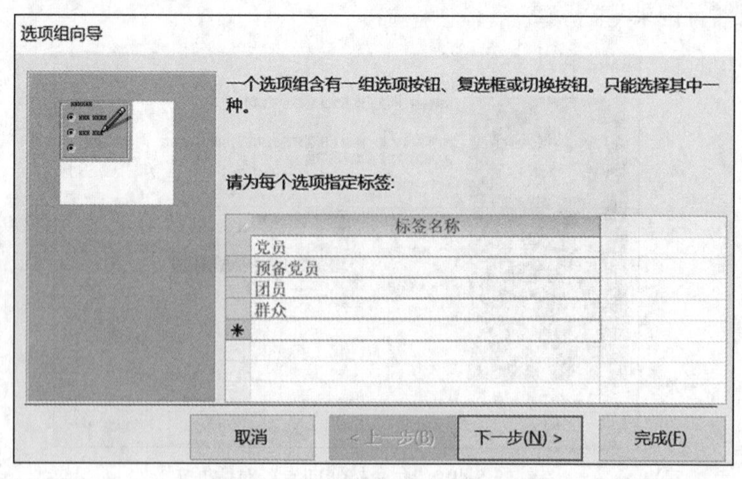

图 5-42　“选项组向导”对话框 1

② 在“选项组向导”对话框 1 中输入选项组中每个选项的标签名。这里我们在“标签名称”框内分别输入“党员”“预备党员”“团员”和“群众”。单击“下一步”按钮，如图 5-43 所示。该对话框要求用户确定是否需要默认选项，选择“是”，并指定“党员”为默认项。

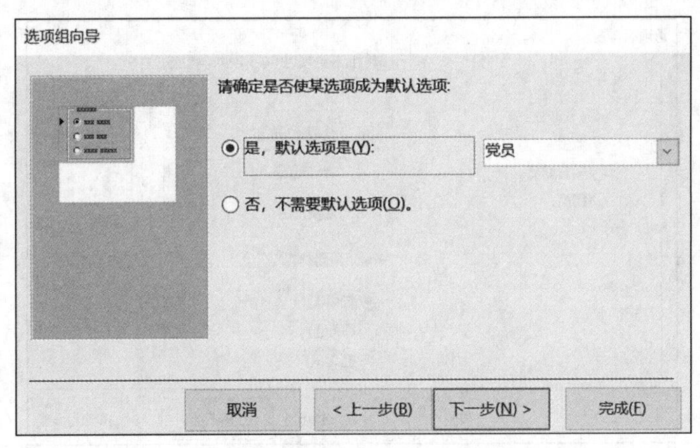

图 5-43　“选项组向导”对话框 2

③ 单击“下一步”按钮，弹出“选项组向导”对话框 3，该对话框可以为每个选项赋值，这里采取默认值，如图 5-44 所示。

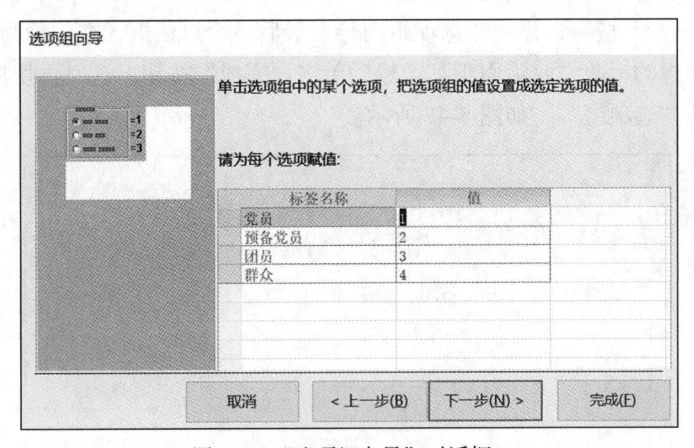

图 5-44　“选项组向导”对话框 3

④ 单击“下一步”按钮，弹出“选项组向导”对话框 4，这里选择默认值，如图 5-45 所示。然后单击“下一步”按钮，弹出“请确定在选项组中使用何种类型的控件”对话框（“选项组向导”对话框 4），如图 5-46 所示。

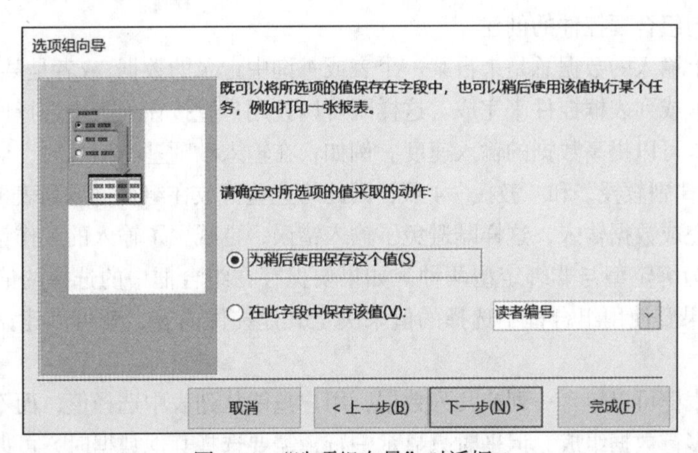

图 5-45　“选项组向导”对话框 4

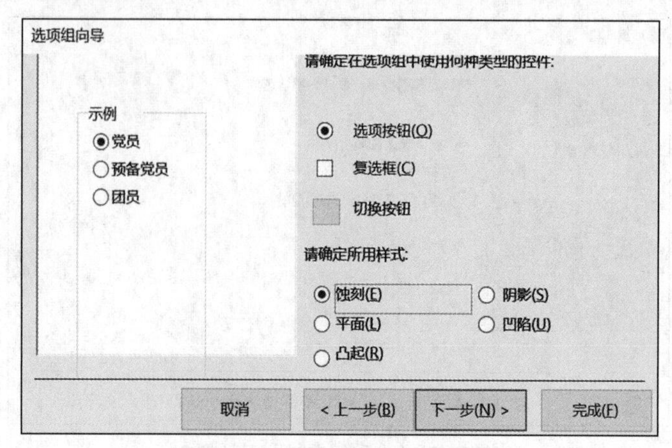

图 5-46 “选项组向导”对话框 5

⑤ 选项组可选用的控件为：“选项按钮”“复选框”和“切换按钮”。这里选择“选项按钮”及“蚀刻”按钮样式（也可选择其他观察效果）。

⑥ 单击“下一步”按钮，显示“选项组向导”最后一个对话框，在“请为选项组指定标题”文本框中输入选项组的标题“政治面貌”，然后单击“完成”按钮。这时再切换“窗体”视图中就可以看到创建的“选项组”，如图 5-47 所示。

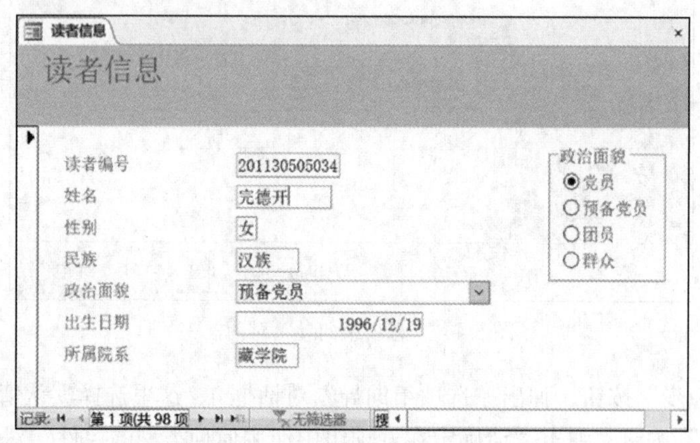

图 5-47 “选项组向导”对话框 6

（5）列表框与组合框控件的创建

如果在窗体上输入的数据总是来自某一个表或查询中记录的数据，或者是某固定内容的数据，则可以使用组合框或列表框控件来完成。这样既可以让用户直接在列表中选择所需项目以保证输入数据的正确，也可以提高数据的输入速度。例如，在输入教师基本信息时，职称的值只包括：“助教”“讲师”“副教授”和“教授”4 项，因此将这些值放在组合框或列表框中，用户只需通过单击选择就可完成数据输入，这样既避免了输入错误，也减少了输入的工作量。

组合框也分为绑定型与非绑定型两种。如果要保存在组合框中的选择的值，一般创建绑定型的组合框；如果要使用组合框中选择的值来决定其他控件内容，就可以建立一个非绑定型的组合框。

窗体中的列表框可以包含一列或几列数据，用户只能从列表中选择值，而不能输入新值，组合框的列表是由多行数据组成，但平时只显示一行，需要选择其他数据时，可以单击右侧的向下箭头按钮。使用组合框，既可以进行选择，也可以输入文本，这也是组合框和列表框的区别。

使用向导是创建组合框和列表框的最佳方法。使用向导创建组合框或列表框，有 3 种获取数据的方式。

① 使用组合框（列表框）获取其他表或查询中的值。

② 自行输入所需的值。

③ 在基于组合框（列表框）中选定的值而创建的窗体上查找记录，这种方式只有在设置了窗体的数据源后才会出现。

【例 5.12】在“读者信息”窗体中建立一个“政治面貌”的非绑定型组合框，操作步骤如下。

① 打开【例 5.12】的“读者信息窗体”，并切换到设计视图下。在“设计”选项卡的“控件”组中单击“组合框”按钮，在主体节下方适当位置拖曳鼠标绘制一个矩形，此时弹出“组合框向导”对话框 1，如图 5-48 所示。

② 在“请确定组合框获取其数值的方式”对话框（“组合框向导”对话框 2）中选择“使用组合框获取其他表或查询中的值”选项，单击“下一步”按钮，进入“请选择为组合框提供数值的表或查询”对话框（“组合框向导”对话框 2），如图 5-49 所示。

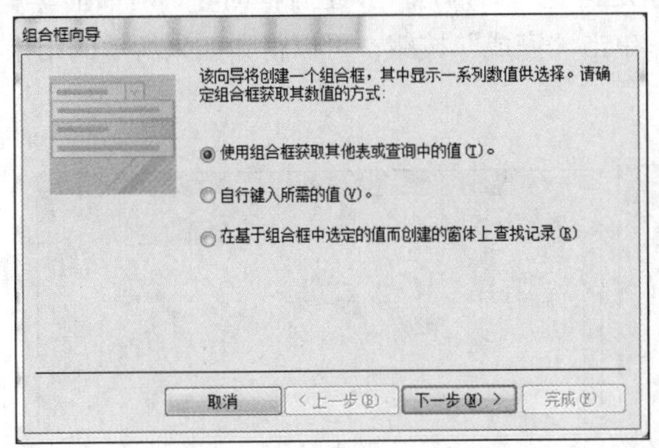

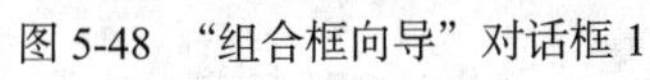
图 5-48　“组合框向导”对话框 1

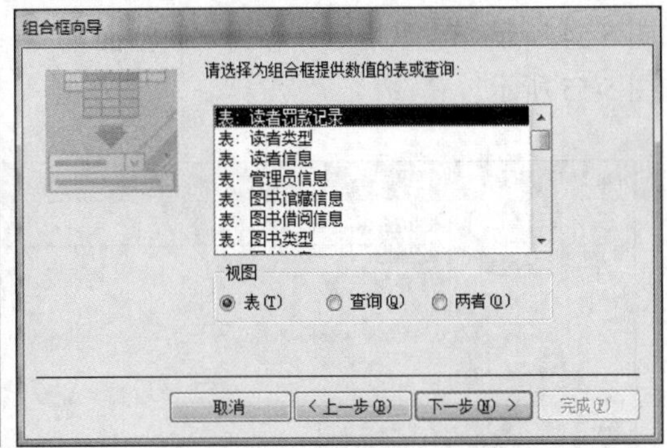

图 5-49　“组合框向导”对话框 2

③ 在对话框中选择“表：读者信息”，单击“下一步”按钮，进入“组合框向导”对话框 3，如图 5-50 所示。

④ 在“读者信息 的哪些字段中含有要包含到 组合框 中的数值”对话框中，选择“可用字段”列表中的“政治面貌”字段，将其移动到右边“选定字段”列表中，单击“下一步”按钮，进入到“请确定要为列表框中的项使用的排序次序”对话框，如图 5-51 所示，不做任何设置，单击“下一步”按钮继续。

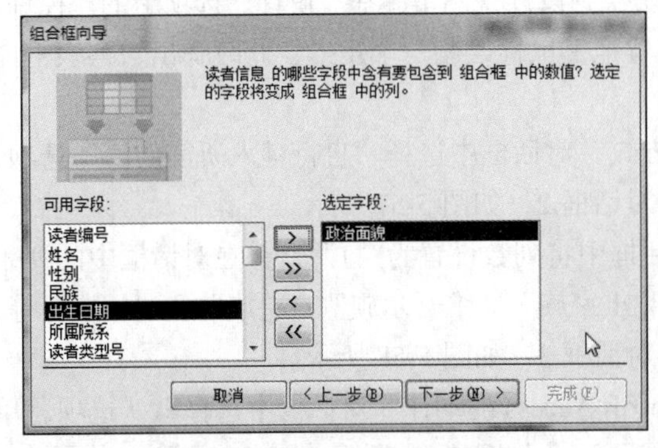

图 5-50　“组合框向导”对话框 3

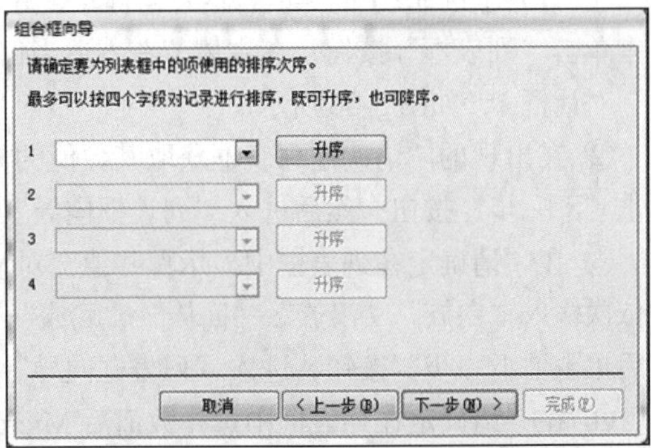

图 5-51　“组合框向导”对话框 4

⑤ 在出现的“请指定组合框中列的宽度”对话框（“组合框向导”对话框 5）中（见图 5-52），选择默认值并选定“隐藏键列”复选框，单击“下一步”按钮进入“组合框向导”对话框 6（见图 5-53）中，这里选择默认值，继续下一步。

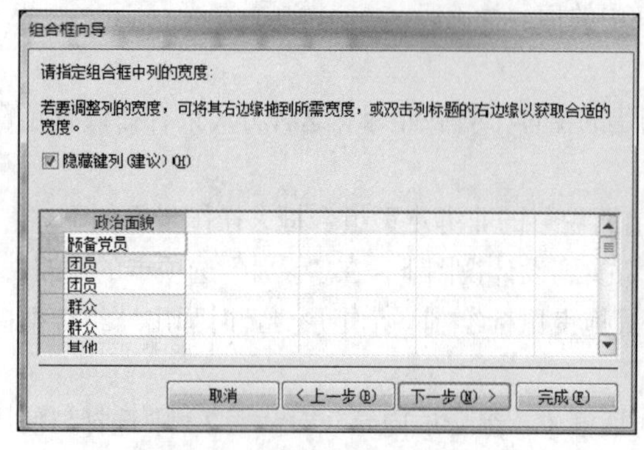

图 5-52 “组合框向导”对话框 5

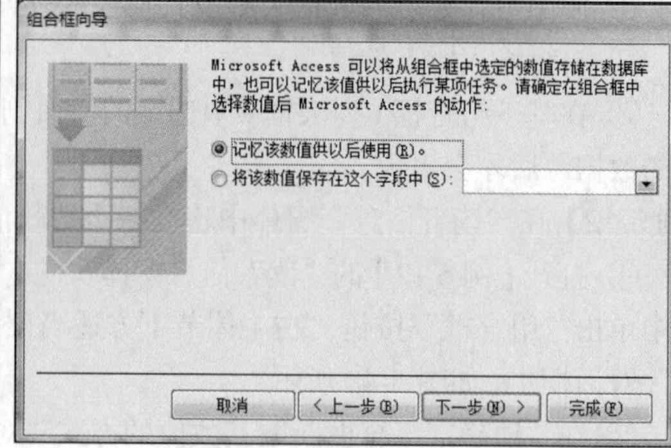

图 5-53 “组合框向导”对话框 6

⑥ 最后进入向导的最后一步“请为组合框指定标签”对话框（“组合框向导”对话框 7），如图 5-54 所示。这里指定标签为“政治面貌”，单击“完成”按钮，可以得到如果所示的结果，如图 5-55 所示。

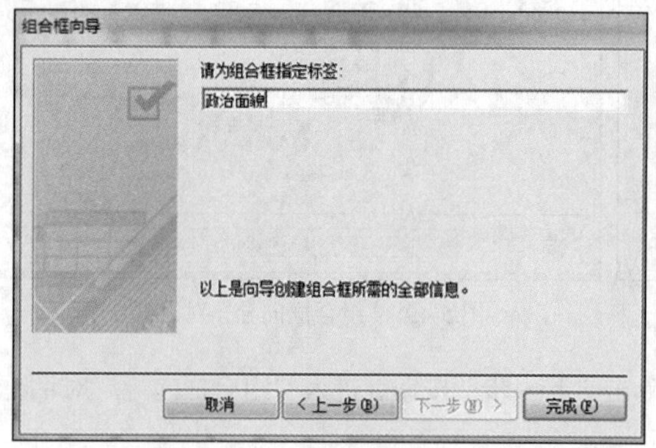

图 5-54 “组合框向导”对话框 7

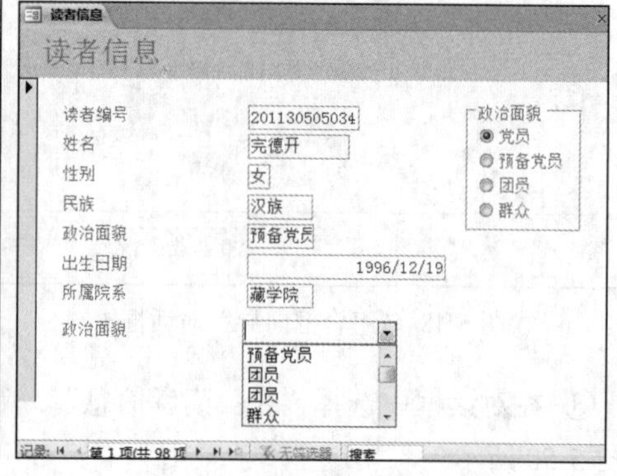

图 5-55 组合框窗体运行效果

【例 5.13】在“读者信息”窗体中建立一个关于“民族”的“自行键入所需的值”非绑定型列表框。操作步骤如下。

① 打开【例 5.2】的“读者信息窗体”，并切换到设计视图下。在“设计”选项卡的“控件”组中单击“列表框”按钮，在主体节右方适当位置拖曳鼠标绘制一个矩形，此时弹出“列表框向导”对话框 1，如图 5-56 所示。

② 在出现的“请确定列表框获取其数值的方式”对话框中选择“自行键入所需的值”选项，单击“下一步”按钮，然后进入“列表框向导”对话框 2，如图 5-57 所示。

③ 在“请确定在列表框中显示哪些值”对话框中将列数设置为“1”，并在对话框中的列表中依次输入“白族”“汉族”“回族”“藏族”“土家族”“维吾尔族”“羌族”和“壮族”等，然后单击“下一步”按钮，进入“列表框向导”对话框 3，如图 5-58 所示。

④ 在“请确定在列表框中选择数值后 Microsoft Access 的动作”对话框中选择默认选项，单击“下一步”按钮，然后进入“列表框向导”对话框 4，如图 5-59 所示。

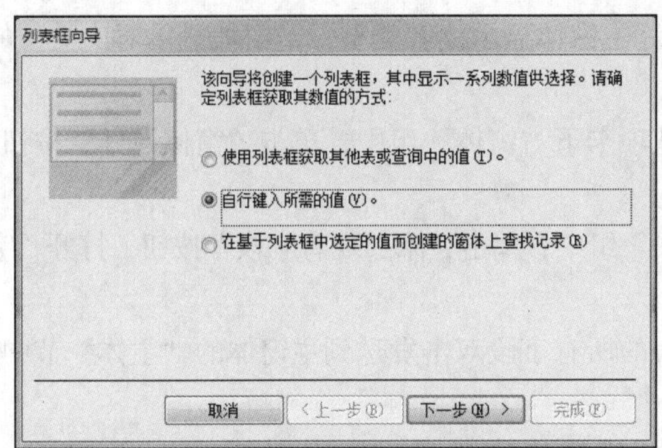

图 5-56　“列表框向导”对话框 1

图 5-57　“列表框向导”对话框 2

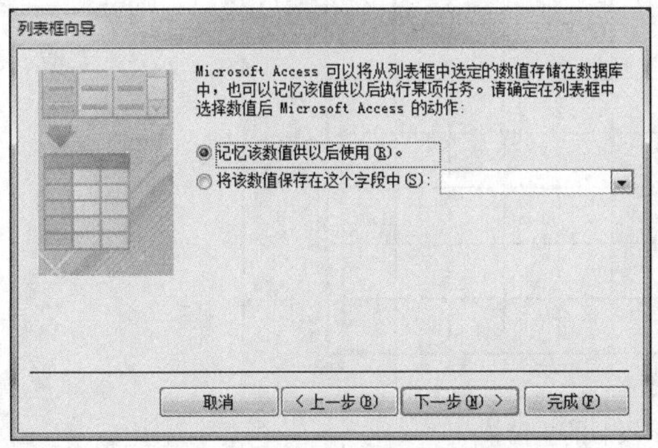

图 5-58　“列表框向导”对话框 3

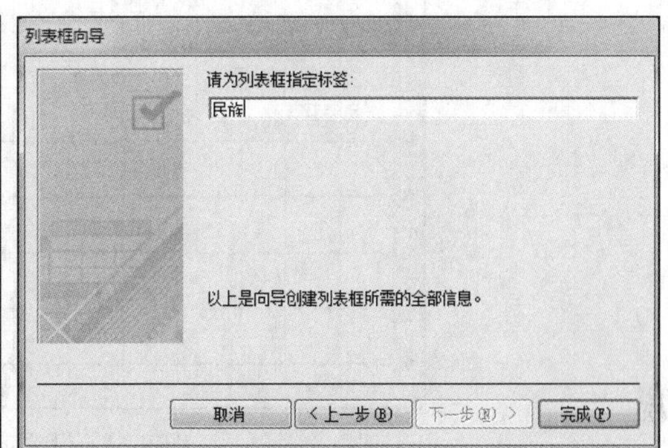

图 5-59　“列表框向导”对话框 4

⑤ 在“请为列表框指定标签”对话框中输入“民族”标签，单击“完成”按钮后，得到窗体的最终效果如图 5-60 所示。

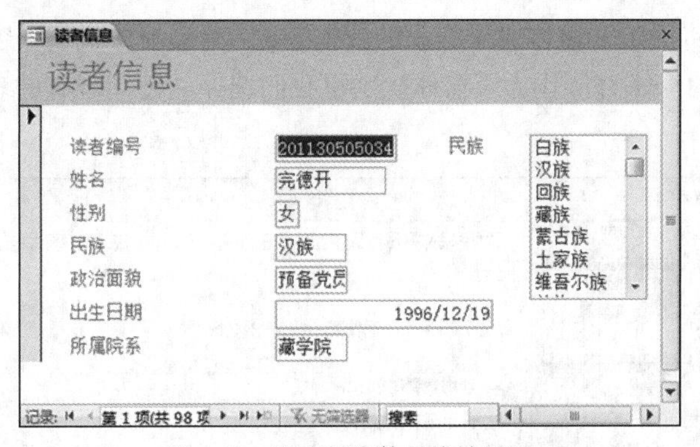

图 5-60　列表框窗体最终效果图

（6）子窗体的创建

子窗体是插入到另一个窗体（一般称为主窗体）中的窗体。子窗体一般用于显示具有一对多关系的表或查询的数据。主窗体和子窗体彼此关联，主窗体与子窗体信息保持同步更新。子窗体只显示与主窗体中当前记录相关联的记录。若要创建主/子窗体，则需要先设置好主窗体数据源的表和子窗体数据源的表之间的关系。

子窗体的创建可以通过窗体向导来实现，也可以通过使用子窗体控件来创建。下面将以子窗体控件为例来介绍如何创建主子窗体。

【例 5.14】创建读者类型—读者信息的主/子窗体。主窗体显示读者类型，子窗体显示对应类型的读者信息。操作步骤如下。

① 打开“图书管理”数据库，在“创建”选项卡下“窗体”组中，单击“窗体设计”按钮，打开一个空白的窗体并切换到设计视图。

② 在“窗体设计工具/设计”选项卡下“工具”组中，单击“添加现有字段”按钮，打开“字段列表”窗格。

③ 在“字段列表”窗格中将“读者类型”表的所有字段双击发送到主窗体的“主体”节中，效果如图 5-61 所示。

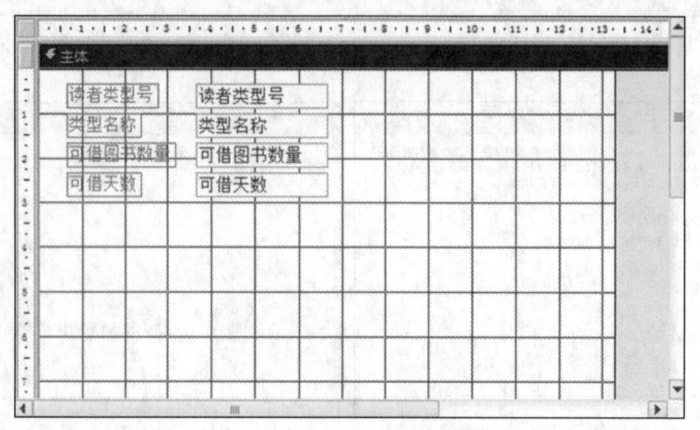

图 5-61　设置字段后的主窗体

④ 在“窗体设计工具/设计”选项卡下“控件”组中，单击“子窗体/子报表”按钮，然后在“主体”节的下方区域绘制一个较大的方框，然后弹出“请选择将用于子窗体或子报表的数据来源”对话框（“子窗体向导”对话框 1），如图 5-62 所示。

⑤ 可在“请选择将用于子窗体或子报表的数据来源”对话框中设置子窗体的数据源为表或查询，还可以将已建立的窗体直接作为子窗体。这里我们选择“使用现有的表或查询”选项，单击“下一步”按钮继续。

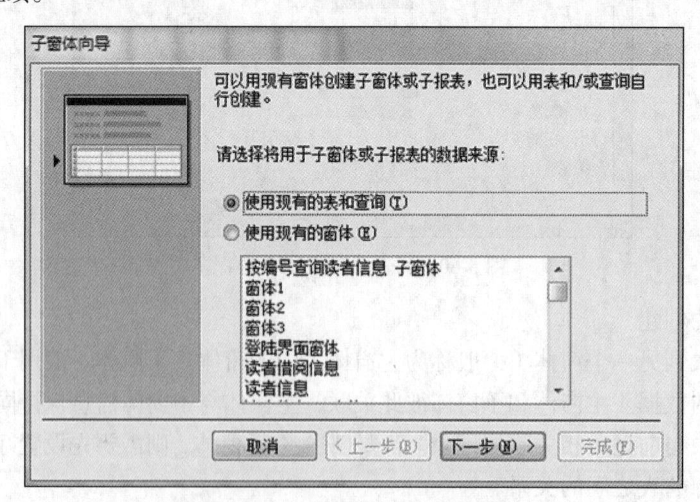

图 5-62　“子窗体向导”对话框 1

⑥ 接着弹出“请确定子窗体或子报表中包含哪些字段”对话框（“子窗体向导”对话框 2），

这里在“表/查询”组合框中选择“表：读者信息”，将“可用字段”列表中的“姓名”“性别”“民族”“政治面貌”“所属院系”和“读者类型号”字段发送到右侧的“选定字段”列表框中，如图 5-63 所示。单击“下一步”按钮继续。

⑦ 此时出现“请确定是自行定义将主窗体链接到该子窗体的字段…”对话框（“子窗体向导”对话框 3），这里选择默认值，单击“下一步”按钮继续，如图 5-64 所示。

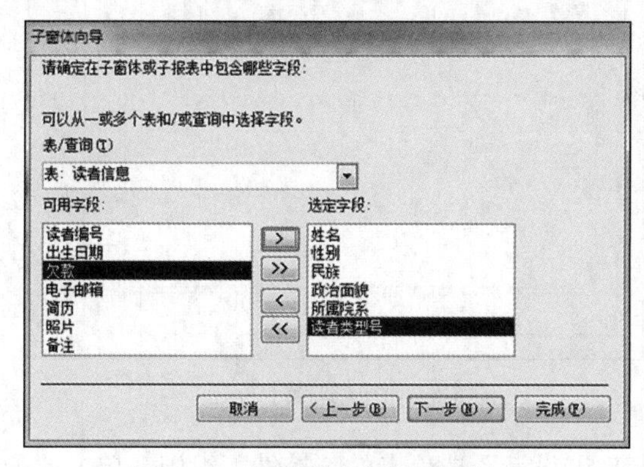

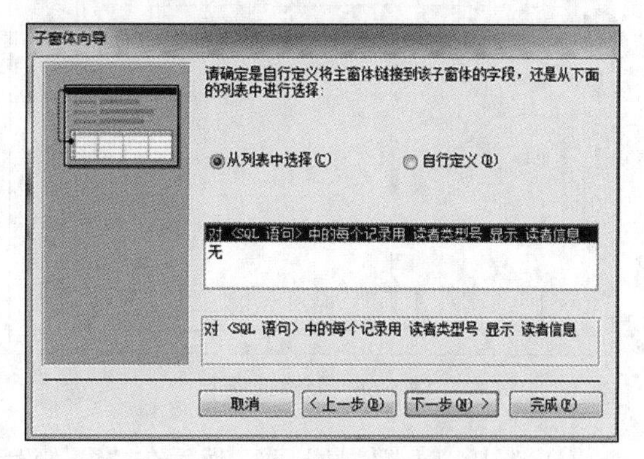

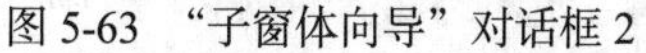
图 5-63 “子窗体向导”对话框 2

图 5-64 “子窗体向导”对话框 3

⑧ 接着出现向导的最后一步，指定子窗体或报表的名称为“读者信息 子窗体”，单击“完成”按钮，完成窗体的创建，子窗体效果如图 5-65 所示。

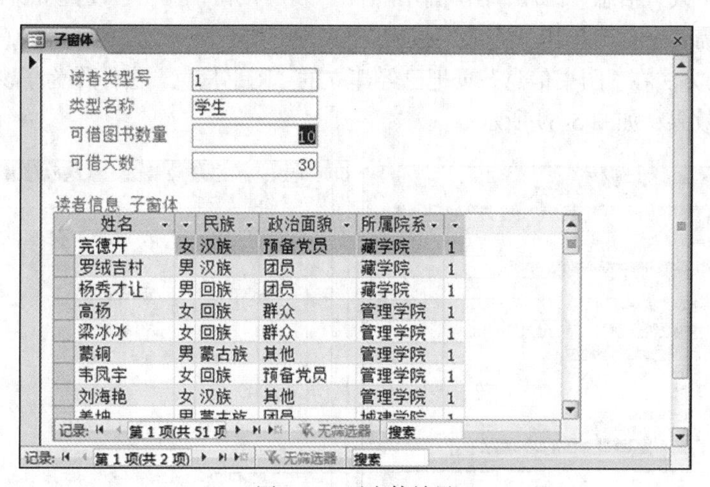

图 5-65 子窗体效果

（7）选项卡控件的创建

当窗体中的内容较多无法在一页全部显示时，可以使用选项卡进行分页，用户只需单击选项卡上的标签，就可以进行页面切换。

【例 5.15】创建“信息浏览”窗体，窗体包含一个两页选项卡，一页显示读者信息内容，另一页显示图书信息内容。操作步骤如下。

① 打开“图书管理”数据库，在“创建”选项卡的“窗体”组中，单击“窗体设计”按钮，打开一个空白的窗体并切换到设计视图。

② 在“窗体设计工具/设计”选项卡下“控件”组中，单击“选项卡控件”按钮，在窗体的主体节中绘制一个矩形，如图 5-66 所示。

③ 选中“页 1”，在属性表中“全部”选项卡中将“标题”属性设置为“读者信息”，再选中“页 2”，在属性表中“全部”选项卡中将“标题”属性设置为“图书信息”，窗体的效果如图 5-67 所示。

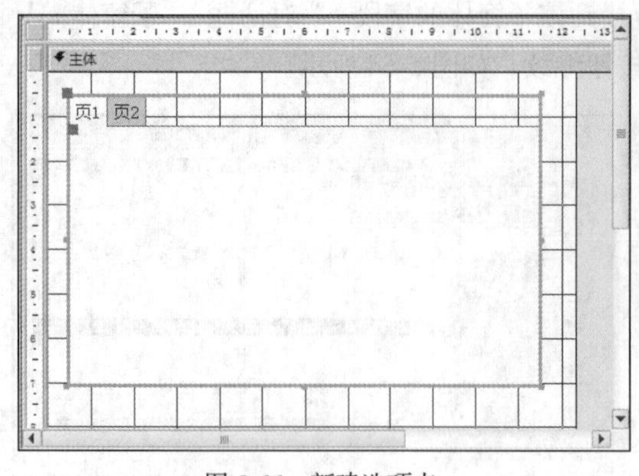

图 5-66　新建选项卡

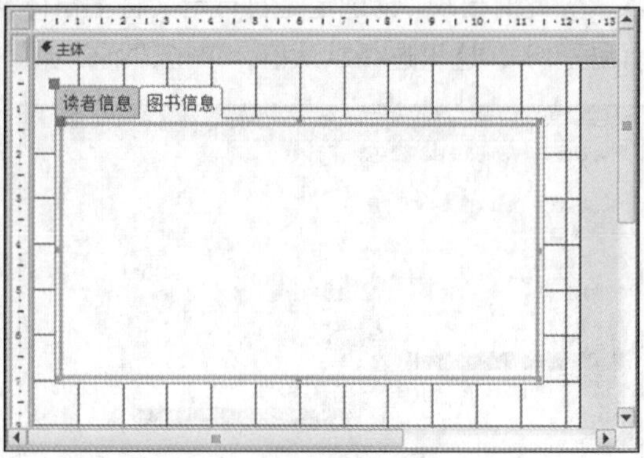

图 5-67　修改选项卡标题

④ 选中“读书信息”页，然后在“窗体设计工具/设计”选项卡的“控件”组中，单击“子窗体/子报表”按钮，然后在“读书信息”页内绘制一个方框，释放鼠标后弹出“请选择将用于子窗体或子报表的数据来源”对话框，如图 5-68 所示，这里选择“使用现有窗体”选项，在下方的窗体列表中选择“读者信息”窗体，然后单击“下一步”按钮，弹出“设置子窗体和报表的名称”对话框，这里不需要名称，单击“完成”按钮。

⑤ 用类似的方法在“图书信息”页把已经建立的“图书信息”窗体作为子窗体加入其中，最后得到整个窗体效果，如图 5-69 所示。

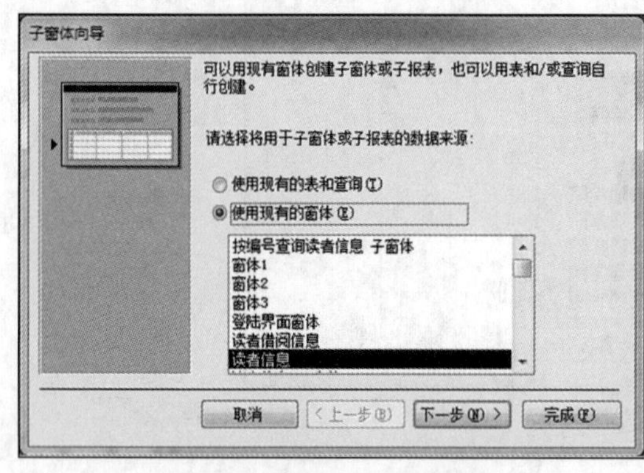

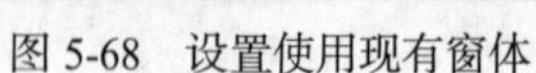

图 5-68　设置使用现有窗体

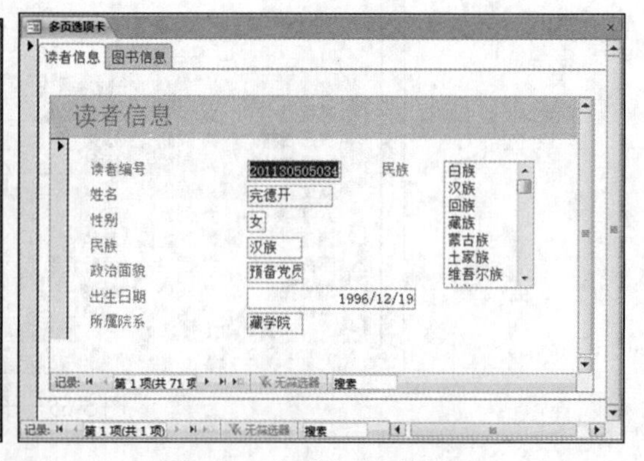

图 5-69　多页选项卡效果图

5.3.3　窗体的调整与美化

在一个实际的应用系统中，不仅要注重窗体的实用性与功能性，还要注重窗体的美观性，需要对窗体内容进行合理的布局，对其格式进行精心的调整，使其更好地为用户所用。

1．窗体属性的调整

窗体的属性设置会整体性的影响窗体的外观效果，因而对窗体的调整和美化首先是对窗体属性的设置。

图 5-70 所示的窗体有很多外观效果都可以通过设置属性来更改，如“窗体标题”“关闭按钮”

“记录选择器”“分割线”“导航按钮”“水平滚动条”和“垂直滚动条”等，这些都可以通过在窗体“属性表”窗格中修改表 5-3 所列举出的属性来实现。

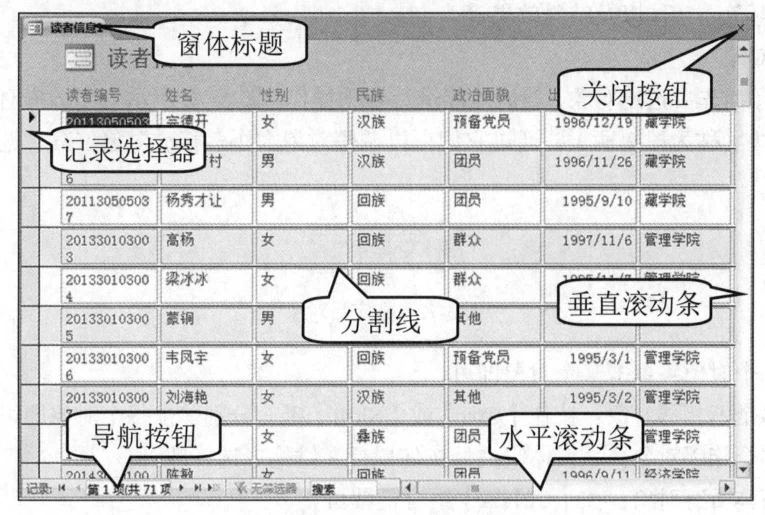

图 5-70　窗体外观属性设置

【例 5.16】对图 5-70 中的“读者信息”窗体进行属性设置，改变窗体的外观效果，具体要求如下。

（1）将窗体标题改为“显示读者详细信息”。

（2）将窗体边框改为“对话框边框”样式，取消水平和垂直滚动条、记录选择器、导航按钮、最大/最小化按钮和分割线。

操作步骤如下。

（1）打开“读者信息”窗体，并处于“设计视图”下。

（2）双击“窗体选定器”按钮，弹出窗体的“属性表”窗格。

（3）在“格式”选项卡中，将“标题”属性设置为“显示读者详细信息”文字，在“滚动条”属性右侧的下拉列表中选择“两者均无”，在“记录选择器”属性右侧的下拉列表中选择“否”，在“导航按钮”属性右侧下拉列表中选择“否”，在“分割线”属性右侧的下拉列表中选择“否”，在“边框样式”属性右侧的下拉列表中选择“对话框边框”样式，在“最大最小化按钮”属性右侧的下拉列表中选择“无”。

（4）保存该窗体，并切换到“窗体视图”，效果如图 5-71 所示。

显示读者详细信息

读者信息

读者编号	姓名	性别	民族	政治面貌	出生日期	所属院系	读者
201130505034	完德开	女	汉族	预备党员	1996/12/19	藏学院	1
201130505036	罗绒吉村	男	汉族	团员	1996/11/26	藏学院	1
201130505037	杨秀才让	男	回族	团员	1995/9/10	藏学院	1
201330103003	高杨	女	回族	群众	1997/11/6	管理学院	1
201330103004	梁冰冰	女	回族	群众	1995/11/7	管理学院	1

图 5-71　显示读者详细信息窗体

2. 窗体的布局和格式调整

若要使得窗体实用美观，则需要经常对其中的控件进行布局或格式的调整，涉及控件的大小、位置、排列、颜色、字体以及特殊效果等。

（1）选择对象

在调整对象前先要选定对象，然后才能进行各项操作。图 5-72 所示为当选择对象后其四周会出现 8 个小方块（称为控制柄），通过它们可以调整对象大小、移动对象位置。选择对象的方法有以下几种。

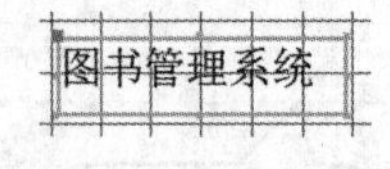

图 5-72　选定后对象

① 选择一个对象：单击某个对象即可。

② 选择多个不相邻对象：按住【Ctrl】或【Shift】键，分别单击每个对象即可。

③ 选择多个相邻对象：从窗体空白处按住鼠标左键拖曳选择即可。

④ 选择窗体所有对象：按【Ctrl+A】组合键即可。

⑤ 选择一组对象：在水平或垂直标尺上按住鼠标左键，这时会出现一条水平线或竖线，然后移动鼠标，线条所经过区域的控件全部被选中。

（2）调整对象大小

调整对象大小有以下几种方法。

① 拖曳调整对象大小

选择一个对象后，将鼠标指针移动到控制柄上，鼠标指针变成双向箭头时，拖曳鼠标即可完成调整，如图 5-73 所示。当选择多个对象后，还可以同时调整多个对象的大小。

图 5-73　调整对象大小

② 用“属性”调整对象大小和位置

在“属性表”窗格中，对“宽度”“高度”“上边距”“左”属性进行更改，如图 5-74 所示。

③ 用“窗体设计工具”来调整对象大小

在“窗体设计工具”中“排列”选项卡下“调整大小与排序”组中，单击“大小/空格”按钮后，会出现如图 5-75 所示的大小设置菜单，可以在其中进行自动化的控件大小设置，如“正好容纳”菜单可以让按钮自动调整其大小使其刚好容纳下标题文字。

图 5-74　调整对象属性

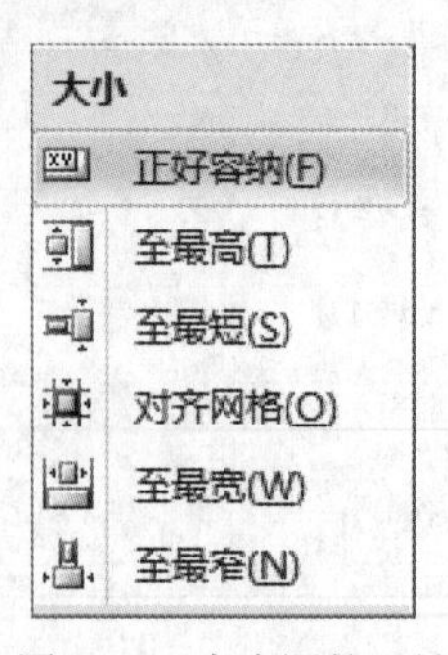

图 5-75　大小调整工具

（3）移动对象

移动对象的方法有两种：使用鼠标和键盘。

① 使用鼠标

选中对象后，将鼠标指针移动到左上角控制柄或控件四周边线上，出现十字箭头后按住鼠标左键拖曳即可。需要注意的是，带有附加标签的控件移动时，两者是同时移动，会保持位置不变，如果要单独移动其中之一，则应该拖曳对象的左上角控制柄进行移动。

② 使用键盘

选择对象后，按住键盘的 4 个方向移动键，可以进行位置的移动，也可以配合【Ctrl】键来实现快速的移动。

（4）对齐对象

一个窗体中的控件布局应该是整齐、美观的，我们可以通过鼠标或键盘手动调整实现，但其效率较低。Access 2016 提供了快捷的方式来实现控件的对齐，具体方法是：先选定需要对齐的多个控件，然后在“窗体设计工具”菜单中“排列”选项卡的“调整大小和排序”组中，单击“对齐”按钮，在打开的对齐列表项中选择一种对齐方式即可，如图 5-76 所示。

（5）自动调整间距

Access 2016 提供了自动调整控件之间的距离的方法，其实现方式如下。

先选定需要调整间距的多个控件，然后在“窗体设计工具”菜单中“排列”选项卡的“调整大小和排序”组中，单击“大小/空格”按钮，在按钮下方出现的“间距”列表项中选择一种方式即可，如图 5-77 所示。

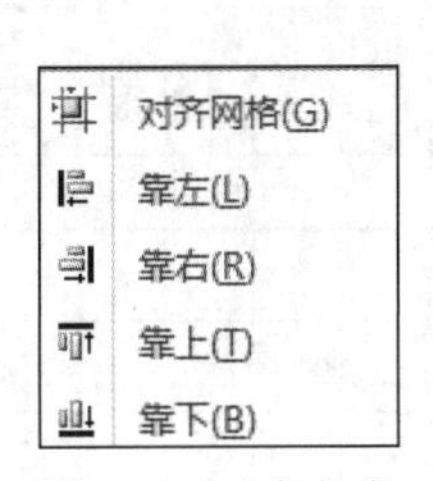

图 5-76　对齐方式

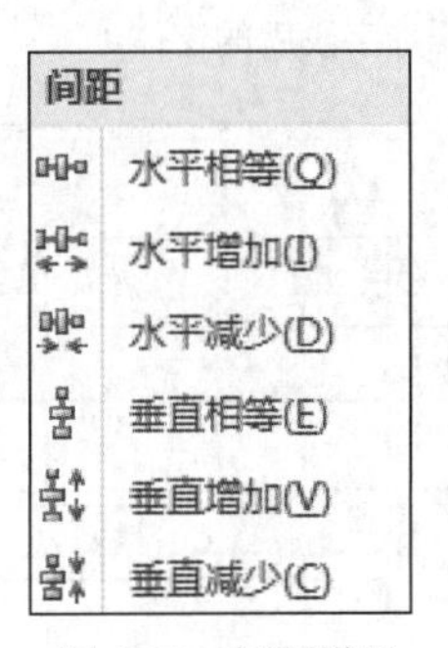

图 5-77　间距设置

（6）自动排列布局

Access 2016 提供了窗体控件的自动布局功能，利用布局可以很方便地自动完成窗体中控件的排列、调整位置等效果。当然，如果不想受制于布局的安排，则可以删除布局，然后对控件进行逐一的设置。布局的设置一般通过图 5-78 所示的自动排列布局工具来实现。

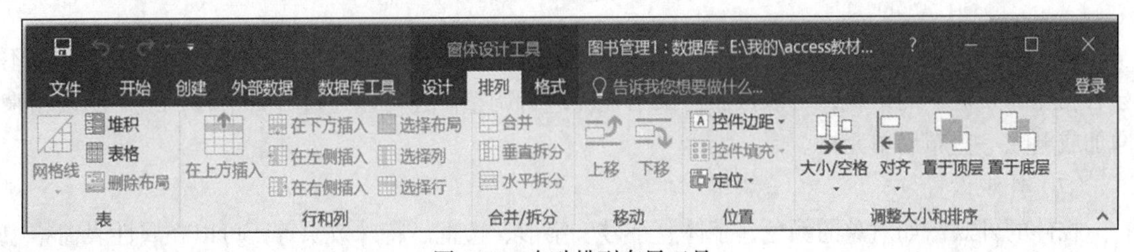

图 5-78　自动排列布局工具

【例 5.17】对窗体的布局进行设置，其操作过程如下。

① 打开“图书管理”数据库，单击“创建”选项卡下“窗体”组中的“窗体设计”按钮，进入窗体设计界面。

② 单击“设计”选项卡下“工具”组中的“添加现有字段”按钮，打开“字段列表”窗格；然后在“字段列表”窗格中依次双击“读者信息”表中的“姓名”“性别”“民族”和“政治面貌”字段将其添加到窗体的“主体”节中。

③ 在窗体“主体”节的空白位置单击鼠标右键，在弹出的快捷菜单中选中“窗体页眉/页脚”菜单，此时整个窗体的外观效果如图 5-79 所示。

④ 选中窗体“主体”节中的所有控件，如图 5-80 所示。在“排列”选项卡的“表”组中单击“表格”按钮，此时窗体的控件布局将自动变为图 5-81 所示的效果。

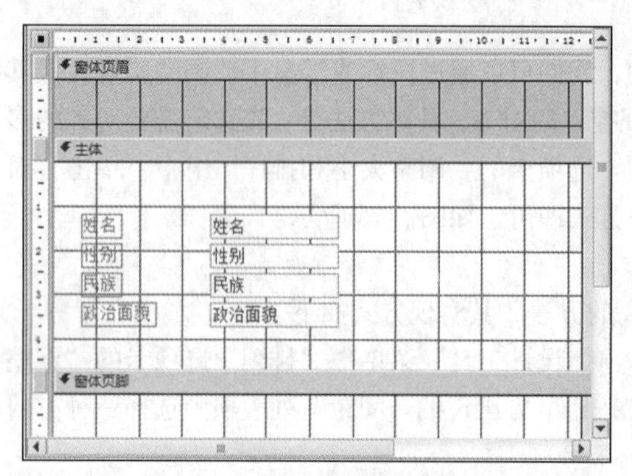

图 5-79　添加字段后的窗体

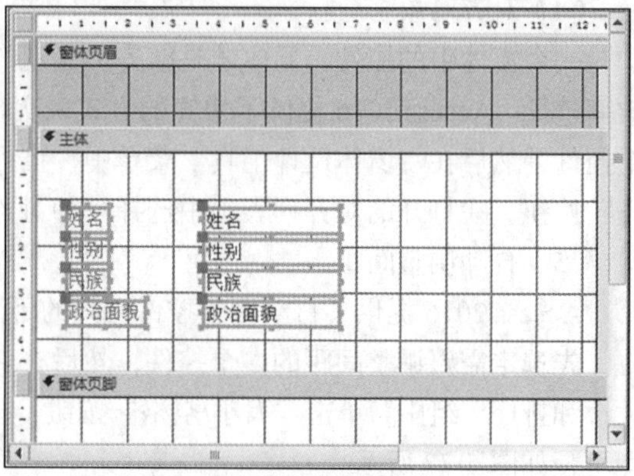

图 5-80　选中字段后的窗体

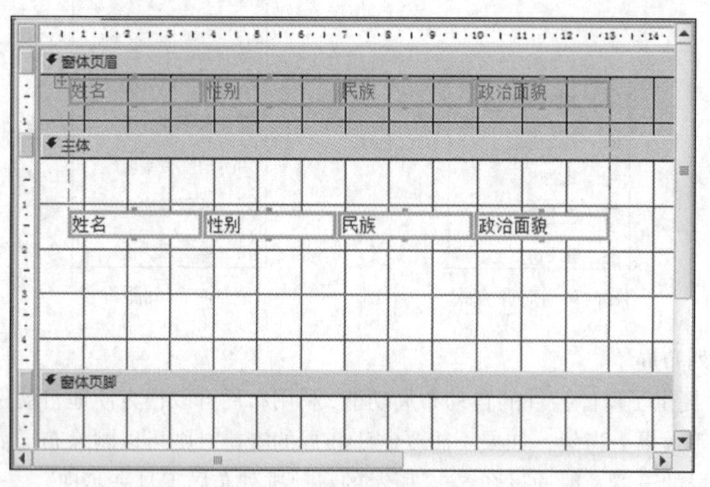

图 5-81　改变布局后的窗体

在上述例子中，也可以通过单击“删除布局”按钮来将预设的布局删除掉，这时各控件将不会有相互的布局上的依赖，可以按需对某个控件进行调整。还可以通过“行与列”组中的按钮来增加或删除一些布局单元格。

（7）外观设置

控件的外观诸如对象的颜色、字体、字号、字形、边框、特殊效果等，可以在属性表窗格中进行设置，也可以通过图 5-27 所示的“格式”子选项卡来进行。

3. 美化窗体

窗体设计除了应关注窗体的实用性，还应关注窗体的美观性。美观的窗体界面赏心悦目，有助于提高使用者的工作效率。在 Access 2016 中，我们可以通过以下途径美化窗体。

（1）应用主题美化窗体

“主题”是 Access 2016 提供的一套统一的设计元素和配色方案，它是一种使所有窗体具有统一色调的快速方法。在“窗体设计工具/设计”选项卡中的主题组包含“主题”“颜色”和“字体”3 个按钮，其中，主题包括了颜色和字体两种效果的综合，单击“主题”按钮后会出现 44 套主题供用户选择。

【例 5.18】 对窗体进行主题的设置，其操作步骤如下。

① 打开“图书管理”数据库，以设计视图打开其中的“读者信息”窗体。

② 在“设计”选项卡的“主题”组中，单击“主题”按钮，弹出下拉“主题”列表，如图 5-82 所示，然后在列表中单击所需要的主题。

打开所有其他窗体，将会发现所有窗体的外观发生了改变，且外观效果都是一致的。

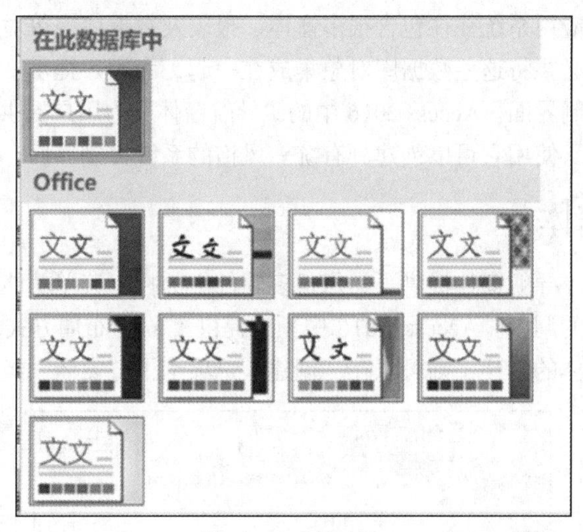

图 5-82　主题列表

（2）用图片美化窗体

用图片可以修饰和美化窗体，比如，用图片作为窗体中的公司徽标图案，或者把图片作为整个窗体的背景图案等。在窗体中添加图片有两种方法，一种是通过添加“图像”控件，然后设置控件的“图片”属性值为相应的图片文件；另一种是设置窗体的“图片”属性。

【例 5.19】 对窗体进行徽标和背景设置，其操作步骤如下。

① 打开“图书管理”数据库，以设计视图打开其中的“登录界面”窗体。

② 在“设计”选项卡的“控件”组中，单击“图像”控件按钮（或“插入图像”按钮），在窗体的“主体”节左上角绘制一个小方框，弹出“插入图片”对话框，在对话框中选择需要的照片作为徽标图案。

③ 单击垂直和水平标尺交汇处的“窗体选定器”按钮，打开窗体的“属性表”窗格，在窗格中的“格式”选项卡中找到“图片”属性，在属性值栏中单击...按钮，在弹出的“插入图片”对话框中选择需要的照片作为窗体的背景。

④ 最后，切换到窗体视图查看窗体的效果如图 5-83 所示。

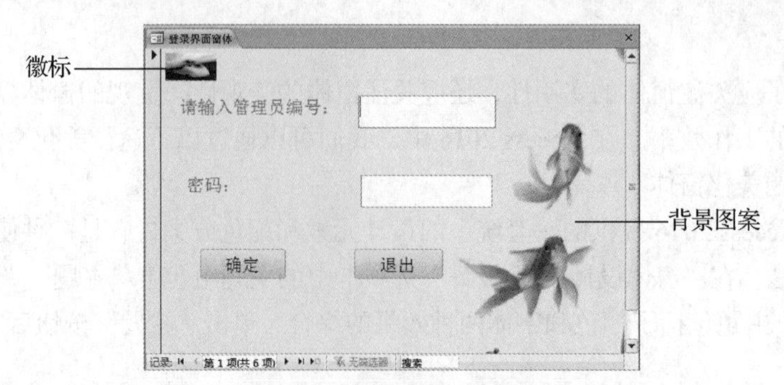

图 5-83　徽标和背景图案效果

5.4　建立系统控制界面

一个完整的数据库应用系统往往包含很多窗体、报表及数据库表等对象，基于系统的统一控制和方便用户使用，有必要将这些数据库对象集成在一起，为用户提供一个可以进行数据库应用系统功能选择的操作控制界面。Access 2016 中的“导航窗体”为用户提供了一种方便、快捷的创建系统控制窗体的方法，使用它可以创建具有统一风格的系统控制界面。

5.4.1　导航窗体

在 Access 2016 中，导航窗体提供了类似很多软件中的控制菜单功能，通过单击菜单项实现对所集成的数据库对象的调用。Access 2016 中预设提供了 6 种布局方式的导航窗体，如图 5-84 所示。若要启动导航窗体的创建，则可以在“创建”选项卡下“窗体”组中单击“导航”按钮。

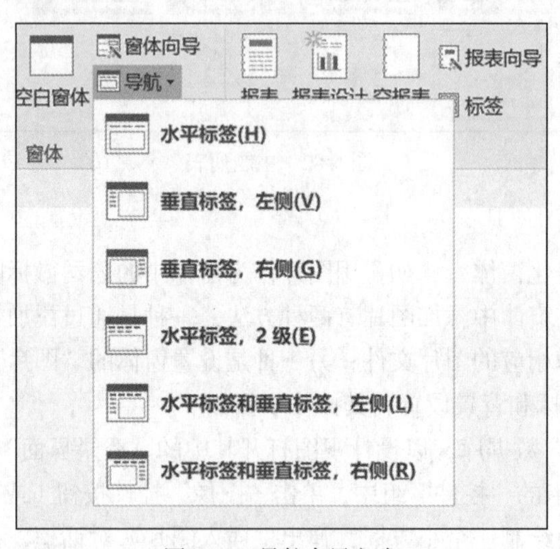

图 5-84　导航布局方式

【例 5.20】使用导航窗体创建“图书管理主窗体”。操作步骤如下。

① 在“创建”选项卡下“窗体”按钮组中，单击“导航”按钮后出现图 5-84 所示的下列菜单项，这里选择“水平标签和垂直标签，左侧”，弹出导航窗体的布局视图，如图 5-85 所示。图中的水平方向“新增”标签表示一级控制菜单项，垂直方向“新增”标签表示二级控制菜单项。

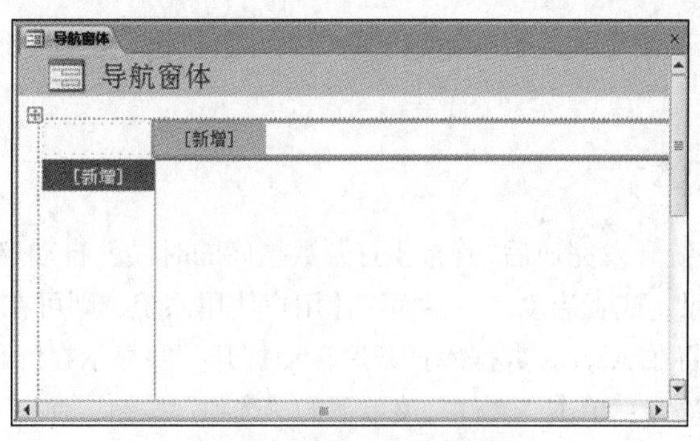

图 5-85　导航窗体布局视图

② 在水平方向“新增”标签上，依次单击输入“读者管理”“图书管理”“借阅管理”和“管理员管理”，设置效果如图 5-86 所示。

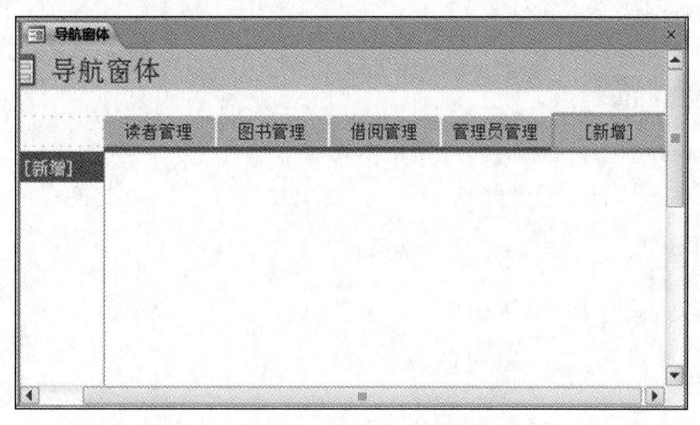

图 5-86　创建水平标签

③ 选择水平标签“读者管理”按钮，在左侧垂直标签上依次单击“新增”按钮，输入“读者信息管理窗体”“读者信息查询窗体”“读者信息输出”，这里输入的 3 个标签是之前在数据库中建立、保存的窗体名称。因此，只要输入的标签名称是数据库中已有的窗体，导航窗体将会自动建立导航关联，其设置的结果如图 5-87 所示。

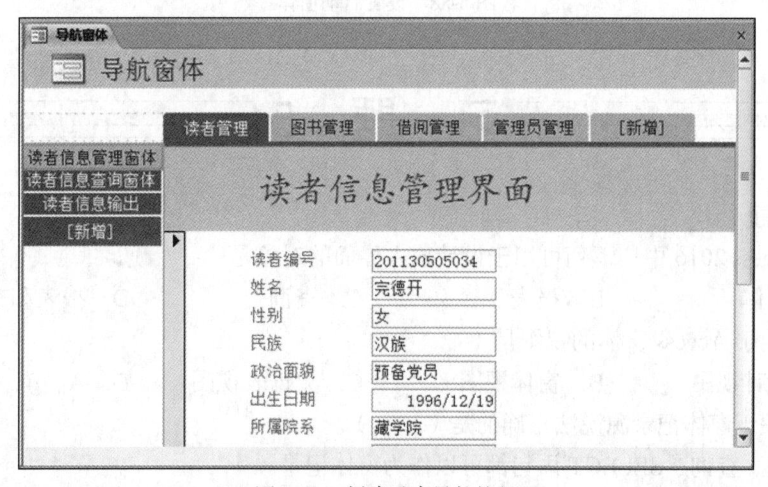

图 5-87　创建垂直导航按钮

④ 同理，也可以依次设置其他水平标签下的二级标签按钮，最后得到完整的结果，保存窗体并命名为“导航窗体”。

5.4.2 启动窗体

一个 Access 应用系统开发完成后，若希望打开数据库的时候就自动启动某个窗体，如启动“登录窗体”让用户进行登录，或者启动“主界面”让用户使用系统，则可在 Access 中将某个窗体设置为启动窗体，该窗体将在 Access 数据库打开后自动打开，并显示在屏幕的最上方。

设置启动窗体的方法为：单击“文件”菜单下的“选项”按钮，弹出“Access 选项”对话框，在对话框左侧选择“当前数据库”选项，此时显示对话框如图 5-88 所示。在对话框中“显示窗体”项右侧的组合框中可以展开看到本数据库中的所有窗体，选中需要启动的窗体，单击“确定”按钮即可。

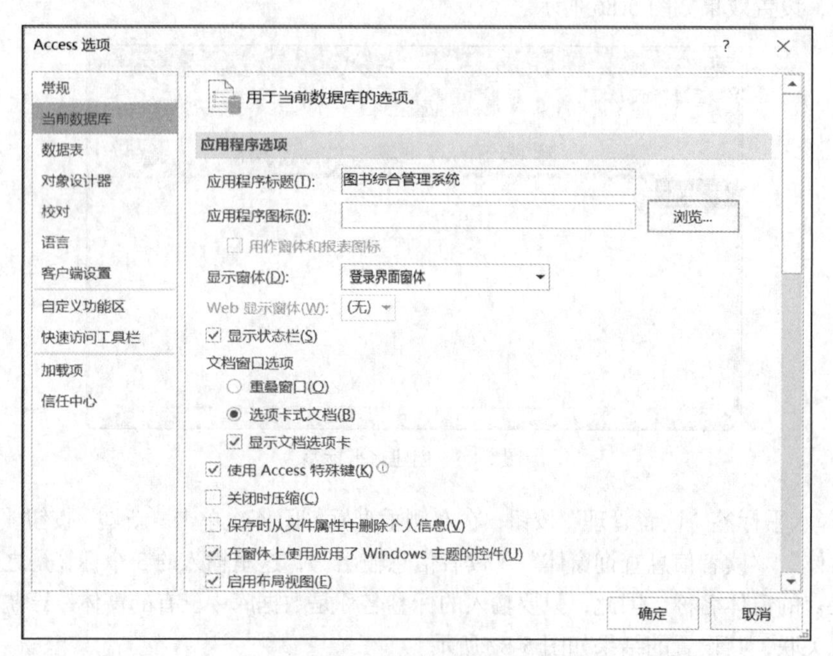

图 5-88　设置启动窗体

习　题　5

一、选择题

1. 在 Access 2016 中，下列可用于设计输入界面的对象是（　　）。

   A. 窗体　　B. 报表　　C. 查询　　D. 报表和查询

2. 下列属于 Access 窗体的视图是（　　）。

   A. 设计视图　　B. 窗体视图　　C. 数据表视图　　D. A、B、C 都是

3. 下列关于窗体记录源说法正确的是（　　）。

   A. 表、查询、SELECT 语句都可以作为窗体记录源

   B. 只有表、查询可以作为窗体记录源

C. 只有查询、SELECT 语句可以作为窗体记录源

D. 只有 SELECT 语句、表可以作为窗体记录源但是查询不可以作为窗体记录源

4. 在 Access 数据库中，用于显示标题. 说明文字的控件是（ ）。

A. 复选框 B. 文本框 C. 标签 D. 组合框

5. 在 Access 数据库中，用来在窗体. 报表或数据访问页上显示输入或编辑数据，也可接受计算结果或用户输入的控件是（ ）。

A. 标签 B. 文本框 C. 按钮 D. 组合框

6. 在 Access 中建立了“教职工”表，其中有可以存放照片的文段。在使用向导为该表创建窗体时。“照片”字段所使用的默认控件是（ ）。

A. 组合框 B. 图像框 C. 绑定对象框 D. 非绑定对象框

7. 在公司职工信息输入窗体中，为职称字段提供了“总经理”“主管”“业务员”等选项供用户直接选择，应使用的控件是（ ）。

A. 组合框 B. 文本框 C. 复选框 D. 标签

8. 在 Access 中，窗体的控件种类有（ ）。

A. 绑定控件 B. 未绑定控件 C. 计算控件 D. A、B、C 都是

9. 在 Access 中，要求在窗体上设置输入的数据是取自某一个表或查询中的记录的数据，可以使用的控件是（ ）。

A. 选项组控件 B. 文本框控件

C. 列表框或组选框控件 D. 复选框切换按钮控件

10. 下列说法正确的是（ ）。

A. 要改变窗体上文本框控件的数据源，应设置的属性是筛选查询

B. 要改变窗体上文本框控件的数据源，应设置的属性是记录源

C. 要改变窗体上文本框控件的数据源，应设置的属性是控件来

D. 要改变窗体上文本框控件的数据源，应设置的属性是默认值

11. 在 Access 数据库中已经存在学生的出生日期的信息，若要知道学生的年龄，应当设置文本框控件的控制来源属性（ ）。

A. =Year(Year([出生日期]) B. =Year(Date())−Year([出生日期])

C. Year(Date())−Year([出生日期]) D. =Year(Date())−Year()

12. 要显示格式为“-页码/总页数-”的页码，应当设置文本框控件来源属性（ ）。

A. ="-"&page/pages&"-" B. "-"&[Page]&"/"&[Pages]&"-"

C. =-page/pages- D. ="-"&[Page]&"/"&[Pages]&"-"

13. 从下列中，选择出属于窗体的“数据”类的属性是（ ）。

A. 筛选查询 B. 记录选择器 C. 获得焦点 D. 记录源

14. 为窗体上的控件设置【Tab】键的顺序，应选择的顺序，应选择属性表的（ ）选项卡。

A. 其他 B. 数据 C. 事 D. 格式

15. 在“窗体视图”中显示窗体时，窗体中没有导航按钮，应将窗体的“导航按钮”属性设置为（ ）。

A. 有 B. 无 C. 是 D. 否

16. 若在“购买总数”窗体中有“预购总数”文本框控件，下列能够正确引用控件值得是（ ）。

A. Forms. [购买总数]. [预购总数] B. Forms![购买总数]. [预购总数]

C. Forms. [购买总数]![预购总数]　　D. Forms![购买总数]![预购总数]

17. 为了更新窗体中数据表中的字段，要选择相关的控件，下列做法正确的是（　　）。

A. 可以选择计算型控件. 选择绑定型控件

B. 只能选择绑定型控件

C. 可以选择绑定型控件. 非绑定型控件

D. 只能选择绑定型控件

18. 主窗体和子窗体通常用于显示多个表或查询中的数据，这些表或查询中的数据一般具有（　　）的关系。

A. 一对一　　B. 一对多　　C. 多对一　　D. 多对多

二、填空题

1. 一个窗体所包含的窗体称为________。

2. 绑定对象框用来显示________。

第6章 报表

报表是专门为打印而设计的，数据库系统操作的结果一般是要打印输出的，因而设计精美、合理的报表使数据能清晰地呈现在纸张上就显得尤为重要。报表和窗体的不同之处在于，窗体可以与用户进行信息交互，而报表没有交互功能。建立报表和建立窗体的过程基本相同，只是窗体最终显示在屏幕上，而报表还可以打印在纸上。

6.1 报表概述

报表是数据库数据输出的一种对象，建立报表是为了以纸张的形式保存或输出数据。窗体和报表都可以显示数据，窗体的数据显示在窗口中，报表的数据则可以打印输出到纸张上；窗体中的数据可以浏览或修改，而报表中的数据只能浏览不能修改。

报表的视图查看方式与设计操作与窗体非常相似，创建窗体的各种操作方法可完全套用在报表上，因此本章将不再重复介绍与窗体设计相似的操作，而是集中讲述报表自身特有的设计操作。

1. 报表的功能

报表是 Access 数据库的对象之一，主要作用是比较和汇总数据，显示经过格式化且分组的信息，并可以将它们打印出来。它主要有以下功能。

（1）对输出数据进行比较、排序、小计、分组和汇总等操作，并通过对记录的统计来分析数据等。

（2）可以把报表设计成目录、表格、发票、购物订单及标签等各种形式，并对其外观进行美化。

（3）可以制作带有数据透视图或透视表的报表，提高数据的可读性。

2. 报表的种类

报表主要分为以下 4 种类型：纵栏式报表、表格式报表、图表报表和标签报表。下面分别进行说明。

（1）纵栏式报表

纵栏式报表（也称为窗体报表）一般是在一页的主体节内以垂直方式显示一条或多条记录。这种报表可以显示一条记录的区域，也可同时显示多条记录的区域，甚至包括合计。

（2）表格式报表

表格式报表以行和列的形式显示记录数据，通常一行显示一条记录、一页显示多行记录。表格式报表与纵栏式报表不同，字段标题信息不是在每页的主体节内显示，而是在页面页眉显示。

可以在表格式报表中设置分组字段、显示分组统计数据。

（3）图表报表

图表报表是指在报表中使用图表，这种方式可以更直观地表示出数据之间的关系。不仅美化了报表，而且可使结果一目了然。

（4）标签报表

标签报表是一种特殊类型的报表。在实际应用中，经常会用到标签，例如，物品标签、客户标签等。

在上述各种类型报表的设计过程中，可以根据需要在报表页中显示页码、报表日期甚至使用直线或方框等来分隔数据。此外，报表设计可以同窗体设计一样设置颜色和阴影等外观属性。

3. 报表的视图

在 Access 2016 中，报表操作提供了 4 种视图："报表"视图、"布局"视图、"设计"视图、"打印预览"视图。

"报表"视图是可以查看打印效果的视图，还可以对报表进行筛选操作；"布局"视图既可以显示数据输出效果，还可以调整报表设计，这种调整具有"所见即所得"的效果；"设计"视图用于创建和编辑报表的结构；"打印预览"视图用于查看报表的页面数据输出形态。

4. 报表的结构

在报表的"设计"视图中，报表被分为多个区段，被称为"节"，如图 6-1 所示。报表中的信息可以安排在多个节中，每个节在页面上和报表中具有特定的目的并按照预期顺序输出打印。与窗体的"节"相比，报表区段被分为更多种类的节。

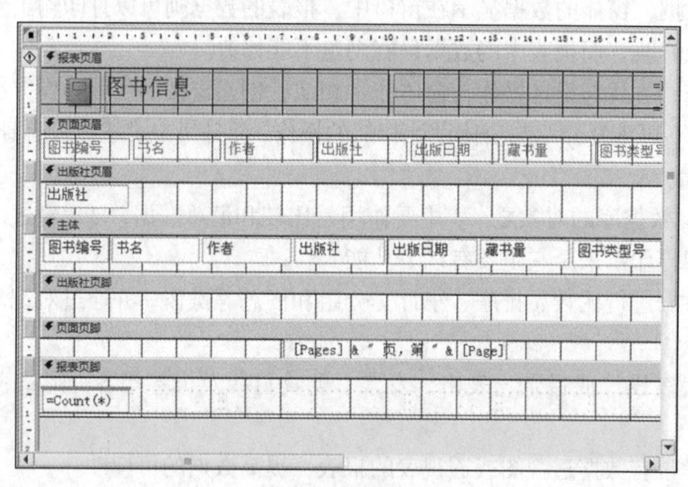

图 6-1　报表结构

（1）报表页眉

在报表的开始处，即报表的第一页打印一次。用来显示报表的标题、图形或说明性文字，每份报表只有一个报表页眉。一般来说，报表页眉主要用在封面。

（2）页面页眉

页面页眉中的文字或控件一般输出显示在每页的顶端。通常，它是用来显示数据的列标题。

可以给每个控件文本标题添加特殊的效果，如颜色、字体种类和字体大小等。

一般来说，把报表的标题放在报表页眉中，该标题打印时在第一页的开始位置出现。如果将标题移动到页面页眉中，则该标题在每一页上都显示。

（3）组页眉（此处为“出版社页眉”）

根据需要，在报表设计 5 个基本的“节”区域的基础上，还可以使用“排序与分组”属性来设置“组页眉/组页脚”区域，以实现报表的分组输出和分组统计。组页眉主要安排文本框或其他类型控件显示分组字段等数据信息。

可以建立多层次的组页眉及组页脚，但不可分出太多的层（一般为 3～6 层）。

（4）主体

打印表或查询中的记录数据，是报表显示数据的主要区域。根据主体节内字段数据的显示位置，又可将报表划分为多种类型。

（5）组页脚（此处为“出版社页脚”）

组页脚节内主要安排文本框或其他类型控件显示分组统计数据。打印输出时，其数据显示在每组结束位置。

在实际操作中，组页眉和组页脚可以根据需要单独设置使用。可以从“视图”菜单中选择“排序与分组”选项进行设置。

（6）页面页脚

一般包含页码或控制项的合计内容，数据显示安排在文本框和其他的一些类型控件中。在报表每页底部打印页码信息。

（7）报表页脚

该节区一般是在所有的主体和组页脚输出完成后才会打印在报表的最后面。通过在报表页脚区域安排文本框或其他一些类型控件，可以显示整个报表的计算汇总或其他的统计数字信息。

6.2　创建和编辑报表

Access 报表的创建方式主要有 3 种：自动生成方式、向导生成方式和自定义设计方式。其中，“报表”方法属于自动生成方式，该方式不需要做任何设置就自动完成报表的设计；“报表向导”和“标签”方法属于向导生成方式，这类方式需要用户根据向导的提示进行设计；而“报表设计”和“空报表”属于自定义设计方式，用户需要完全从无到有进行个性化设计。所有的报表创建方法的按钮如图 6-2 所示。

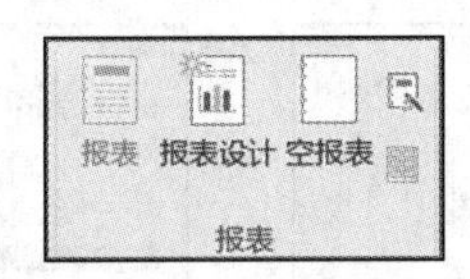

图 6-2　“报表”按钮组

1．使用“报表”方法创建报表

“报表”方法是创建报表的最快速的方法，这种方法不向用户提示信息，也不需要用户做任何操作就自动生成报表，生成的报表将显示数据源的所有字段。这种方法的优点是快速便捷，但缺点是报表显示方式比较固定。因此，很多时候需要在此基础上对其进行修改，才能更好地满足需求。

【例 6.1】以“图书信息”表为数据源，使用“报表”方法创建报表。操作步骤如下。

① 打开“图书管理”数据库，在左侧导航窗格中选定“图书信息”表。

② 在“创建”选项卡的“报表”按钮组中，单击“报表”按钮，就会立即自动生成报表，并且切换到“布局视图”下，效果如图 6-3 所示。

图书信息　　2020年2月2?　16:16

图书编号	书名	作者	出版社	出版日期	藏书量	图书类型号
s0001	大学计算机	谢川	高等教育出版社	Apr-13	20	1
s0002	C语言程序设计	谭浩强	高等教育出版社	May-13	20	1
s0003	大学物理	周凯	西南交通大学出版社	May-12	20	4
s0004	大学英语	王丽	高等教育出版社	Oct-13	20	3
s0005	计算机原理与设计	刘建杨	中国铁道出版社	Mar-14	20	1
s0006	会计学原理	张文娟	西南交通大学出版社	Jun-14	20	3

图 6-3 “图书信息”报表

③ 单击快捷工具中的“保存”按钮（或按【Ctrl+S】组合键），将报表保存并命名为“图书信息”即可。

2. 使用“报表向导”方法创建报表

使用“报表”方法简单但不具有灵活性，而“报表向导”会提示用户输入相关的数据源、字段和报表版面格式等信息，根据向导提示可以完成大部分报表设计基本操作，加快了创建报表的流程。

【例 6.2】以“图书信息”表为数据源，使用“报表向导”方法创建报表。操作步骤如下。

① 打开“图书管理”数据库，在左侧导航窗格中选定“图书信息”表作为数据源。

② 在“创建”选项卡的“报表”按钮组中，单击“报表向导”按钮，打开“请确定报表上使用哪些字段”对话框（“报表向导”对话框 1）（见图 6-4），此时在“表/查询”下拉列表中已经选定“表：图书信息”。依次双击“可用字段”窗格中的“图书编号”“书名”“作者”“出版社”“出版日期”“藏书量”和“图书类型号”等字段，将它们添加到右侧的“选定字段”列表中，然后单击“下一步”按钮。

③ 这时出现“是否添加分组级别？”对话框（“报表向导”对话框 2），会自动给出分组级别，并给出分组后报表布局预览。这里按“图书类型号”字段分组（这是由于图书信息表和图书类型表之间建立的一对多关系决定的，否则不会出现自动分组，而需要手工分组），这里按“出版社”字段手工分组，如图 6-5 所示。

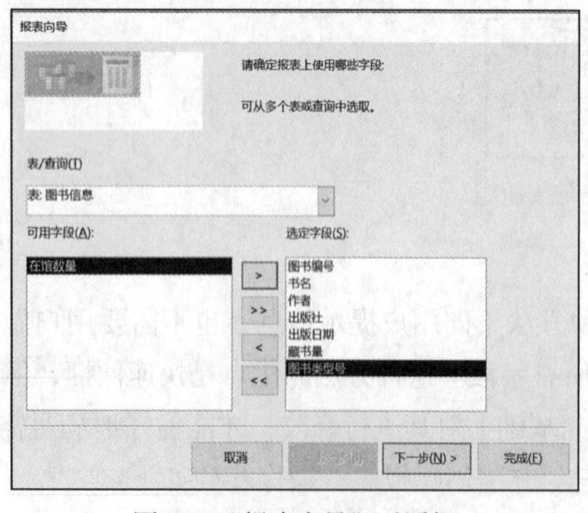

图 6-4 “报表向导”对话框 1

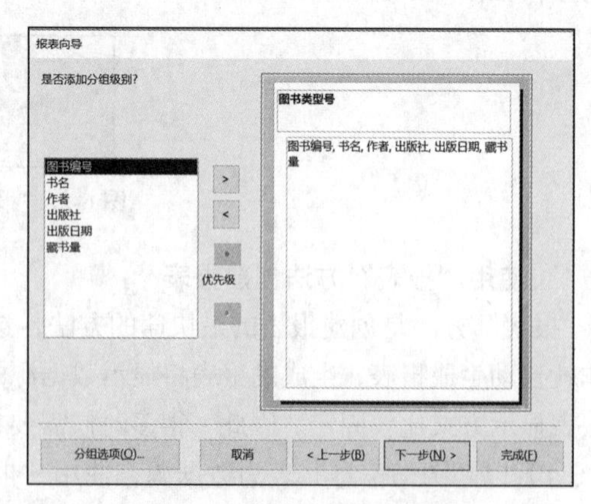

图 6-5 “报表向导”对话框 2

④ 单击“下一步”按钮，出现“请确定明细信息使用的排序次序和汇总信息”对话框（“报表向导”对话框 3）（见图 6-6），该对话框可以设置报表显示记录的排序方式，还可以对数值型字段设置汇总显示效果。这里选择“出版日期”字段升序排序，并单击“汇总选项”按钮设置“藏书量”字段的汇总（见图 6-7），然后单击“下一步”按钮。

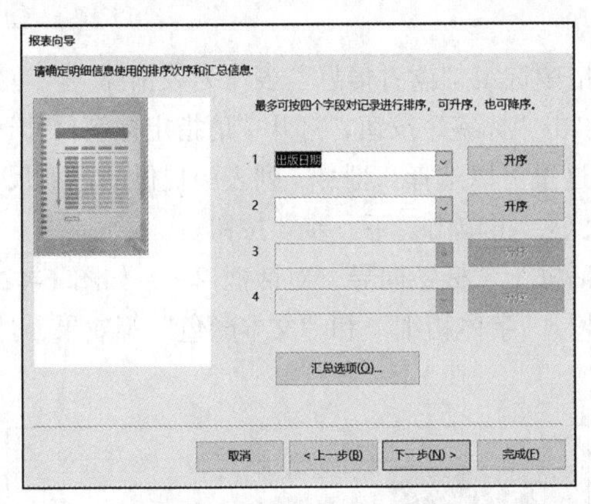

图 6-6 “报表向导”对话框 3

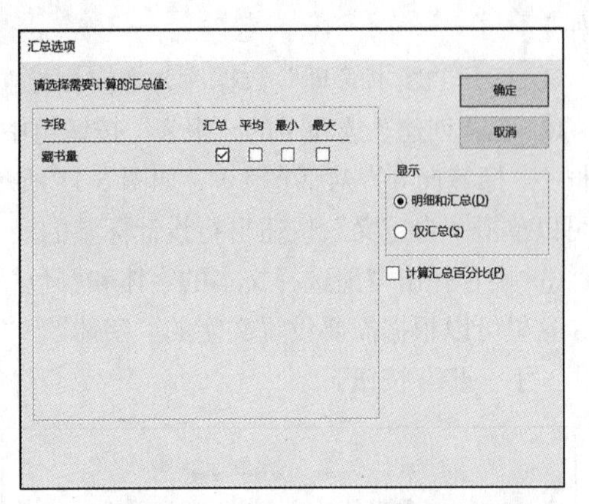

图 6-7 “汇总选项”对话框

⑤ 接着弹出“请确定报表的布局方式”对话框（“报表向导”对话框 4），设置布局为“递阶”，方向为“纵向”，如图 6-8 所示，然后单击“下一步”按钮。

⑥ 最后打开“请为报表指定标题”对话框（“报表向导”对话框 5）（见图 6-9），指定报表的标题，这里输入“出版社图书统计情况”，选择“预览报表”选项，然后单击“完成”按钮，显示结果如图 6-10 所示。

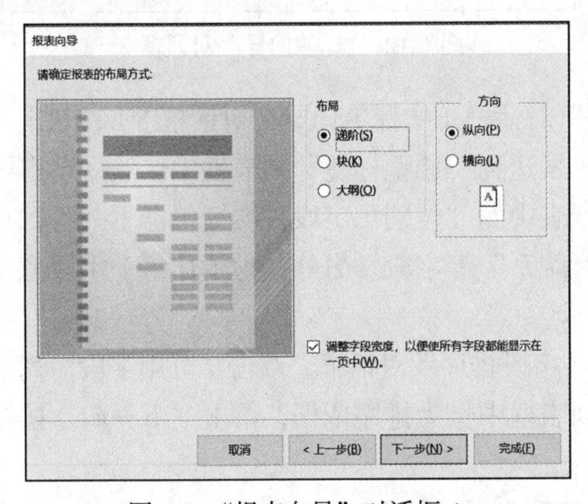

图 6-8 “报表向导”对话框 4

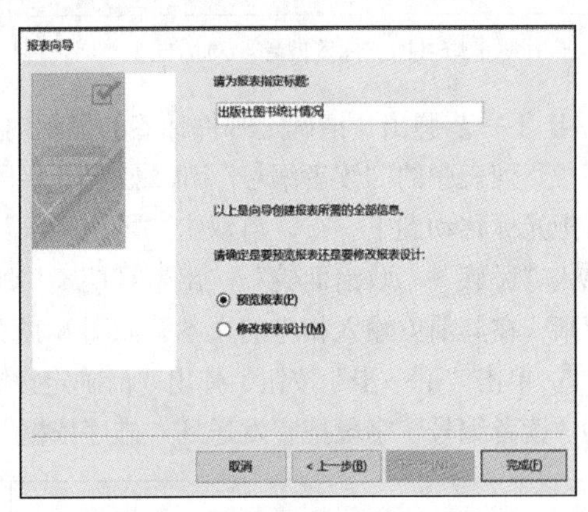

图 6-9 “报表向导”对话框 5

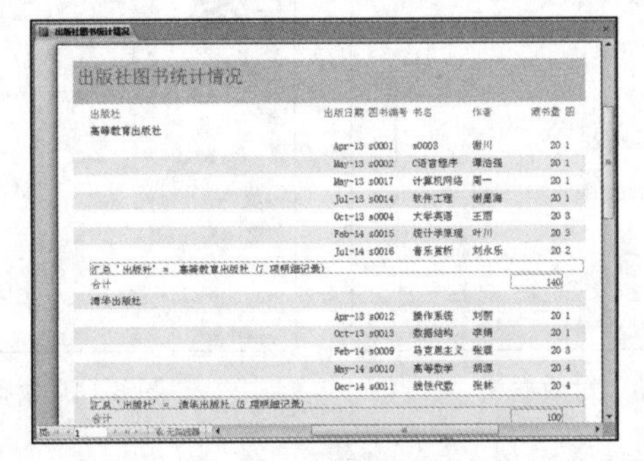

图 6-10 出版社图书统计情况报表

3. 使用“标签”方法创建报表

在日常工作中，可能需要制作“商品”“包裹地址”等标签。在 Access 2016 中，用户可以使用“标签向导”快速地制作标签报表。

【例 6.3】以“读者信息”表为数据源，使用“标签”方法创建读者个人信息的标签报表。操作步骤如下。

① 打开“图书管理”数据库，在左侧导航窗格中选定“读者信息”表作为数据源。

② 在“创建”选项卡的“报表”按钮组中，单击“标签”按钮，打开“请指定标签尺寸”对话框（“标签向导”对话框 1），如图 6-11 所示，这里可以选择“型号”列表中提供的标准尺寸，也可以单击“自定义”按钮自行设计标签的尺寸大小，再单击“下一步”按钮。

③ 接着弹出“请选择文本的字体和颜色”对话框（“标签向导”对话框 2），如图 6-12 所示，这里可以根据需要设置文字的“字体”“字号”“字体粗细”和“文本颜色”等效果，然后单击“下一步”按钮。

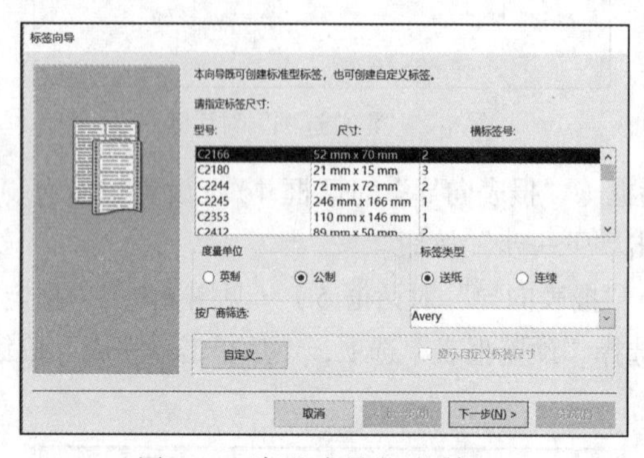

图 6-11 “标签向导”对话框 1

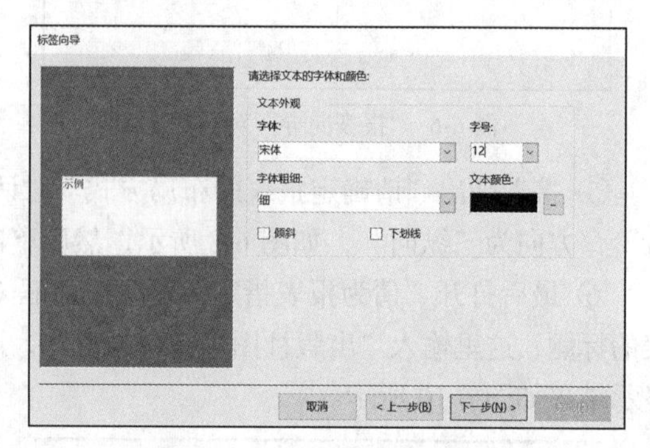

图 6-12 “标签向导”对话框 2

④ 下一步弹出“请确定邮件标签的显示内容”对话框（“标签向导”对话框 3），双击“可用字段”列表中的“读者编号”和“姓名”字段，发送到“原型标签”列表框中。然后单击下一行，把光标移动到下一行，再双击“可用字段”列表中的“性别”字段；继续单击下一行，再分别加入“民族”“政治面貌”“出生日期”“所属院系”等字段。另外，为了让每个字段意义更加清晰，在其前方输入相应的文本，如图 6-13 所示。

⑤ 单击“下一步”按钮，弹出“请确定按哪些字段排序”对话框，双击“可用字段”列表框中的“读者编号”字段把它发送到“排序依据”列表框中作为排序依据，单击“下一步”按钮。

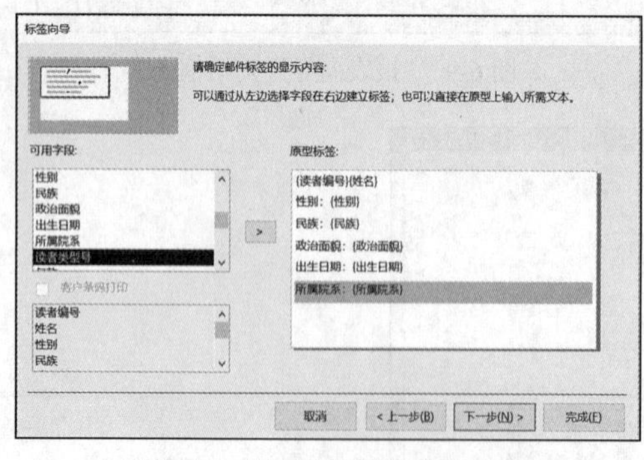

图 6-13 “标签向导”对话框 3

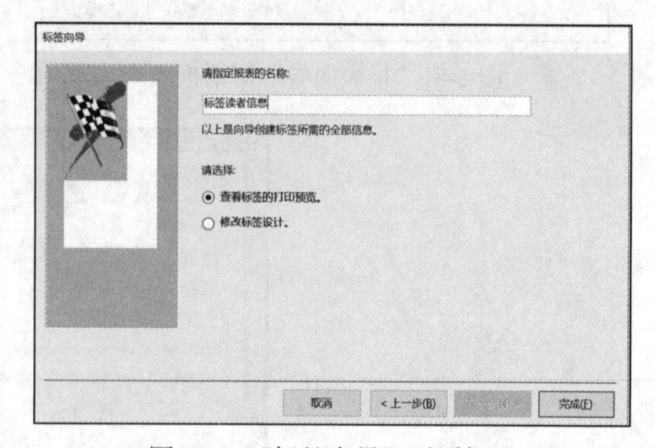

图 6-14 “标签向导”对话框 4

⑥ 最后出现“请指定报表的名称”对话框（“标签向导”对话框 4），如图 6-14 所示，这

里输入“标签读者信息”，单击“完成”按钮，得到设计结果如图 6-15 所示。

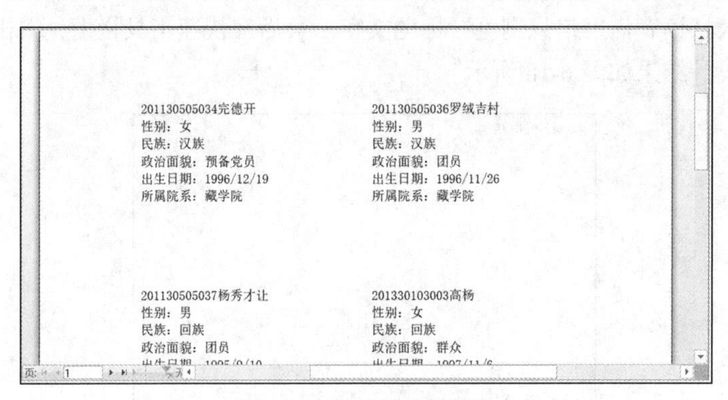

图 6-15 标签报表效果图

4. 使用“报表设计”方法创建报表

除可以使用自动方式和向导方式创建报表外，还可在 Access 2016 中使用“设计”视图从无到有地创建一个新报表，基本操作方法有：创建空白报表并选择数据源；添加页眉、页脚；布置控件显示数据、文本和各种统计信息；设置报表排序和分组属性；设置报表和控件外观格式、大小位置和对齐方式等。

【例 6.4】 以“图书借还信息查询”为数据源，使用“报表设计”方法创建“读者图书借还信息报表”。操作步骤如下。

① 打开“图书管理”数据库，在“创建”选项卡的“报表”按钮组中，单击“报表设计”按钮，Access 2016 以“设计视图”方式打开一个新报表，新报表具有页面页眉、页面页脚和主体 3 个节。

② 双击左上角的“报表选择器”按钮，打开报表“属性表”窗口，在“全部”选项卡中，单击“记录源”属性右侧的下拉列表，从中选择“图书借还信息查询”查询对象。

③ 在“设计”选项卡的“工具”分组中，单击“添加现有字段”按钮，打开“字段列表”窗格，窗格中显示记录源的所有字段，如图 6-16 所示。

④ 拖曳“字段列表”窗格中的“姓名”“性别”“图书编号”“书名”“出版社”“借阅日期”“应还日期”和“借阅天数”字段到主体节中，如图 6-17 所示。

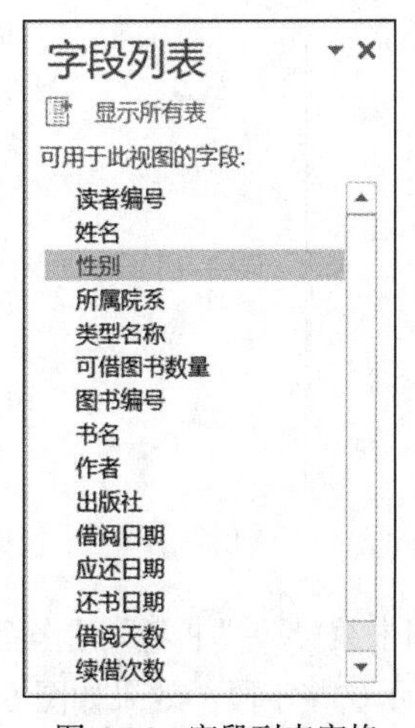

图 6-16 字段列表窗格

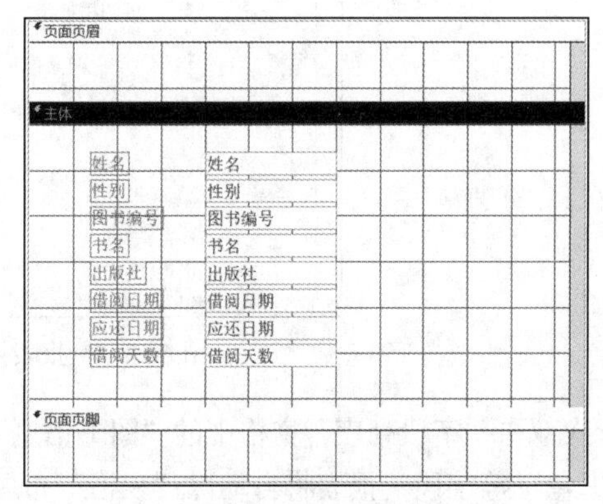

图 6-17 主体节放置字段

⑤ 在“设计”选项卡的“控件”分组中，单击“标签”按钮，然后在页面页眉节中拖曳绘制一个标签，并输入“读者借书信息浏览”标题文字。最后在快速工具栏上，单击“保存”按钮保存报表，报表的设计结果如图 6-18 所示。

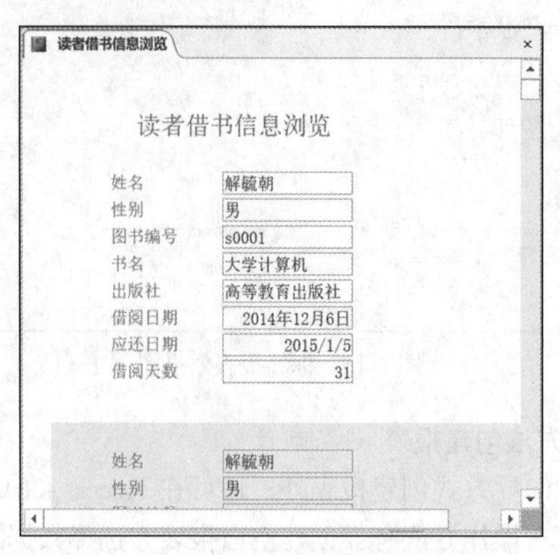

图 6-18 “读者借书信息浏览”报表

若使用上述方式创建的报表不美观，则可以参照对窗体的美化与修饰方法对其进行优化。

5. 使用“空报表”方法创建报表

“空报表”方法提供了另一种快速而灵活的方式创建报表，该方法与“报表设计”方法十分类似，只是启动该方法后报表自动切换到“布局视图”下，并会自动打开字段列表，用户可以直接双击字段列表中的字段将其发送到报表中，快速完成报表的制作。

【例 6.5】使用“空报表”方法创建报表。操作步骤如下。

① 打开“图书管理”数据库，在“创建”选项卡的“报表”按钮组中，单击“空报表”按钮，Access 2016 以“布局视图”方式打开一个新报表，其界面如图 6-19 所示。报表以布局视图打开，并会打开“字段列表”窗格。

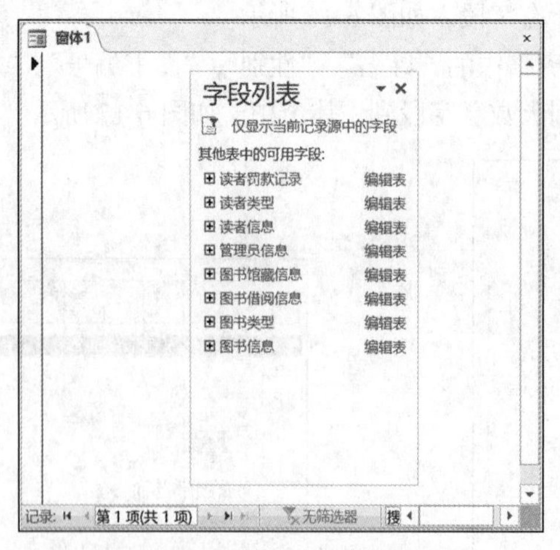

图 6-19 空报表初始界面

② 依次双击“字段列表”窗格中的“图书信息”表的“图书编号”“书名”“作者”“出版社”“藏书量”等字段，报表将自动以“表格”布局形式来显示这些字段，效果如图 6-20 所示。

③ 在快速工具栏上，单击“保存”按钮保存报表，完成报表的设计。

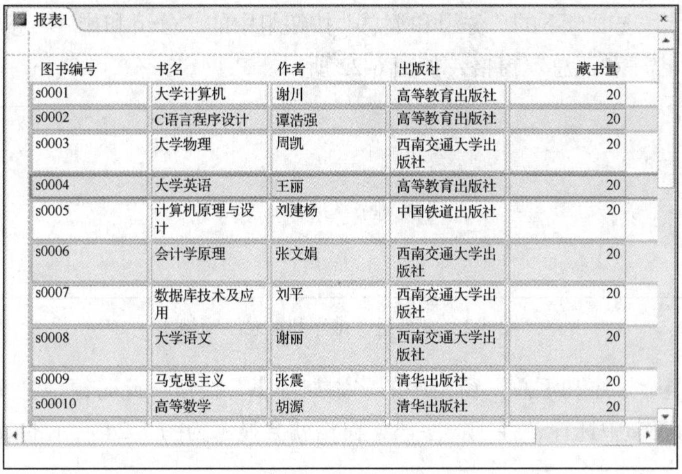

报表1

图书编号	书名	作者	出版社	藏书量
s0001	大学计算机	谢川	高等教育出版社	20
s0002	C语言程序设计	谭浩强	高等教育出版社	20
s0003	大学物理	周凯	西南交通大学出版社	20
s0004	大学英语	王丽	高等教育出版社	20
s0005	计算机原理与设计	刘建杨	中国铁道出版社	20
s0006	会计学原理	张文娟	西南交通大学出版社	20
s0007	数据库技术及应用	刘平	西南交通大学出版社	20
s0008	大学语文	谢丽	西南交通大学出版社	20
s0009	马克思主义	张震	清华出版社	20
s00010	高等数学	胡源	清华出版社	20

图 6-20　布局了字段的报表

6.3　报表的排序和分组统计

在默认情况下，报表中的记录是按照自然顺序（即数据的输入的先后顺序）来排列显示的。在实际应用过程中，经常需要按照某个指定的顺序来排列记录，例如，按照成绩由高到低排列等，称为报表“排序”操作。此外，在设计报表时，经常需要就某个字段按照其值相等与否划分成组来进行一些统计操作，并输出统计信息，这就是报表的“分组”操作。

1．报表的排序

要实现报表输出记录的排序，有两种方式。一种方式是在使用“报表向导”创建报表时，操作到图 6-6 所示步骤会提示设置报表中的记录排序；另一种方式是在设计视图下由用户自定义完成，这里我们就介绍后一种方式如何实现排序。

【例 6.6】以“读者信息”表为数据源创建一个报表，要求记录先按“性别”字段升序排序，再按“出生日期”降序排序。操作步骤如下。

① 打开“图书管理”数据库，在左侧导航窗格中选定“读者信息”表作为数据源。

② 在“创建”选项卡的“报表”按钮组中，单击“报表”按钮，此时自动生成一个显示“读者信息”表的报表，如图 6-21 所示，报表处于布局视图。

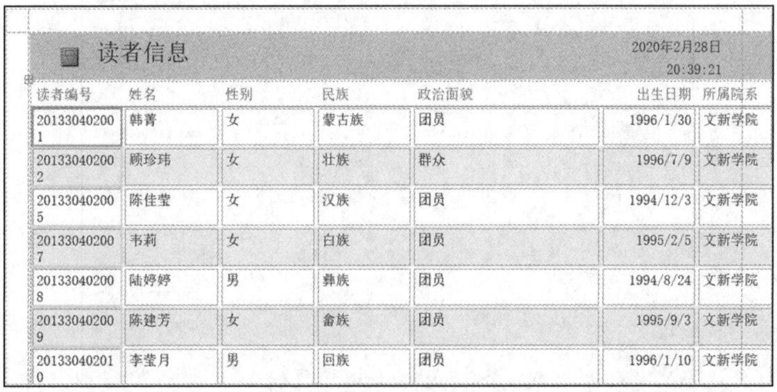

读者信息　　2020年2月28日 20:39:21

读者编号	姓名	性别	民族	政治面貌	出生日期	所属院系
201330402001	韩菁	女	蒙古族	团员	1996/1/30	文新学院
201330402002	顾珍玮	女	壮族	群众	1996/7/9	文新学院
201330402005	陈佳莹	女	汉族	团员	1994/12/3	文新学院
201330402007	韦莉	女	白族	团员	1995/2/5	文新学院
201330402008	陆婷婷	男	彝族	团员	1994/8/24	文新学院
201330402009	陈建芳	女	畲族	团员	1995/9/3	文新学院
201330402010	李莹月	男	回族	团员	1996/1/10	文新学院

图 6-21　排序前的报表

③ 单击“设计”选项卡下的“分组和汇总”按钮组中的“分组和排序”按钮，在报表的下方区域弹出“分组、排序和汇总”窗格，如图 6-22 所示。

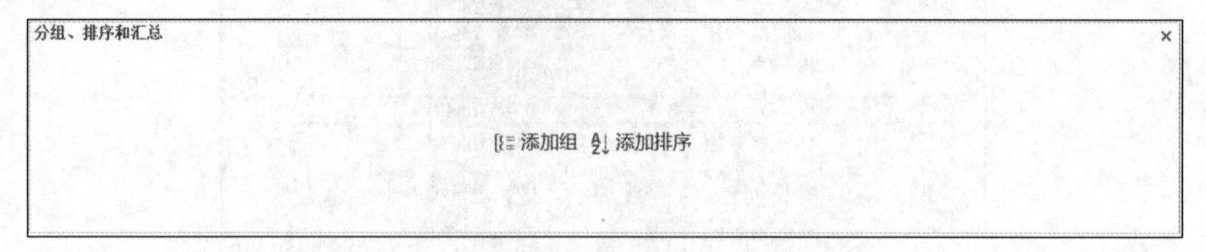

图 6-22 “分组、排序和汇总”窗格 1

④ 单击“分组、排序和汇总”窗格中的“添加排序”按钮，此时窗格会变为图 6-23 所示的画面，在其中的列表框中选择“性别”字段，窗格就会显示为图 6-24 所示的效果。

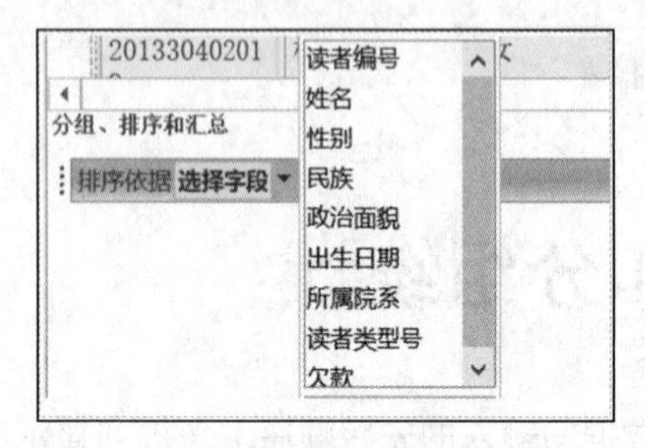

图 6-23 “分组、排序和汇总”窗格 2

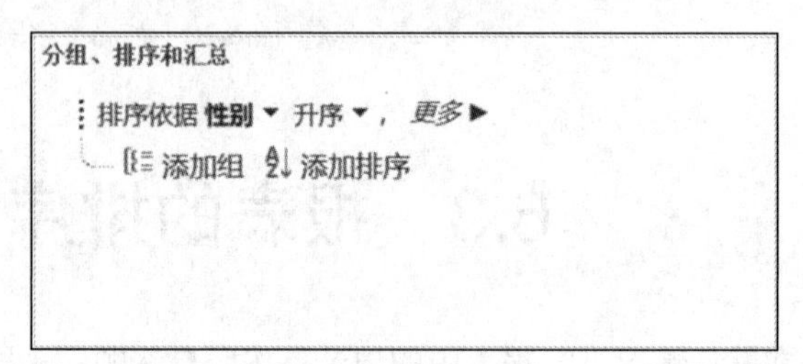

图 6-24 “分组、排序和汇总”窗格 3

⑤ 再次单击图 6-24 中的“添加排序”按钮，在打开的列表框中选择“出生日期”字段，并设置降序排序，设置完成的报表排序效果如图 6-25 所示。

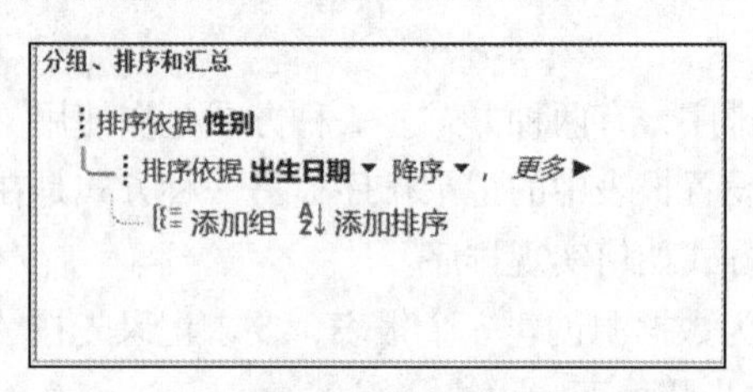

图 6-25 “分组、排序和汇总”窗格 4

⑥ 最后切换到报表视图下，可以观察到最终排序效果如图 6-26 所示。

读者信息 2020年2月28日 20:58:05

读者编号	姓名	性别	民族	政治面貌	出生日期	所属院系
201130505036	罗娥吉村	男	汉族	团员	1996/11/26	藏学院
201331101026	季超	男	布依族	预备党员	1996/10/5	计科学院
201331101010	刘天锐	男	畲族	团员	1996/10/3	计科学院
201431204032	康伏龙	男	汉族	群众	1996/10/1	化环学院
201431204031	金廷贵	男	回族	其他	1996/9/30	化环学院
201431204030	金宏哲	男	蒙古族	预备党员	1996/9/29	化环学院
201431204022	高旭东	男	回族	其他	1996/9/28	化环学院
201431204019	丁志超	男	回族	群众	1996/9/27	化环学院
201431204018	丁小龙	男	汉族	其他	1996/9/26	化环学院
201431204002	边巴旺堆	男	蒙古族	其他	1996/9/22	化环学院
201331101023	洪家兴	男	彝族	团员	1996/9/9	计科学院

图 6-26 排序报表效果

从上述例子中可以看到男生排列在前面，这是因为性别字段为字符型，其排序是按照字母的先后顺序排列的。

2. 报表的分组

分组是指在设计报表时按选定的某个（或几个）字段值是否相等而将记录划分成组的过程。操作时，先选定分组字段，在这些字段上字段值相等的记录归为同一组，字段值不等的记录归为不同组。

报表通过分组可以实现同组数据的汇总和显示输出，增加了报表的可读性和信息的利用。一个报表中最多可以对 10 个字段或表达式进行分组。

同样，要实现报表输出记录的分组，有两种途径。一种方式是在使用“报表向导”创建报表时，操作到图 6.4 所示步骤会提示设置报表中的分组字段；另一种方式是在设计视图下由用户自己定义完成，这里我们仍然介绍后一种方式如何实现排序。

【例 6.7】以“读者信息”表为数据源创建一个报表，要求记录先按“政治面貌”字段分组。操作步骤如下。

① 打开“图书管理”数据库，在左侧导航窗格中选定“读者信息”表作为数据源。在“创建”选项卡的“报表”按钮组中，单击“报表”按钮，此时自动生成一个显示“读者信息”表的报表，然后切换到“设计视图”。

② 在“设计”选项卡的“分组和汇总”按钮组中，单击“分组和排序”按钮，在报表的下方区域出现“添加组”和“添加排序”两个按钮，如图 6-27 所示。

③ 单击“添加组”按钮后，打开“字段列表”，在列表中可以选择分组所依据的字段，也可以依据表达式来分组，如图 6-28 所示。

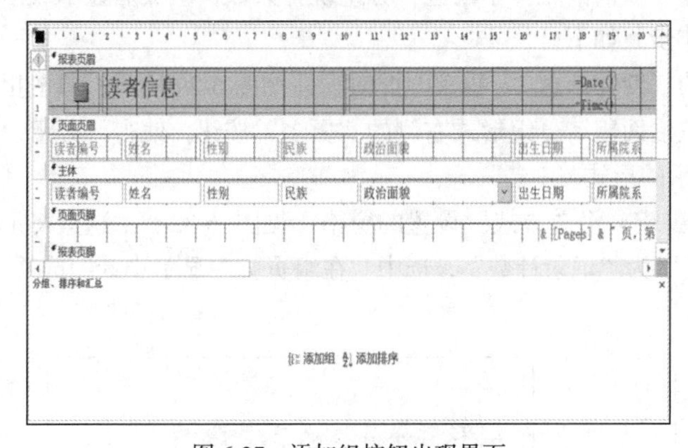

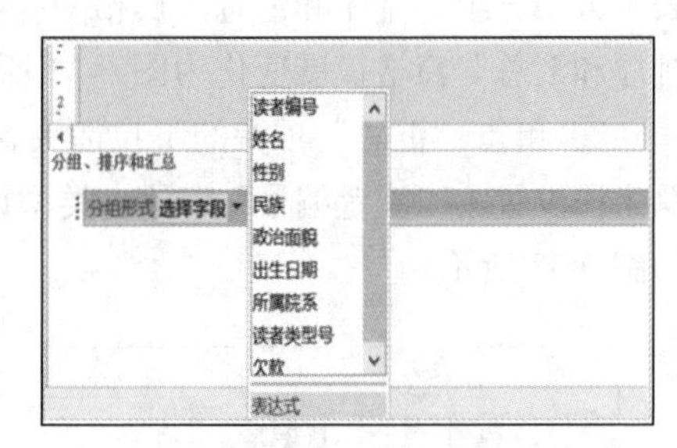

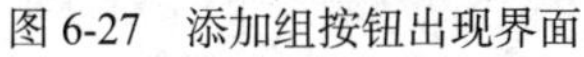
图 6-27　添加组按钮出现界面

图 6-28　字段列表

④ 在“字段列表”中选择政治面貌字段后，则报表的设计视图中会增加一个“政治面貌页眉”节，视图如图 6-29 所示。

⑤ 最后保存报表为“读者信息 1”，并切换到“报表视图”下可以看到运行效果如图 6-30 所示。

上述的例子演示了分组的最基本功能，分组功能还有更多功能选项，如图 6-31 所示，“排序”项可以实现记录按照分组字段升序或降序排序，“按整个值”项展开后还可以按部分字符进行分组，“汇总”项展开后可以进行分组的统计等功能，另外分组的页眉/页脚还可以设置“有”或者“无”。

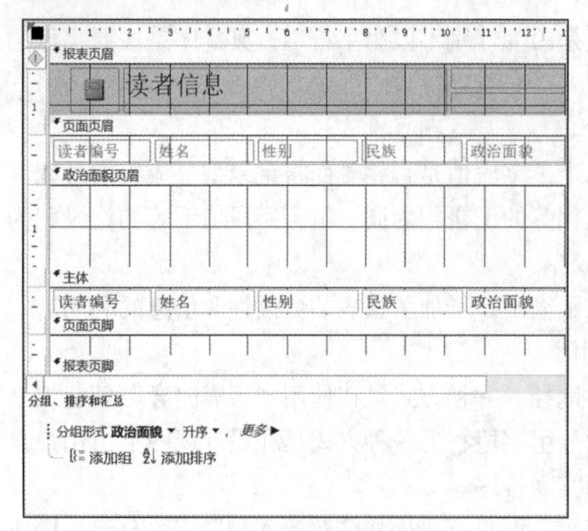

图 6-29　添加政治面貌分组界面

图 6-30　分组效果界面

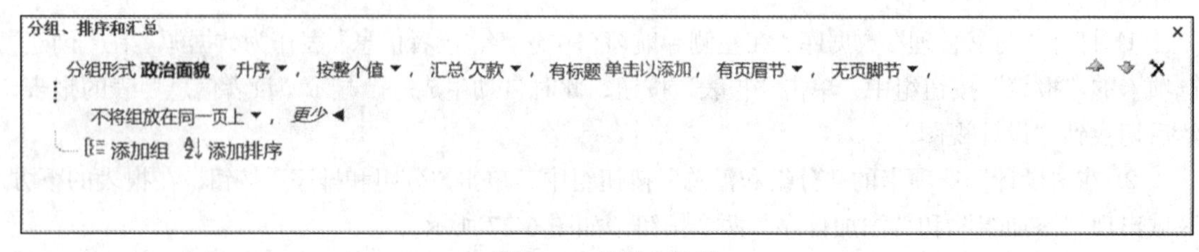

图 6-31　分组功能项

【例 6.8】在【例 6.7】的基础上，实现按“政治面貌”字段进行分组统计人数，组页眉显示政治面貌标题，组页脚节显示统计人数。操作步骤如下。

① 以设计视图方式打开【例 6.7】的“读者信息 1”报表，此时窗体如图 6-29 所示，单击报表下方“分组、排序和汇总”窗格中“政治面貌”分组形式右侧的“更多”按钮，使得“分组、排序和汇总”窗格扩展变化为图 6-31 所示的形式。

② 单击“汇总”项旁的下拉箭头，弹出“汇总方式”设置的窗格（见图 6-32），这里将汇总字段设置为“读者编号”字段，类型设置为“记录计数”，选中“在组页脚中显示小计”选项，如图 6-33 所示。

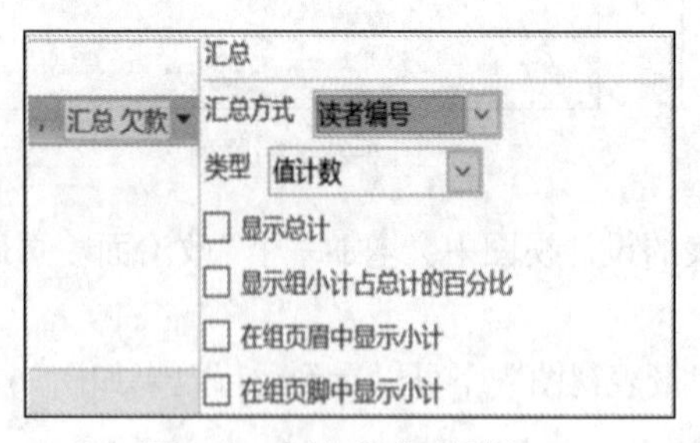

图 6-32　汇总方式对话框 1

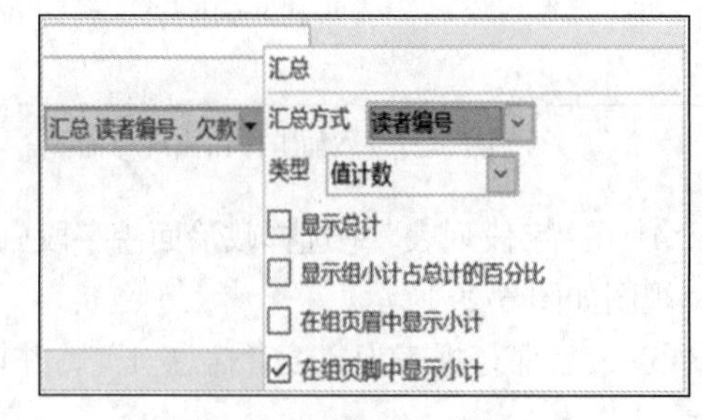

图 6-33　汇总方式对话框 2

③ 将主体节中的“政治面貌”文本框控件复制，然后粘贴到“政治面貌页眉”节中，整个报表的设计视图如图 6-34 所示。

④ 最后切换视图到“报表视图”下，可以查看到最终的设计效果如图 6-35 所示。

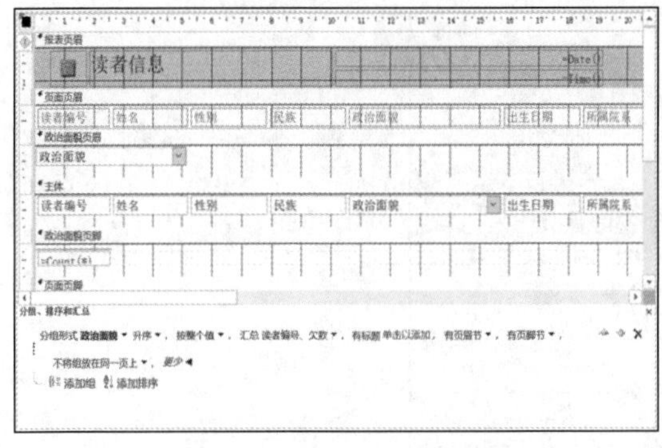

图 6-34　设置汇总后的设计视图

读者信息　　2020年2月29日 8:59:20

读者编号	姓名	性别	民族	政治面貌	出生日期	所属院系
党员						
t1107	肖君	女	彝族	党员	1968/5/7	生科学院
t1125	张政	男	畲族	党员	1970/2/10	文新学院
t1101	陈静	女	汉族	党员	1980/2/25	计科学院
t1102	张琳	女	汉族	党员	1980/10/20	计科学院
t1103	陈娟	女	汉族	党员	1978/4/5	经济学院
t1104	周密	男	回族	党员	1971/2/4	化环学院
t1106	谢丽	女	蒙古族	党员	1984/2/6	经济学院
t1109	刘涛	男	回族	党员	1975/2/1	城建学院
t1110	赵辉	男	布依族	党员	1978/4/7	城建学院

图 6-35　最终的设计效果

6.4　创建计算报表

在实际应用中，往往需要在报表中进行一些计算。如对数值字段进行总计或平均值等计算；对记录的数值字段进行分类汇总等；以及其他不能直接通过字段来获取的数值等。

一般而言，若要进行计算，则需要先创建用于计算的控件。比如创建文本框控件，用它来显示计算的结果。而在多数情况下，是对某个控件的“控件来源”属性输入一个计算表达式来完成。

【例 6.9】创建“读者信息”报表，计算读者的年龄，并将计算得出的年龄结果替换读者的“出生日期”字段。操作步骤如下。

① 打开“图书管理”数据库，选定“读者信息”表为数据源，在“创建”选项卡的“报表”组中，单击“报表”按钮自动生成报表，并切换到设计视图下，效果如图 6-36 所示。

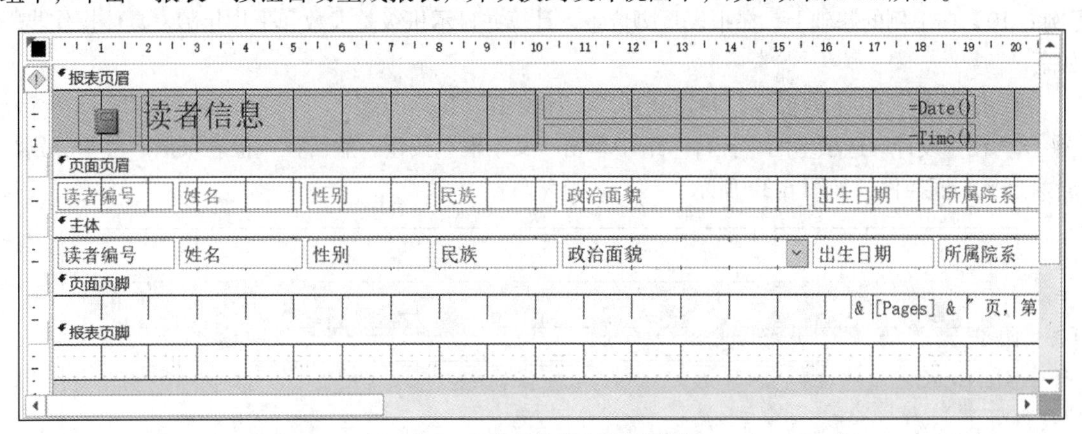

图 6-36　读者信息表设计视图

② 选中“页面页眉”节的“出生日期”标签，将标题修改为“年龄”文字。

③ 选择删除“主体”节的“出生日期”文本框控件，在“设计”选项卡的“控件”组中单击“文本框”按钮，在刚删除位置添加一个文本框控件，并把附加的标签删除掉。

④ 双击文本框打开“属性表”对话框，在“控件来源”属性一行后，输入“=Year(Date())−Year([出生日期])”，如图 6-37 所示。

⑤ 切换到“报表视图”下，可以看到计算结果，报表显示效果如图 6-38 所示，保存文件。

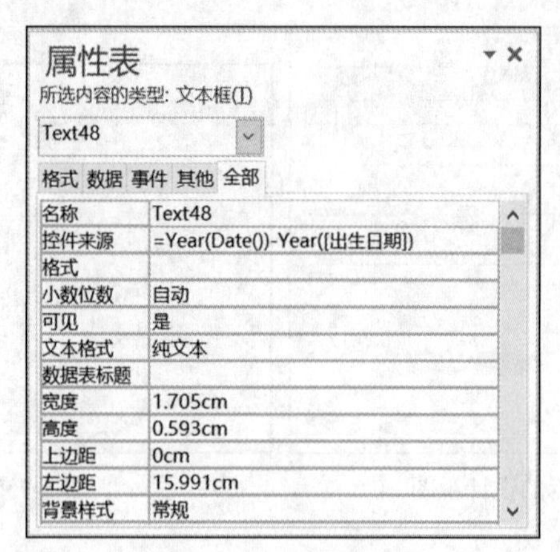

图 6-37　属性表窗格

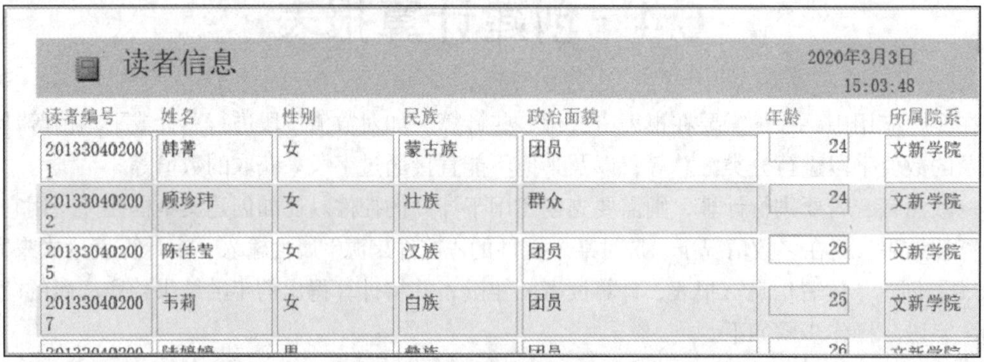

读者信息　　2020年3月3日　15:03:48

读者编号	姓名	性别	民族	政治面貌	年龄	所属院系
201330402001	韩菁	女	蒙古族	团员	24	文新学院
201330402002	顾珍玮	女	壮族	群众	24	文新学院
201330402005	陈佳莹	女	汉族	团员	26	文新学院
201330402007	韦莉	女	白族	团员	25	文新学院

图 6-38　年龄计算效果

【例 6.10】在上例的基础上，在报表页脚位置，计算并显示班级总人数和平均年龄。具体操作步骤如下。

① 打开【例 6.9】的报表，并切换到“设计视图”下。

② 在“设计”选项卡的“控件”组中单击“文本框”按钮，然后在“报表页眉”节中分别添加两个文本框控件，如图 6-39 所示。

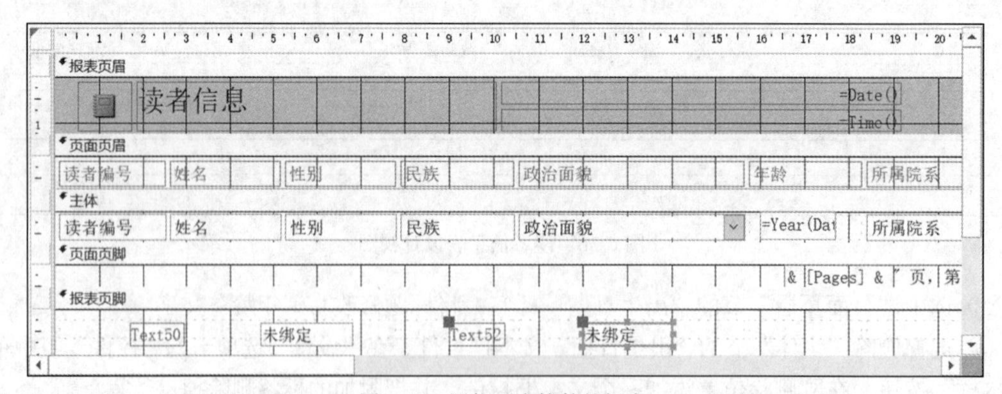

图 6-39　添加两个控件的报表

③ 选中“报表页眉”节中左侧的文本框控件的附加标签控件，双击该控件打开“属性表”窗格，设置“标题”属性为“总人数：”。同理，将右侧文本框控件的附加标签控件的“标题”属性设置为“平均年龄：”，效果如图 6-40 所示。

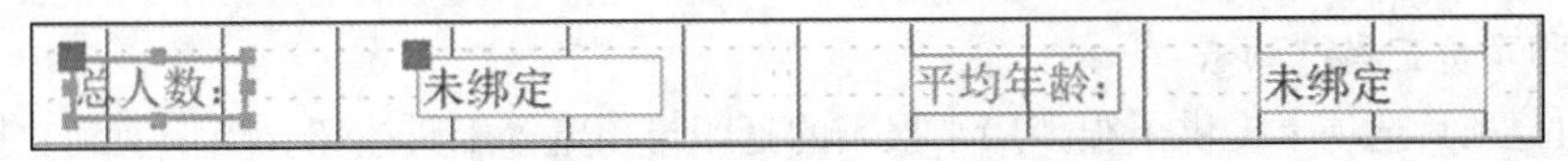

图 6-40 修改标题后的报表

④ 选中“报表页眉”节中左侧的文本框控件，双击该控件打开“属性表”窗格，设置“控件来源”属性为“=Count(*)”。同理，选中“报表页眉”节中右侧的文本框控件，双击该控件打开“属性表”窗格，设置“控件来源”属性为“=Avg(Year(Date())−Year([出生日期]))”，其设置界面如图 6-41 和图 6-42 所示。

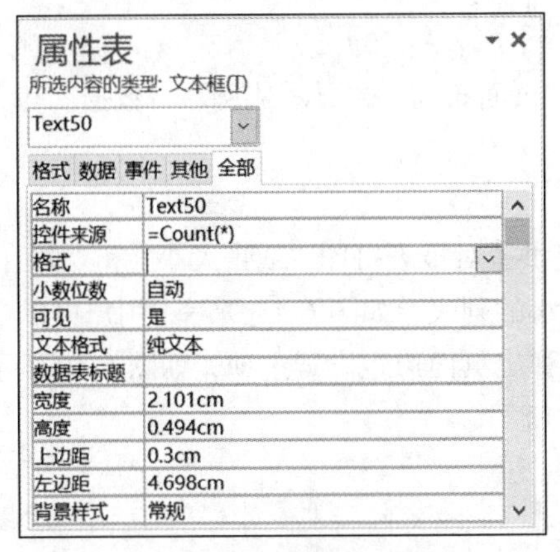

图 6-41 控件来源属性设置 1

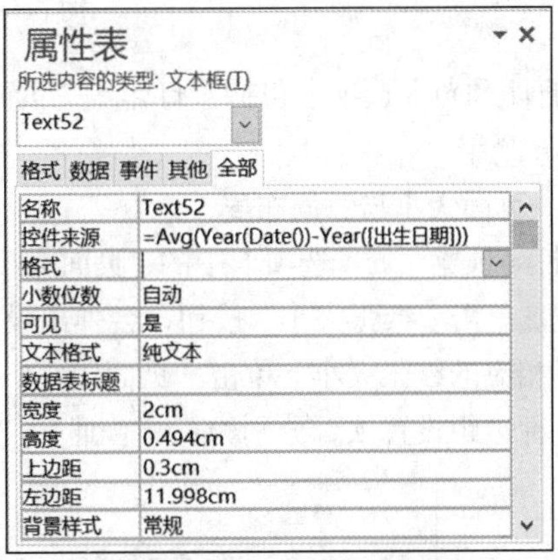

属性表
所选内容的类型: 文本框(T)
Text52
格式 数据 事件 其他 全部

名称	Text52
控件来源	=Avg(Year(Date())-Year([出生日期]))
格式	
小数位数	自动
可见	是
文本格式	纯文本
数据表标题	
宽度	2cm
高度	0.494cm
上边距	0.3cm
左边距	11.998cm
背景样式	常规

图 6-42 控件来源属性设置 2

⑤ 切换到“报表视图”下，可以看到计算结果，报表显示效果如图 6-43 所示，保存文件。

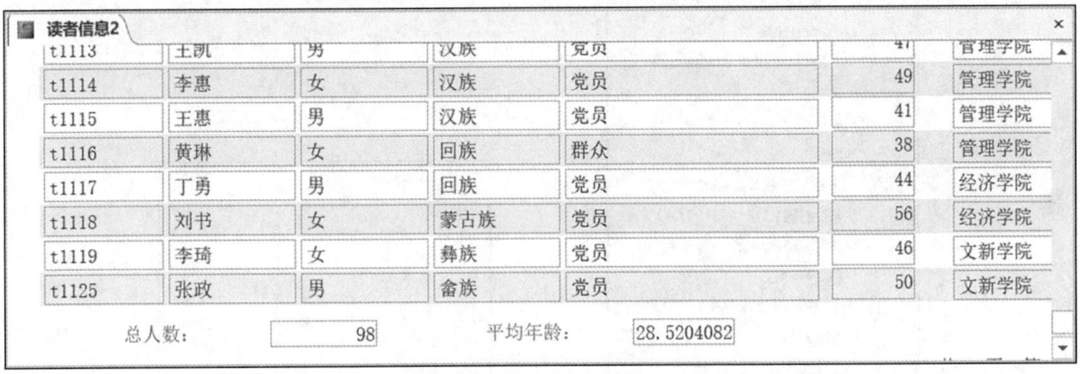

读者信息2

t1113	王凯	男	汉族	党员	47	管理学院
t1114	李惠	女	汉族	党员	49	管理学院
t1115	王惠	男	汉族	党员	41	管理学院
t1116	黄琳	女	回族	群众	38	管理学院
t1117	丁勇	男	回族	党员	44	经济学院
t1118	刘书	女	蒙古族	党员	56	经济学院
t1119	李琦	女	彝族	党员	46	文新学院
t1125	张政	男	畲族	党员	50	文新学院

总人数: 98 平均年龄: 28.5204082

图 6-43 计算结果

6.5 打印报表

报表设计完成后，可以通过打印机输出到纸张上，但在打印前一般需要先预览报表的输出效果。预览报表可显示打印页面和版面，这样可以快速查看报表打印结果的页面布局，并通过查看预览报表每页的内容，在打印之前确认报表数据的正确性。

打印报表则是将设计报表直接送往选定的打印设备进行打印输出。

1. 打印预览工具选项卡

打印预览工具选项卡提供了很多用于报表的打印与预览等工具按钮，当切换到“打印预览”视图后，Access 2016 将显示出该选项卡，如图 6-44 所示。

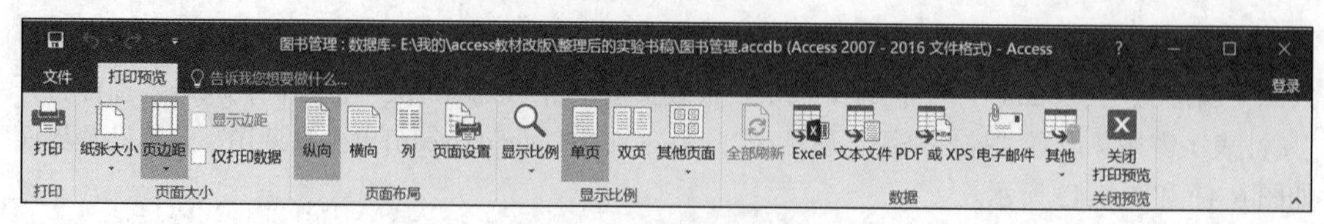

图 6-44　打印预览选项卡

“打印预览”选项卡包括“打印”“页面大小”“页面布局”“显示比例”“数据”和“关于预览”6 个组。

2. 页面大小与页面布局

“打印预览”工具选项卡中的“页面大小”组中提供了对报表打印“纸张大小”和“页面边距”的设置。单击“纸张大小”按钮，会弹出设置纸张大小的列表，如图 6-45 所示，用户可以根据需要选择相应的纸张大小。单击“页面边距”按钮，会弹出页面边距设置选项，如图 6-46 所示。这里有 3 种边距设置项，分别为：“普通”“宽”和“窄”。

图 6-45　打印纸张选择

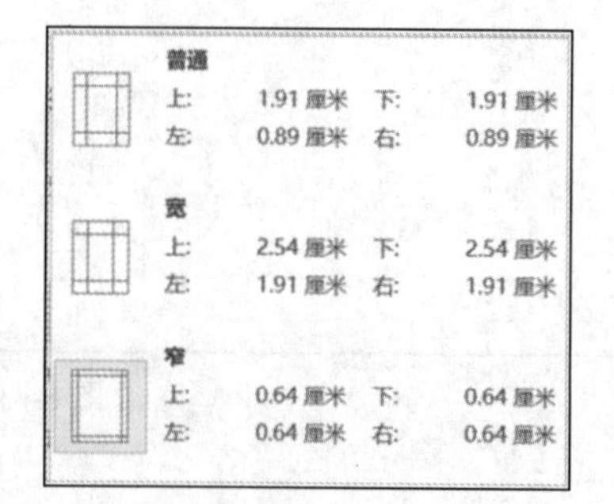

图 6-46　页面边距设置

“页面布局”组提供了对打印页面的布局设置的功能，“纵向”和“横向”实现报表在纸张上可以进行横向和纵向内容的打印方向的设置，如图 6-47 所示。单击“列”按钮之后出现图 6-48 所示的对话框，这里可以设置打印纸张中输出列数以及输出列的布局设置等。单击“页面设置”按钮后出现图 6-49 所示的对话框，这里可以设置页面的边距以及只打印数据等。

3. 预览显示

预览显示的目的是在屏幕上模拟打印输出的实际效果。通过预览显示，可以观察设计的效果是否达到预期，是否有越界变形的地方，以便发现问题进行修改。Access 2016 提供了多种预览显示的模式，有单页预览、双页预览和多页预览。另外，还可以设置“显示比例”以便在屏幕上放大或缩小显示的信息。

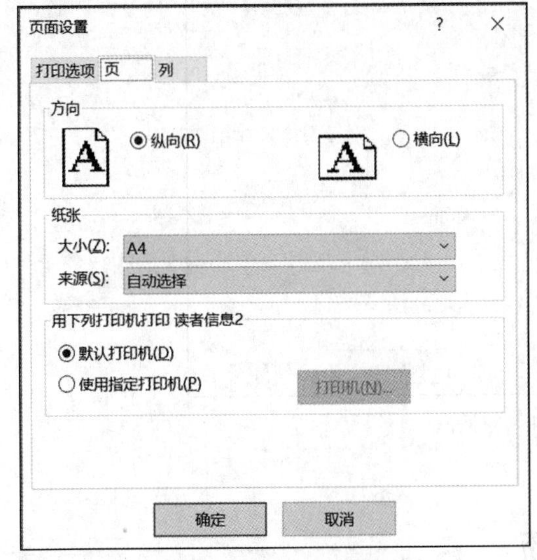

图 6-47　打印方向设置

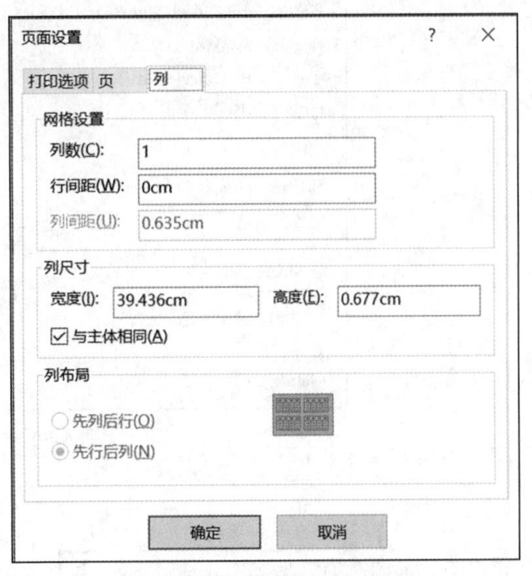

图 6-48　打印列数及列布局设置

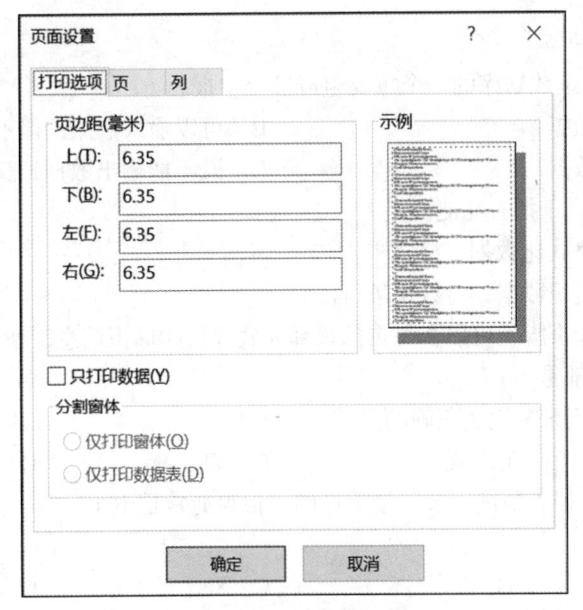

图 6-49　页面边距设置

4. 打印报表

通过预览及修改后，就可以打印输出到纸张了。打印报表的操作步骤如下。

（1）单击“打印”按钮，打开“打印”对话框，如图 6-50 所示。在该对话框中可以设置打印页数范围、打印份数、选择输出打印机等。

（2）在上述对话框中还可以单击“设置”按钮进行页边距和列数的设置；还可以单击打印机后的“属性”按钮，设置打印纸张大小、打印方向等；最后设置完相关项后，单击“确定”按钮，则开始打印。

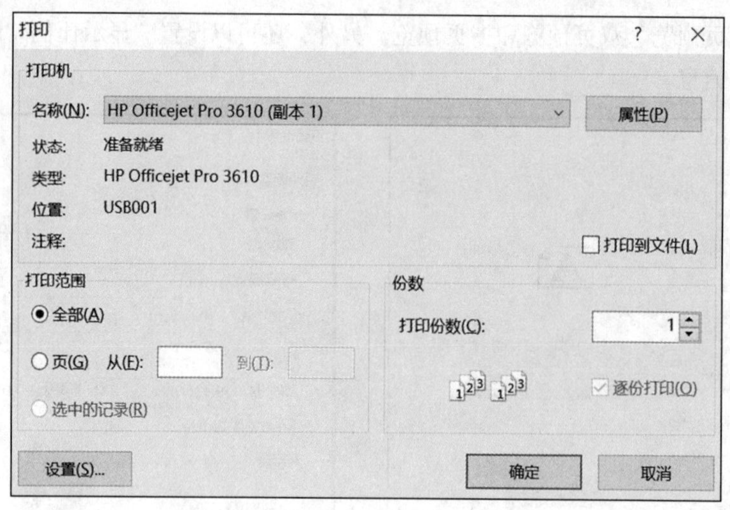

图 6-50 “打印”对话框

习 题 6

一、选择题

1. 报表作为 Access 数据库的一个重要组成部分，报表（ ）。

A. 只能输出数据　　B. 可以输入数据，但不可以输出数据

C. 只能输入数据　　D. 既不能输出数据，又不可以输入数据

2. 下列选项中，属于报表功能的是（ ）。

A. 能够呈现格式化数据，格式丰富

B. 能够分组组织数据，对数据进行汇总

C. 通过页眉和页脚，可以在每页的顶部和底部打印标识信息，便于保存和归档

D. A、B、C 都是

3. 下列关于报表记录源说法正确的是（ ）。

A. 窗体　　B. 查询　　C. 表　　D. B、C 都可以

4. 在 Access 中，报表是按“节”来设计的。报表通常是由（ ）部分组成，每一个部分称为一个节。

A. 6　　B. 7　　C. 8　　D. 9

5. 下列说法中正确的错误的是（ ）。

A. 确定一个控件在报表上的位置的属性是上边距和左边距

B. 在报表每一页的底部都输出信息，需要设置的区域是页面页脚

C. 要实现报表的分组统计，其操作区域是主体区域

D. 在报表设计中，可以通过添加分页符控件来控制另起一页输出显示

6. 要在报表中输出日期，设计报表时要添加一个控件，且需要该控件的“控件来源”属性设置为日期表达式，最合适的控件是（ ）。

A. 文本框　　B. 列表框　　C. 组合框　　D. 标签

7. 在设计报表时，如果要统计报表中某个字段的全部数据，应将计算表达式放在（　　）。

A. 组页眉/组页脚　　B. 页面页眉/页面页脚

C. 报表页眉/报表页脚　　D. 主体

8. 如果设置报表上某个文本框的控件来源属性为“=9Mod5”，则“打印预览”视图中，该文本框显示的信息为（　　）。

A. 未绑定　　B. 4　　C. 9Mod5　　D. 出错

9. 在报表中，要计算“语文”字段的最高分，应将控件的“控件来源”属性设置为（　　）。

A. =Max(语文)　　B. Max[(语文)]　　C. =Max[语文]　　D. Max(语文)

10. 在报表中，为了显示格式为“共 *N* 页，第 *N* 页”的页码，应该采用的写法是（　　）。

A. ="共"&[Pages]&"页，第"&[Page]&"页"

B. ="共"[Pages]"页，第"[Page]"页"

C. 共"&[Pages]&"页，第"&[Page]&"页"

D. ="共"&[Pages]"页，第"&[Page]"页"

二、填空题

1. Access 2016 为报表提供了 4 种视图操作窗口________、________、________、________。

2. 在报表设计的工作栏中，用于修饰版面以达到更好显示效果的控件是________和________。

第7章 宏

与表、查询、窗体和报表一样，宏也是 Access 2016 的一个重要对象。宏是多个操作的集合，通过使用宏可以自动执行一串简单而重复的操作，可以避免编写大量规范化的程序代码。还可以将 Access 2016 的其他对象有机地组织起来，形成应用系统。

本章主要介绍什么是宏、宏的类型、宏的创建与应用以及与宏相关的事件和操作。

7.1 宏的概念

在 Access 2016 中，将对数据库内部各种常规的可重复运用的基本操作动作封装成操作命令存储在操作目录中。而根据需要将若干个操作命令组合在一起保存在一个对象里面，这样的对象就是宏。也就是说，宏是为完成某一设定任务的若干个操作的组合，当执行宏时，就会按照宏的定义依次执行相应的操作，完成批量化操作或实现特定的功能。在宏设计视图中可以打开操作目录窗口，如图 7-1 所示。常用的数据库基本操作分成 8 个类别存放，每一类通过展开折叠去选取需要的操作命令。

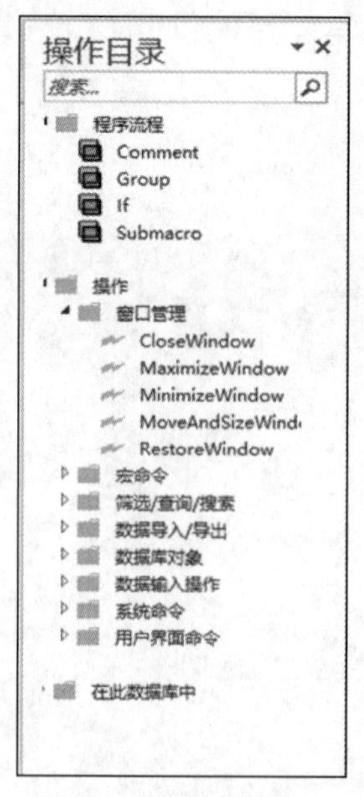

图 7-1 宏操作目录

Access 2016 提供了 60 多个可选的宏操作命令，这些宏操作可以使用户方便地操作 Access 数据库系统，直接执行宏或包含宏的应用，可以简化烦琐的人工操作，这是其他数据库系统无法比拟的。相较于编程技术而言，宏的使用非常简单，不必死记语法，它的操作参数都会显示在设计环境里，使用方便。利用宏操作可大大增加使用 Access 2016 的灵活性。

7.1.1 宏的类型

在 Access 2016 中，按照使用范围分类，宏有独立宏和嵌入宏两种类型。

（1）独立宏：将选定的若干宏操作命令组合以指定的宏名称保存到宏对象中。独立宏可以在 Access 2016 的导航窗格中显现，可以被单独运行，也可以响应任何窗体或报表对象的事件触发。

Access 2016 中有一个特殊的独立宏叫作自动运行宏。它是以“autoexec”为宏名称保存的宏。自动运行宏会在数据库打开时便自动运行。若要在打开数据库时取消自动运行宏，则可在打开数据库时先按住【Shift】键。

（2）嵌入宏：选定的宏操作命令组合嵌入到对象的事件属性中，成为该对象的一部分，只能被该对象的事件触发而运行。嵌入宏不会在导航窗格中显现。另外，在 Access 2016 中还有一种宏叫作数据宏，是在表对象的操作事件比如记录的更新、删除、插入等事件发生时触发运行的。数据宏是嵌入到相应的表对象中的宏。

按照宏操作命令的组织方式分类，可将宏对象分为 3 种类型：操作序列宏、宏组、条件宏。

（1）操作序列宏：为完成某一特定任务的若干个操作的组合，当执行宏时，就会按照宏的定义依次执行相应的操作。

（2）宏组：保存在一个宏名下的若干个相关宏的集合。通常创建多个宏的时候，应该把相关操作类别的宏作为子宏放在同一个宏组中。宏组中的子宏名各不相同，这样有助于管理，在使用宏时用“宏组名.子宏名”的格式来引用。

（3）条件宏：表示带有条件的操作序列，根据条件表达式来决定在什么时候执行宏操作，以及在运行宏时是否执行某项操作，这样可以有效地控制宏的运行。例如，在文本框中输入数据时，如果输入的数据格式不符合要求，这时就可以利用条件宏给出提示。

7.1.2 宏的功能

宏的功能非常强大，可以在 Access 2016 中自动执行一系列的操作，提高工作效率。在 Access 2016 中，宏能实现的功能都可以用 VBA 程序设计的方法来实现，但使用宏来代替程序设计会使得用户使用 Access 2016 变得更加简单和容易接受，当然选择使用宏操作还是使用程序设计来完成某个功能，要取决于完成任务的特点。一般来说，对于重复性的操作或事务性的操作，比如，对窗体或报表的打开都是用宏来实现。下面列举了 11 个宏的具体功能。

（1）建立自定义菜单栏。

（2）通过按钮执行自己的宏或程序。

（3）执行报表的预览和打印。

（4）打开一个新的数据库的时候，需要自动执行的操作。

（5）直接打开或关闭窗体、查询、报表等操作。

（6）设置窗体或报表中控件的属性值。

（7）发出警告音，显示提示信息。

（8）自动在各种数据格式之间导入或导出数据。

（9）为窗体制定菜单，设计其每级菜单的功能。

（10）设置数据库工作区窗口的大小，可以执行窗口的放大、缩小等操作。

（11）执行查询操作，以及数据的过滤等操作。

宏虽然简单易用，可以理解为一种简易版的编程手段，但有些复杂的数据库操作使用宏会变得力不从心，甚至难以实现。下面列举的几方面操作只能用 VBA 编程来实现。

（1）自定义过程的创建和使用。

（2）创建与操作数据库里的所有对象。

（3）数据库复杂操作和维护，如对具体记录的处理。

（4）数据库以外的系统级操作。

7.2 创建宏

创建宏的方法很特别，其创建过程只能通过设计视图一种方法来实现，这也是与其他对象创建不一样的地方。

7.2.1 宏的设计视图

打开“图书管理”数据库，选择“创建”选项卡下的“宏”按钮，会打开一个宏的设计视图窗口，如图 7-2 所示。在宏工具栏的“设计”选项卡中，包含了 3 个选项组：工具、折叠/展开、显示/隐藏，在每个组中又分别包含了一些特殊的功能按钮，各按钮的介绍如表 7-1 所示。

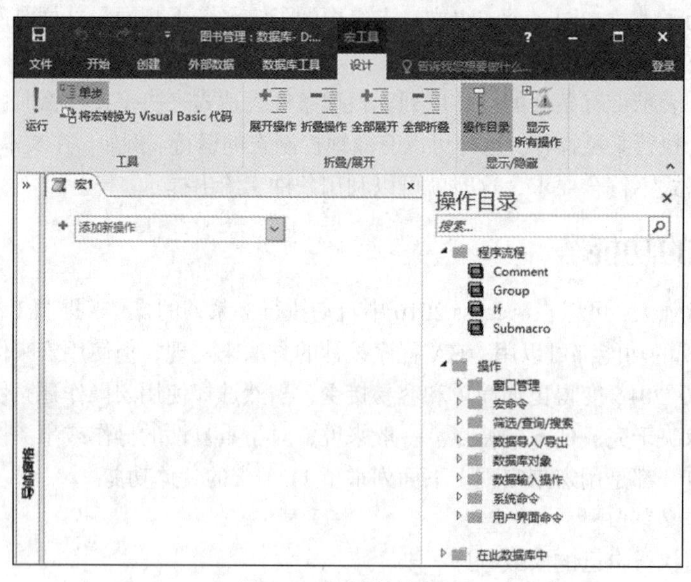

图 7-2　宏的设计视图

表 7-1　“设计”选项卡各按钮功能

按钮	名称	功能
运行	运行	执行当前宏

续表

按钮	名称	功能
单步	单步	单步执行，执行宏中的下一个操作
	宏转换 VB 代码	将宏转换为 Visual Basic 代码
展开操作	展开操作	展开宏设计视图中所选操作的参数区
折叠操作	折叠操作	折叠宏设计视图中所选操作的参数区
全部展开	全部展开	展开宏设计视图中全部操作的参数区
全部折叠	全部折叠	折叠宏设计视图中全部操作的参数区
操作目录	操作目录	显示或隐藏宏设计视图的操作目录
显示所有操作	显示所有操作	显示或隐藏操作下拉列表中所有尚未受信任的数据库中允许的操作

在具体创建宏的时候应注意以下几点。

（1）宏组是多个子宏的集合，所以在创建宏组时，“子宏名”是必需的。

（2）当创建条件宏时，要设置条件，所以“条件”项也是必需的。

（3）可以在“操作目录”中双击“操作”列表中的某个宏操作命令向宏设计视图中添加新操作，也可以通过在宏设计视图中“添加新操作”输入框的下拉列表中选择需要的操作。添加新操作时该操作参数区默认处于展开状态，用户可以根据操作的需要输入相应的参数。

7.2.2　宏的创建

相对于创建模块来说，宏的创建方法相对单一，仅需要在宏的宏设计视图中选择需要的“操作”并设置参数即可。

【例 7.1】创建一个独立宏，其功能是实现从“图书管理”数据库系统的主界面窗体返回登录界面窗体。操作步骤如下。

（1）打开“图书管理”数据库，选择“创建”选项卡下“宏与代码”选项组中的“宏”按钮打开宏的设计视图窗口，如图 7-2 所示。

（2）单击“添加新操作”输入框右侧的下拉菜单按钮，从系统自动弹出的宏命令列表中选中“OpenForm”命令（打开窗体）。然后选中展开的操作参数区域的“窗体名称”单元格，单击单元格右侧的下拉菜单按钮，在弹出的下拉菜单中会自动显示当前数据库中已经存在的所有窗体，从中选择“登录界面窗体”。

（3）接着在下一个“添加新操作”中，选择宏命令“CloseWindow”，操作参数区的“对象类型”选择“窗体”，“对象名称”选择“主界面窗体”，如图 7-3 所示。

（4）单击“保存”按钮，在弹出的“另存为”对话框中输入宏名称“宏例 1”，如图 7-4 所示，然后单击“确定”按钮，这样就创建了一个宏名称为“宏例 1”的独立宏，可用于“图书管理”数据库系统主界面窗体上“返回登录界面”按钮的单击事件响应。

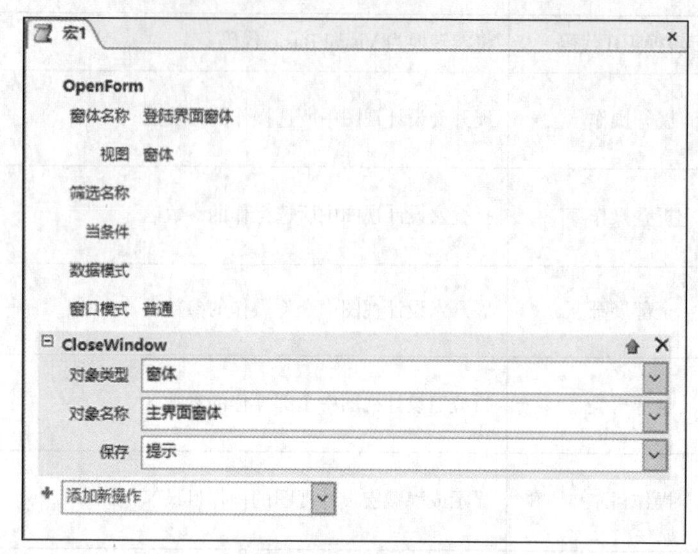

图 7-3　宏的设计视图

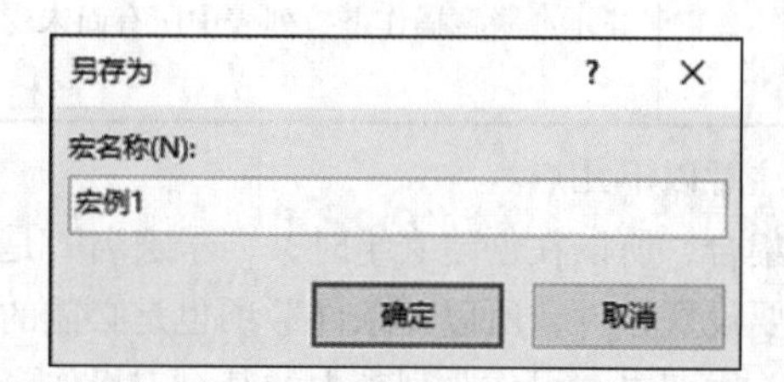

图 7-4　“另存为”对话框

备注：

对宏操作“OpenForm”的各个操作参数注释如下。

① 窗体名称：表示需要打开本数据库一个具体窗体的名称。此列表显示当前数据库的所有窗体。此参数为必选项。

② 视图：表示选择要在其中打开窗体的视图，包括窗体视图、设计视图、打印预览、数据表视图、数据透视表视图、数据透视视图或布局视图，默认的是窗体视图。

③ 筛选名称：输入要应用的筛选，这可以是一个查询或者是一个保存为查询的筛选，使用筛选可以限制或排序窗体的记录。

④ 当条件：输入一个 SQL Where 语句或表达式，以从窗体的数据源中选择记录。单击单元格右侧的“生成器按钮”，可使用“表达式生成器”来设置此参数。

⑤ 数据模式：选择窗体的数据输入模式，包括增加、编辑和只读 3 种。“增加”表示允许在窗体中增加新的纪录，但不能编辑已有的记录；“编辑”表示允许编辑现有的记录或增加新的纪录；“只读”表示仅允许查看记录。默认为“编辑”模式。

⑥ 窗口模式：选择窗体窗口的模式，包括普通、隐藏、图标（窗体被最小化）和对话框 4 种，默认为普通模式。

【例 7.2】创建一个条件宏，其功能是选择确认是否从“图书管理”数据库系统的主界面窗体退出应用程序。操作步骤如下。

（1）打开“图书管理”数据库，选择“创建”选项卡下“宏与代码”选项组中的“宏”按钮打开宏的设计视图窗口，双击“操作目录”中“程序流程”下的 If 按钮，向宏设计视图中添加条件判断逻辑块，如图 7-5 所示。

（2）在条件表达式输入框中（可借助表达式生成器）输入“MsgBox("确认要退出吗？",4,"退出提示框")=6”；在 If 逻辑块内部的“添加新操作”输入框中选择“CloseWindow”宏命令，命令参数设置如图 7-6 所示。保存宏名称为“宏例 2”，可用于“图书管理”数据库系统主界面窗体上“退出应用程序”按钮的单击事件响应。

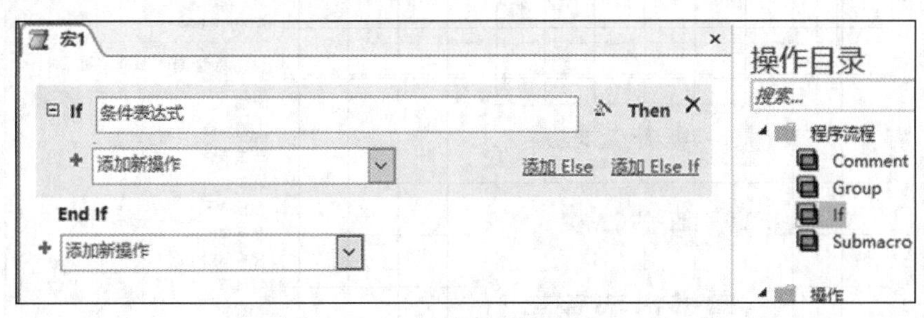

图 7-5　条件宏设计视图

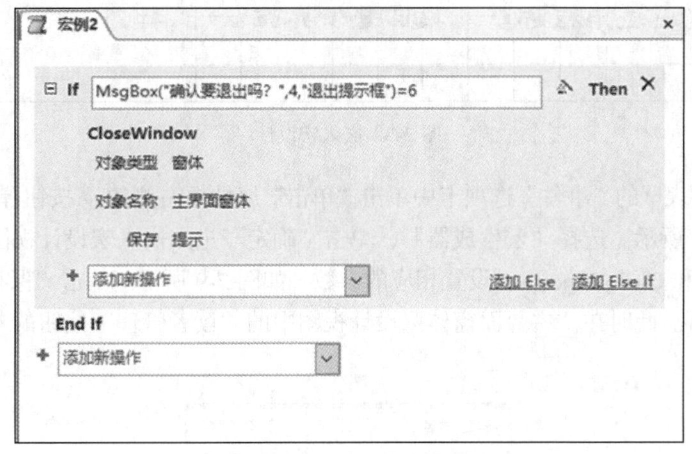

图 7-6　条件宏设计视图

备注：

用户如果需要在某种条件成立的情况下才执行宏中的某个或某些操作，需使用“If”逻辑块。如果“If”后面的条件表达式结果为逻辑真，则执行“Then”后面的宏操作；如果条件表达式结果为逻辑假，则不执行“Then”后面的宏操作。对于多重条件判断，可根据需要通过“添加 Else”或“添加 Else If”来完成多分支结构的设计。

宏运行时，MsgBox()函数会产生一个消息框，并根据用户单击的是消息框上的哪个按钮产生相应的返回值。本例中 MsgBox()函数的参数中，“确认要退出吗？”是消息框要显示的消息，4 表示消息框只有“是”和“否”两个按钮，“退出提示框”为消息框的标题信息。当用户点击“是”按钮时，MsgBox()函数的返回值为 6，否则为 7。注意 MsgBox()函数在宏中使用时只能用数值来指明按钮类型、图标信息和返回值，不能使用常量。

【例 7.3】创建一个嵌入宏，其功能是从“图书管理”数据库系统的主界面窗体上单击“读者管理”

按钮进入“读者信息管理窗体”。操作步骤如下。

（1）打开“图书管理”数据库的主界面窗体的设计视图，选择“读者管理”按钮（此处该按钮的名称属性为Command3）。如果“属性表”窗格未显示，则按【Alt+Enter】组合键显示。如图7-7所示。

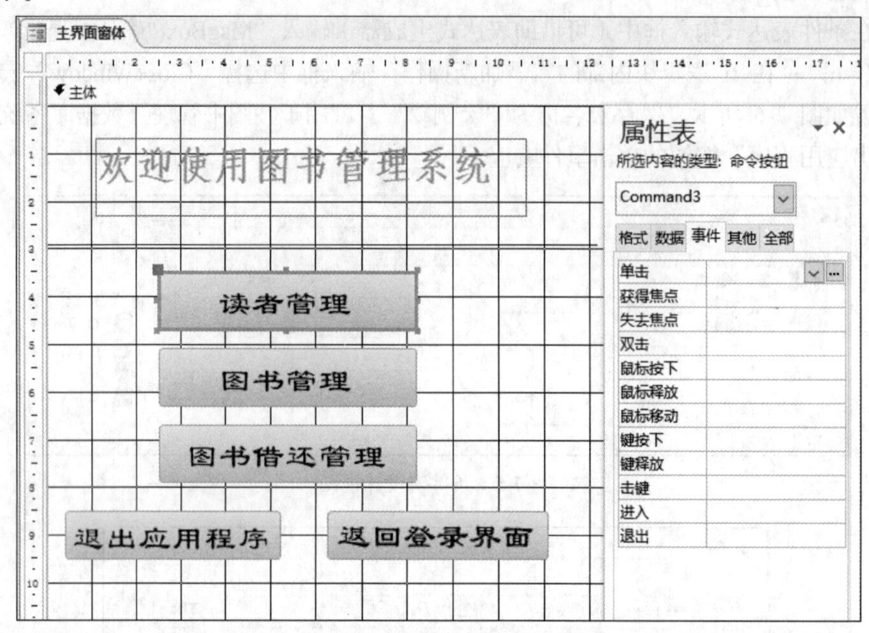

图7-7　嵌入宏设计

（2）在“属性表”的“事件”选项卡中单击“单击”属性框右侧的…按钮弹出“选择生成器”对话框，如图7-8所示。选择“宏生成器”，单击“确定”进入嵌入宏设计视图，依次“添加新操作”OpenForm和CloseWindow，设置相应的参数，如图7-9所示。单击“保存”按钮，关闭嵌入宏设计视图即可。此时在“主界面窗体”设计视图中的“读者管理”按钮的“单击”事件属性内容为“嵌入宏”。

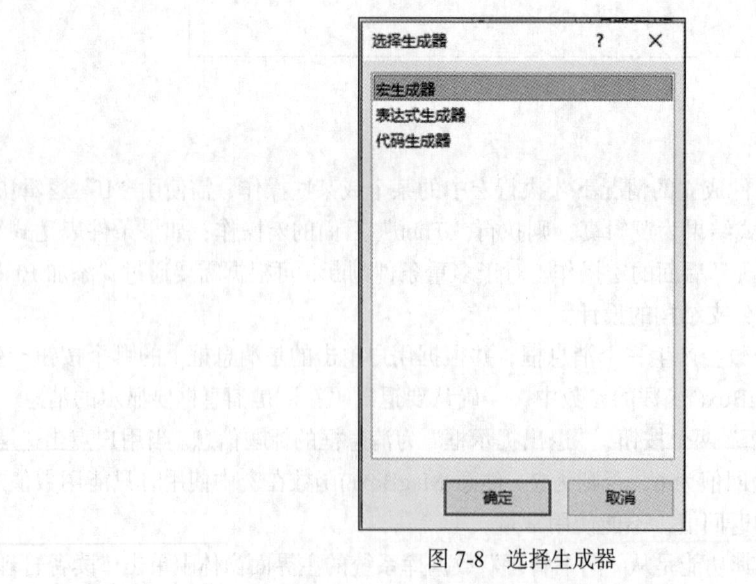

图7-8　选择生成器

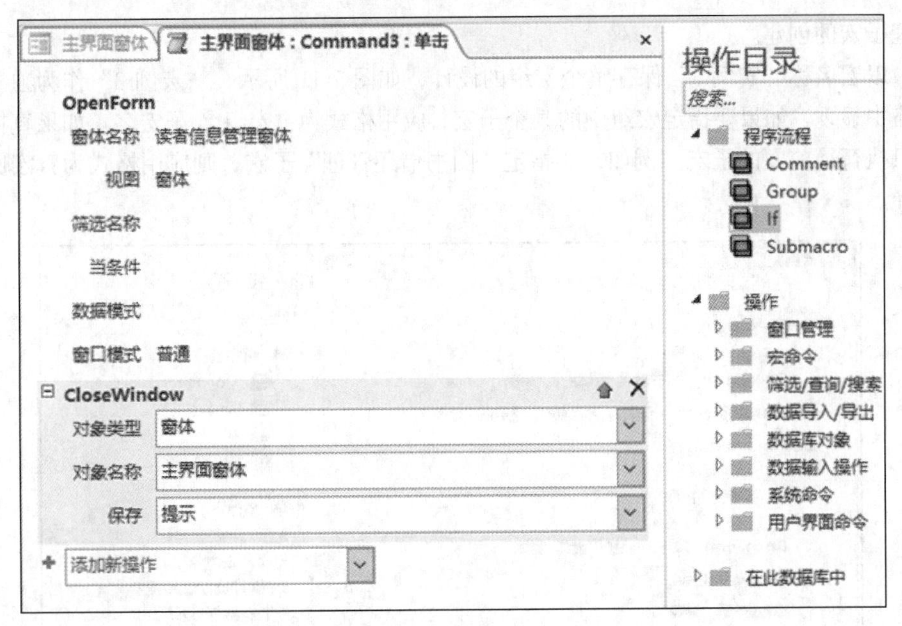

图 7-9　嵌入宏设计

考虑到“图书管理”数据库系统通过主界面窗体进入读者管理、图书管理、图书借还管理窗体及各自的返回主界面的操作都是同一类型的操作过程。因此可以通过创建宏组来管理这些宏。

【例 7.4】创建一个宏组，里面包含两个宏。两个宏的功能分别是从“图书管理”数据库系统的主界面窗体上单击“图书管理”按钮进入“图书管理”窗体，以及单击“图书借还管理”按钮进入“图书借还管理窗体”。操作步骤如下。

（1）打开“图书管理”数据库，选择“创建”选项卡下“宏与代码”选项组中的“宏”按钮打开宏的设计视图窗口，在“添加新操作”中选择“Submacro”或将其从操作目录窗格中拖曳到宏设计窗格中，如图 7-10 所示。

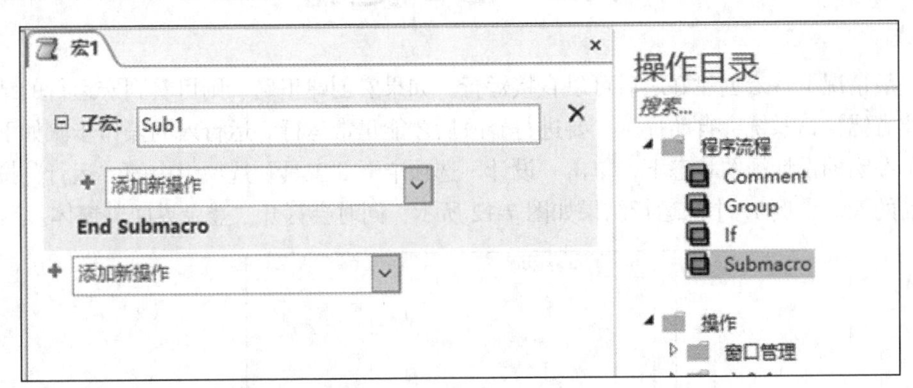

图 7-10　宏组设计视图

（2）输入子宏名为“图书管理”，在子宏块内部“添加新操作”OpenForm，选择参数；再“添加新操作”CloseWindow，选择参数，完成图书管理子宏的创建。

（3）在宏组中继续“添加新操作”Submacro，输入子宏名为“图书借还管理”，在子宏块内部“添加新操作”OpenForm，选择参数；再“添加新操作”CloseWindow，选择参数，完成图书借还管理子宏的创建。

（4）以宏名称“宏例 3”保存整个宏组的设计，如图 7-11 所示。“宏例 3”作为独立宏将在导航窗格中显现。如果要指定宏组中的某个子宏，应用格式为：宏组名.子宏名。如果直接运行宏组，则只执行最前面的子宏。例如，要指定“图书借还管理”子宏，则应用格式为：宏例 3.图书借还管理。

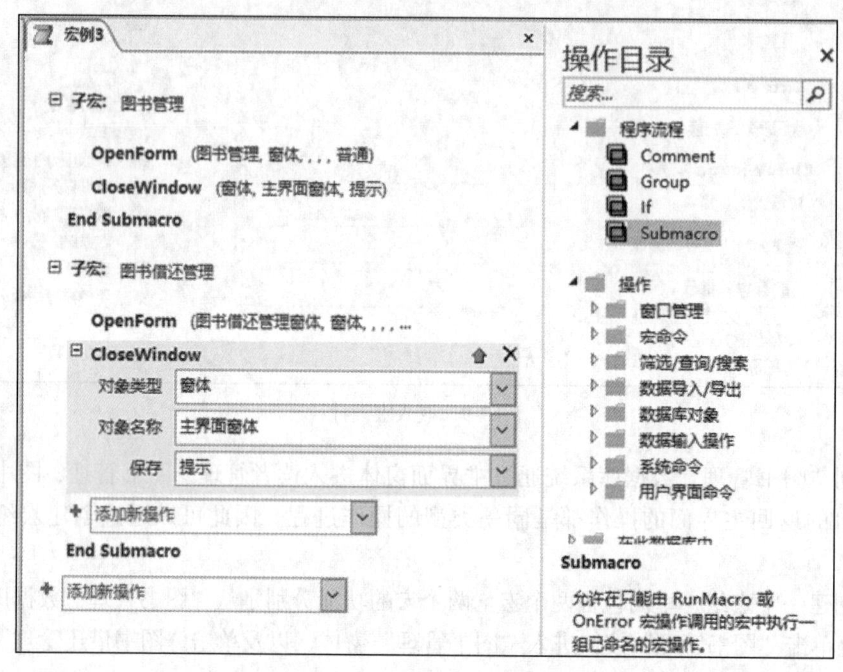

图 7-11　宏组设计视图

7.3　宏的运行

在一般情况下，宏创建好之后可以直接运行。如果宏创建正确、则可看到宏运行的结果；如果宏创建有错误，系统会自动提示，要进行修改后才能正常运行。运行宏的操作步骤如下。

（1）在宏的设计视图状态下，单击“设计”选项卡下“工具”选项组中的“运行”按钮即可运行当前的宏。【例 7.1】的运行结果如图 7-12 所示，同时会打开“登录界面”窗体。

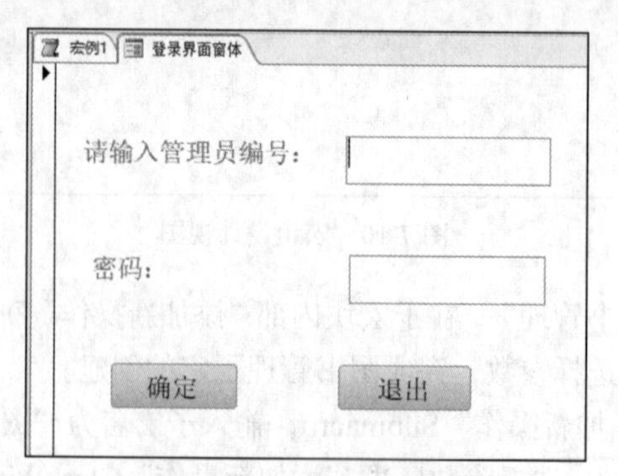

图 7-12　宏运行效果图

（2）当宏的设计视图处于关闭的情况下，可以直接在 Access 2016 左侧导航窗口中双击宏名，也可运行宏。

（3）当宏的设计视图处于关闭的情况下，可以直接在 Access 2016 左侧导航窗口中的相关宏名上单击鼠标右键，在弹出的快捷菜单中选择“运行”命令来运行宏。

（4）当宏处在设计视图时，选中“设计”选项卡下“工具”选项组中的“单步”按钮，再单击“运行”按钮，弹出图 7-13 所示的“单步执行宏”对话框，每单击一次“单步执行”按钮，就会执行一个宏操作，直到执行最后一个宏操作的时候，对话框才会消失。这样有助于检查宏的设计错误。

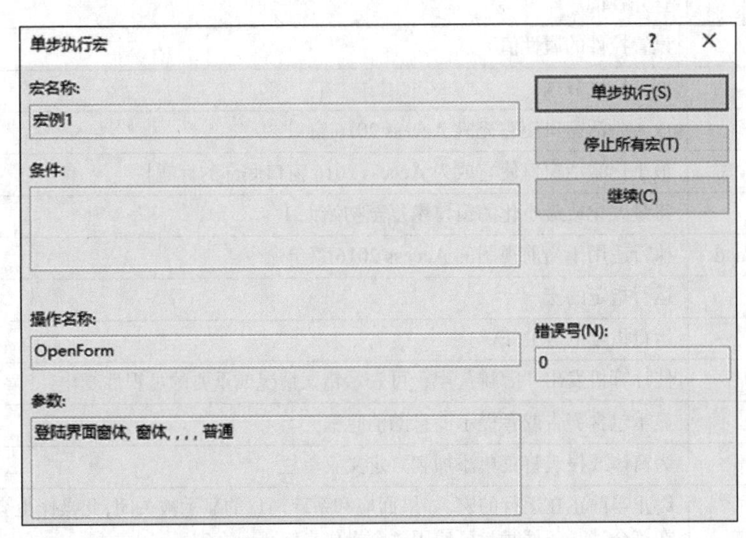

图 7-13 “单步执行宏”对话框

如果在单步执行宏的过程中单击“继续（C）”按钮，系统会一次性执行完后面所有的宏操作；如果在单步执行宏的过程中单击“停止所有宏”按钮，系统会自动停止执行后面所有的宏操作，并退出“单步执行宏”对话框，这种方式主要用于调试宏。

以上 4 种运行宏的方法，主要用于对“宏设计”的测试。宏的通常使用方法是把一个正确的宏添加到窗体、报表或控件中，来响应某些事件。

（5）从控件中运行宏，需要单击选择设计视图中相应的控件，在其“属性表”对话框中设置“事件”选项卡下相应的事件，然后在该事件属性框的下拉列表中选择当前数据库中相应的宏。这样一来，在该事件发生时，就会自动执行宏所设定的操作。

例如，新建一个宏，执行操作“QuitAccess”，在窗体“设计视图”中将某按钮的单击事件设置为执行这个宏，则在“窗体视图”中单击这个按钮时将保存并退出 Access 数据库。

（6）利用宏操作命令“RunMacro”可在一个宏中调用运行其他指定的宏；调用运行子宏时，RunMacro 的“宏名称”参数格式为宏组名.子宏名。

7.4 常用的宏操作

Access 2016 提供的宏操作库非常全面，这些宏操作几乎涵盖了数据库管理的各个方面，它们在很多地方都能代替程序设计的功能，使用户能够更加简便地使用数据库。表 7-2 所示为一些常用的宏操作。

表 7-2　　常用的宏操作

操作	说明
OpenTable	打开数据表
OpenForm	在“窗体”视图、“设计”视图、“打印预览”或“数据表”视图中打开窗体
OpenReport	在“设计”视图或“打印预览”中打开报表或立即打印该报表
OpenQuery	打开查询
SetProperty	设置控件的属性值
Requery	刷新控件数据
Maximize	放大激活窗口使它充满 Access 2016 窗口
Minimize	最小化激活窗口使它成为 Access 2016 窗口底部的标题栏
Restore	将最大化或最小化的窗口恢复至初始大小
RunMenuCommand	执行适用于当前视图的 Access 2016 菜单命令
RunMacro	运行指定的宏
RunSQL	运行指定的 SQL 语句
Beep	使计算机发出“嘟嘟”声，可表示错误情况或重要的可视性变化
MessageBox	显示包含警告或者提示消息的消息框
AddMenu	为窗体或报表将菜单添加到自定义菜单栏
StopMacro	终止当前正在运行的宏。如果回应和系统消息的显示被关闭，此操作也会将它们都打开。在符合某一条件时，可使用这个操作来终止一个宏
StopAllMacros	终止所有正在运行的宏。在符合某条件时，可使用这个操作来终止所有宏
CloseWindow	关闭指定的窗口
QuitAccess	退出 Access 2016，可从几种保存选项中选择一种

7.5 使用宏创建菜单

Access 2016 的宏操作库中提供了“AddMenu”操作，利用这个操作可以在窗体或报表的“加载项”选项卡上添加自定义菜单。菜单栏中的每个一级菜单名都需要一个独立的“AddMenu”操作。二级菜单则由产生一级菜单的“AddMenu”操作中调用的宏组中的子宏 Submacro 实现，子宏名作为二级菜单名，子宏中的操作即为二级菜单的功能。若要添加更多级别的菜单，将一、二级菜单的产生逻辑嵌套扩展下去即可。

【例 7.5】利用宏操作来创建一个三级菜单，菜单内容如表 7-3 所示。

表 7-3　　各级菜单表

一级菜单	二级菜单	三级菜单
文件	打开窗体	读者信息查询
		图书借还管理
关闭	关闭	—

设计操作步骤如下。

（1）新建一个空白窗体，窗体中添加一标签控件，标签的标题属性为“读者信息”，字体为楷体，字号为36。保存并命名为“窗体_菜单实例”，关闭窗体。

（2）新建一个宏，保存并命名为“一级菜单”，然后添加两个“AddMenu”操作，在其操作参数“菜单名称”中填写相应的一级菜单名，“菜单宏名称”中填写需要调用的产生二级菜单名和功能的宏组的宏名，“状态栏文字”不是必需的，对于自定义快捷菜单和全局快捷菜单，此参数可以忽略，效果如图7-14所示。

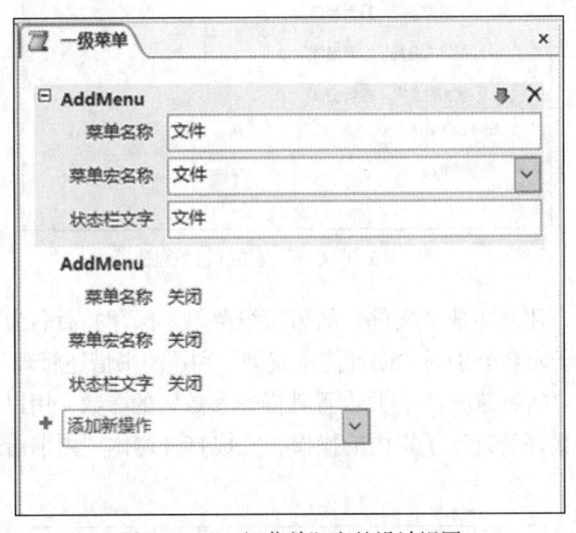

图7-14 “一级菜单”宏的设计视图

（3）新建一个宏组，保存并命名为“关闭”。添加一个“Submacro”操作生成一个子宏，子宏名填写“关闭”作为二级菜单名；子宏内添加操作“CloseWindow”，设置对象类型为窗体，对象名称为“窗体_菜单实例”。保存设计，如图7-15所示。至此，“关闭”的一、二级菜单设计完毕。

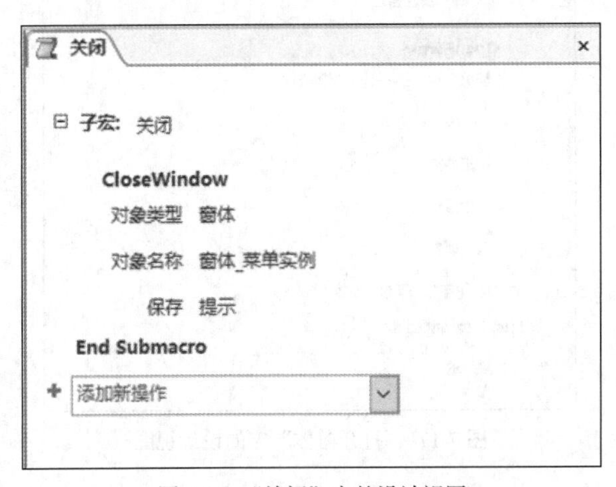

图7-15 “关闭”宏的设计视图

备注：“菜单宏名称”表示该菜单所对应宏的名称，“菜单宏名称”最好与“菜单名称”相同，以便于记忆。

（4）新建一个宏组，保存并命名为“文件”，添加一个“Submacro”操作。并设置其操作参数中子宏名为“打开窗体”；在子宏内添加一个操作“AddMenu”，其参数区的菜单名称和菜单宏名称皆设置为“打开窗体”，如图 7-16 所示。

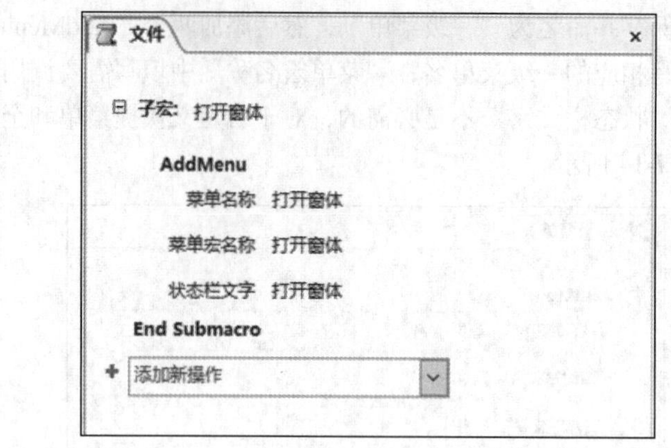

图 7-16 “文件”宏的设计视图

（5）新建一个宏组，用来生成“文件”的第三级菜单，保存并命名为“打开窗体”，添加两个“Submacro”操作，子宏名分别为“读者信息查询”和“图书借还管理”。在“读者信息查询”子宏中“添加新操作”“OpenForm”，并设置其操作参数区的参数，用以打开“读者信息查询窗体”；同理添加“图书借还管理”子宏内的操作，完成打开窗体“图书借还管理窗体”的功能，如图 7-17 所示。

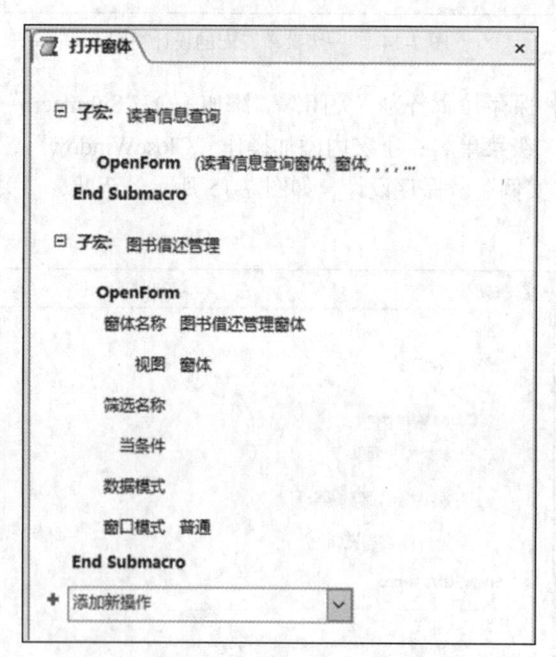

图 7-17 “打开窗体”宏的设计视图

（6）在“窗体_菜单实例”设计视图中打开属性表，在属性表窗口上部“所选内容的类型”下拉列表中选择“窗体”，在“其他”选项卡的“菜单栏”属性的输入框中输入宏名“一级菜单”，如图 7-18 所示。

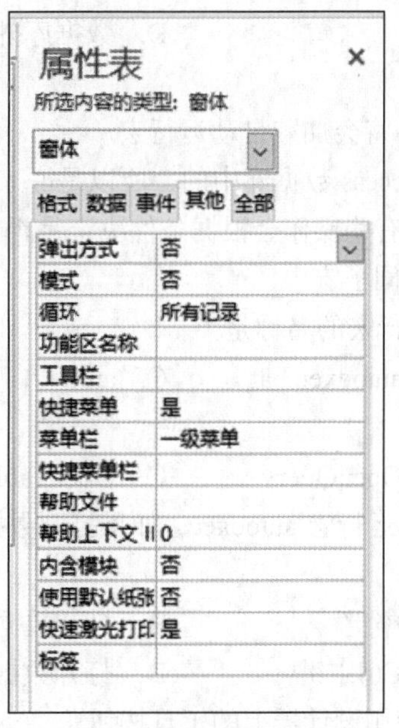

图 7-18 窗体属性表设置

（7）保存并关闭所有的宏和窗体界面，在数据库左侧导航窗口中双击“窗体_菜单实例”，在“加载项”选项卡下的“菜单命令”选项组中弹出自定义菜单。自定义的“文件”菜单效果如图 7-19 所示。

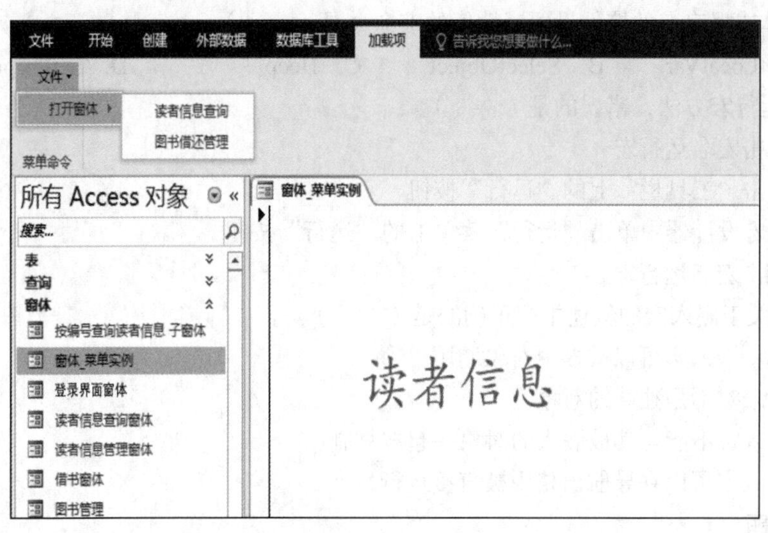

图 7-19 “窗体_菜单实例”窗体的自定义菜单

习 题 7

一、选择题

1. 在 Access 2016 中，适合使用宏完成的操作为（　　）。

A. 创建自定义过程　　B. 建立自定义菜单栏

C. 修改数据表结构　　D. 数据库外的系统级操作

2. 下列说法错误的是（　　）。

A. Access 2016 启动时，将会加载自动运行宏

B. 自动运行宏是嵌入 Access 数据库中的，所以是嵌入宏

C. 设计了条件宏，宏中有些操作会根据条件决定是否执行

D. 宏可以分类组织到不同子宏中

3. 在 Access 2016 中自动运行宏的名称是（　　）。

A. autoexec　　B. autoexec.bat　　C. auto　　D. auto.bat

4. 打开窗体的宏操作是（　　）。

A. OpenForm　　B. OpenQuery　　C. OpenTable　　D. OpenReport

5. 数据库中已经设置了自动运行宏 autoexec，如果打开数据库时不想执行这个宏，正确的操作是（　　）。

A. 打开数据库时按住空格键　　B. 打开数据库时按住【Alt】键

C. 打开数据库时按住【Ctrl】键　　D. 打开数据库时按住【Shift】键

6. 在宏的调试中，可配合使用设计器上的工具按钮（　　）。

A. 调试　　B. 条件　　C. 单步　　D. 展开操作

7. 在宏条件表达式中，要引用窗体 Fm1 上的 Txt1 文本框的值，应该使用的表达式是（　　）。

A. Fm1.Txt1　　B. Fm1!Txt1

C. Forms![Fm1]![Txt1]　　D. Txt1

8. 为窗体或报表上的控件设置属性值的宏命令是（　　）。

A. SetLocalVar　　B. SelectObject　　C. Beep　　D. SetProperty

9. 下列运行宏方法，错误的是（　　）。

A. 单击宏名运行宏

B. 单击“工具栏”上的“运行”按钮

C. 在宏设计器中单击“运行”菜单上的“运行”按钮

D. 双击宏名运行宏

10. 下列关于嵌入宏的叙述中，正确的是（　　）。

A. 同一嵌入宏可以被多个对象调用

B. 嵌入宏不是独立的对象

C. 嵌入宏不能与其被嵌入的对象一起被复制

D. 嵌入宏可以在导航窗格中被直接运行

二、思考题

1. 简述什么是宏、条件宏、子宏组，以及它们的作用分别是什么。

2. 运行宏的方法有哪几种？

第8章 模块与VBA程序设计

8.1 模块与VBA概述

在Access数据库系统中，通过事件激发，宏能够完成一个或一组简单的操作，但是当遇到需要复杂结构或者循环结构才能解决的功能，宏就无法胜任了。因此，Access 2016提供了“模块”对象来解决此类问题。

8.1.1 模块的概念和类型

模块中的代码是用VBA（Visual Basic for Application）语言编写的，大体上由声明、语句和过程（Sub和Function）组成。在Access 2016中有两种类型的模块：标准模块和类模块。

1. 标准模块

标准模块包含与任何其他对象都无关的常规过程，或者叫作公共过程。它不是窗体或报表的组成部分。

2. 类模块

类模块是可以包含新对象的定义的模块。标准模块与类模块的主要区别在于其范围和生命周期。在没有任何相关对象的类模块中，声明或存在的任何变量、常量的值都仅在该代码运行时、仅在该对象中是可用的。

8.1.2 VBA的编程环境以及VBE的窗口

1. VBA的编程环境

Access 2016所提供的VBA开发界面称为VB编辑器（Visual Basic Editor，VBE），它为VBA程序的开发提供了完整的开发和调试工具。VBE就是VBA的代码编辑器，在Office的每个应用程序中都存在。可以在其中编辑VBA代码，创建各种功能模块。可使用以下多种方式打开VBE。

（1）在Access应用程序中，在菜单栏里依次单击【数据库工具】→【宏】→【Visual Basic编译器】按钮，打开VBE。

（2）在Access应用程序中，在菜单栏里依次单击【创建】→【宏与代码】→【Visual Basic编译器】按钮，打开VBE，并且直接在其中创建一个模块或类模块。

2. VBE 的窗口

VBE 的窗口可大体分为 6 部分，如图 8-1 所示。

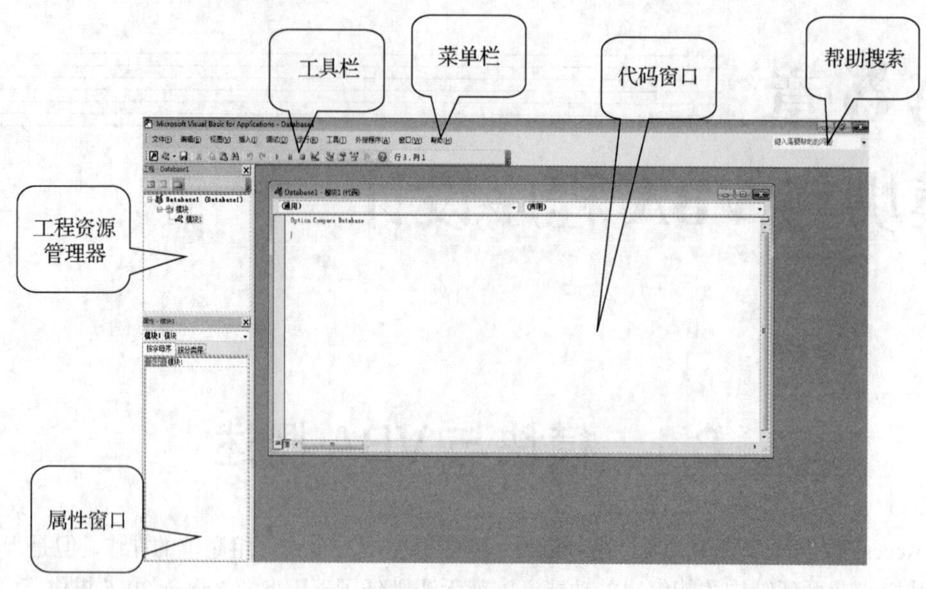

图 8-1　VBE 窗口

（1）菜单栏：VBE 中所有的功能都可以在菜单栏中实现。

（2）帮助搜索：可以通过关键字查找知识点，会激活 Visual Basic 帮助。

（3）工具栏：工具栏中包含各种快捷工具按钮，根据功能类型的不同各属于不同分组。比如，与代码编辑相关的工具按钮就属于“编辑”工具，与调试相关的工具按钮属于“调试”工具。

（4）工程资源管理器：用来显示和管理当前数据库中包含的工程。在打开 VBE 时，会自动产生一个与当前 Access 数据库同名的空工程，可以在其中插入模块。一个数据库可以对应多个工程，一个工程可以包含多个模块。

工程资源管理器窗口标题下面有 3 个按钮，分别为：“查看代码”，显示代码窗口，以编写或编辑所选工程目标代码；“查看对象”，显示选取的工程，可以是文档或是 UserForm 的对象窗口；“切换文件夹”，当正在显示包含在对象文件夹中的个别工程时可以隐藏或显示它们。

（5）属性窗口：用来显示所选定对象的属性，同时可以更改对象的属性。

① “对象下拉列表框”用来列出当前所选的对象，只能列出现在使用的窗体中的对象。如果选取了多个对象，则以第一个对象为准。

② “属性列表”

- “按字母序”选项卡——按字母顺序列出所选对象的所有属性。
- “按分类序”选项卡——根据性质列出所选对象的所有属性。可以折叠这个列表，这样将只看到分类；也可以扩充一个分类，并可以看到其所有的属性。当扩充或折叠列表时，可在分类名称的左边看到一个加号（+）或减号（-）图标。

（6）主显示区域：用来显示当前操作所对应的主窗体。在一般情况下，显示的是“代码窗口”，在其中可以编辑模块代码。

8.2　VBA 程序设计基础

VBA 是 Microsoft Office 内置的编程语言，其语法与 VB 语言兼容。不是一个独立的开发工具，一般被嵌入到 Word、Excel、Access 这样的宿主软件中，与其配套使用。

8.2.1　VBA 的数据类型

为了不同的操作需要，VBA 构造了多种数据类型，用于存放不同类型的数据，VBA 中的标准数据类型如表 8-1 所示。

表 8-1　VBA 中的标准数据类型

数据类型	类型标识符	字节
字符串型（String）	$	字符长度（0~65 400）
字节型（Byte）	无	1
布尔型（Boolean）	无	2
整数型（Integer）	%	2
长整数型（Long）	&	4
单精度型（Single）	!	4
双精度型（Double）	#	8
日期型（Date）	无	8
货币型（Currency）	@	8
小数点型（Decimal）	无	14
变体型（Variant）	无	以上任意类型，可变
对象型（Object）	无	4

（1）Byte 变量存储为单精度型、无符号整型、8 位（1 个字节）的数值形式。Byte 数据类型在存储二进制数据时很有用。

（2）Boolean 变量存储只能是 True 或是 False。Boolean 变量的值显示为 True 或 False（在使用 Print 的时候），或者#TRUE#或#FALSE#（在使用 Write#的时候）。使用关键字 True 与 False 可将 Boolean 变量赋值为这两个状态中的一个。

当转换其他的数值类型为 Boolean 值时，0 会转成 False，而非零值则变成 True。当转换 Boolean 值为其他的数据类型时，False 成为 0，而 True 成为-1。

（3）Integer，Long 用来存储整型值。

（4）Single，Double 用来存储浮点型值。

（5）Currency 变量一般用来存储货币型数值，整型的数值形式，然后除以 10000 给出一个定点数，其小数点左边有 15 位数字，右边有 4 位数字。Currency 的类型声明字符为 at 号(@)。

（6）Decimal 一般用来存储科学计数法表示的数值。

（7）Date 用来存储日期值，时间可以从 0:00:00 到 23:59:59。任何可辨认的文本日期都可以赋值给 Date 变量。日期文字须以数字符号（#）扩起来，例如，#January 1，1995#或#1 Jan 95#。

Date 变量会根据计算机中的短日期格式来显示。时间则根据计算机的时间格式（12 或 24 小时制）来显示。

当其他的数值类型要转换为 Date 型时，小数点左边的值表示日期信息，而小数点右边的值则表示时间。午夜为 0 而中午为 0.5。负整数表示 1899 年 12 月 30 日之前的日期。

（8）Object 变量用来存储对象。

（9）String 变量用来存储字符串，字符串有两种：变长与定长的字符串。

（10）Variant 数据类型是所有没被显式声明（用如 Dim、Private、Public 等语句）为其他类型变量的数据类型。Variant 数据类型并没有类型声明字符。Variant 是一种特殊的数据类型，除了定长 String 数据及用户定义类型外，可以包含任何种类的数据。Variant 也可以包含 Empty、Error、Nothing 及 Null 等特殊值。

（11）可以是任何用 Type 语句定义的数据类型。用户自定义类型可包含一个或多个某种数据类型的数据元素、数组或一个先前定义的用户自定义类型。

8.2.2 常量与变量

1. 常量

常量是指在程序运行时其值不会发生变化的数据，VBA 的常量有直接常量和符号常量两种表示方法。直接常量就是直接表示的整数、单精度数和字符串，如 1234、1.7E-9、“Name”等。符号常量就是用符号表示常量，符号常量有用户定义的符号常量、系统常量和内部常量 3 种。

（1）用户定义的符号常量

在 VBA 编程过程中，对于一些使用频度较高的常量，可以用符号常量形式来表示。符号常量使用关键字 Const 来定义，格式如下：

```
Const 符号常量名称=常量值
```

使用符号常量的另一个优点在于，如果常量值需要被修改，则只需要修改 Const 定义，而不需要烦琐地把程序中所有出现常量的地方进行修改。

（2）系统常量

系统常量是指 Access 2016 启动时建立的常量，有 True、False、Yes、No、On、Off 和 Null 等，编写代码时可以直接使用。

（3）内部常量

VBA 提供了一些预定义的内部符号常量，它们主要作为 DoCmd 命令语句中的参数。内部常量以前缀 ac 开头，如 acCmdSaveAs。需要注意的是，由于内部常量是字母组合，在实际使用中初学者极易将之与变量名混淆。

2. 变量

变量是指程序运行时值会发生变化的数据。在程序运行时数据是存储在内存中的，内存中的位置是用不同的名字表示的，这个名字就是变量的名称，该内存位置上的数据就是该变量的值。

（1）变量的命名规则

在为变量命名时，应遵循以下规则。

① 变量名只能由字母、数字和下画线组成。

② 变量名必须以字母开头。

③ 不能使用系统保留的关键字，例如 Sub、Function 等。长度不能超过 255 个字符。

④ 不区分英文大小写字母，如 abc、AbC 和 ABC 表示同一个变量。

（2）变量类型的定义

根据变量类型定义的方式，可以将变量分为隐含型变量和显式变量两种形式。

① 隐含型变量

利用将一个值指定给变量名的方式来建立变量，如

```
a=25
```

该语句定义一个 Variant 类型变量 a，值 25。在变量名后添加不同的后缀表示变量的不同类型。

例如，如下语句建立了一个整数数据类型的变量。

```
b%=23
```

当在变量名称后没有附加类型说明字符来指明隐含变量的数据类型时，默认为 Variant 数据类型。

② 显式变量

显式变量是指在使用变量时要先定义后使用（在别的程序设计语言如 C、C++和 Java 中都要求在使用变量前先定义变量）。

定义显式变量的方法如下：

```
Dim 变量名 As 类型名
```

在一条 Dim 语句中可以定义多个变量，例如：

```
Dim Var1 as String, Var2 as String
```

但如果写成下面的形式：

```
Dim Var1, Var2 as String
```

则 Var1 为变体型，Var2 为字符型。

在模块设计窗口的顶部说明区域中，可以加入 Option Explict 语句来强制要求所有变量必须定义才能使用。

（3）数据库对象变量

Access 2016 中的数据库对象及其属性，都可以作为 VBA 程序代码中的变量及其指定的值来加以引用。

Access 2016 中窗体对象的引用格式为：

```
Forms!窗体名称!控件名称[.属性名称]
```

Access 2016 中报表对象的引用格式为：

```
Reports!报表名称!控件名称[.属性名称]
```

关键字 Forms 或 Reports 分别表示窗体或报表对象集合。感叹号“!”分隔开对象名称和控件名称。如果省略了“属性名称”部分，则表示控件的基本属性。

如果对象名称中含有空格或标点符号，就要用方括号把名称括起来。

3. 变量的声明

声明语句用于命名和定义常量、变量、数组和过程，同时也定义了它们的生命周期与作用范围。

下面讲解在 VBA 中声明变量的几种方法。

（1）使用 Dim 语句

通常会使用 Dim 语句来声明变量。一个声明语句可以放到过程中以创建属于过程级别的变

量。或可在声明部分将它放到模块顶部，以创建属于模块级别的变量。

如下语句创建了变量 a 并且指定为 String 数据类型。

```
Dim a As String
```

（2）使用 Public 语句

可以使用 Public 语句声明公共模块级别变量。

```
Public b As String
```

公有变量可用于工程中的任何过程。如果公有变量是声明于标准模块或是类模块中，则它也可以被任何引用到此公有变量所属工程的工程中使用。

（3）使用 Private 语句

可以使用 Private 语句去声明私有的模块级别变量。示例语句如下：

```
Private c As String
```

私有变量只可使用于同一模块中的过程。

在模块级别中使用 Dim 语句与使用 Private 语句是相同的。不过使用 Private 语句可以更容易地读取和解释代码。

（4）使用 Static 语句

当使用 Static 语句取代 Dim 语句时，所声明的变量在调用时仍保留它原先的值。也就是说静态（Static）变量的持续时间是整个模块执行的时间，但它的有效作用范围是由其声明位置决定的。

8.2.3 数组

数组是一组具有相同属性和相同类型的数据，并用统一的名称作为标识的数据类型，这个名称称为数组名，数组中的每个数据称为数组元素，或称为数据元素变量。数组元素在数组中的序号称为下标，数组元素变量由数组名和数组下标组成，例如，A(1)、A(2)、A(3)分别表示数组 A 的 3 个元素。

在使用数组之前也要进行定义，定义数组的方法如下。

一维数组的定义格式：

```
Dim 数组名([下标下限 to]下标上限)[As 数据类型]
```

二维数组的定义格式：

```
Dim 数组名([下标下限 to]下标上限，[下标下限 to]下标上限)[As 数据类型]
```

除此之外，还可以定义多维数组。定义多维数组时，应该将多个下标用逗号分隔开，最多可以定义 60 维。在缺省情况下，下标下限为 0，如果在模块的声明部分使用了“Option Base 1”语句，则数组的默认下标下限就是 1。数组元素从“数组名(0)”至“数组名(下标上限)”。如果使用 to 选项，则可以使用非 0 下限。

例如：

```
Dim A(5) as Integer
```

声明了一个一维数组，数组下标为 0～5，共 6 个元素。

```
Dim B(2, 4) as Integer
```

声明了一个二维数组，共 15 个元素。

```
Dim C(1 to 2, 4) as Integer
```

声明了一个二维数组，共 10 个元素。

在开发过程中，如果事先不知道数组需要定义多少元素时，则可以使用动态数组。当不需要动态数组包含的元素时，可以使用 ReDim 语句将其设为 0 个元素，释放该数组占用的内存。

可以在模块的说明区域加入 Global 或 Dim 语句，然后在程序中使用 ReDim 语句，以说明动态数组为全局的和模块级的范围。如果以 Static 取代 Dim 来说明数组，则数组可在程序的示例间保留它的值。

数组的作用域和生命周期的规则和关键字的使用方法与传统变量的用法相同。

8.2.4　用户自定义数据类型

用户可以使用 Type 语句定义任何数据类型。用户自定义数据类型可以包括数据类型数组，或当前定义的用户自定义类型的一种或多种元素。

语法：

```
[ Private | Public ] Type 类型名
    元素名 As 数据类型
  [ 元素名 As 数据类型 ]
    ……
End Type
```

例如，定义一个学生数据类型如下：

```
Public Type Students
  Name As String
 Age As Integer
End Type
```

声明变量的语句如下：

```
Dim Student As Students
```

引用数据的语句如下：

```
Student.Name="常大申"
Student.Age=18
```

8.2.5　VBA 语句概念以及书写规则

一个程序由多条不同功能的语句组成，每条语句能够完成某个特定的操作。

在 VBA 程序中，按照功能的不同可将程序语句分为声明语句和执行语句两类。声明语句用于定义变量、常量或过程；执行语句用于执行赋值操作、调用过程和实现各种流程控制。

VBA 语句的书写规则如下。

（1）源程序不分大小写，英文字母的大小写是等价的（字符串除外）。但是为了提高程序的可读性，VBA 编译器对不同的程序部分都有默认的书写规则，当程序书写不符合这些规则时，编译器会自动进行转换。例如，关键字默认首字母大写，其他字母小写。

（2）通常一个语句写在一行，但一行最多允许 255 个字符。当语句较长，一行写不下时，可以用续行符 " _ " 将语句连续写在下一行。而如果一行要写多个语句，则语句之间用“:”分开。

（3）如果一条语句输入完成，按“Enter”键后该行代码呈红色，就说明该行语句有错误，应及时修改。

为增加程序的可读性，可在程序中设置注释语句。注释语句可以添加到程序模块的任何位置，且不会被执行。注释语句的语法格式有如下两种。

语法格式一：

```
Rem  <注释语句>（在其他语句之后出现时要用冒号分隔）
```

语法格式二：

```
' <注释语句>  （可直接位于其他语句之后）
```

8.3 VBA 程序流程控制

VBA 中的语句是能够完成某项操作的一条完整命令，它可以包含关键字、函数、运算符、变量、常量以及表达式等。

在 VBA 中，按语句代码执行的顺序可将流程控制结构分为顺序结构、选择结构和循环结构。

8.3.1 顺序结构

顺序结构是结构化程序设计中最常见的程序结构，它按代码从上到下顺序依次执行关键字控制下的代码。

另外，在顺序结构中可使用 With…End With 对同一对象执行一系列语句，这些语句按顺序执行，并可省略对象名。该关键字的语法格式如下：

```
With 对象名
   语句组
End With
```

8.3.2 选择结构

选择结构的程序根据条件式的值来选择程序运行的语句。一般可用 If 语句、Select Case 语句和函数来实现选择结构。

1. If 语句

```
If  <条件表达式 1>  Then
……          '条件表达式 1 为真时要执行的语句
[Else  [If  条件表达式 2  Then]]
……          '条件表达式 1 为假，[并且条件表达式 2 为真时]要执行的语句
End If
```

可使用 If 语句实现单分支、双分支和多分支结构。

（1）单分支结构

【例 8.1】比较两个数值变量 *x* 和 *y* 的值，用 *x* 存储较大的值，*y* 存储较小的值。

```
Dim x As Single,  y As Single,  t As Single
 x = InputBox(" 请输入第 x 值: ")
 y = InputBox(" 请输入第 y 值: ")
If x < y Then
     t = x
     x = y
     y = t
```

```
End If
Debug.Print x,y
```

（2）双分支结构

【例 8.2】输出两个数中的较大值。

```
Dim  a  As  Single ,  b  As  Single
 a = InputBox ( " 请输入第一个数值：" )
 b = InputBox ( " 请输入第二个数值：" )
 If  a > = b   Then
       max = a
 Else
       max = b
 End  If
 Debug.Print  "最大值是"  &  max
```

（3）多分支结构

【例 8.3】输入成绩，并分级。

```
Dim score As Single
score = Val(InputBox("输入成绩：","分级"))
If score >= 80 Then
  Debug.Print "优秀"
ElseIf score >= 60 Then
  Debug.Print "及格"
Else
  Debug.Print "不及格"
End If
```

2. Select Case 语句

Select Case 语句是多分支选择语句，即可根据测试条件中表达式的值来决定执行几组语句中的依据。使用格式如下：

```
Select Case 表达式
Case 表达式 1
……              #表达式的值与表达式 1 的值相等时执行的语句
[Case 表达式 2]
……              #表达式的值介于表达式 2 和表达式 3 之间时执行的语句
[Case Else]
……              #上述情况均不符合时执行的语句
End Select
```

【例 8.4】编程实现分段函数求值。

$$Y=\begin{cases} x+3 & x>5 \\ 11 & x=5 \\ -x & x<5 \end{cases}$$

```
Dim x As Single
x = Val(InputBox("输入 x：", "函数求值"))
   Select Case x
         Case Is > 5
               y = x + 3
         Case Is = 5
               y = 11
```

```
        Case Is < 5
             y = -x
  End Select
Debug.Print y
```

3. 函数

除了以上两种方式外，VBA 还提供了 3 个函数完成相应的操作。

（1）IIf 函数

IIf 函数的调用格式如下：

```
IIf（条件式，表达式 1，表达式 2）
```

它的跳转由最左边的“条件式”控制，当条件式为真（True）时，函数返回表达式 1 的值；当条件式为假（False）时，函数返回表达式 2 的值。

请读者自行思考如何用 IIf ()函数完成【例 8.2】。

（2）Switch 函数

Switch 函数的调用格式如下：

```
Switch(条件式 1，表达式 1[，条件式 2，表达式 2…[，条件式 n，表达式 n]])
```

该函数根据条件式 1 至条件式 *n* 从左到右来决定函数返回值，表达式在第一个相关的条件式为 True 时作为函数返回值返回。条件式和表达式必须成对出现，否则会出错。

请读者自行思考如何用 Switch()函数完成【例 8.4】。

（3）Choose 函数

Choose 函数的调用格式如下：

```
Choose(索引式，选项 1[，选项 2[，选项 3…[，选项 n]]])
```

8.3.3 循环结构

循环结构可使若干语句重复执行若干次，实现重复性操作。在程序设计中，经常需要用到循环结构，主要包括 Do 语句、For 语句、While 语句，以及标号和 Goto 语句。

1. Do 语句

Do 语句根据条件判断是否继续进行循环操作，一般用在事先不知道程序代码需要重复多少次的情况下。

Do 语句的语法格式主要有以下 4 种：

（1）语法格式一

```
Do While 条件表达式
      语句组 1
[Exit Do]
      语句组 2
Loop
```

（2）语法格式二

```
Do Until 条件表达式
       语句组 1
[Exit Do]
       语句组 2
Loop
```

（3）语法格式三

```
Do
        语句组 1
[Exit Do]
        语句组 2
Loop while 条件表达式
```

（4）语法格式四

```
Do
        语句组 1
[Exit Do]
        语句组 2
Loop Until 条件表达式
```

【例 8.5】求 50 以内的自然数之和与积。

```
s = 0 : p = 1 : i = 1
Do  While  i < =50
    s = s + i
    p = p * i
    i = i + 1
 Loop
 Debug.Print  "50 之内所有自然数之和为：" & s
 Debug.Print  "50 之内所有自然数之积为：" & p
```

【例 8.6】计算 10 的阶乘。

```
Dim  i  As  Integer ,  p  As  Double
    i = 1 : p = 1
    Do  Until  i >10
        p = p * i
        i = i + 1
    Loop
    MsgBox ( "10 的阶乘为：" & p )
```

【例 8.7】计算 50 以内 3 的倍数之和。

```
i = 1: s = 0
Do
    If i / 3 = i \ 3 Then s = s + i
    i = i + 1
Loop While i <= 50
Debug.Print "50 以内 3 的倍数之和为：" & s
```

【例 8.8】计算 50 以内 3 的倍数之和，用 Do…Loop Until 结构完成。

```
i = 1: s = 0
Do
    If i / 3 = i \ 3 Then s = s + i
    i = i + 1
Loop Until i > 50
Debug.Print "100 以内 3 的倍数之和为：" & s
```

2. For 语句

For 语句可以以指定次数来重复执行一组语句，这是最常用的一种循环控制结构。其语法结构如下：

```
For 循环体变量=初值 To 终值[Step 步长]
       语句组1
[Exit For]
       语句组2
Next
```

【例 8.9】参考【例 8.6】，用 For 语句实现同样的程序功能。

```
Dim i As Integer, p As Double
i = 1: p = 1
For i = 1 To 4
    p = p * i
Next i
MsgBox ("10的阶乘为: " & p)
```

3. While 语句

对于循环体循环次数不能预先确定，只能给出控制条件的情况，可以使用 While 语句。While 循环功能是只要指定的条件为 True，就会重复执行循环体中的语句。其语法结构如下：

```
While 条件表达式
    语句组
Wend
```

【例 8.10】参考【例 8.6】，用 While 语句实现同样的程序功能。

```
Dim i As Integer, p As Double
i = 1: p = 1
While i <= 4
   p = p * i
   i = i + 1
Wend
MsgBox ("10的阶乘为: " & p)
```

4. 标号和 Goto 语句

Goto 语句用于在程序执行过程中实现无条件转移。

语法格式：

```
Goto  标号
```

功能：无条件地将程序转移至标号的位置，并从该位置继续执行程序。

定义标号时，标号名必须从代码行的第一列开始书写，且标号名后加冒号"："。

【例 8.11】有如下程序代码：

```
S=0
For i=1 to 10
    S=S+i
    If S>20 then Goto Mline
Next i
Mline:debug.print S
```

运行后输出结果为：

```
21
```

8.4　过程调用和参数传递

在 VBA 中，在子过程（即 Sub 过程）或函数过程（即 Function 过程）调用的有效的作用范围内，必须存在该子过程或函数过程的声明语句。子过程调用必须与子过程的声明相对应，函数过程调用必须与函数过程的声明相对应。

在子过程或函数过程的声明语句中，在过程名或函数名后边的括号内，可以给出一个或多个形式参数（简称形参）。

在子过程或函数过程调用中，所给出的参数成为实际参数（简称实参）。

在调用过程时，主调过程将实参传递给形参，这就是参数传递。在 VBA 中，实参向形参传递的方式分为两种：传址与传值。在子过程或函数过程的声明语句中，每个形参均由关键字 ByVal 指定该形参是传值或由关键字 ByRef 指定该形参是传址。若省略不写，则默认为传址。

在传值调用方式下，系统将实参的值复制给对应的形参（实参和形参占用各自的存储单元），在被调用过程的数据处理中，实参和形参没有关系。被调过程的操作处理是在形参的存储单元进行的，因此形参的任何变化均不反馈和影响实参的值。过程调用结束后，形参所占用的内存单元将被释放。

在传址调用方式下，系统将实参的存储单元的地址传递给对应的形参，在被调用过程处理中，实参和形参共用一个存储单元。在被调用过程中任何对形参的操作都是对相应实参的操作，实参的值将会随被调过程形参值的改变而改变，就如同形参和实参是“联动”的。

8.4.1　过程及子过程

我们知道工业生产常常采用模块化生产方式，比如，生产新汽车不需要重新设计生产发动机。而过程也采用了同样的原理，它是 VBA 程序代码的容器，是程序中的若干较小的逻辑部件，每种过程都有其独特的功能。过程可以简化程序设计任务，还可以增强或扩展 Visual Basic 的构件。另外，过程还可用于共享任务或压缩重复任务，如减少频繁运算等。过程是由 Sub 和 End Sub 语句包含起来的，VBA 语句的格式如下：

```
[Private|Public|Static] Sub 子过程名（形参列表）
        <子过程语句>
Exit Sub
        <子过程语句>
End Sub
```

形参列表的语法格式如下：

```
[ByVal|ByRef] 形参名1[( )][As 数据类型][, [ByVal|ByRef] 形参名2[( )][As 数据类型]…
```

形参列表可由一个或多个形参组成，当形参列表中有多个形参时，每两个形参之间要用英文逗号“，”分隔开。形参列表中也可没有任何形参。

在 VBA 中，子过程的调用格式有以下两种。

（1）格式 1

```
Call 子过程名[([实参1][, 实参2][, …])]
```

（2）格式 2

```
子过程名 [实参1][，实参2][，…]
```

【例 8.12】编写一个能够计算圆面积的子过程；调用该子过程，计算以该圆为底的圆柱体的体积，并将结果在立即窗口中显示。

```
Public Sub Area(r As Single)
   r = 3.14 * r * r
End Sub

Public Sub a1()
  Dim x As Single,  h As Single
  x = Val(InputBox("请输入半径的值",  "半径输入"))
  h = Val(InputBox("请输入高的值",  "高输入"))
  Call Area(x)
  Debug.Print x * h
End Sub
```

在【例 8.12】中，可以看出在计算圆柱体体积时不需要重新书写求底面面积的代码，只需要调用子过程完成。在调用子过程语句 Call Area(x)中，实参 x 把值传递给形参 r，子过程形参声明时没有指定是 ByVal 或 ByRef，默认为 ByRef。所以子过程中语句 r = 3.14 * r * r 被执行后，形参 r 里的值是计算后的圆面积，所以实参 x 会随之变化。如果把此例改写为如下代码：

```
Public Sub Area(byval r As Single)
   r = 3.14 * r * r
End Sub

Public Sub a1()
  Dim x As Single,  h As Single
  x = Val(InputBox("请输入半径的值",  "半径输入"))
  h = Val(InputBox("请输入高的值",  "高输入"))
  Call Area(x)
  Debug.Print x * h
End Sub
```

请读者自行对比输出结果，并分析出现问题的原因。

8.4.2 函数过程

用户可以使用 Function 语句定义一个新的函数过程（即 Function 过程）。

函数过程的声明格式如下：

```
[Private|Public|Static] Function 函数过程名([<形参列表>])[As 数据类型]
       <子过程语句>
Exit Function
       <子过程语句>
End Function
```

形参列表的语法格式如下：

```
[ByVal|ByRef] 形参名1[()][As 数据类型][，[ByVal|ByRef] 形参名2[()][As 数据类型]…
```

形参的意义与子过程类似。

在表达式中，可以通过使用函数名，并在其后用圆括号给出相应的参数列表来调用一个函数过程。函数过程的调用格式如下：

```
函数过程名([实参 1][, 实参 2][, …])
```

【例 8.13】参照【例 8.12】，用函数过程完成计算圆面积功能，并在计算圆柱体体积时调用。

```
Public Function Area(r As Single) As Single
   Area = 3.14 * r * r
End Function

Public Sub a1()
    Dim x As Single, h As Single
    x = InputBox("请输入半径的值", "半径输入")
    h = Val(InputBox("请输入高的值", "高输入"))
   Debug.Print Area(x) * h
End Sub
```

对比子过程和函数过程，可以看出：子过程本身不能返回值，只能通过参数将值带回；而函数本身可以带回值，这是两者最大的区别。

8.5　面向对象程序设计的基本概念

面向对象可以这样定义：

面向对象 = 类 + 对象 + 属性的继承 + 对象之间的通信

一个面向对象的应用系统中，每一个组成部分都可以看作是对象，所需实现的操作则通过建立对象与对象之间的通信来完成。

在 VBA 编程中，首先需要理解对象、属性、方法和事件。每个对象都具有属性，以及与之相关的事件和方法，面向对象的程序设计就是通过对象的属性、事件和方法来处理对象，其关系如图 8-2 所示。

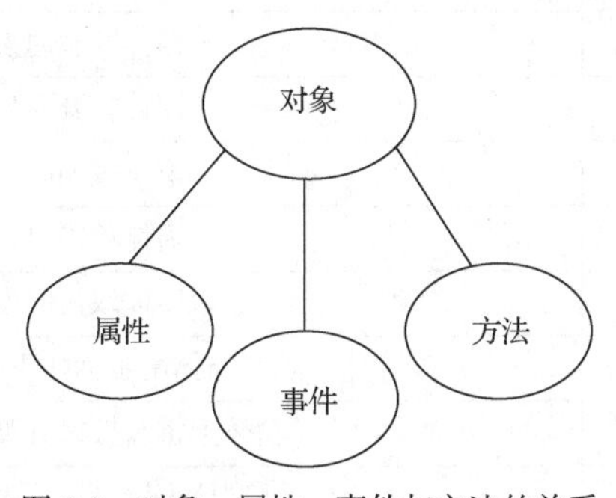

图 8-2　对象、属性、事件与方法的关系

8.5.1　对象

客观世界里的任何实体都可以被看作对象。对象可以是具体的物，也可以指某些概念。每个对象都具有自己的属性、事件和方法；用户就是通过属性、事件和方法来处理对象的。具体到 Access 2016 中，比如数据表、窗体、查询、报表、宏等都被视为对象。

8.5.2 属性

属性是对象所具有的特征，用来表示对象的状态。不同类型的对象，其属性会有所不同；同类别对象的不同实例，属性的值也会有差异。既可以在创建对象时给对象设置属性值，也可以在执行程序时通过命令修改对象的属性值。

在程序代码中，通过“=”为属性赋值，其基本格式为：

```
对象名.属性名=属性值
```

【例 8.14】用标签对象 label1 举例。

如果要在程序中改变标签对象 label1 显示的文字，则可以通过对其 caption 属性赋值来完成，例如：label1.caption= " 西南民族大学 " 。

8.5.3 事件

事件是对象可以识别的一个动作。为使对象在某一事件发生时能够做出所需要的反应，就必须针对这一事件编写相应的代码来完成相应的功能。

如果已经编写了某个对象的事件代码，那么当此事件发生时，这段事件代码将被自动激活并开始执行；如果事件没有发生，则此段代码不会被执行。这就好比电灯开关是对象，用手指点击是事件，只有当开关的点击事件发生了，灯泡才会亮。

如果没有为对象编写事件代码，那么即使事件发生了，也不会产生任何动作。就好比开关背后并没有接电线，即使点击开关事件发生了，也没有任何反应。

不同的对象会有不同的事件，具体介绍如下（见表 8-2～表 8-10）。

1. 窗体对象

表 8-2　　窗体对象的事件动作及说明

事件动作	动作说明
OnLoad	窗体加载时发生事件
OnUnLoad	窗体卸载时发生事件
OnOpen	窗体打开时发生事件
OnClose	窗体关闭时发生事件
OnClick	窗体单击时发生事件
OnDblClick	窗体双击时发生事件
OnMouseDown	窗体上鼠标按下时发生事件
OnKeyPress	窗体上键盘按键并弹起时发生事件
OnKeyDown	窗体上键盘按下键时发生事件

2. 报表对象

表 8-3　　报表对象的事件动作及说明

事件动作	动作说明
OnOpen	报表打开时发生事件
OnClose	报表关闭时发生事件

3. 命令按钮控件

表 8-4　命令按钮控件的事件动作及说明

事件动作	动作说明
OnClick	按钮单击时发生事件
OnDblClick	按钮双击时发生事件
OnEnter	按钮获得输入焦点之前发生事件
OnGetFoucs	按钮获得输入焦点时发生事件
OnMouseDown	按钮上鼠标按下时发生事件
OnKeyPress	按钮上键盘按键并弹起时发生事件
OnKeyDown	按钮上键盘按下键时发生事件

4. 标签控件

表 8-5　标签控件的事件动作及说明

事件动作	动作说明
OnClick	标签单击时发生事件
OnDblClick	标签双击时发生事件
OnMouseDown	标签上鼠标按下时发生事件

5. 文本框控件

表 8-6　文本框控件的事件动作及说明

事件动作	动作说明
BeforeUpdate	文本框内容更新前发生事件
AfterUpdate	文本框内容更新后发生事件
OnEnter	文本框获得输入焦点之前或拥有输入焦点之后按回车键时发生事件
OnGetFoucs	文本框获得输入焦点时发生事件
OnLostFoucs	文本框失去输入焦点时发生事件
OnChange	文本框内容更新时发生事件
OnKeyPress	文本框内键盘按键并弹起时发生事件
OnMouseDown	文本框内鼠标按下时发生事件

6. 组合框控件

表 8-7　组合框控件的事件动作及说明

事件动作	动作说明
BeforeUpdate	组合框内容更新前发生事件
AfterUpdate	组合框内容更新后发生事件
OnEnter	组合框获得输入焦点之前发生事件
OnGetFoucs	组合框获得输入焦点时发生事件
OnLostFoucs	组合框失去输入焦点时发生事件

续表

事件动作	动作说明
OnClick	组合框单击时发生事件
OnDblClick	组合框双击时发生事件
OnKeyPress	组合框内键盘按键并弹起时发生事件

7. 选项组控件

表 8-8　　选项组控件的事件动作及说明

事件动作	动作说明
BeforeUpdate	选项组内容更新前发生事件
AfterUpdate	选项组内容更新后发生事件
OnEnter	选项组获得输入焦点之前发生事件
OnClick	选项组单击时发生事件
OnDblClick	选项组双击时发生事件

8. 单选按钮控件

表 8-9　　单选按钮控件的事件动作及说明

事件动作	动作说明
OnKeyPress	单选按钮内键盘按键并弹起时发生事件
OnGetFoucs	单选按钮获得输入焦点时发生事件
OnLostFoucs	单选按钮失去输入焦点时发生事件

9. 复选框控件

表 8-10　　复选框控件的事件动作及说明

事件动作	动作说明
BeforeUpdate	复选框更新前发生事件
AfterUpdate	复选框更新后发生事件
OnEnter	复选框获得输入焦点之前发生事件
OnClick	复选框单击时发生事件
OnDblClick	复选框双击时发生事件
OnGetFoucs	复选框获得输入焦点时发生事件

8.5.4 方法

方法是对象能够执行的一个动作，即当对象接受了某个消息后所采取的一系列操作的描述。相同类的对象具有相同的方法，不同类的对象所具有的方法也有所不同。对象方法调用的基本格式如下：

```
[对象名.]方法名 [参数名表]
```

【例 8.15】使用 Debug 对象的 Print 方法，输出常量 3。

```
Debug.print 3
```

【例 8.16】使用 Docmd 对象的 Openform 方法，打开“登录界面窗体”。

```
Docmd.openform "登录界面窗体"
```

8.5.5　面向对象程序设计综合操作

在本节中，我们尝试将上述知识运用到窗体的设计中。

【例 8.17】在数据管理软件的日常开发中，我们常常会遇到登录权限的问题，所以本例介绍如何设置登录窗口，并且设置登录用户。设计登录窗体，并实现相应功能。设计思路如下。

（1）在数据库中创建“用户表”，表结构如图 8-3 所示。

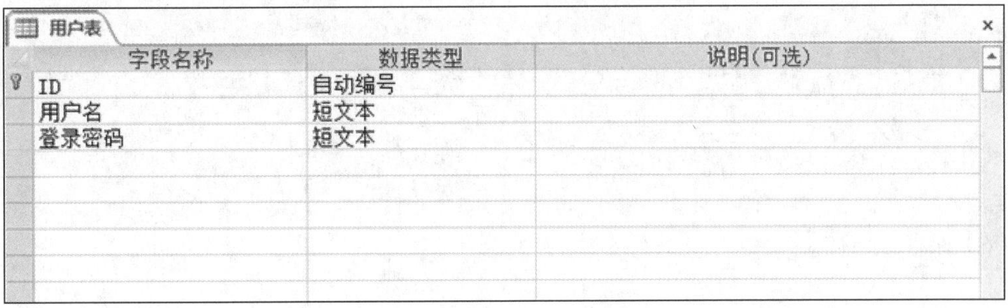

用户表

字段名称	数据类型	说明(可选)
ID	自动编号	
用户名	短文本	
登录密码	短文本	

图 8-3　“用户表”的结构

（2）建立图 8-4 所示的窗体“登录窗体示例”，并设置好各对象属性。

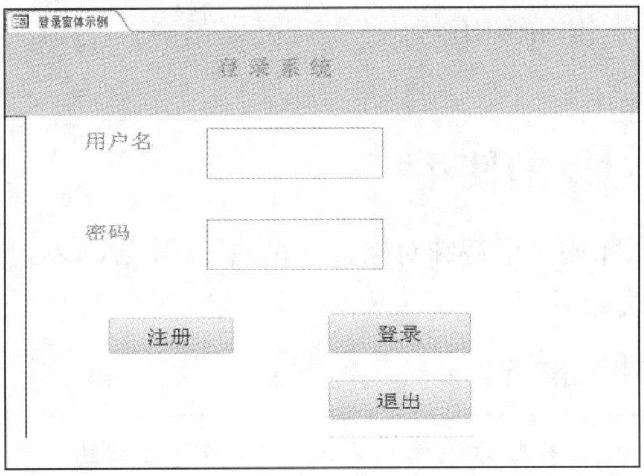

登录窗体示例

登录系统

用户名

密码

注册　登录

退出

图 8-4　登录窗体界面图

（3）单击“注册”按钮，在对应的单击（Click）事件过程中添加如下代码：

```
    Private Sub Command6_Click()
        Dim strSql As String
        strSql = "INSERT INTO 用户表(用户名，登录密码) Values('" & Me![Text1] & "',' " &
Me![Text3] & "')"
        DoCmd.RunSQL strSql
    End Sub
```

（4）单击“登录”按钮，在对应的单击（Click）事件过程中添加如下代码：

```
    Private Sub Command5_Click()
      If IsNull([Text1]) = False Then
        If DLookup("登录密码", "用户表", "用户名='" & [Text1] & "'") = Me![Text3] Then
          DoCmd.Close acForm, Me.Name
```

```
            DoCmd.OpenForm "主界面窗体"
        Else
            Text3 = ""
            Text3.SetFocus
            MsgBox "错误的用户名或密码，请重新输入", vbCritical
        End If
    Else
        MsgBox "请输入用户名"
    End If
End Sub
```

（5）单击“退出”按钮，在对应的单击（Click）事件过程中添加如下代码：

```
Private Sub Command7_Click()
    If MsgBox("确认要退出吗？", vbYesNo + vbQuestion + vbDefaultButton1, "退出提示框")
= 6 Then
        DoCmd.Close acForm, "登录窗体示例"
    End If
End Sub
```

（6）保存该窗体。

8.6 VBA 常用操作

本节主要介绍一些在 VBA 编程中经常会用到的操作，如打开和关闭某个数据库对象，如何使用输入框消息框，等等。

8.6.1 DoCmd 对象的使用

DoCmd 是 Access 数据库的一个特殊对象，它是通过调用 Access 内置的方法，在程序中实现某些特定的操作。语法格式如下：

```
DoCmd.方法名 [ 参数 ]
```

DoCmd 对象的大多数方法都有参数，有些是必需的，另一些则是可选的。若缺省，将采用默认的参数。

1. 用 DoCmd 对象打开窗体

语法格式如下：

```
DoCmd.OpenForm "窗体名"
```

功能：用默认形式打开指定窗体。

2. 用 DoCmd 对象关闭窗体

（1）语法格式一

```
DoCmd.Close acForm , "窗体名"
```

功能：关闭指定窗体。

（2）语法格式二

```
DoCmd.Close
```

功能：关闭当前窗体。

3. 用 DoCmd 对象打开报表

语法格式如下：

```
DoCmd.OpenReport "报表名", acViewPreview
```

功能：用预览形式打开指定报表。

4. 用 DoCmd 对象关闭报表

（1）语法格式一

```
DoCmd.Close  acReport ,  "窗体名"
```

功能：关闭指定报表。

（2）语法格式二

```
DoCmd.Close
```

功能：关闭当前报表。

5. 用 DoCmd 对象运行宏

语法格式如下：

```
DoCmd.RunMacro  "宏名"
```

功能：运行指定宏。

6. 用 DoCmd 对象退出 Access

语法格式如下：

```
DoCmd.Quit
```

功能：关闭所有 Access 对象和 Access 本身。

8.6.2　几个重要函数的使用

1. MsgBox( )函数（消息框）

语法格式如下：

```
MsgBox ( Prompt [ , Buttons ] [ , Title ]
    [ , Helpfile ] [ , Context ] )
```

功能：在消息框中显示信息，等待用户单击按钮，并返回一个整值型数据，告知用户单击的是哪个按钮。

返回值数据类型：整型。

Prompt 显示在消息框中的信息，最大长度为 1024 个字符。如果包含多个行，各行之间可以用回车符、换行符或是它们的组合分隔。Buttons 是一个数值表达式的和，指定在消息框中显示的按钮数目及形式、使用的图标样式、默认按钮是什么，以及消息框的强制回应等。Buttons 的默认值为 0。Buttons 参数说明如表 8-11 所示。

表 8-11　Buttons 参数说明

常量	数值	说明
vbOKOnly	0	仅有确定按钮
vbOKCancel	1	确定和取消按钮

续表

常量	数值	说明
vbAboutRetryIgnoue	2	终止、重试和忽略
vbYesNoCancel	3	是、否和取消按钮
vbYesNo	4	是、否按钮
vbRetryCancel	5	重试和取消按钮
vbCritical	16	显示 Critical Message 图标
vbQuestion	32	显示 Warning Query 图标
vbExclamation	48	显示 Warning Message 图标
vbInformation	64	显示 Information Message 图标
vbDefaultButton1	0	第一个按钮是默认按钮
vbDefaultButton2	256	第二个按钮是默认按钮
vbDefaultButton3	512	第三个按钮是默认按钮
vbDefaultButton4	768	第四个按钮是默认按钮

MsgBox( )函数的返回值说明如表 8-12 所示。

表 8-12　　MsgBox( )函数的返回值说明

返回值	单击的按钮	返回值	单击的按钮
1	确认	5	忽略
2	取消	6	是
3	终止	7	否
4	重试		

【例 8.18】MsgBox( )函数使用示例。

```
MsgBox（"热烈欢迎"，68，"欢迎界面"）
```

运行结果如图 8-5 所示：

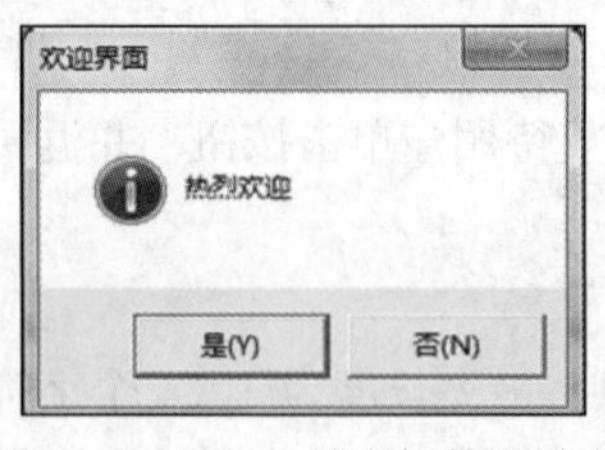

图 8-5　MsgBox 消息框外观样式

参数 68=4+64+0，所以原函数也可写为 MsgBox ("热烈欢迎" , 4+64+0 , "欢迎界面")。如果用户单击“是”按钮，则函数返回 6，否则返回 7。

2. InputBox( )函数（输入框）

语法格式如下：

```
InputBox ( Prompt [ , Title ] [ , Default ] [ , Xpos ]
      [ , Ypos ] [ , Helpfile , Context ] )
```

功能：在输入框中显示提示信息，等待用户输入正文或单击按钮，并返回文本框中输入的字符串。

返回值数据类型：字符型。

Prompt 用于显示提示字符串，最大长度为 1024 个字符。如果包含多行，那么可以在各行之间用回车符 Chr (13)、换行符 Chr (10)或者它们的组合 Chr (13) & Chr (10)来分隔。Title 是显示在输入框标题栏中的字符串表达式。如果缺省，则标题栏中显示的是应用程序名。Default 是显示在文本框中的字符串表达式，如果缺省，则文本框为空。

【例 8.19】InputBox 函数使用示例。

```
InputBox ( " 请输入您的姓名 " ,"登录")
```

运行结果如图 8-6 所示。

图 8-6　输入框函数示例

8.6.3　计时器触发事件

在 VBA 中可以通过设置窗体的“计时器间隔（TimerInterval）”属性与添加“计时器触发（Timer）”事件来完成类似计时的功能。

其处理过程为：Timer 事件每隔 TimerInterval 时间间隔就会被触发一次，即运行 Timer 事件过程。这样一来，周期性运行的特性能处理很多与计时相关的问题。

【例 8.20】新建窗体，添加一个标签控件，要求标签上动态地显示当前日期和时间。

窗体请读者自行创建。

程序代码如下：

```
Private Sub Form_Load( )
     Form.TimerInterval = 1000
End Sub

Private Sub Form_Timer( )
   Label0.Caption = Now( )
End Sub
```

在本例中，在窗体的“Load”事件中将窗体的 TimerInterval 属性值改为 1000ms，在窗体的 Timer 事件中，每隔 1s 就提取系统当前日期时间，并赋值给标签 Label0 对象的 Caption 属性。

8.7　VBA 的数据库编程技术

本节主要讲解在 VBA 中，如何访问数据库，通过什么方式访问数据库，以及如何对数据库对象进行操作。

8.7.1 数据库引擎及其接口

VBA 主要提供了 3 种数据库访问接口：开放数据库互连应用编程接口（Open DataBase Connectivity API，ODBC API）、数据访问对象（Data Access Object，DAO）和 ActiveX 数据对象（ActiveX Data Objects，ADO）。在 Access 应用中，直接使用 ODBC API 需要大量 VBA 函数原型和一些低级编程，因此，实际应用中更多采用 DAO 以及 ADO 访问数据库。

VBA 通过数据库引擎可以访问的数据库有以下 3 种类型。

（1）本地数据库：即 Access 数据库。

（2）外部数据库：指所有的索引顺序访问方法（ISAM）数据库，如 dBase、FoxPro。

（3）ODBC 数据库：符合开放数据库连接（ODBC）标准的 C/S 数据库。如 Microsoft SQL Server、Oracle 等。

8.7.2 数据访问对象

数据访问对象中包含了很多对象和集合，通过 Jet 数据库来连接 Access 数据库和其他 ODBC 数据库。利用 DAO 可以完成对数据库的创建、修改、删除和对记录的定位和查询等。其操作的一般语句和步骤如下。

```
'声明对象变量
Dim ws As Workspace
Dim db As Database
Dim rs as RecordSet
'通过 Set 语句设置各个对象变量的值
Set ws=DBEngine.Workspace(0)                  '打开默认工作区
Set db=ws.OpenDatabase(〈数据库文件名〉)         '打开数据库文件
Set rs=db.OpenRecordSet(〈表名、查询名或 SQL 语句〉)  '打开数据记录集
Do While Not rs.EOF                     '利用循环结构遍历整个记录集直至末尾
  ……                                          '安排字段数据的各种操作
  rs.MoveNext                                 '记录指针移至下一条
Loop
rs.close                                '关闭记录集
db.close                                '关闭数据库
Set rs=Nothing                          '回收记录集对象变量的内存占用
Set db=Nothing                          '回收数据库对象变量的内存占用
……
```

【例 8.21】在图书管理数据库中有“图书类型”数据表，表中数据如图 8-7 所示。

图书类型

图书类型号	图书类型	超期罚款单价	单击以添加
1	计算机类	¥0.30	
2	音乐类	¥0.20	
3	文科类	¥0.25	
4	理工类	¥0.27	
*			

图 8-7 “图书类型”表中数据

现要求设计如图 8-8 所示窗体，实现对超期罚款单价的调整。比如，要加大超期罚款处罚力度，设置超期罚款单价+0.2 元。

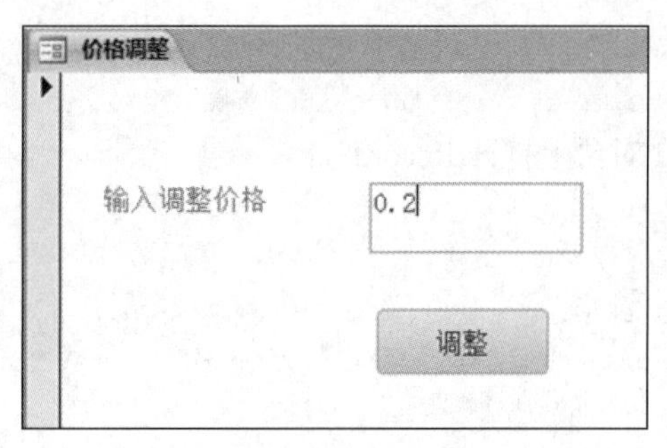

图 8-8　价格调整窗体

请读者自行创建窗体，Command1 命令按钮的单击事件过程代码如下：

```
Private Sub Command1_Click()
   Dim db As Database
   Dim rs As Recordset
   Dim zc As Field
   Set db = OpenDatabase("图书管理")
   Set rs = db.OpenRecordset("图书类型")
   Set zc = rs.Fields("超期罚款单价")
   Do While Not rs.EOF
      rs.Edit
      zc = zc + Val(Text0.Value)
      rs.Update
      rs.MoveNext
   Loop
   rs.Close
   Set rs = Nothing
   Set db = Nothing
End Sub
```

8.7.3　ActiveX 数据对象

ActiveX 数据对象（ADO）是基于组件的数据库编程接口，它是一个与编程语言无关的 COM 组件系统，可以对来自多种数据提供者的数据进行读取和写入操作。

其操作的一般语句和步骤如下。

程序段 1：在 Connection 对象上打开 RecordSet

```
……
'创建对象引用
Dim cn As ADODB.Connection    '创建一个连接对象
Dim rs As ADODB.RecordSet     '创建一个记录集对象
cn.Open〈连接串等参数〉         '打开一个连接
rs.Open〈查询串等参数〉         '打开一个记录集
Do While Not rs.EOF           '利用循环结构遍历整个记录集直至末尾
   ……                         '安排字段数据的各种操作
   rs.MoveNext                '记录指针移至下一条
Loop
rs.close                      '关闭记录集
cn.close                      '关闭连接
Set rs=Nothing                '回收记录集对象变量的内存占用
```

```
Set cn=Nothing                    '回收连接对象变量的内存占用
......
```

程序段 2：在 Command 对象上打开 RecordSet

```
......
'创建对象引用
Dim cm As new ADODB.Command              '创建一个命令对象
Dim rs As new ADODB.RecordSet            '创建一个记录集对象
'设置命令对象的活动连接、类型及查询等属性
With cm
.ActiveConnection=〈连接串〉
.CommandType=〈命令类型参数〉
.CommandText=〈查询命令串〉
End With
Rs.Open cm,〈其他参数〉                   '设定 rs 的 ActiveConnection 属性
Do While Not rs.EOF                      '利用循环结构遍历整个记录集直至末尾
    ......                               '安排字段数据的各类操作
    rs.MoveNext                          '记录指针移至下一条
Loop
rs.close                                 '关闭记录集
Set rs=Nothing                           '回收记录集对象变量的内存占用
```

8.8 VBA 程序的调试与出错处理

在编写 VBA 程序代码时，出现程序错误是不可避免的。VBA 中提供 On Error Goto 语句进行程序错误处理。

On Error Goto 语句的语法如下：

```
On Error Goto 标号
```

功能：在程序执行过程中，如果发生错误将转移到标号位置执行错误处理程序。

```
On Error Resume Next
```

功能：从发生错误的语句的下一个语句处继续执行。

On Error Goto 0 关闭了错误处理，当错误发生时会弹出一个出错信息提示对话框。

在 VBA 编程语言中，除 On Error Goto 语句外，还提供了一个对象 Err、一个函数 Errors( )和一个语句 Error 来帮助用户了解错误信息。

【例 8.22】用 On Error Goto 解决 InputBox()函数在不输入数据或者单击“取消”按钮时产生错误的问题。

先建立图 8-9 所示的窗体，其中只创建一个命令按钮对象——“登录”。

其 Click 事件代码如下：

```
Private Sub Command0_Click()
     Dim a As Integer
     a = InputBox("输入姓名", "登录框")
     MsgBox a
End Sub
```

单击“登录”按钮，将会弹出登录框，如图 8-10 所示。

图 8-9　错误处理测试窗体

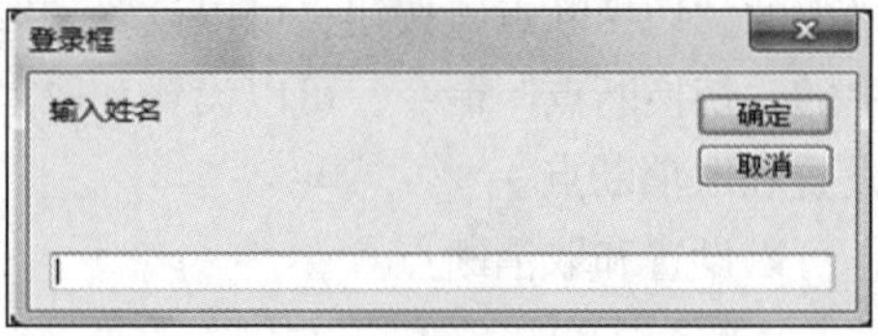

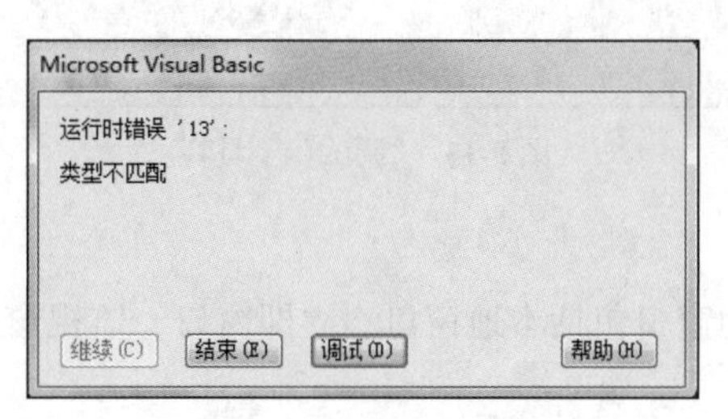

图 8-10　登录框运行效果

如果不输入数据直接单击“确定”按钮，或单击“取消”按钮，就会产生运行错误，如图 8-11 所示。

Microsoft Visual Basic

运行时错误 '13'：

类型不匹配

继续(C)　结束(E)　调试(D)　帮助(H)

图 8-11　产生运行错误

显然，出现运行错误时，显示的对话框界面对用户来说不够友好。如果把“登录”按钮的 Click 事件代码修改如下：

```
Private Sub Command0_Click( )
   On Error GoTo errorline
   Dim a As Integer
   a = InputBox("输入姓名", "登录框")
   MsgBox a
   errorline: MsgBox "没有输入数据或按“取消”按钮"
End Sub
```

则在输入框中不输入数据直接单击“确定”或“取消”按钮时，将显示交互界面友好的对话框，如图 8-12 所示。

图 8-12　改良后的错误提示对话框效果

VBA 程序的调试步骤如下。

1. 设置断点

断点就是在过程的某个特定语句上设置一个位置点以中断程序的执行。设置和使用断点是程序调试的重要手段。

一个程序中可以设置多个断点。在设置断点前，应该先选择断点所在的语句行，然后设置断点。在 VBE 环境里，设置好的断点行是以“酱色”亮条显示的。断点的设置和使用贯穿于程序调试运行的整个过程。

设置和取消断点的 4 种方法如下。

（1）单击“调试”工具栏中的“切换断点”按钮，可以设置和取消断点。

（2）执行“调试”菜单中的“切换断点”命令，可以设置和取消断点。

（3）按【F9】键，可以设置和取消断点。

（4）单击语句行的左端，可以设置和取消断点。

2. 调试工具的使用

在 VBE 环境中，依次执行“视图”→“工具栏”→“调试”命令，可以打开“调试”工具栏（见图 8-13），或用鼠标右键单击菜单空白位置，在弹出快捷菜单中选择“调试”选项。

图 8-13 “调试”工具栏

3. 使用调试窗口

在 VBA 中，用于调试的窗口包括本地窗口、立即窗口、监视窗口和快速监视窗口。

（1）本地窗口

单击调试工具栏上的“本地窗口”按钮，可以打开本地窗口，该窗口内部自动显示出所有在当前过程中的变量声明及变量值。当使用“调试”工具栏“逐语句”功能时，能清楚地看到当前过程中各变量值的变化。初学者使用这种方式可有助于学习和理解循环结构。

（2）立即窗口

单击调试工具栏上的“立即窗口”按钮，可以打开立即窗口。在中断模式下，立即窗口中可以安排一些调试语句，而这些语句是根据显示在立即窗口区域的内容或范围来执行的。

（3）监视窗口

单击调试工具栏上的“监视窗口”按钮，可以打开监视窗口。在中断模式下，右击监视窗口将弹出快捷菜单，选择“编辑监视…”或“添加监视…”菜单项，打开“编辑（或添加）窗口”，在表达式位置进行监视表达式的修改或添加，选择“删除监视…”项则会删除存在的监视表达式。

通过使用在监视窗口增添监视表达式的方法，可以动态地了解一些变量或表达式的值的变化情况，进而可以更准确地判断代码的正误。

（4）快速监视窗口

在中断模式下，先在程序代码区选定某个变量或表达式，然后单击“快速监视”工具按钮，打开“快速监视”窗口。从中可以快速观察到该变量或表达式的当前值，达到快速监视的效果。

习 题 8

一、选择题

1. 在代码调试时，使用 Debug. Print 语句显示指定变量结果的窗口是（　　）。

   A. 属性窗口　　B. 本地窗口　　C. 立即窗口　　D. 监视窗口

2. 在 VBA 程序中，可以实现代码注释功能的是（　　）。

   A. 方括号（[ ]）　　B. 单引号（'）　　C. 双引号（"）　　D. 冒号（:）

3. 下列叙述中，正确的是（　　）。

   A. Sub 过程有返回值，返回值类型可由定义时的 As 子句声明

   B. Sub 过程有返回值，返回值类型可在调用过程时动态决定

   C. Sub 过程有返回值，返回值类型只能是符号常量

   D. Sub 过程无返回值，不能定义返回值类型

4. 在代码中定义了一个子过程：

```
Sub A( a , b )
  ……
End Sub
```

在下列调用该过程的形式中，正确的是（　　）。

   A. Call　A　　B. Call　A(10 , 20)

   C. A(10 , 20)　　D. Call　A 10 , 20

5. 以下程序运行后，消息框的输出结果是（　　）。

```
Dim m( 10 )
For k = 1 To 10
    m( k ) = 14 - k
Next k
x = 6
   MsgBox m( 2 + m( x ) )
```

   A. 2　　B. 4　　C. 3　　D. 5

6. 以下程序运行后，立即窗口中显示的是（　　）。

```
f1 = 1
f2 = 1
For n = 3 To 7
f = f1 + f2
f1 = f2
f2 = f
Next n
Debug.Print f
```

   A. 10　　B. 12　　C. 11　　D. 13

7. 下列表达式中，能够保留变量 x 整数部分并进行四舍五入的是（　　）。

   A. Fix(x)　　B. Int(x)　　C. Rnd(x)　　D. Round(x)

8. 在窗体上，设置控件 Command0 为不可见的属性是（　　）。

   A. Ccolore　　B. Caption　　C. Enabled　　D. Visible

9. VBA 程序流程控制的方式有（　　）。

A. 顺序控制、条件控制和选择控制　　B. 条件控制、选择控制和循环控制

C. 分支控制、顺序控制和循环控制　　D. 顺序控制、选择控制和循环控制

10. InputBox 函数的返回值类型是（　　）。

A. 数值　　B. 字符串　　C. 变体　　D. 逻辑型

11. VBA 程序的多条语句能够写在同一行，中间用（　　）分开。

A. :　　B. ‘　　C. ;　　D. /

12. 下面能实现两个变量值互换的语句是（　　）。

A. Y=X:X=Y　　B. Z=X:Y=Z:X=Y

C. Z=X:X=Y:Y=Z　　D. Z=X:W=Y:Y=Z:X=Y

13. 有如下循环结构：

```
X=1
Do
  X=X+2
Loop Until x>=7
```

该循环一共循环几次（　　）。

A. 2　　B. 3　　C. 4　　D. 死循环

14. 有如下循环结构：

```
X=8
Do While X<=20
  X=X+2
Loop
```

该循环一共循环几次（　　）。

A. 2　　B. 4　　C. 5　　D. 7

15. 运行下列程序段，结果是（　　）。

```
For s=99 to 50 Step 2
k=k+1
Next s
```

A. 死循环　　B. 循环 0 次　　C. 语法错误　　D. 循环 1 次

16. VBA 中定义符号常量可以用关键字（　　）。

A. Static　　B. Dim　　C. Visible　　D. Const

17. 定义二维数组 A（2 to 4，3），则该数组的元素个数为（　　）。

A. 11　　B. 12　　C. 13　　D. 9

18. 若将窗体的标题设置为“改变文字显示颜色”，应使用的语句是（　　）。

A. Me = " 改变文字显示颜色 "

B. Me.Caption= " 改变文字显示颜色 "

C. Me.text= " 改变文字显示颜色 "

D. Me.Name= " 改变文字显示颜色 "

19. 发生在控件接收焦点之前的事件是（　　）。

A. Enter　　B. Exit　　C. GotFocus　　D. LostFocus

20. 因修改文本框中的数据而触发的事件是（　　）。

A. Change　　B. Edit　　C. Getfocus　　D. LostFocus

二、填空题

1. 窗体的计时器触发事件的时间间隔是通过________属性来设置的。

2. ________是 VBA 中最重要的对象。通过________可以使用户更好地与应用程序进行交互。

3. 在 VBA 中，没有显式声明或使用符号来定义的变量，其数据类型默认是________。

4. 执行下面程序后，变量 s 的值为________。

```
s = 5
For  i = 2.6  To  4.9  Step  0.6
    s = s + 1
Next  i
```

5. 以下程序执行结束后，立即窗口中显示的是（即 a 的值）________。

```
s = 0
a = 100
Do
    s = s + a
    a = a +1
Loop  While  a > 120
Debug.Print  a
```

6. VBA“定时”操作中，需要设置窗体的“计时器间隔（TimerInterval）”属性值，其计量单位是________。

7. ADO 的含义是________。

8. VBA 中打开窗体的命令语句是________。

9. VBA 中主要提供了 3 种数据库访问接口：________、________、________。

10. 在 MsgBox(prompt，buttons，title，hetpfite，context)函数调用形式中，必须提供的参数是________。

第9章 教务管理系统

在数据库应用系统的开发过程中，系统的需求分析、数据模型的设计、数据库的实现等是至关重要的开发环节。本章以“教务管理系统”的开发为例，介绍数据库应用系统的开发过程。

9.1 开发数据库应用系统的过程

通常开发一个数据库应用系统需要经过需求分析、设计、实现、测试与维护这几个阶段。

1. 需求分析阶段

需求分析阶段主要对数据库应用系统开发进行论证分析，开发人员首先必须明确用户的具体要求，包括数据库应用系统最终能完成功能及系统可靠性、处理时间、应用范围、简易程序等具体指标的要求，并将要求以书面形式表达出来。因此，明确用户的要求是需求分析阶段的基本任务，此外，在本阶段还需确定数据库应用系统的总目标、数据库应用系统开发的总体思路及开发所需的时间等。需求分析一般包括数据分析和功能分析，数据分析就是要归纳出系统所需要的数据，为设计数据库提供依据；功能分析为应用程序设计服务。

2. 设计阶段

在数据库应用系统开发的设计阶段，首先要进行总体规划，建立软件系统的结构，认真细致地做好规划，明确需要完成的任务，数据的输入、输出的要求以及数据结构的确立等，并用算法描述工具详细描述算法。对数据库应用系统开发的设计，一般包括数据库设计和系统功能模块设计。数据库设计，就是设计程序所需的数据的类型、格式、长度和组织方式，将需求进行综合、归纳与抽象，组织统一的概念模型，并画出实体关系图（E-R 图，表示实体之间的关系），确立数据库管理系统的数据模型，设计相应的数据结构；系统功能模块设计，就是将所要求的整个系统功能模块化，明确各模块的功能及模块之间的关系，形成一个功能结构图，便于分工、实现和调试。

3. 实现阶段

在应用系统开发的实现阶段，就是按功能结构，一般采用“自顶向下”的设计思想进行开发与设计。实现阶段可具体分为以下几个步骤。

（1）数据库设计。数据库的设计直接影响一个数据库应用系统的好坏，数据库设计是系统设计的第一步，也是最为关键的一步。设计数据库要完成以下几项工作：收集数据、分析数据、规范数据、建立关联和组装数据库等。

（2）界面设计。界面是用户和系统的输入/输出接口。界面设计用于控制数据的输入/输出，明确输入什么数据，输出什么数据，并且还要明确输入/输出方式。

（3）功能模块设计。这一步是完成具体的数据处理工作，一般按数据的录入、修改、编辑、查询与统计、报表输出等功能模块进行划分，并通过控件的事件代码来实现。

（4）控件属性设计。这一步将设置对象的属性，包括表单和表单中包含的控件属性。每种类型的控件都拥有自己的属性列表，通过对属性的操作，可以控制和改变窗体或控件运行时的外观和功能特征，而且可以控制用户操作行为。

（5）调试程序。一个程序编写完成后，应该对它进行测试，即进行编译或运行，以发现程序的语法错误。在程序的编写过程中，“设计编程—调试—修改—调试”的过程可能要反复进行多次。

4. 测试阶段

测试阶段的任务是验证编写的程序是否满足系统的要求，同时发现程序中存在的各种错误并将其排除。测试分为模块测试和联合测试两个阶段。模块测试就是独立地测试系统中各个子系统和子程序是否实现了功能说明书中的要求，是检验独立模块的功能是否实现，错漏在哪儿并加以排除和更正；联合测试是对多个子系统功能模块的组合进行测试，测试整个系统的协调运行情况，经过系统运行，对输出的结果加以验证，观察其是否符合预期要求。

5. 维护阶段

通过测试后，系统就可以投入运行，并在运行中发现问题并加以修改、调整和完善。在应用系统开发的维护阶段，要经常修正系统程序的缺陷，增加新的功能。在这个阶段，测试系统的功能尤为关键，要通过调试工具检查语法错误和算法设计错误，并及时加以修正。

9.2　系统需求分析

教务管理系统的主要功能是利用计算机实现对学生信息、学生选课信息、教师信息及教师授课信息等的日常管理。

教务管理系统主要对以下信息进行管理。

（1）学生信息：管理和维护学生的各项数据信息，包括学号、姓名、性别、民族、政治面貌、出生日期、所属院系等。

（2）选课信息：管理和维护学生选课的各项数据信息，包括学号、课程编号、成绩等。

（3）管理员信息：管理和维护管理员的各项数据信息，包括管理员的编号、姓名、密码等。

（4）课程信息：管理和维护课程的各项数据信息，包括课程编号、课程名称、课程类别、学时、学分等。

（5）教师信息：管理和维护教师的各项数据信息，包括教师编号、姓名、性别、出生日期、学历、职称、所属院系、办公电话、手机、是否在职、电子邮件等。

（6）授课信息：管理和维护教师授课的各项数据信息，包括教师编号、课程编号、授课学期、授课时间、授课地点等。

（7）院系信息：管理和维护院系的各项数据信息，包括院系编号、院系名称、院长姓名、院办电话、院系网址等。

为完成对以上信息的管理，需要建立一个功能完善且可扩展性较强的教务管理系统。可以说，应用程序的功能越多，可扩展性越强，编程的复杂性就越高，需要兼顾的方面就越多。在详细了解需求的基础上，需要合理地划分应用程序的各个功能模块，统筹兼顾，综合考虑。

9.3 功能设计

根据以上的需求分析，该系统实现的功能主要包括以下几个方面。

（1）学生管理：管理和维护学生的各项数据信息，主要功能有学生信息的浏览、添加、删除、修改、查询等。

（2）教师管理：管理和维护教师的各项数据信息，主要功能有教师信息的浏览、添加、删除、修改、查询等。

（3）课程管理：管理和维护课程的各项数据信息，主要功能有课程信息的浏览、添加、删除、修改、查询等。

9.4 模块设计

根据上面介绍的系统功能，对本系统进行分析，得到图 9-1 所示的系统功能模块结构图。

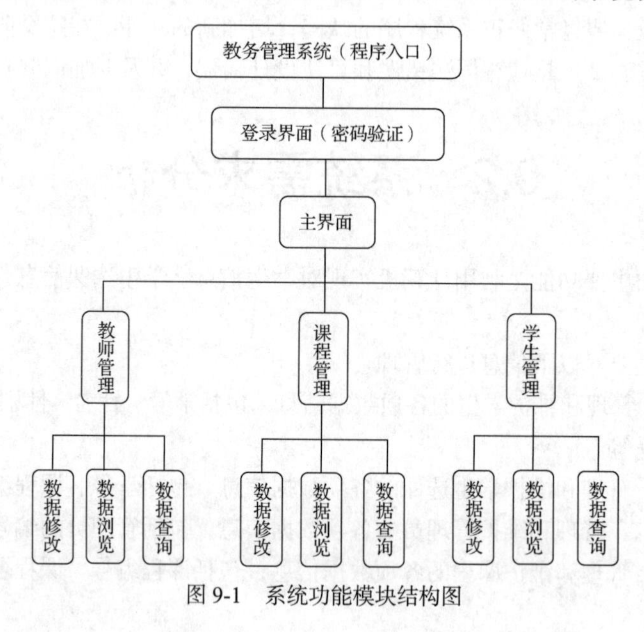

图 9-1　系统功能模块结构图

9.5 数据库设计与创建

9.5.1 数据库的设计

系统设计的关键在于如何设计数据库中数据的结构。数据库设计分为概念结构设计、逻辑结构设计和物理结构设计，对应产生了数据库的三级模型：概念模型、数据模型和物理模型。

1．概念模型设计

将现实世界抽象为概念模型，概念模型用 E-R 图来描述。本系统中主要的 E-R 图如图 9-2～图 9-8 所示。

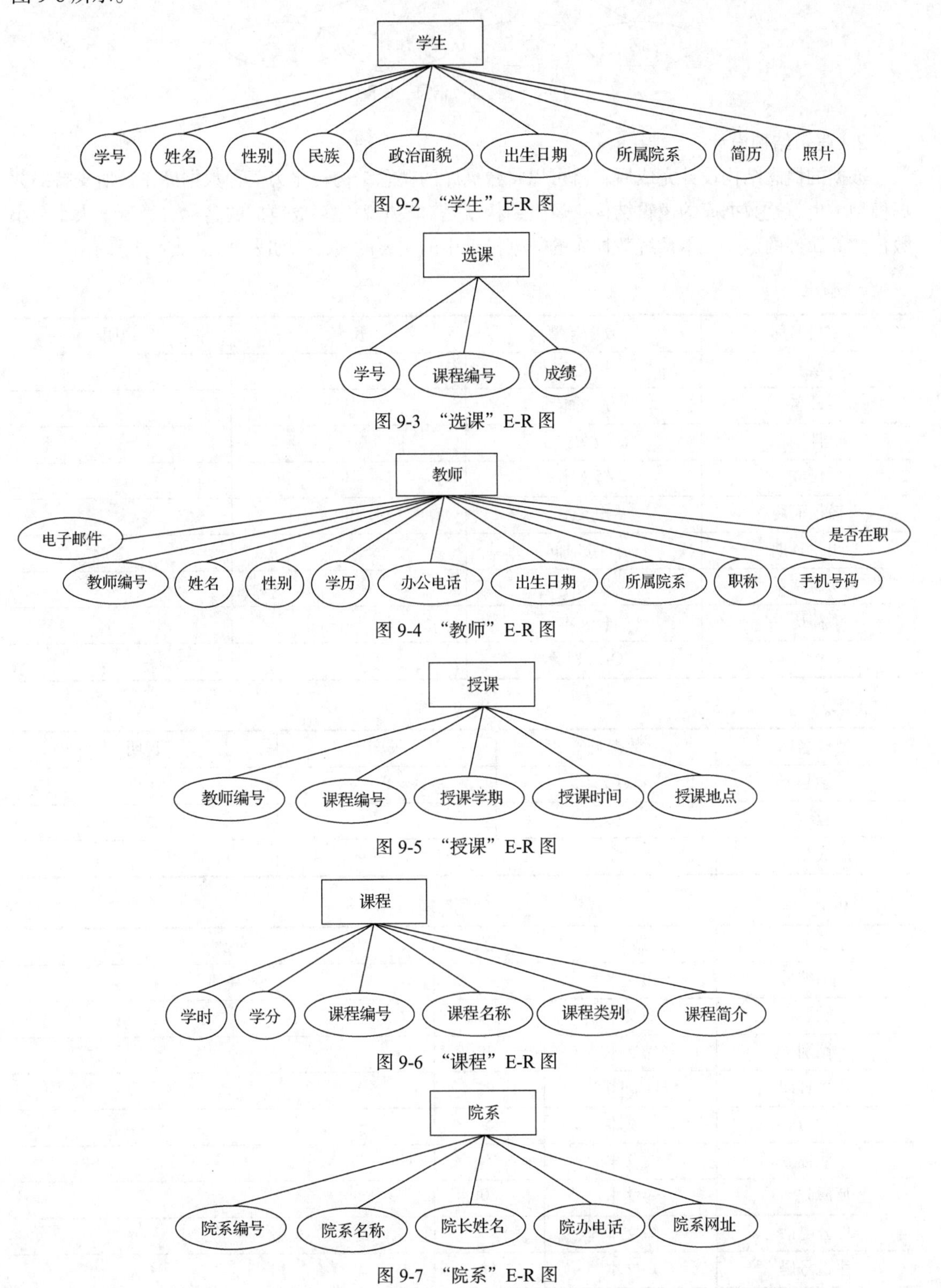

图 9-2 “学生”E-R 图

图 9-3 “选课”E-R 图

图 9-4 “教师”E-R 图

图 9-5 “授课”E-R 图

图 9-6 “课程”E-R 图

图 9-7 “院系”E-R 图

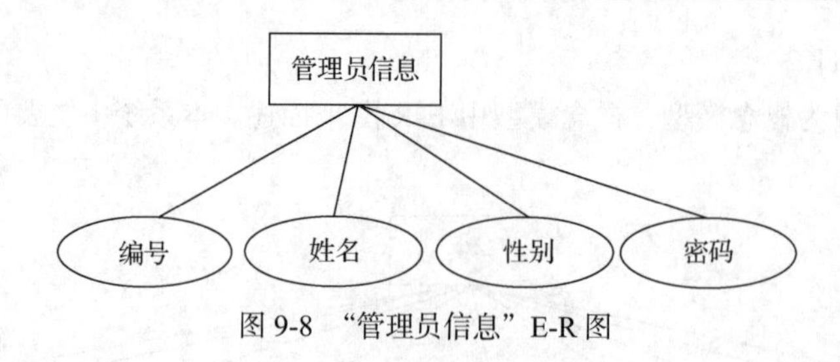

图 9-8 “管理员信息”E-R 图

2. 逻辑结构设计

数据的概念结构设计完成后，就可以将数据库的概念结构转化为某种数据库系统所支持的数据模型，也就是数据库的逻辑结构。逻辑结构就是对数据表中存放数据的名称、类型、大小和小数位数等属性的定义，本系统数据库的数据模型中的主要的表结构如表 9-1～表 9-7 所示。

表 9-1 “学生”表

字段名称	数据类型	长度	说明
学号	短文本	9	主键
姓名	短文本	10	
性别	短文本	1	
民族	短文本	10	
政治面貌	短文本	6	
出生日期	日期/时间		
所属院系	短文本	2	
简历	长文本		
照片	OLE 对象		

表 9-2 “选课”表

字段名称	数据类型	长度	说明
学号	短文本	9	主键
课程编号	短文本	5	主键
成绩	数字		

表 9-3 “教师”表

字段名称	数据类型	长度	说明
教师编号	短文本	7	主键
姓名	短文本	6	
性别	短文本	1	
出生日期	日期/时间		
学历	短文本	5	
职称	短文本	3	
所属院系	短文本	20	
办公电话	短文本	8	
手机号码	短文本	11	

续表

字段名称	数据类型	长度	说明
是否在职	是/否		
电子邮件	超链接		

表 9-4　“授课”表

字段名称	数据类型	长度	说明
教师编号	短文本	7	
课程编号	短文本	5	
授课学期	短文本	11	
授课时间	短文本	5	
授课地点	短文本	8	

表 9-5　“课程”表

字段名称	数据类型	长度	说明
课程编号	短文本	5	主键
课程名称	短文本	8	
课程类别	短文本	3	
学时	数字		
学分	数字		
课程简介	短文本	255	

表 9-6　“院系”表

字段名称	数据类型	长度	说明
院系编号	短文本	2	主键
院系名称	短文本	12	
院长姓名	短文本	3	
院办电话	短文本	8	
院系网址	超链接		

表 9-7　“管理员信息”表

字段名称	数据类型	长度	说明
编号	短文本	7	
姓名	短文本	10	
性别	短文本	1	
密码	短文本	3	

3. 建立表间关系

根据数据模型中各实体之间的联系，可以转化为 Access 支持的关系模型。图 9-9 所示为本系统中各表的表间关系。

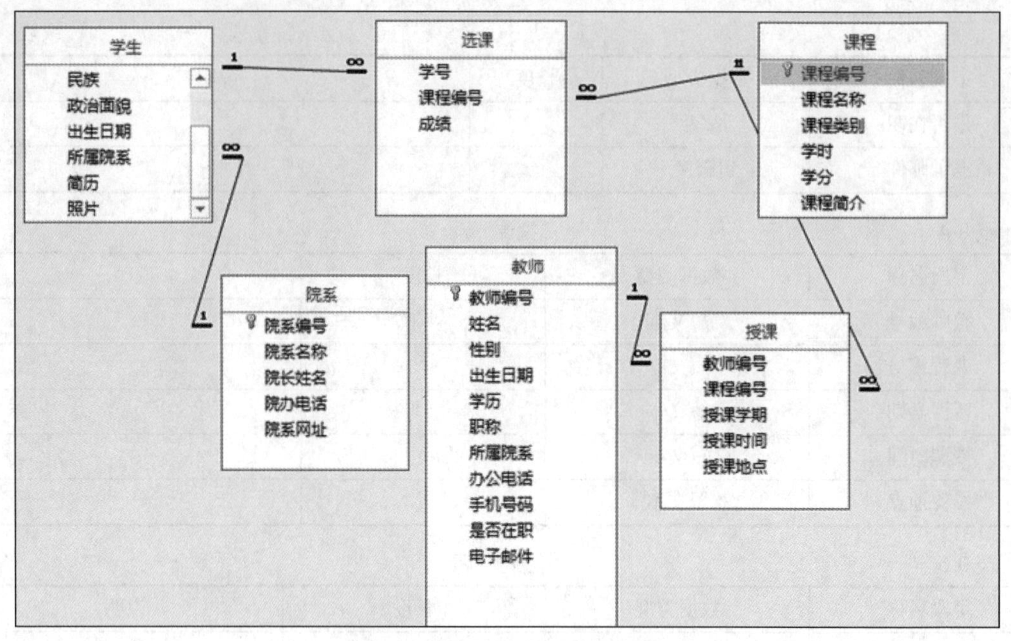

图 9-9　数据库中各表间的关系

9.5.2　数据库及表的创建

在 Access 2016 中，若要创建一个应用系统，则首先需创建一个数据库文件，用来存放各个对象（表、查询、报表、窗体、宏和模块）。本系统将创建一个“教务管理”数据库来对对象进行管理。创建方法见 2.1.1 小节中的【例 2.1】。

根据前面定义的系统需要用到的各数据表的逻辑结构，可创建这些表的物理结构。本应用系统中需要用到 7 个数据表，表的创建方法见 3.3.1 小节中的【例 3.1】。

9.6　系统各功能模块设计

本节从系统登录界面开始对各个功能模块进行介绍。

9.6.1　登录界面窗体设计

登录界面是用户进入系统的入口，只有合法用户才能进入系统的主界面。

（1）启动 Access 2016，打开“教务管理”数据库，依次单击“创建”→“窗体”→“窗体设计”按钮。

（2）在弹出的新窗体中添加两个标签控件、两个文本框控件、两个命令按钮控件，其属性设置如表 9-8 所示，然后将该窗体保存为“登录窗体”。

表 9-8　“登录界面窗体”属性设置

控件名	属性名	属性值	说明
窗体	记录源	管理员信息	
Label1	标题	请输入管理员编号：	

续表

控件名	属性名	属性值	说明
Label1	字号	16	
Label2	标题	密码：	
Label2	字号	16	
Command5	标题	确定	
Command6	标题	退出	
Text3	输入掩码	密码	

窗体设计效果如图 9-10 所示。

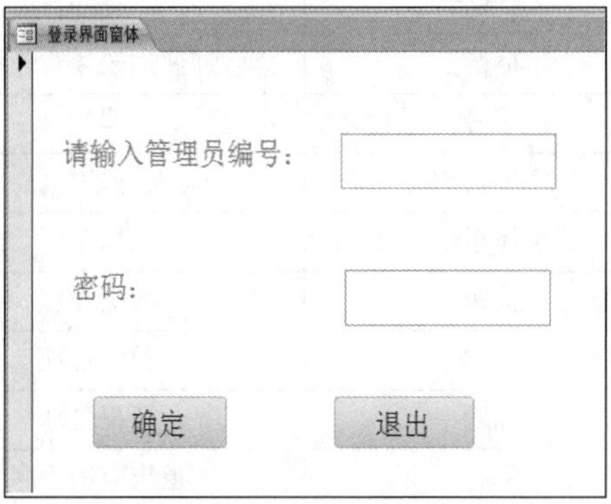

图 9-10　登录界面窗体

（3）单击“确定”按钮，在对应的单击（Click）事件过程中添加如下代码：

```
Private Sub Command5_Click()
      If IsNull([Text0]) = False Then
         If DLookup("密码", "管理员信息", "编号='" & [Text0] & "'") = Me![Text3] Then
            DoCmd.Close acForm, "登录界面窗体"
            DoCmd.OpenForm "主界面窗体"

         Else
            Text3 = ""
            Text3.SetFocus
            MsgBox "密码错误，请重新输入", vbCritical
        End If
      Else
         MsgBox "请输入管理员编码"
    End If
  End Sub
```

（4）单击“退出”按钮，在对应的单击（Click）事件过程中添加如下代码：

```
Private Sub Command6_Click()
    If MsgBox("确认要退出吗？", vbYesNo + vbQuestion + vbDefaultButton1, "退出提示框") = 6 Then
      DoCmd.Close acForm, "登录界面窗体"
      End If
End Sub
```

（5）保存该窗体。

9.6.2 主界面窗体设计

主界面窗体是整个系统提供给管理员调用各个功能模块的接口和基本环境。创建主界面窗体的步骤如下。

（1）启动 Access 2016，打开“教务管理”数据库，依次单击“创建”→“窗体”→“窗体设计”按钮。

（2）在弹出的新窗体中添加一个标签控件、一个直线控件、5 个命令按钮控件，其属性设置如表 9-9 所示，然后将该窗体保存为“主界面窗体”。

表 9-9　“主界面窗体”属性设置

控件名	属性名	属性值	说明
Label0	标题	欢迎使用教务管理系统	
Label0	字号	24	
Label0	字体名称	仿宋	
Label0	字体粗细	加粗	
Command3	标题	学生管理	
Command4	标题	教师管理	
Command5	标题	课程管理	
Command7	标题	退出应用程序	
Command8	标题	返回登录界面	

窗体设计效果如图 9-11 所示。

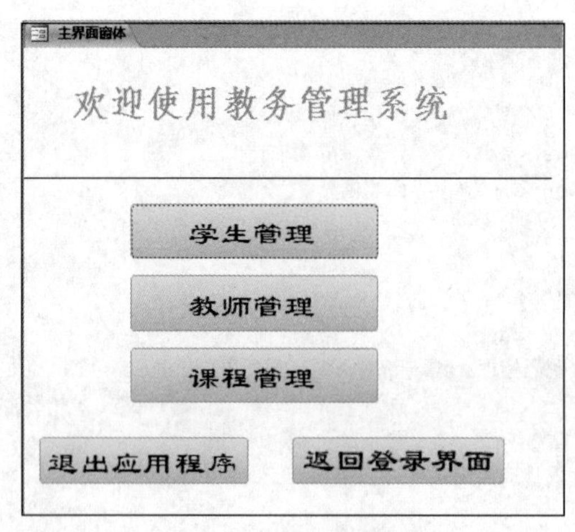

图 9-11　主界面窗体

（3）单击“学生管理”按钮（Command3），在对应的单击（Click）事件中添加嵌入的宏，在操作目录中先选择 OpenForm 命令，再选择 CloseWindow 命令，具体设置如图 9-12 所示。

（4）单击“教师管理”按钮，在对应的单击（Click）事件中添加嵌入的宏，在操作目录中先选择 OpenForm 命令，再选择 CloseWindow 命令，具体设置如图 9-13 所示。

（5）单击“课程管理”按钮，在对应的单击（Click）事件中添加嵌入的宏，在操作目录中先选择 OpenForm 命令，再选择 CloseWindow 命令，具体设置如图 9-14 所示。

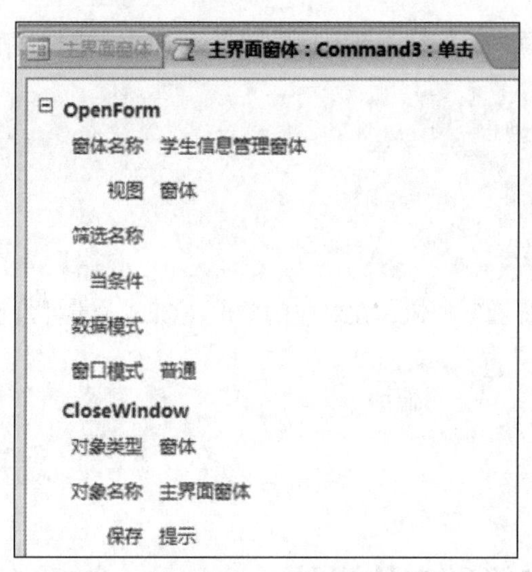

图 9-12　“学生管理”按钮单击事件对应的宏

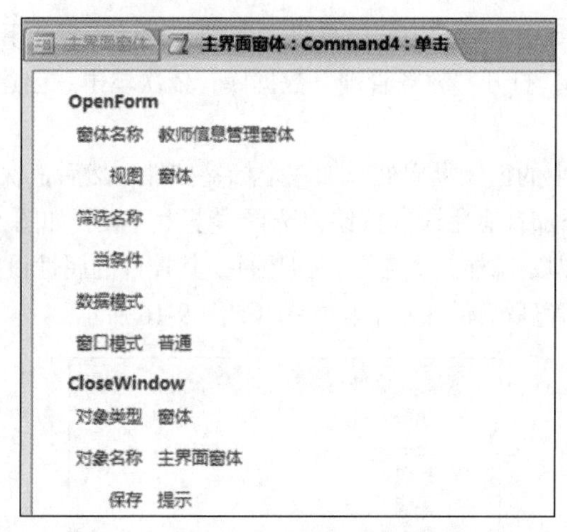

图 9-13　“教师管理”按钮单击事件对应的宏

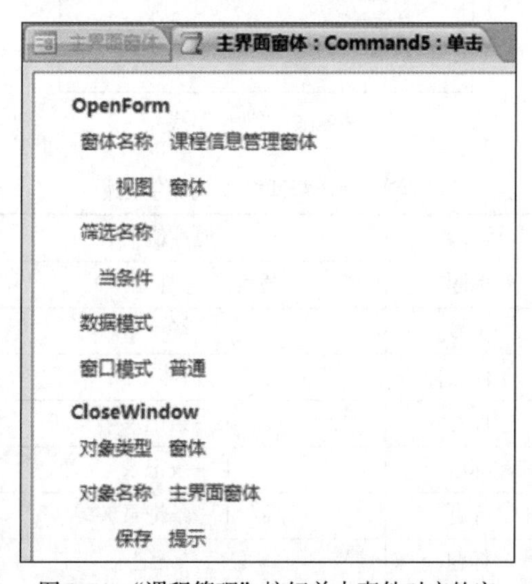

图 9-14　“课程管理”按钮单击事件对应的宏

（6）单击“退出应用程序”按钮，在对应的单击（Click）事件过程中添加如下代码：

```
    Private Sub Command7_Click()
       If MsgBox("确认要退出吗？", vbYesNo + vbQuestion + vbDefaultButton1, "退出提示框") =
6 Then
          DoCmd.Close acForm, "主界面窗体"
       End If
    End Sub
```

（7）单击“返回登录界面”按钮，在对应的单击（Click）事件过程中添加如下代码：

```
    Private Sub Command8_Click()
      DoCmd.Close acForm, "主界面窗体"
      DoCmd.OpenForm, "登录界面窗体"
    End Sub
```

（8）保存该窗体。

9.6.3　学生信息管理窗体设计

学生信息管理窗体主要用于对学生的信息进行管理，设计步骤如下。

（1）启动 Access 2016，打开“教务管理”数据库，依次单击“创建”→“窗体”→“窗体设计”按钮。

（2）在弹出的新窗体中的窗体页眉处添加一个标签控件，然后依次单击“窗体设计工具”→“设计”→“工具”→“添加现有字段”按钮，选择“学生”表，如图 9-15 所示，将其中的字段拖曳到主体区，在窗体页脚处添加 9 个命令按钮控件。其控件的属性设置如表 9-10 所示，然后将该窗体保存为“学生信息管理窗体”，窗体效果图如图 9-16 所示。

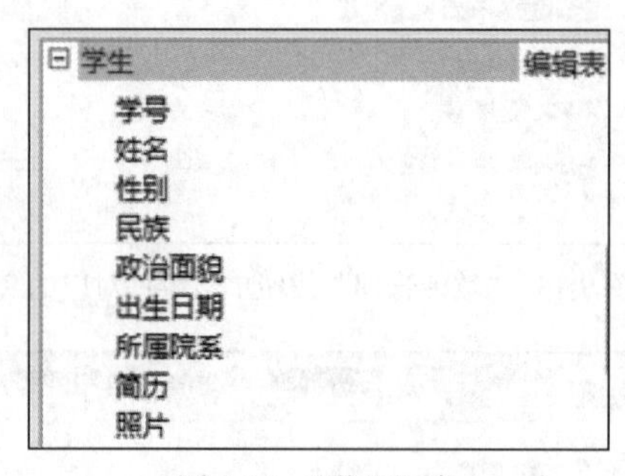

图 9-15　“学生”表

表 9-10　“学生信息管理窗体”属性设置

控件名	属性名	属性值	说明
Label3	标题	学生信息管理界面	
Label3	字号	24	
Label3	字体名称	楷体	
Command12	标题	第一条记录	
Command13	标题	上一条记录	
Command15	标题	下一条记录	
Command16	标题	最后一条记录	
Command17	标题	添加记录	

续表

控件名	属性名	属性值	说明
Command18	标题	保存记录	
Command20	标题	删除记录	
Command21	标题	查询记录	
Command23	标题	返回主界面	

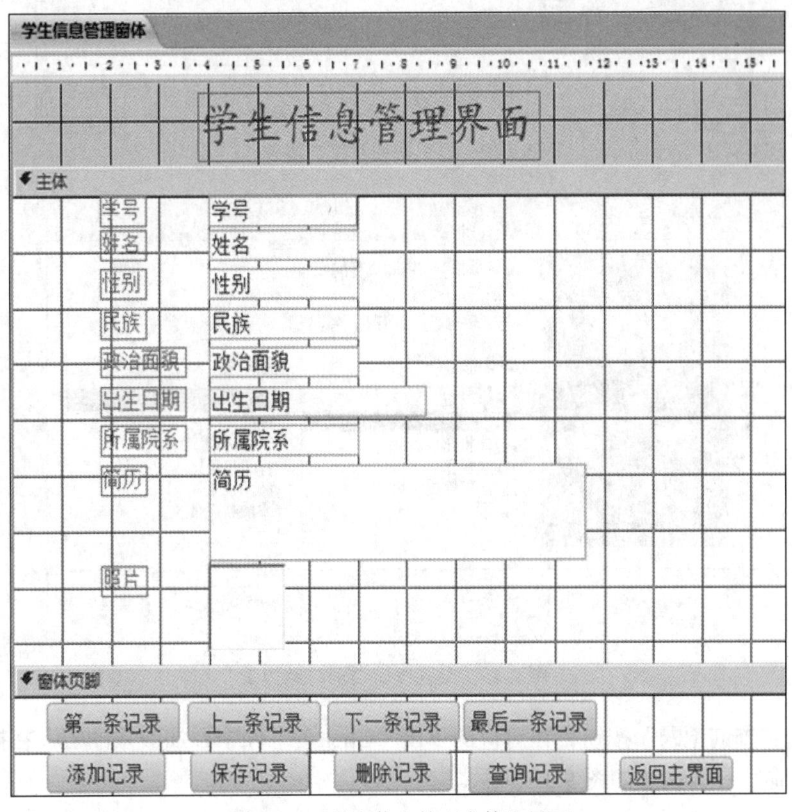

图 9-16 “学生信息管理窗体”界面

（3）在向窗体页脚区添加按钮时，会弹出命令按钮向导，如图 9-17 所示。图 9-16 的窗体页脚中的第一行的 4 个按钮，都是用于记录导航的，所以，“类别”选择记录导航，然后在“操作”中选择对应的操作。例如，“第一条记录”按钮（Command12）在操作中选择“转至第一项记录”选项，“上一条记录”按钮（Command13）在操作中选择“转至前一项记录”选项，“下一条记录”按钮（Command15）在操作中选择“转至下一项记录”选项，“最后一条记录”按钮（Command16）在操作中选择“转至最后一项记录”选项。

图 9-16 中的窗体页脚中的第 2 行中的前 3 个按钮是用于记录操作的，所以，类别就选择“记录操作”，然后在“操作”中选择对应的操作，如图 9-18 所示。“添加记录”按钮（Command17）在操作中选择“添加新记录”，“保存记录”按钮（Command18）在操作中选择“保存记录”，“删除记录”按钮（Command20）在操作中选择“删除记录”。

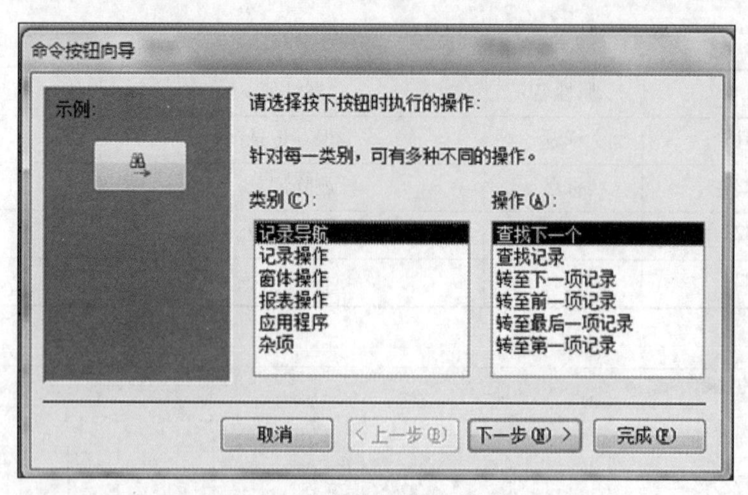

图 9-17　设置按钮类别与操作 1

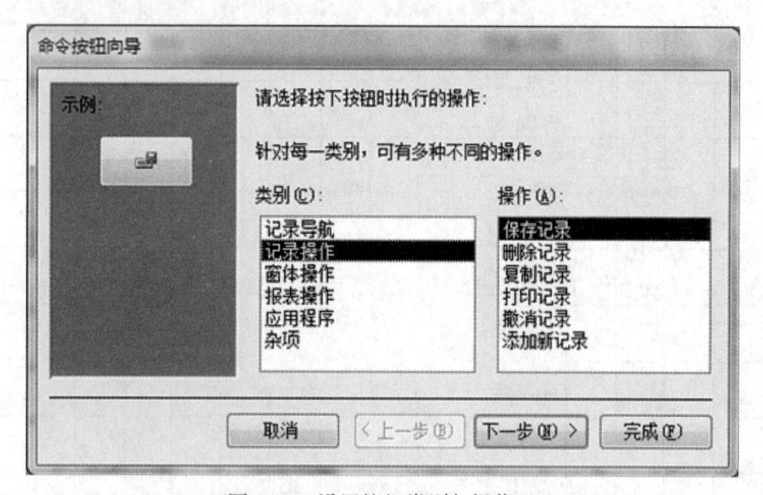

图 9-18　设置按钮类别与操作 2

（4）单击“查询记录”按钮，在对应的单击（Click）事件中添加嵌入的宏，在操作目录中选择 OpenForm 命令具体设置如图 9-19 所示。

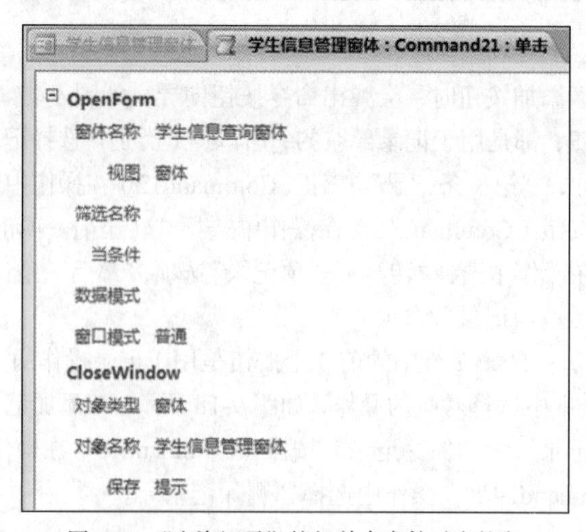

图 9-19　“查询记录”按钮单击事件对应的宏

（5）单击“返回主界面”按钮，在对应的单击（Click）事件中添加嵌入的宏，在操作目录中先选择 CloseWindow 命令，再选择 OpenForm 命令，具体设置如图 9-20 所示。

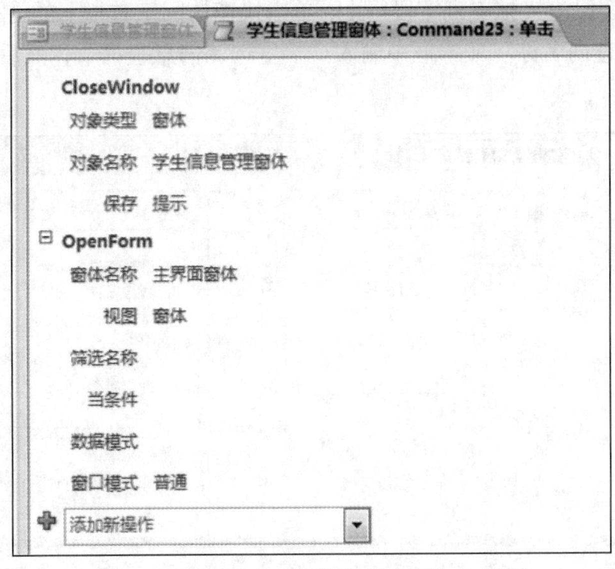

图 9-20　“返回主界面”按钮单击事件对应的宏

（6）保存该窗体。

9.6.4　学生信息查询窗体设计

学生信息查询窗体主要是对学生的相关信息进行查询，可根据学号、姓名、所属院系等进行查询。由于在查询时会用到“学生”表、“选课”表和“课程”表的信息，因此需要先创建一个学生选课信息查询，操作步骤如下。

（1）启动 Access 2016，打开“教务管理”数据库，依次单击“数据库工具”→“关系”→“关系”按钮。

（2）在打开的关系界面里，添加“学生”表、“选课”表和“课程”表，建立表间的关系，如图 9-21 所示，然后关闭关系界面。

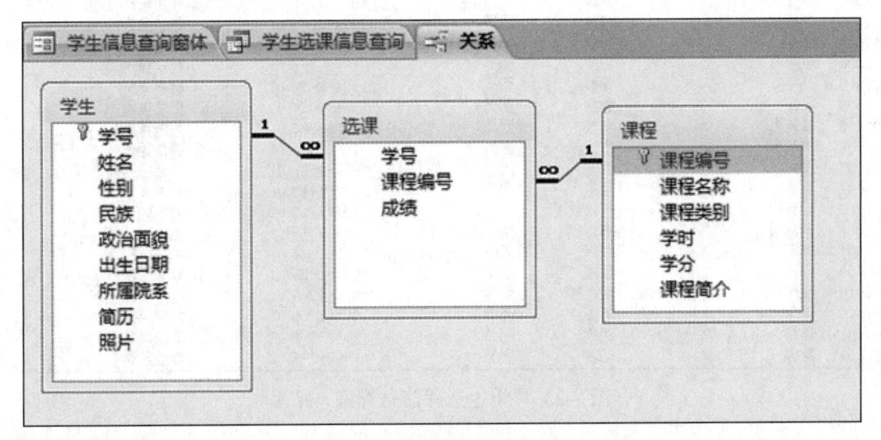

图 9-21　3 个表间的关系

（3）依次单击“创建”→“查询”→“查询设计”按钮，弹出“显示表”对话框，在“显示表”对话框中，选择“表”选项卡，将“学生”表、“选课”表和“课程”表添加到查询设计视图上半部分的窗口中。单击“关闭”按钮，关闭“显示表”对话框。

（4）将表中相关字段直接拖曳到字段行上，单击快速访问工具栏上的“保存”按钮，弹出“另存为”对话框，在“查询名称”文本框中输入“学生选课信息查询”，然后单击“确定”按钮，如图 9-22 所示。

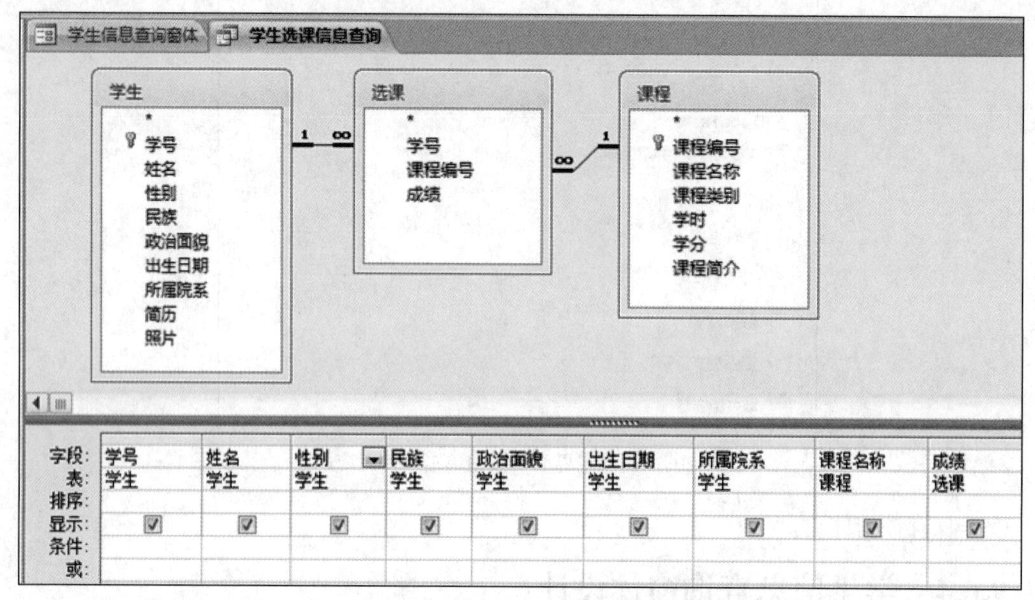

图 9-22 “学生选课信息查询”设计视图

（5）依次单击“设计”→“结果”→“运行”按钮，这时可以看到“学生选课信息查询”的执行结果，如图 9-23 所示，然后关闭该查询。

学号	姓名	性别	民族	政治面貌	出生日期	所属院系	课程名称	成绩
201301001	李文建	男	蒙古族	团员	1996-1-30	01	大学英语	67
201301001	李文建	男	蒙古族	团员	1996-1-30	01	程序设计基础	56
201301001	李文建	男	蒙古族	团员	1996-1-30	01	系统结构	96
201301002	郭凯琪	女	壮族	群众	1996-7-9	01	计算机导论	67
201301002	郭凯琪	女	壮族	群众	1996-7-9	01	汇编语言	87
201301003	宋媛媛	女	汉族	团员	1994-12-3	01	程序设计基础	67
201301003	宋媛媛	女	汉族	团员	1994-12-3	01	数值分析	81
201301004	张丽	女	白族	团员	1995-2-5	01	汇编语言	56
201301004	张丽	女	白族	团员	1995-2-5	01	经济预测	82
201301005	马良	男	彝族	团员	1994-8-24	01	数值分析	55
201301005	马良	男	彝族	团员	1994-8-24	01	专业英语	75
201301006	钟晓彤	女	畲族	团员	1995-9-3	01	经济预测	67
201301006	钟晓彤	女	畲族	团员	1995-9-3	01	编译原理	67
201301007	董威	男	回族	团员	1996-1-10	01	计算机组成原理	87
201301007	董威	男	回族	团员	1996-1-10	01	数据库	78
201301008	钟舒琪	女	布依族	预备党员	1994-7-19	01	数字电路	67
201301008	钟舒琪	女	布依族	预备党员	1994-7-19	01	图论	65
201301009	叶嵩	女	回族	团员	1995-1-24	01	系统结构	67
201301009	叶嵩	女	回族	团员	1995-1-24	01	软件工程	72
201301010	徐东	男	蒙古族	团员	1996-12-9	01	程序设计基础	81
201301010	徐东	男	蒙古族	团员	1996-12-9	01	数据结构	56
201302001	魏娜	女	回族	团员	1996-7-9	02	汇编语言	72
201302001	魏娜	女	回族	团员	1996-7-9	02	专业英语	45

图 9-23 “学生选课信息查询”结果

（6）依次单击“创建”→“窗体”→“窗体设计”按钮，在弹出的新窗体中，设置窗体的记录源属性为“学生选课信息查询”，设置窗体的默认视图属性为“数据表”；然后依次单击“窗体设计工具”→“设计”→“工具”→“添加现有字段”按钮，显示“学生选课信息查询”中的字段，如图 9-24 所示，将其中的字段拖曳到主体区，再将该窗体保存为“学生选课信息查询 子窗体”，窗体设计效果图如图 9-25 所示，关闭该窗体。

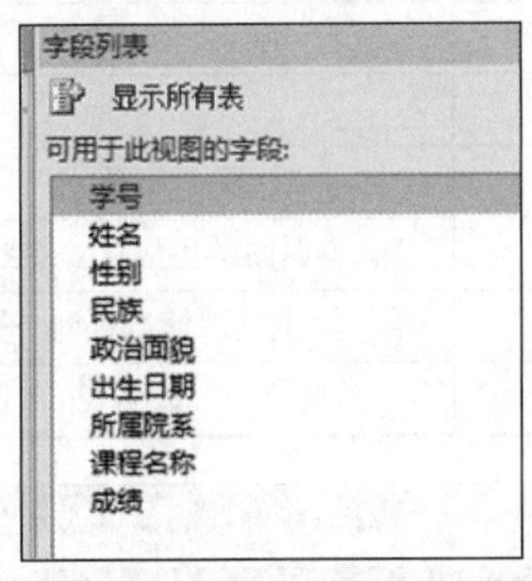

图 9-24　“学生选课信息查询”中的字段

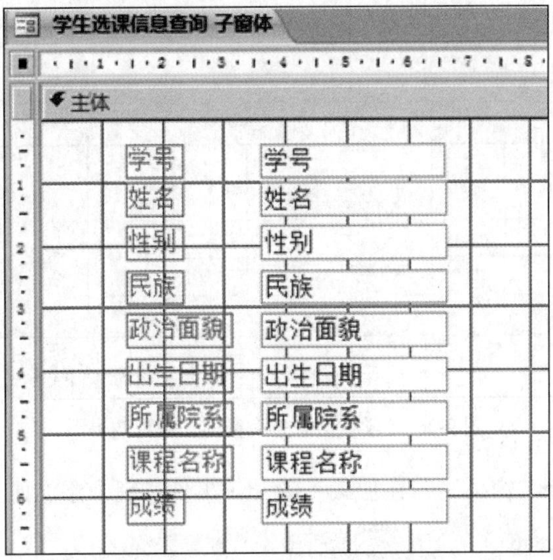

图 9-25　“学生选课信息查询 子窗体”设计效果图

（7）依次单击“创建”→“窗体”→“窗体设计”按钮，在弹出的新窗体中添加 6 个标签控件、3 个单选按钮控件、一个文本框控件、两个命令按钮控件和一个子窗体控件，其属性设置如表 9-11 所示，然后将该窗体保存为“学生信息查询窗体”。窗体设计效果如图 9-26 所示。

表 9-11　“学生信息查询窗体”属性设置

控件名	属性名	属性值	说明
Label0	标题	请选择查询方式	
Label0	字号	16	
Label2	标题	按学号查找	
Label4	标题	按姓名查找	
Label6	标题	按所属院系查找	
Label8	标题	请输入要查找的数据	

续表

控件名	属性名	属性值	说明
Label11	标题	学生基本信息	
Command9	标题	查询	
Command9	字号	16	
Command9	前景色	红色	
Command12	标题	返回学生信息管理界面	
Child10	源对象	学生选课信息查询 子窗体	
Child10 的窗体	默认视图	数据表	

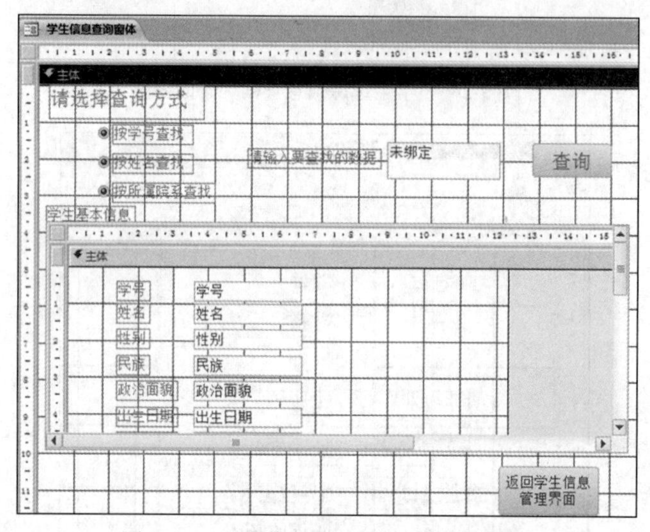

图 9-26 “学生信息查询窗体”设计效果图

（8）在属性表中选择“窗体”，在加载（Load）事件过程中添加如下代码：

```
Private Sub Form_Load()
        Me![Option1] = False
        Me![Option3] = False
        Me![Option5] = False
End Sub
```

（9）单击“按学号查找”单选按钮（Option1），在对应的单击（Click）事件过程中添加如下代码：

```
Private Sub Option1_Click()
    If Me![Option1] = True Then
        Me![Option3] = False
        Me![Option5] = False
        Me!Label8.Caption = "请输入要查找的学号"
        Me!Text7.SetFocus
    End If
End Sub
```

（10）单击“按姓名查找”单选按钮（Option3），在对应的单击（Click）事件过程中添加如下代码：

```
Private Sub Option3_Click()
    If Me![Option3] = True Then
        Me![Option1] = False
        Me![Option5] = False
        Me!Label8.Caption = "请输入要查找的姓名"
        Me!Text7.SetFocus
    End If
End Sub
```

（11）单击“按所属院系查找”单选按钮（Option5），在对应的单击（Click）事件过程中添加如下代码：

```
Private Sub Option5_Click()
    If  Me![Option5] = True Then
       Me![Option1] = False
       Me![Option3] = False
       Me!Label8.Caption = "请输入要查找的所属院系"
       Me!Text7.SetFocus
    End If
End Sub
```

（12）单击“查询”按钮（Command9），在对应的单击（Click）事件过程中添加如下代码：

```
Private Sub Command9_Click()
      If Me![Option1] = True Then
          Child10.Form.RecordSource = "select * from 学生选课信息查询 where 学号 like '" &
Me![Text7] & "*'"
      ElseIf Me![Option3] = True Then
          Child10.Form.RecordSource = "select * from 学生选课信息查询 where 姓名 like '" &
Me![Text7] & "*'"
      ElseIf Me![Option5] = True Then
          Child10.Form.RecordSource = "select * from 学生选课信息查询 where 所属院系 like '"
& Me![Text7] & "*'"
     End If
End Sub
```

（13）单击“返回学生信息管理界面”按钮（Command12），在对应的单击（Click）事件中添加嵌入的宏，在操作目录中先选择 CloseWindow 命令，再选择 OpenForm 命令，具体设置如图 9-27 所示。

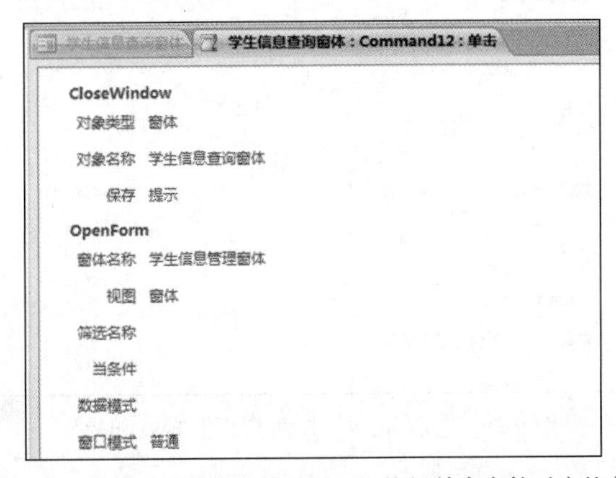

图 9-27　“返回学生信息管理界面”按钮单击事件对应的宏

（14）保存该窗体。

9.6.5 教师信息管理窗体设计

教师信息管理窗体主要用于对教师信息进行管理，包括教师信息的浏览、添加、保存、删除、查询等。

（1）教师信息管理窗体的设计与9.6.3小节中学生信息管理窗体的设计步骤基本相同，设计步骤及控件属性设置表均参照9.6.3小节。其设计效果图如图9-28所示。

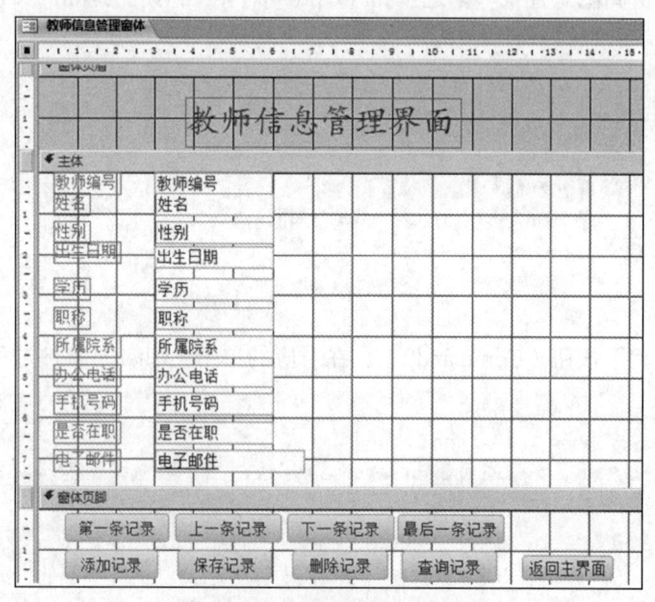

图9-28 “教师信息管理窗体”界面

（2）“教师信息管理窗体”界面与“学生信息管理窗体”界面中不同的是单击“查询记录”按钮时，在对应的单击（Click）事件中添加的嵌入的宏中，在操作目录中选择OpenForm命令时打开的是“教师信息查询窗体”，再打开CloseWindow命令时关闭的是“教师信息管理窗体”，具体设置如图9-29所示。

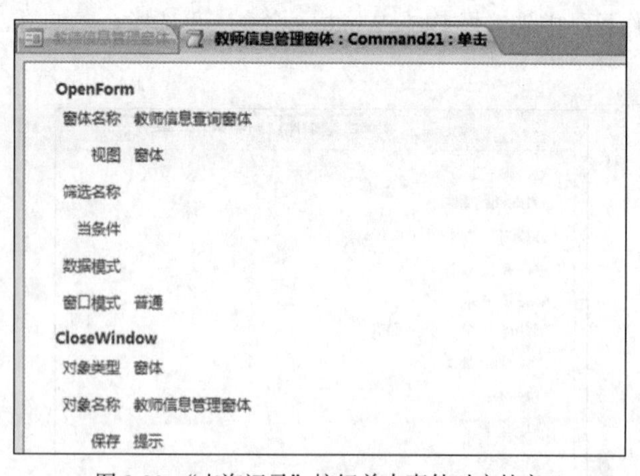

图9-29 “查询记录”按钮单击事件对应的宏

（3）“教师信息管理窗体”界面与“学生信息管理窗体”界面中不同的还有“返回主界面”

按钮，单击该按钮时，在对应的单击（Click）事件中添加的嵌入的宏中，在操作目录中执行 CloseWindow 命令时关闭的是“教师信息管理窗体”，执行 OpenForm 命令时打开的是“主界面窗体”，具体设置如图 9-30 所示。

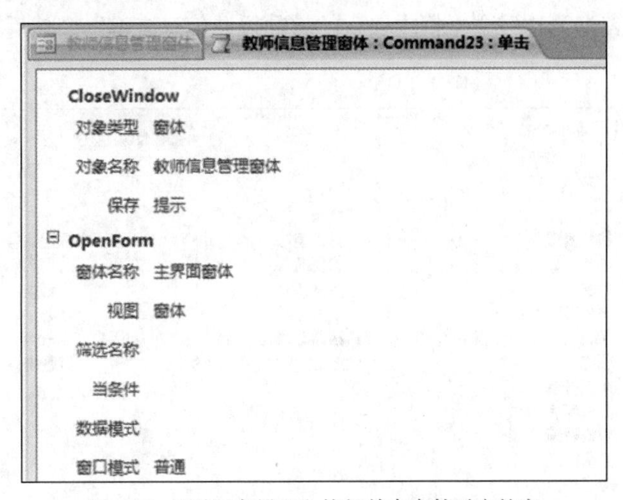

图 9-30　“返回主界面”按钮单击事件对应的宏

（4）保存该窗体。

9.6.6　教师信息查询窗体设计

教师信息查询窗体主要是对教师的相关信息进行查询，可根据教师编号、职称、所属院系等进行查询。由于在查询时会用到“教师”表、“授课”表和“课程”表的信息，因此，需要先创建一个教师授课信息查询，其设计步骤如下。

（1）启动 Access 2016，打开“教务管理”数据库，依次单击“数据库工具”→“关系”→“关系”按钮。

（2）在打开的关系界面里，添加“教师”表、“授课”表和“课程”表，建立表间的关系，如图 9-31 所示，然后关闭关系界面。

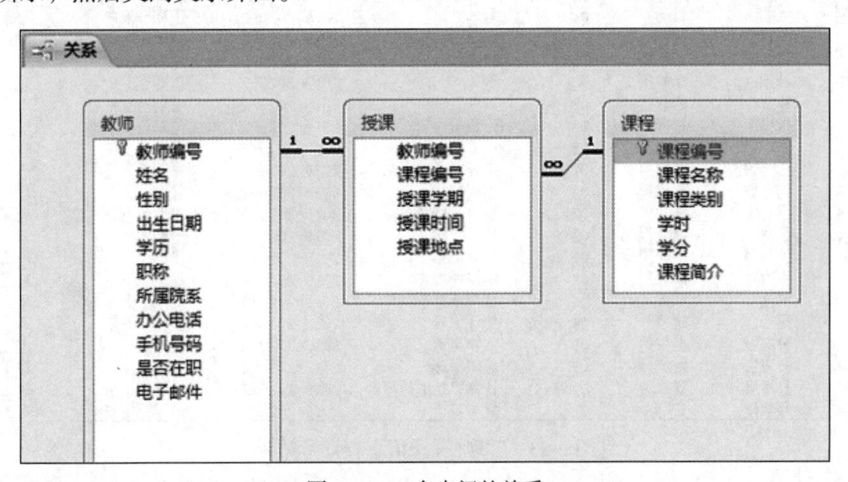

图 9-31　3 个表间的关系

（3）依次单击“创建”→“查询”→“查询设计”按钮，弹出“显示表”对话框，在“显示表”对话框中，选择“表”选项卡，将“教师”表、“授课”表和“课程”表添加到查询设计视图上半部分的窗口中。单击“关闭”按钮，关闭“显示表”对话框。

（4）将表中相关字段直接拖曳到字段行上，单击快速访问工具栏上的“保存”按钮，弹出“另存为”对话框，在“查询名称”文本框中输入“教师授课信息查询”，然后单击“确定”按钮，如图 9-32 所示。

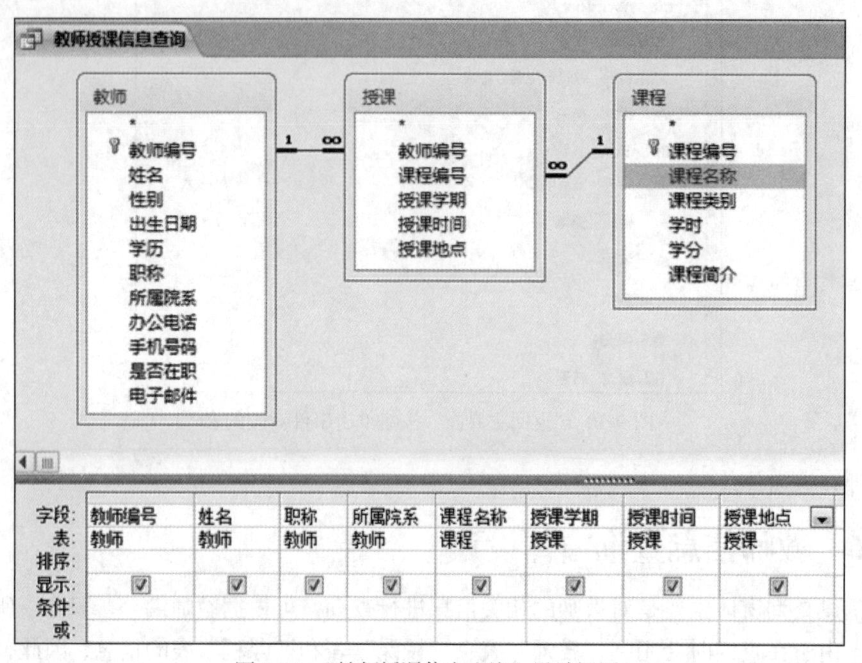

图 9-32 “教师授课信息查询”设计视图

（5）依次单击“设计”→“结果”→“运行”按钮，这时可以看到“教师授课信息查询”的执行结果，如图 9-33 所示，然后关闭该查询。

教师授课信息查询

教师编号	姓名	职称	所属院系	课程名称	授课学期	授课时间	授课地点
2001112	刘立强	讲师	04	哲学	2019-2020-2	星期一下午	理工楼0204
2001113	张思宇	讲师	04	程序设计基础	2019-2020-2	星期三上午	理工楼0108
2002608	程文毅	副教授	03	数据库	2019-2020-2	星期四上午	理工楼0204
2002609	孙阳	副教授	03	图论	2019-2020-2	星期五下午	理工楼0204
2002610	孙文玲	副教授	03	软件工程	2019-2020-2	星期一上午	理工楼0107
2002611	张平萍	讲师	03	计算机导论	2019-2020-2	星期五下午	理工楼0107
2002612	李晓旭	副教授	03	计算机网络	2019-2020-2	星期二上午	理工楼0109
2003101	王子怡	副教授	02	高等数学	2019-2020-2	星期四上午	理工楼0107
2003103	刘福敏	副教授	02	高等数学	2019-2020-2	星期三上午	理工楼0204
2003104	丁月婷	副教授	02	系统结构	2019-2020-2	星期一下午	理工楼0107
2003104	丁月婷	副教授	02	数据结构	2019-2020-2	星期四上午	理工楼0207
2003104	丁月婷	副教授	02	专业英语	2019-2020-2	星期二上午	理工楼0108
2003104	丁月婷	副教授	02	编译原理	2019-2020-2	星期一下午	理工楼0309
2004110	黄瑞	教授	04	管理信息系统	2019-2020-2	星期三下午	理工楼0107
2004111	王延	讲师	04	统计原理	2019-2020-2	星期三下午	理工楼0103
2004592	孙海强	副教授	01	大学英语	2019-2020-2	星期三上午	理工楼0107
2004592	孙海强	副教授	01	经济预测	2019-2020-2	星期一上午	理工楼0204
2004592	孙海强	副教授	01	计算机组成原理	2019-2020-2	星期二上午	理工楼0103
2004594	郑宇琪	讲师	01	大学英语	2019-2020-2	星期三上午	理工楼0107

图 9-33 “教师授课信息查询”结果

（6）依次单击“创建”→“窗体”→“窗体设计”按钮，在弹出的新窗体中，设置窗体的记录源属性为“教师授课信息查询”，设置窗体的默认视图属性为“数据表”，然后依次单击“窗体设计工具”→“设计”→“工具”→“添加现有字段”按钮，显示“教师授课信息查询”中的字段，如图 9-34 所示，将其中的字段拖曳到主体区，然后将该窗体保存为“教师授课信息查询 子窗体”，窗体设计效果图如图 9-35 所示，关闭该窗体。

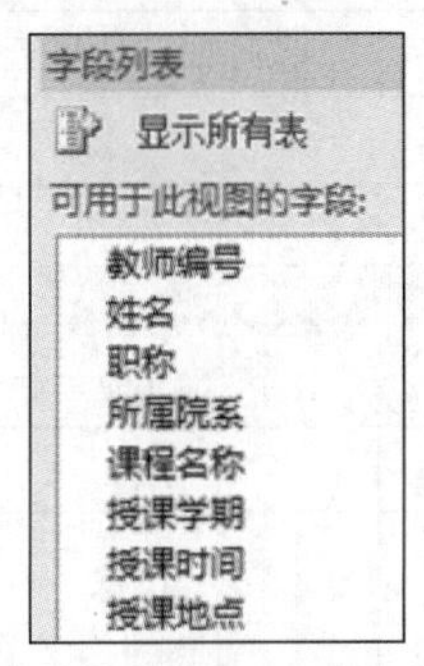

图 9-34 “教师授课信息查询”中的字段

图 9-35 “教师授课信息查询 子窗体”设计效果图

（7）依次单击“创建”→“窗体”→“窗体设计”按钮，在弹出的新窗体中添加 6 个标签控件、3 个单选按钮控件、一个文本框控件、两个命令按钮控件、一个子窗体控件，其属性设置如表 9-12 所示，然后将该窗体保存为“教师信息查询窗体”。窗体设计效果如图 9-36 所示。

表 9-12　“教师信息查询窗体”属性设置

控件名	属性名	属性值	说明
Label0	标题	请选择查询方式	
Label0	字号	16	
Label2	标题	按教师编号查找	
Label4	标题	按职称查找	
Label6	标题	按所属院系查找	
Label8	标题	请输入要查找的数据	
Label11	标题	教师基本信息	
Command9	标题	查询	
Command9	字号	16	
Command9	前景色	红色	

续表

控件名	属性名	属性值	说明
Command12	标题	返回教师信息管理界面	
Child10	源对象	教师授课信息查询 子窗体	
Child10 的窗体	默认视图	数据表	

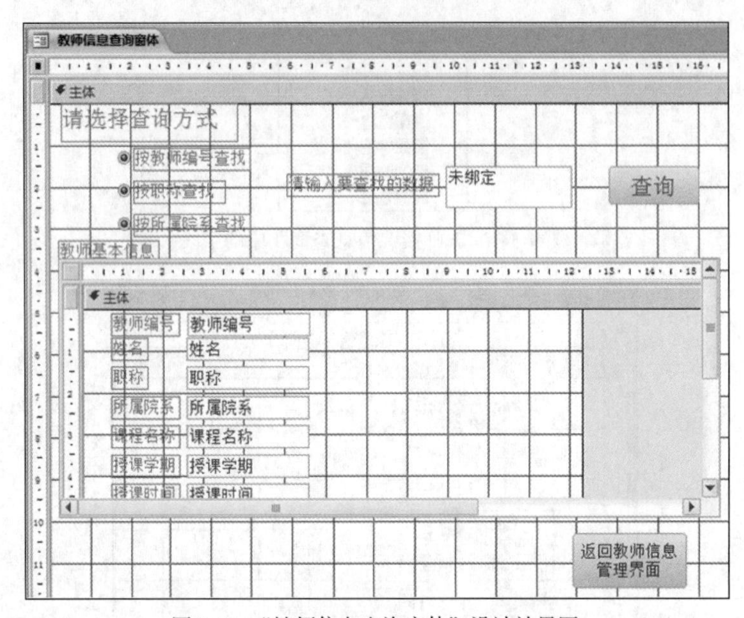

图 9-36 “教师信息查询窗体”设计效果图

（8）在属性表中选择“窗体”，在加载（Load）事件过程中添加如下代码：

```
Private Sub Form_Load()
        Me![Option1] = False
        Me![Option3] = False
        Me![Option5] = False
End Sub
```

（9）单击“按教师编号查找”单选按钮（Option1），在对应的单击（Click）事件过程中添加如下代码：

```
Private Sub Option1_Click()
    If Me![Option1] = True Then
        Me![Option3] = False
        Me![Option5] = False
        Me!Label8.Caption = "请输入要查找的教师编号"
        Me!Text7.SetFocus
    End If
End Sub
```

（10）单击“按职称查找”单选按钮（Option3），在对应的单击（Click）事件过程中添加如下代码：

```
Private Sub Option3_Click()
    If Me![Option3] = True Then
```

```
            Me![Option1] = False
            Me![Option5] = False
            Me!Label8.Caption = "请输入要查找的职称"
            Me!Text7.SetFocus
        End If
    End Sub
```

（11）单击“按所属院系查找”单选按钮（Option5），在对应的单击（Click）事件过程中添加如下代码：

```
    Private Sub Option5_Click()
        If  Me![Option5] = True Then
            Me![Option1] = False
            Me![Option3] = False
            Me!Label8.Caption = "请输入要查找的所属院系"
            Me!Text7.SetFocus
        End If
    End Sub
```

（12）单击“查询”按钮（Command9），在对应的单击（Click）事件过程中添加如下代码：

```
    Private Sub Command9_Click()
         If Me![Option1] = True Then
                 Child10.Form.RecordSource = "select * from 教师授课信息查询 where 教师编号 like
'" & Me![Text7] & "*'"
         ElseIf Me![Option3] = True Then
                  Child10.Form.RecordSource = "select * from 教师授课信息查询 where 职称 like '"
& Me![Text7] & "*'"
         ElseIf Me![Option5] = True Then
                   Child10.Form.RecordSource = "select * from 教师授课信息查询 where 所属院系
like '" & Me![Text7] & "*'"
         End If
    End Sub
```

（13）单击“返回教师信息管理界面”按钮（Command12），在对应的单击（Click）事件中添加嵌入的宏，在操作目录中先执行 CloseWindow 命令，再执行 OpenForm 命令，具体设置如图 9-37 所示。

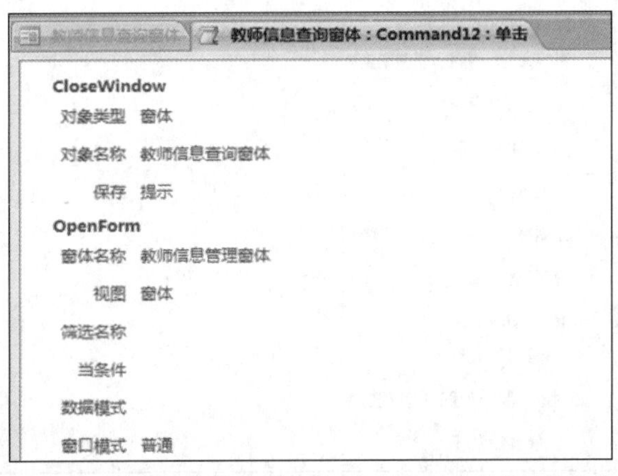

图 9-37　“返回教师信息管理界面”按钮单击事件对应的宏

（14）保存该窗体。

9.6.7　课程信息管理窗体设计

课程信息管理窗体主要是对课程信息进行管理，包括课程信息的浏览、添加、保存、删除、查询等。

（1）课程信息管理窗体的设计与 9.6.3 小节中学生信息管理窗体的设计步骤基本一致，设计步骤及控件属性设置表均参照 9.6.3 小节，其设计效果图如图 9-38 所示。

图 9-38　“课程信息管理窗体”界面

（2）“课程信息管理窗体”界面与“学生信息管理窗体”界面中不同的是单击“查询记录”按钮时，在对应的单击（Click）事件中添加的嵌入的宏中，在操作目录中执行 OpenForm 命令时打开的是“课程信息查询窗体”，再执行 CloseWindow 命令时关闭的是“课程信息管理窗体”，具体设置如图 9-39 所示。

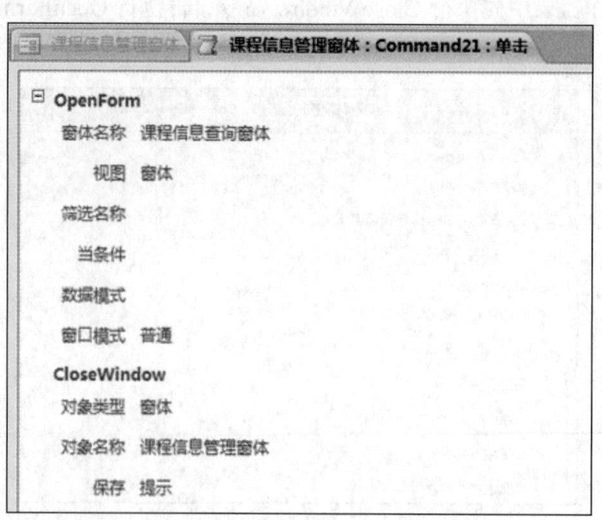

图 9-39　“查询记录”按钮单击事件对应的宏

（3）“课程信息管理窗体”界面与“学生信息管理窗体”界面中不同之处还有“返回主界面”按钮。单击该按钮时，在对应的单击（Click）事件中添加的嵌入的宏中，在操作目录中执行 CloseWindow 命令时关闭的是“课程信息管理窗体”，执行 OpenForm 命令时打开的是“主界面窗体”，具体设置如图 9-40 所示。

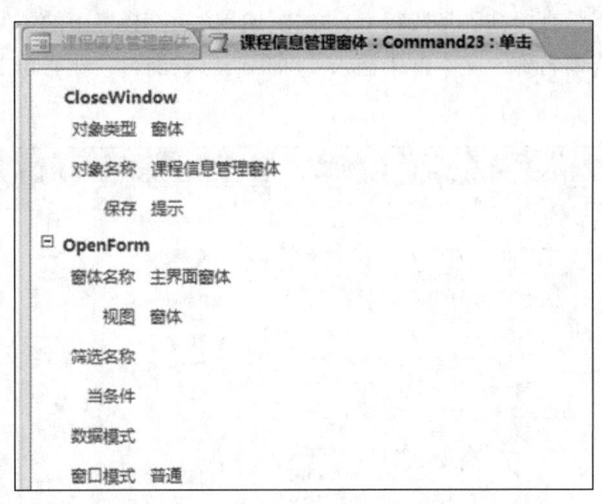

图 9-40　“返回主界面”按钮单击事件对应的宏

（4）保存该窗体。

9.6.8　课程信息查询窗体设计

课程信息查询窗体主要是对课程的相关信息进行查询，可根据课程编号、学生的学号、教师编号等进行查询。由于在查询时会用到“学生”表、“选课”表、“授课”表、“教师”表、“院系”表和“课程”表的信息，所以，先创建一个课程信息查询，操作步骤如下。

（1）启动 Access 2016，打开“教务管理”数据库，依次单击“数据库工具”→“关系”→“关系”按钮。

（2）在打开的关系界面里，添加“学生”表、“选课”表、“授课”表、“教师”表、“院系”表和“课程”表，建立表间的关系，如图 9-41 所示，然后关闭关系界面。

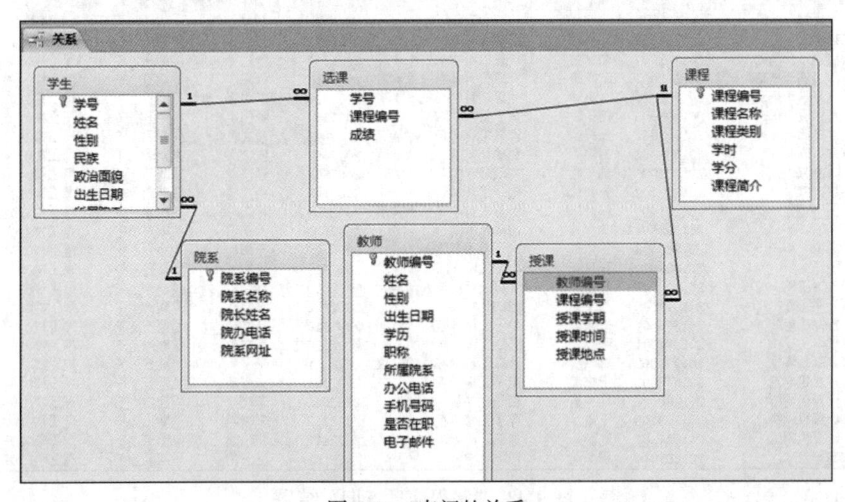

图 9-41　表间的关系

（3）依次单击“创建”→“查询”→“查询设计”按钮，弹出“显示表”对话框，在“显示表”对话框中，选择“表”选项卡，将“学生”表、“选课”表、“授课”表、“教师”表、“院系”表和“课程”表添加到查询设计视图上半部分的窗口中。单击“关闭”按钮，关闭“显示表”对话框。

（4）将表中相关字段直接拖到字段行上，单击快速访问工具栏上的“保存”按钮，弹出“另存为”对话框，在“查询名称”文本框中输入“课程信息查询”，然后单击“确定”按钮，如图9-42所示。

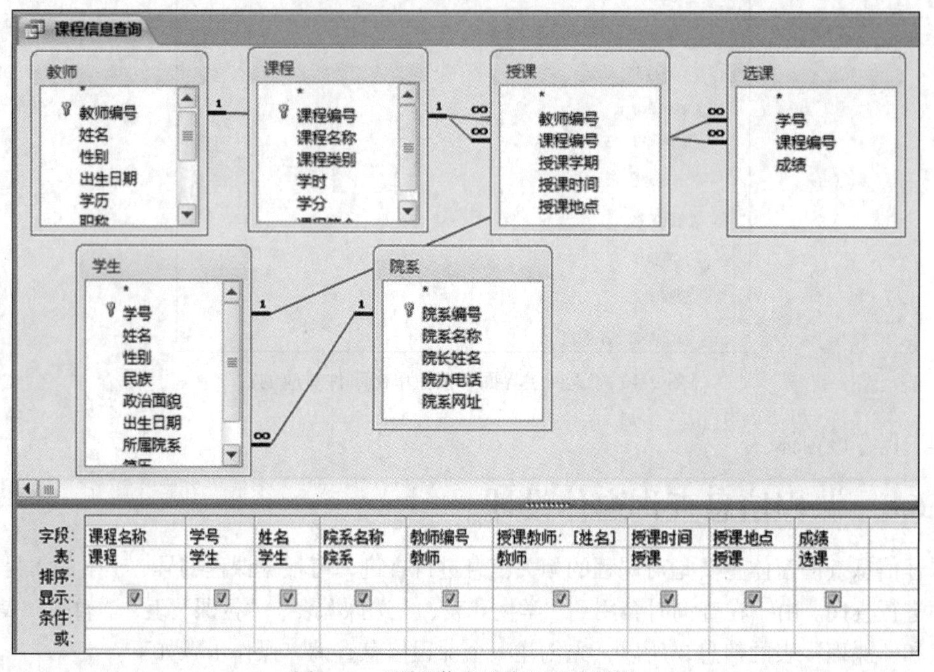

图9-42 “课程信息查询”设计视图

（5）依次单击“设计”→“结果”→“运行”按钮，这时可以看到“课程信息查询”的执行结果，如图9-43所示，然后关闭该查询。

课程信息查询

课程编号	课程名称	学号	姓名	院系名称	教师编号	授课教师	授课时间	授课地点	成绩
J0119	哲学	201302009	陈文欣	自动化学院	2001112	刘立强	星期一下午	理工楼0204	81
J0103	程序设计基础	201301001	李文建	计算机科学与技术学院	2001113	张思宇	星期三上午	理工楼0108	56
J0103	程序设计基础	201301003	宋媛媛	计算机科学与技术学院	2001113	张思宇	星期三上午	理工楼0108	67
J0103	程序设计基础	201301010	徐东	计算机科学与技术学院	2001113	张思宇	星期三上午	理工楼0108	81
J0103	程序设计基础	201303003	刘天骄	电子工程学院	2001113	张思宇	星期三上午	理工楼0108	87
J0113	数据库	201301007	董威	计算机科学与技术学院	2002608	程文毅	星期四上午	理工楼0204	78
J0113	数据库	201302003	高祎娜	自动化学院	2002608	程文毅	星期四上午	理工楼0204	66
J0113	数据库	201302006	马东旭	自动化学院	2002608	程文毅	星期四上午	理工楼0204	81
J0113	数据库	201303009	尹力航	电子工程学院	2002608	程文毅	星期四上午	理工楼0204	78
J0114	图论	201301008	钟舒琪	计算机科学与技术学院	2002609	孙阳	星期五下午	理工楼0204	65
J0114	图论	201302004	徐大伟	自动化学院	2002609	孙阳	星期五下午	理工楼0204	87
J0114	图论	201303006	丁仁政	电子工程学院	2002609	孙阳	星期五下午	理工楼0204	82
J0114	图论	201303010	张京红	电子工程学院	2002609	孙阳	星期五下午	理工楼0204	65
J0115	软件工程	201301009	叶蒿	计算机科学与技术学院	2002610	孙文玲	星期一上午	理工楼0107	72
J0115	软件工程	201302005	高天磊	自动化学院	2002610	孙文玲	星期一上午	理工楼0107	67
J0115	软件工程	201303007	李新冉	电子工程学院	2002610	孙文玲	星期一上午	理工楼0107	75
J0115	软件工程	201304001	张越	通信工程学院	2002610	孙文玲	星期一上午	理工楼0107	72
J0102	计算机导论	201301002	郭凯琪	计算机科学与技术学院	2002611	张平萍	星期五下午	理工楼0107	67
J0102	计算机导论	201303002	王晓伟	电子工程学院	2002611	张平萍	星期五下午	理工楼0107	56
J0116	计算机网络	201302006	马东旭	自动化学院	2002612	李晓旭	星期二上午	理工楼0109	78
J0116	计算机网络	201303008	王微	电子工程学院	2002612	李晓旭	星期二上午	理工楼0109	56
J0116	计算机网络	201304002	李黎	通信工程学院	2002612	李晓旭	星期二上午	理工楼0109	81
J0120	高等数学	201302010	祝晶晶	自动化学院	2003101	王子怡	星期四上午	理工楼0107	72

图9-43 “课程信息查询”结果

（6）依次单击“创建”→“窗体”→“窗体设计”按钮，在弹出的新窗体中，设置窗体的记录源属性为“课程信息查询”，设置窗体的默认视图属性为“数据表”，然后依次单击“窗体设计工具”→“设计”→“工具”→“添加现有字段”按钮，显示“课程信息查询”中的字段，如图 9-44 所示，将其中的字段拖曳到主体区，然后将该窗体保存为“课程信息查询子窗体”，窗体设计效果图如图 9-45 所示，最后关闭该窗体。

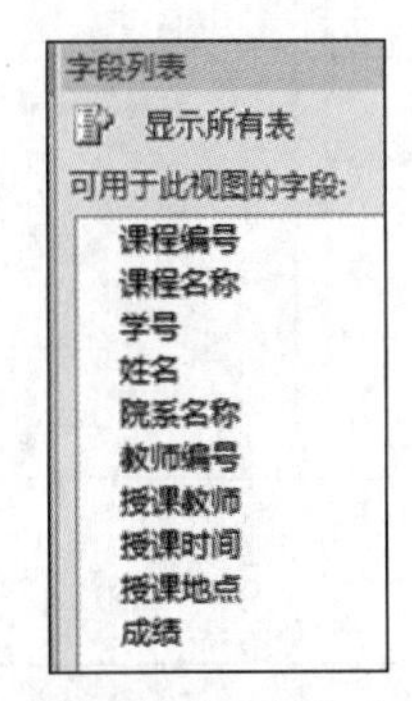

图 9-44　“课程信息查询”中的字段

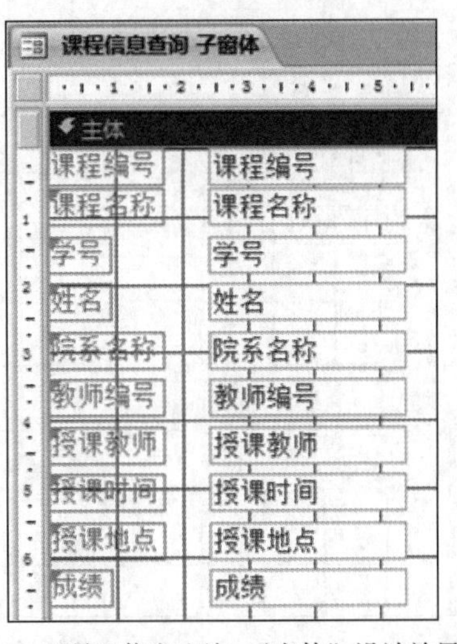

图 9-45　“课程信息查询 子窗体”设计效果图

（7）依次单击“创建”→“窗体”→“窗体设计”按钮，在弹出的新窗体中添加 6 个标签控件、3 个单选按钮控件、一个文本框控件、两个命令按钮控件、一个子窗体控件，其属性设置如表 9-13 所示，然后将该窗体保存为“课程信息查询窗体”。窗体设计效果如图 9-46 所示。

表 9-13　“课程信息查询窗体”属性设置

控件名	属性名	属性值	说明
Label0	标题	请选择查询方式	
Label0	字号	16	
Label2	标题	按课程编号查找	
Label4	标题	按学号查找	
Label6	标题	按教师编号查找	
Label8	标题	请输入要查找的数据	
Label11	标题	课程基本信息	
Command9	标题	查询	
Command9	字号	16	
Command9	前景色	红色	
Command12	标题	返回课程信息管理界面	
Child10	源对象	课程信息查询子窗体	
Child10 的窗体	默认视图	数据表	

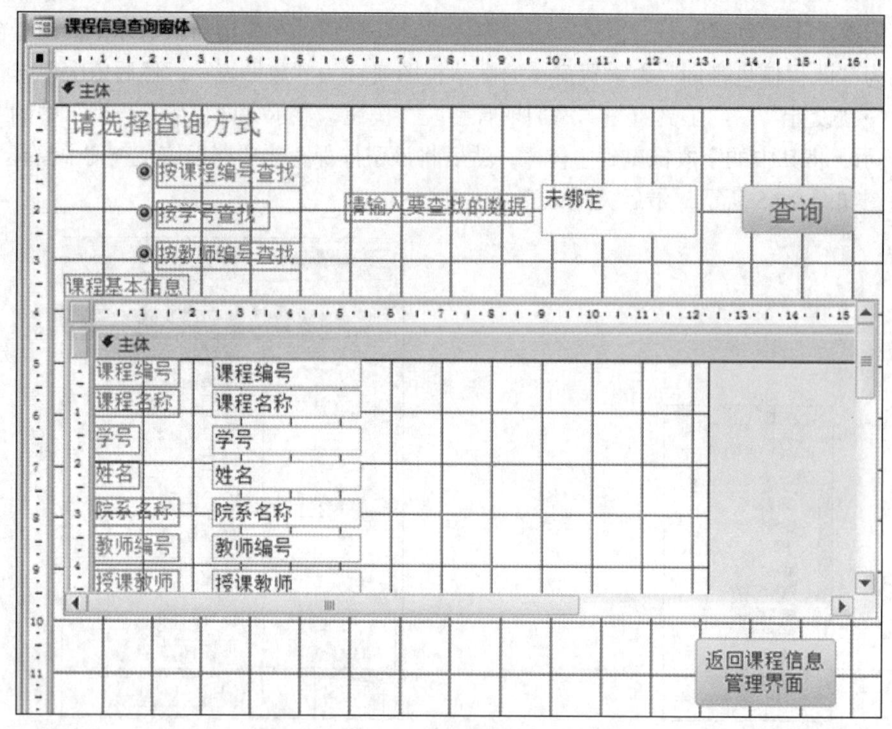

图 9-46 “课程信息查询窗体”设计效果图

（8）在属性表中选择“窗体”，在加载（Load）事件过程中添加如下代码：

```
Private Sub Form_Load()
        Me![Option1] = False
        Me![Option3] = False
        Me![Option5] = False
End Sub
```

（9）单击“按课程编号查找”单选按钮（Option1），在对应的单击（Click）事件过程中添加如下代码：

```
Private Sub Option1_Click()
    If Me![Option1] = True Then
        Me![Option3] = False
        Me![Option5] = False
        Me!Label8.Caption = "请输入要查找的课程编号"
        Me!Text7.SetFocus
    End If
End Sub
```

（10）单击“按学号查找”单选按钮（Option3），在对应的单击（Click）事件过程中添加如下代码：

```
Private Sub Option3_Click()
    If Me![Option3] = True Then
        Me![Option1] = False
        Me![Option5] = False
        Me!Label8.Caption = "请输入要查找的学号"
        Me!Text7.SetFocus
    End If
```

```
    End Sub
```

（11）单击“按教师编号查找”单选按钮（Option5），在对应的单击（Click）事件过程中添加如下代码：

```
    Private Sub Option5_Click()
       If  Me![Option5] = True Then
          Me![Option1] = False
          Me![Option3] = False
          Me!Label8.Caption = "请输入要查找的教师编号"
          Me!Text7.SetFocus
       End If
    End Sub
```

（12）单击“查询”按钮（Command9），在对应的单击（Click）事件过程中添加如下代码：

```
    Private Sub Command9_Click()
        If Me![Option1] = True Then
           Child10.Form.RecordSource = "select * from 课程信息查询 where 课程编号 like '" &
Me![Text7] & "*'"
        ElseIf Me![Option3] = True Then
            Child10.Form.RecordSource = "select * from 课程信息查询  where 学号 like '" &
Me![Text7] & "*'"
        ElseIf Me![Option5] = True Then
            Child10.Form.RecordSource = "select * from 课程信息查询 where 教师编号 like '"
& Me![Text7] & "*'"
       End If
    End Sub
```

（13）单击“返回课程信息管理界面”按钮（Command12），在对应的单击（Click）事件中添加嵌入的宏，在操作目录中先执行 CloseWindow 命令，再执行 OpenForm 命令，具体设置如图 9-47 所示。

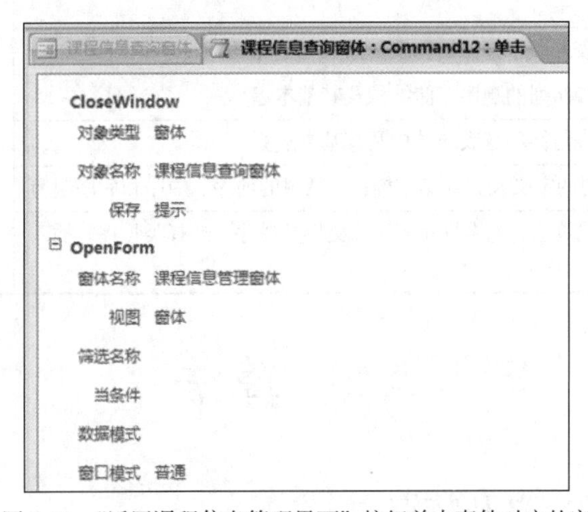

图 9-47 “返回课程信息管理界面”按钮单击事件对应的宏

（14）保存该窗体。

附录 公共基础知识部分

附录部分是全国计算机等级考试二级考试科目中的公共基础知识部分的内容，本部分内容不单独考试，与其他二级科目结合在一起，作为二级科目考核内容的一部分。共10道选择题，10分。

A 基本数据结构与算法

本部分内容的大纲要求如附表1所示。

附表1 数据结构部分的大纲要求

大纲要求	备注
（1）算法的基本概念：算法复杂度的概念和意义（时间复杂度与空间复杂度）	（1）、（4）、（6）是常考的内容，需熟练掌握，多出现在选择题5～8题中，约占总分的4%
（2）数据结构的定义：数据的逻辑结构与存储结构；数据结构的图形表示；线性结构与非线性结构的概念	
（3）线性表的定义：线性表的顺序存储结构及其插入与删除运算	
（4）栈和队列的定义：栈和队列的顺序存储结构及其基本运算	
（5）线性单链表、双向链表与循环链表的结构及其基本运算	
（6）树的基本概念：二叉树的定义及其存储结构；二叉树的前序、中序和后序遍历	
（7）顺序查找与二分法查找算法：基本排序算法（交换类排序、选择类排序、插入类排序）	

A.1 算法

A.1.1 算法的定义及特点

通俗地讲，一个算法就是一种解题的方法。算法具有以下特点。

（1）有穷性——一个算法的执行步骤必须是有限的。

（2）确定性——算法中的每一个操作步骤的含义必须明确。

（3）可行性——算法中的每一个操作步骤都是可以执行的。

（4）输入——一个算法一般都要求有一个或多个输入量（个别的算法不要求输入量）。这些输入量是算法所需的初始数据。

（5）输出——一个算法至少产生一个输出量，它是算法对输入量的执行结果。

A.1.2　算法的描述

算法可以用文字、符号或图形描述。常用的描述方法有。

（1）自然语言——用人的语言描述，该方法易于理解，但容易出现歧义。

（2）流程图——用一组特定的几何图形来表示算法，这是最早的算法描述工具。

（3）N-S 图——用矩形框描述算法，一个算法就是一个矩形框。

（4）伪代码——用介于高级语言和人的自然语言之间的文字、符号来描述算法，可以十分容易地转化为高级语言程序。

（5）PAD 图——全称为问题分析图，使用树形结构描述算法。

A.1.3　算法性能分析

求解同一个问题，可以有多种不同的算法，那么如何衡量一个算法的优劣呢？显然，首先，算法应是正确可行的；其次，就是分析算法的时间复杂度和空间复杂度。

1. 算法的时间复杂度

算法的时间复杂度反映了程序执行时间随输入规模增长而增长的量级，在很大程度上能很好地反映算法的优劣。

（1）时间频度

一个算法中的语句执行次数称为语句频度或时间频度。记为 $T(n)$。

一个算法执行所耗费的时间，从理论上是算不出来的，必须上机运行测试才能知晓。但我们不可能也没有必要对每个算法都上机测试，只需知道哪个算法花费的时间多，哪个算法花费的时间少就可以了。并且一个算法花费的时间与算法中语句的执行次数成正比，哪个算法中语句执行次数多，花费的时间就越多。

（2）时间复杂度

在刚才提到的时间频度中，n 称为问题的规模，当 n 不断变化时，时间频度 $T(n)$也会不断变化。一般情况下，算法中基本操作重复执行的次数是问题规模 n 的某个函数，用 $T(n)$表示，若有某个辅助函数 $f(n)$，使得当 n 趋近于无穷大时，$T(n)/f(n)$的极限值为不等于零的常数，则称 $f(n)$是 $T(n)$的同数量级函数。记作 $T(n)= O(f(n))$，称 $O(f(n))$为算法的渐进时间复杂度，简称时间复杂度。

$f(n)$在简单程序中就是看有几个 for 循环，然后再看它的判断语句，就是看它执行了几次，$f(n)$=“执行的次数”。

【附例 1】

```
for(int i = 0; i < n;++i)
{
    x=x+1
};
```

这个循环执行 n 次所以时间复杂度是 $O(n)$。

【附例 2】

```
for(int i = 0; i< n;++i)
```

```
{
        for(int j = 0; j< n;++j)
        {
        }
}
```

这嵌套的两个循环都执行 n 次，那么它的时间复杂度就是 $O(n^2)$。

综上所述：如果一个算法的执行次数是 $T(n)$，那么只保留最高次项，同时忽略最高项的系数后得到函数 $f(n)$，此时算法的时间复杂度就是 $O(f(n))$。

由执行次数 $T(n)$得到时间复杂度并不困难，很多时候困难的是从算法通过分析和数学运算得到 $T(n)$。对此，提供下列 4 个便利的法则，以便提高效率。

① 对于一个循环，假设循环体的时间复杂度为 $O(n)$，循环次数为 m，则这个循环的时间复杂度为 $O(n \times m)$。

【附例 3】

```
void aFunc(int n)
    {
        For(int i=0;i<n;i++)                    //循环次数为 n
            {
            Printf("Hello,World!\n");    //循环事件复杂度为 O (1)
            }
    }
```

此时时间复杂度为 $O(n \times 1)$，即 $O(n)$。

② 对于多个循环，假设循环体的时间复杂度为 $O(n)$，各个循环的循环次数分别是 a,b,c,⋯，则这个循环的时间复杂度为 $O(n×a×b×c⋯)$。分析的时候应该由内向外分析这些循环。

【附例 4】

```
void aFunc(int n)
    {
        For(int  i=0; i<n; i++)                 //循环次数为 n
            {
               For(int  j=0; j<n; j++)          //循环次数为 n
               {
                    Printf("Hello,World!\n");    //循环事件复杂度为 O (1)
               }
            }
    }
```

此时时间复杂度为 $O(n×n×1)$，即 $O(n^2)$。

③ 对于顺序执行的语句或者算法，总时间复杂度等于其中最大的时间复杂度。

【附例 5】

```
void aFunc(int n)
    {    //第一部分时间复杂度为 O(n²)
        For(int  i=0; i<n; i++)
            {
              For(int  j=0; j<n; j++)
               {
                  Printf("Hello,World!\n");
               }
```

```
        }
    //第二部分时间复杂度为O(n)
    For(int  j=0; j<n; j++)
            {
                    Printf("Hello,World!\n");
            }
    }
```

此时时间复杂度为 max($O(n^2)$, $O(n)$)，即 $O(n^2)$。

④ 对于条件判断语句，总的时间复杂度等于其中时间复杂度最大的路径的时间复杂度。

【附例 6】

```
void aFunc(int n)
  {  if(n>=0)
       {
     //第一条路径时间复杂度为O(n^2)
       For(int  i=0; i<n; i++)
          {
            For(int  j=0; j<n; j++)
             {
                 Printf("Hello,World!\n");
             }
          }
       } else
       {
         //第二条路径时间复杂度为O(n)
           For(int  j=0; j<n; j++)
            {
                 Printf("Hello,World!\n");
            }
          }
  }
```

此时时间复杂度为 max($O(n^2)$, $O(n)$)，即 $O(n^2)$。

时间复杂度分析的基本策略是：从内向外分析，从最深层开始分析。如果遇到函数调用，要深入函数进行分析。

一般地，常用的时间复杂度有如下关系：

$$O(1)<O(\log_2 n)<O(n)<O(n\log_2 n)<O(n^2)<O(n^3)<\cdots<O(2^n)<O(n!)$$

2. 算法的空间复杂度

空间复杂度（Space Complexity，$S(n)$）是对一个算法在运行过程中临时占用存储空间大小的量度，它也是问题规模 n 的函数。

算法在运行过程中临时占用的存储空间随算法的不同而异，有的算法只需要占用少量的临时工作单元，而且不随问题规模的大小而改变，我们称这种算法是“就地”进行的，是节省存储的算法；有的算法需要占用的临时工作单元数与解决问题的规模 n 有关，它随着 n 的增大而增大，当 n 较大时，将占用较多的存储单元。

如当一个算法的空间复杂度为一个常量，即不随被处理数据量 n 的大小而改变时，可表示为 $O(1)$；当一个算法的空间复杂度与以 2 为底的 n 的对数成正比时，可表示为 $O(\log_2 n)$；当一个算法的空间复杂度与 n 成线性比例关系时，可表示为 $O(n)$。

A.2 数据结构

数据是描述客观事物并能为计算机加工处理的符号的集合。数据元素是数据的基本单位，即数据集合中的个体。有些情况下也把数据元素称为节点、记录等。一个数据元素可由一个或多个数据项组成。数据项是有独立含义的数据最小单位，有时也把数据项称为域、字段等。

数据结构（Data Structure）是指数据元素的组织形式和相互关系。数据结构一般包括以下 3 个方面的内容。

A.2.1 数据的逻辑结构

数据的逻辑结构从逻辑上抽象地反映数据元素间的结构关系，它与数据在计算机中的存储表示方式无关。因此，数据的逻辑结构可以看作是从具体问题抽象出来的数学模型。

数据的逻辑结构有以下两大类。

（1）线性结构

线性结构的逻辑特征是：有且仅有一个始端节点和一个终端节点，并且除两个端点节点外的所有节点都有且仅有一个前驱节点和一个后继节点。线性表、堆栈、队列、数组、串等都是线性结构。

（2）非线性结构

非线性结构的逻辑特征是：一个节点可以有多个前驱节点和后继节点。如树形结构、图等都是非线性结构。

A.2.2 数据的存储结构

数据的存储结构，也称为物理结构，是逻辑结构在计算机存储器里的映像。

数据的存储结构可用以下 4 种基本存储方法体现。

顺序存储方法——把逻辑上相邻的节点存储在物理位置上相邻的存储单元里，节点之间的逻辑关系由存储单元的邻接关系来体现。由此得到的存储结构称为顺序存储结构。

链式存储方法——不要求逻辑上相邻的节点在物理位置上也相邻，节点之间的逻辑关系是由附加的指针字段表示的。由此得到的存储结构称为链式存储结构。

索引存储方法——在存储节点信息的同时，还建立附加的索引表。索引表中的每一项称为索引项。索引项由关键字和地址组成，关键字是能唯一标识一个节点的那些数据项，而地址一般是指示节点所在存储位置的记录号。

散列存储方法——根据节点的关键字直接计算出该节点的存储地址。

用不同的存储方法对同一种逻辑结构进行存储映像，可以得到不同的存储结构。这 4 种基本的存储方法也可以组合起来对数据逻辑结构进行存储映像。

A.2.3 数据的运算

数据的运算是指对数据施加的操作。虽然它是定义在数据的逻辑结构上的，但运算的具体实现要在物理结构上进行。数据的每种逻辑结构都有一个运算的集合，常用的运算有检索、插入、删除、更新、排序等。

线性表是数据结构中最简单且最常用的一种数据结构。其基本特点是：数据元素有序并有限。线性结构的数据元素可排成一个线性队列：

```
a₁,a₂,a₃,a₄,…,aₙ
```

其中，a_1 为起始元素，a_n 为终点元素，a_i 为索引号为 i 的数据元素。需要注意，a_i 只是一个抽象的符号，其具体含义要视具体情况而定。n 定义为表的长度，当 n=0 时称为空表。除首元素外，每个元素有且仅有一个前驱；除尾元素外，每个元素有且仅有一个后继。

线性表的基本操作有以下几种。

① Setnull——初始化（置空表）。

② Length——求表长。

③ Locate——查找具有特定字段值的节点。

④ Insert——将新节点插入到某个指定的位置。

⑤ Delete——删除某个指定位置上的节点。

（1）顺序表

当线性表采用顺序存储结构时称之为顺序表。在顺序表中，数据元素按逻辑次序依次放在一组地址连续的存储单元里。由于逻辑上相邻的元素存放在内存的相邻单元里，所以顺序表的逻辑关系蕴含在存储单元的邻接关系中。在高级语言中，可以直接用数组实现。

设顺序表中的每个元素占用 k 个存储单元，索引号为 1 的数据元素 a_1 的内存地址为 loc（al），则索引号为 i 的数据元素 a_i 的内存地址为：

$$loc(a_i)=loc(a_1)+(i-1)\times k$$

显然，顺序表中每个元素的存储地址是该元素在表中索引号的线性函数。只要知道某元素在顺序表中的索引号，就可以确定其在内存中的存储位置。所以说，顺序表的存储结构是一种随机存取结构。

顺序表的特点如下。

- 物理上相邻的元素在逻辑上也相邻。
- 可随机存取。
- 存储密度大，空间利用率高。

对顺序表可进行插入、删除等操作，但运算效率低，需要大量的数据元素移位。

① 插入运算

顺序表的插入运算是指在表的第 i 个($1\leqslant i\leqslant n+1$)位置上，插入一个新节点 y。若插入位置 $i=n+1$，即插入到表的末尾，那么只要在表的末尾增加一个节点即可；但是若 $1\leqslant i\leqslant n$，则必须将表中第 i 个到第 n 个节点向后移动一个位置，共需移动 $n-i+1$ 个节点。插入过程需要的顺序表 a(n) 说明如下：

```
maxsize = < 常数 >       &&  该常数应大于 n
dimension list ( maxsize )
alenth = n              &&  表长
```

在 a(n)中第 i 位插入新元素 y 的代码如下：

```
if i>=1 and i<=alenth+1
    for k = n to i step-1
      a ( k+1) = a (k )
    endfor
```

```
    alenth = alenth + 1
endif
```

在有 n 个元素的顺序表的第 i 个位置上插入一个元素需要移动 $n-i+1$ 个元素。如果在第 i 个位置上插入一个元素的概率是 P_i，且在每个位置上插入概率相等，都是 1/（n+1），则插入时的平均移动次数为：

$$M=\frac{1}{n+1}\sum_{i=1}^{n}(n-i+1)=\frac{n}{2}$$

因此，顺序表上插入运算的平均时间复杂度是 $O(n)$。

② 删除运算

顺序表的删除运算是指将表的第 i 个($1\leqslant i\leqslant n$)节点删去。当 $i=n$ 时，即删除表尾节点时，操作较为简单；但 $1<i\leqslant n-1$ 时，则必须将表中第 $i+1$ 个到第 n 个共 $n-i$ 个节点向前移动一个位置。在 a(n)中删除第 i 个元素的代码如下：

```
if i>=1 and i<=alenth
      for k = i to n
         a ( k+1) = a (k )
      endfor
      alenth = alenth-1
endif
```

在有 n 个元素的顺序表的第 i 个位置删除一个元素需要移动 $n-i$ 个元素。如果在第 i 个位置上删除一个元素的概率是 P_i，且在每个位置上删除的概率相等，都是 $1/n$，则删除时的平均移动次数为：

$$M=\frac{1}{n}\sum_{i=1}^{n}(n-i)=\frac{n-1}{2}$$

因此，顺序表上删除运算的平均时间复杂度也是 $O(n)$。

（2）单链表

采用顺序表的运算效率较低，需要移动大量的数据元素。而采用链式存储结构的链表是用一组任意的存储单元来存放线性表的数据元素，这组存储单元既可以是连续的，也可以是不连续的，甚至可以是零星分布在内存中的任何位置上，从而可以大大提高存储器的使用效率。

在线性链表中，每个元素节点除存储自身的信息外，还要用指针域额外存储一个指向其直接后继的信息（即后继的存储位置：地址）。对链表的访问总是从链表的头部开始，根据每个节点中存储的后继节点的地址信息顺链进行的。当每个节点只有一个指针域时，称为单链表。如附图1所示。

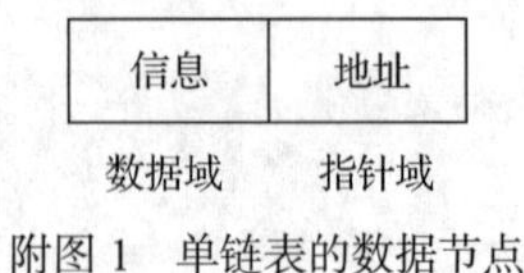

附图 1　单链表的数据节点

一个以 L 为头指针的单链表如附图 2 所示。

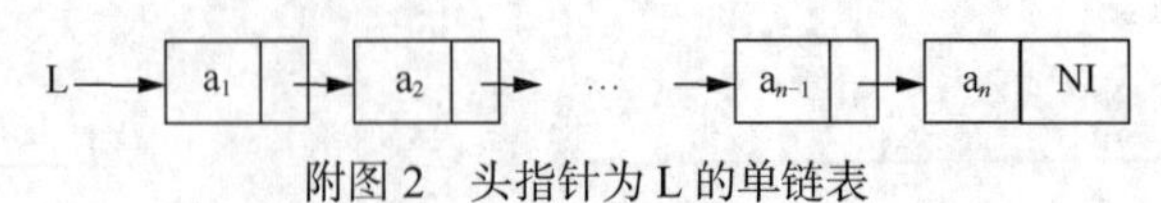

附图 2　头指针为 L 的单链表

在单链表中，插入或删除一个数据元素，仅仅需要修改该节点的前一个和后一个节点的指针域，十分方便。但若要访问表中的任一元素，都必须从头指针开始，顺序查找，无法随机访问。

综上，单链表的优点是插入、删除操作时移动的元素少；缺点是所有的操作都必须顺序操作，访问不方便。

将顺序表与链表进行比较，可以得出以下区别

① 顺序存储的访问是随机访问，而链式存储的访问是顺序进行的顺序访问。

② 顺序存储的插入、删除运算平均需要移动一半元素，效率不高；而链式存储的插入、删除运算效率高。

③ 顺序存储空间利用率高；链式存储需额外增加地址指针的存储，增加空间耗费。

（3）循环链表

循环链表是一种链式存储结构，它的最后一个节点指向头节点，形成一个环。因此，从循环链表中的任何一个节点出发都能找到任何其他节点。

循环链表的操作和单链表的操作基本一致，差别仅仅在于算法中的循环条件有所不同。

（4）双向链表

双向链表的每个数据节点中都有两个指针或引用，分别指向直接后继和直接前驱。因此，从双向链表中的任意一个节点开始，都可以很方便地访问它的前驱节点和后继节点（见附图 3 和附图 4）。

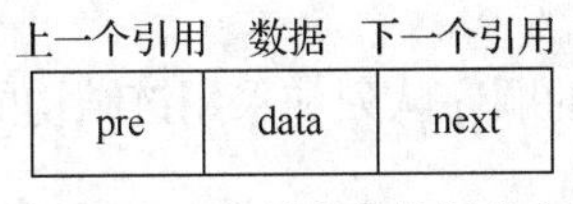

附图 3　双向链表的数据节点

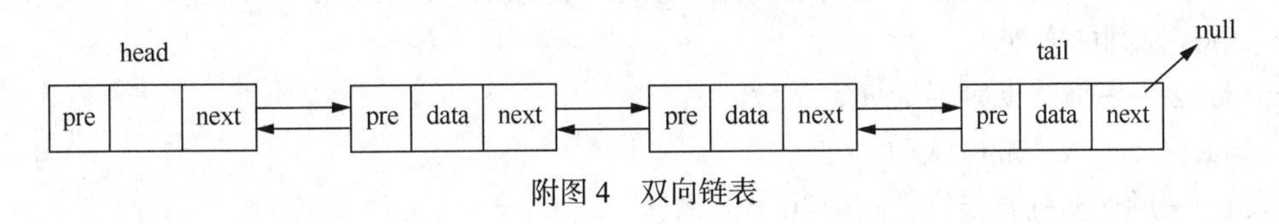

附图 4　双向链表

（5）栈与队列

栈与队列是两种特殊的线性表。即它们的逻辑结构与线性表相同，只是其插入、删除运算仅限制在线性表的一端或两端进行。

① 栈

栈是仅限于在表的一端进行插入和删除运算的线性表，通常称插入、删除的这一端为栈顶，另一端称为栈底。当表中没有元素时称为空栈。

栈的特点：后进先出（LIFO——Last In，First Out）。

例如，入栈顺序为 1，2，3，4，5，则出栈顺序为 5，4，3，2，1。

栈的基本运算有 5 种，

a. setnull(s)（置空栈）——将栈 s 置成空栈。

b. empty(s)（判空栈）——这是一个布尔函数，若栈 s 为空栈，返回值为“真”；否则，返回值为“假”。

c. push(s,x)（进栈，又称压栈）——在栈 s 的顶部插入（亦称压入）元素 x。

d. pop(s)（出栈）——若栈 s 不空，则删除（亦称弹出）顶部元素 x。

e. top(s)（取栈顶）——取栈顶元素，并不改变栈中内容。

由于栈是运算受限的线性表，因此线性表的存储结构对栈也适用。所以，栈也可以分成采用顺序结构的顺序栈和采用链结构的链栈。顺序存储的顺序栈是利用一组地址连续的存储单元依次存放从栈底到栈顶的若干数据元素；链式存储的链栈是运算受限的单链表，其插入和删除操作仅限在表头位置上进行。链栈中每个数据元素用一个节点表示，栈顶指针作为链栈的头指针。

② 队列

队列是一种操作受限的线性表，它只允许在线性表的一端进行数据元素的插入操作，而在另一端才能进行数据元素的删除操作。其允许插入的一端称为队尾，允许删除的另一端称为队头。日常生活中的排队就是队列的实例。

特点：先进先出（FIFO——First In，First Out）。

同栈的操作类似，队列的基本操作也有 5 种，分别如下。

a. SETNULL(q)（置空队列）——将队列 q 初置为空。

b. EMPTY(q)（判队列空）——若队列 q 为空队列，返回“真”；否则返回“假”。

c. ENTER(q,x)（入队列）——若队列 q 未满，在原队尾后加入数据元素 x，使 x 成为新的队尾元素。

d. DELETE(q)（出队列）——若队列 q 不空，则将队列的队头元素删除。

e. GETHEAD(q)（取队头元素）——若队列 q 不空，则返回队头数据元素，但不改变队列中内容。

队列也可以分成采用顺序结构的顺序队列和采用链结构的链队列。

a. 队列的顺序存储结构

队列的顺序存储结构与栈一样，可以用一组地址连续的空间存放队列中元素。

- 顺序队列的实现

queuesize——顺序队列最大元素个数。

qu (queuesize)——顺序队列。

front——顺序队列首指针，初值=0。

rear——顺序队列尾指针，初值=0。

- 顺序队列的队空条件

```
front=rear
```

- 顺序队列的队满条件

```
rear=queuesize
```

规定 front 始终指向队首元素的前一个单元，rear 始终指向队尾元素。经过若干次出队、入队后，front=*i*,rear=queuesize，此时，按队满条件 rear=queuesize，队列已满，但实际上仍有 *i* 个空间可用，这种现象称为假溢出。

为了克服“假溢出”现象，从逻辑上将顺序队列设想为一个环，将 qu(1)紧接在 qu(queuesize)后面，这样，当 front 或 rear 增加到 queuesize+1 时，就变成了 1，因而只要有空间，就不会溢出。可以用求余运算实现这种转换。

入队时 rear 指针的变化：

```
rear = rear % queuesize + 1
```

出队时 front 指针的变化：

```
front = front % queuesize + 1
```

此时队空条件仍为：

```
rear=queuesize
```

队满条件也变成了：

```
rear=queuesize
```

为了区分队空与队满，特规定队满条件为：

```
front = ( rear + 1 ) % queuesize
```

这样一来，在 queuesize 个单元中，将只有 queuesize－1 个单元可用，但由此克服了假溢出，也方便了编程。

b. 队列的链式存储结构：利用带头节点的单链表可以作为队列的链式存储结构。此时，一个队列需要指向队头和队尾的两个指针才能唯一确定。

A.2.4　树

1．树结构

树是一个或多个节点元素组成的有限集合 T，且满足条件如下。

（1）有且仅有一个节点没有前驱节点，称为根节点。

（2）除根节点外，其余所有节点有且只有一个直接前驱节点。

（3）包括根节点在内，每个节点可以有多个直接后继节点。

附图 5 所示为一个树结构的示例。

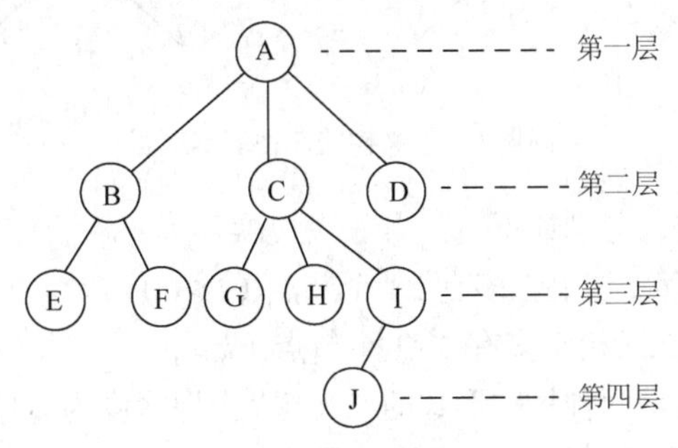

附图 5　树结构示例

树结构的重要术语与概念如下。

（1）叶子——没有后继节点的节点称为叶子（或终端节点），如图中的 D、E、F、G、H、I、J。

（2）分支节点——非叶子节点称为分支节点。

（3）节点的度——一个节点的子树数目就称为该节点的度。如图中的节点 B 的度为 2；节点 C 的度为 3；节点 D、J 的度为 0。

（4）树的度——树中各节点的度的最大值称为该树的度，附图 5 所示树的度为 3。

（5）子节点——某节点子树的根称为该节点的子节点。

（6）父节点——相对于某节点的子树的根，称为该节点的子树的父节点。

（7）兄弟——具有同一父节点的子节点称为兄弟。

例如，附图 5 中节点 C 是节点 G、H、I 的父节点；节点 G、H、I 是节点 C 的子节点；节点

J是节点I的子节点；节点G、H、I互为兄弟。

（8）节点的层次——根节点的层次数是1，其他任何节点的层数等于它的父节点的层数加1。

（9）树的深度——一棵树中，节点的最大层次数就是树的深度，附图5所示的树的深度为4。

（10）有序树和无序树——如果一棵树中节点的各子树从左到右是有序的，即若交换了某节点各子树的相对位置，则构成了不同的树，就称这棵树为有序树；反之，则称为无序树。

（11）森林——森林是 n 棵树的集合（$n \geqslant 0$），任何一棵树，删去根节点，就变成了森林。对树中的每个节点来说，其子树的集合就是一个森林。

2. 二叉树

二叉树结构也是非线性结构中重要的一类，它是有序树，不是树的特殊结构。在二叉树中，每个节点最多只有两棵子树，一棵是左子树，另一棵是右子树。二叉树有5种基本形态：它可以是空二叉树，根可以有空的左子树或空的右子树，或左、右子树皆为空，如附图6所示。必须注意，一般树与二叉树的概念不同。树至少有一个节点，而二叉树可以是空；其次，二叉树是有序树，其节点的子树要区分为左子树和右子树，即使某节点只有一棵子树的情况下，也要明确指出该子树是左子树还是右子树，而树中则无此区分。

附图6中，图（a）为空二叉树；图（b）为仅有一个根节点的二叉树；图（c）为根的左子树非空，根的右子树为空的二叉树；图（d）为根的右子树非空，根的左子树为空的二叉树；图（e）为根的左、右子树皆为非空的二叉树。

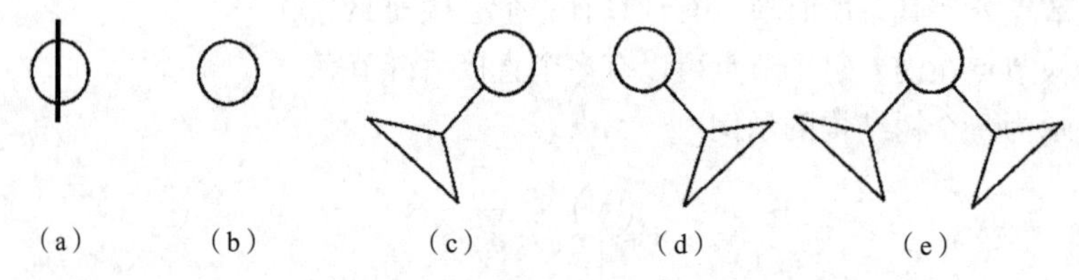

附图6　二叉树的5种基本形态

二叉树有很多重要性质，分别如下。

性质1——在二叉树的第 i 层上至多有 2^{i-1} 个节点（$i>0$）。

性质2——深度为 k 的二叉树至多有 2^k-1 个节点（$k>0$）。

满二叉树和完全二叉树是两种特殊形式的二叉树。一棵深度为 k 且有 2^k-1 个节点的二叉树称为满二叉树。满二叉树的特点是每一层上的节点数都达到最大值，2^k-1 个节点是深度为 k 的二叉树所能具有的最大节点个数。

若一棵二叉树至多只有最下面的两层上的节点的度数可以小于2，并且最下一层上的节点都集中在该层最左边的若干位置上，则此二叉树称为完全二叉树。显然，满二叉树是完全二叉树，但完全二叉树不一定是满二叉树，如附图7所示。

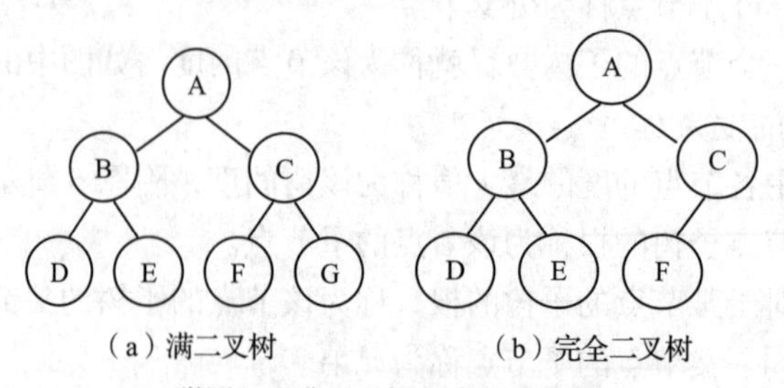

附图7　满二叉树与完全二叉树

3. 二叉树的存储结构

（1）顺序存储

对完全二叉树而言，可用顺序存储结构实现其存储，该方法是把完全二叉树的所有节点按照自上而下，自左向右的次序连续编号，并顺序存储到一片连续的存储单元中，在存储结构中的相互位置关系即反映出节点之间的逻辑关系。如用—维数组 Tree 来表示完全二叉树，则数组元素 Tree(i)对应编号为 i 的节点。

对于一般的二叉树，可以增加虚拟节点以构造完全二叉树，同样可以顺序存储。

例如，附图 8 中的二叉树在一维数组中存储为：

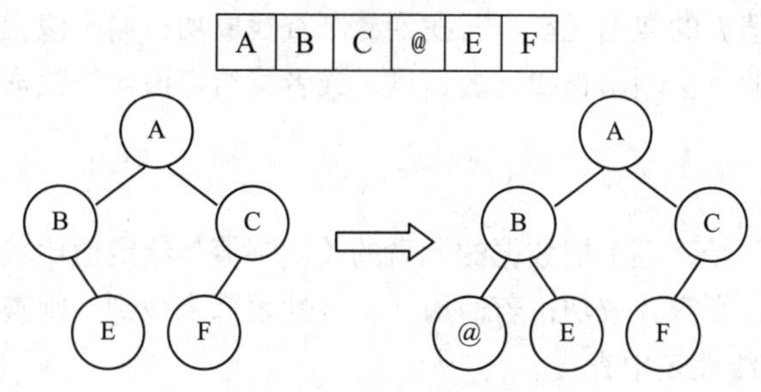

附图 8　一般二叉树的存储

（2）链式存储

顺序存储容易造成空间浪费，并具有顺序存储结构固有的缺点：添加、删除伴随着大量节点的移动。对于一般的二叉树，较好的方法是用二叉链表来表示。表中每个节点都具有 3 个域：左指针域（Lchild）、数据域（Data）、右指针域（Rchild）。其中，指针 Lchild 和 Rchild 分别指向当前节点的左孩子和右孩子。节点的形态如下：

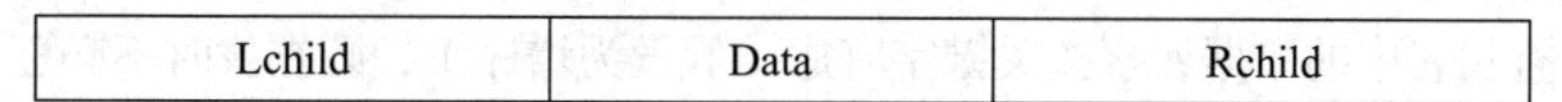

对附图 9 所示的二叉树，其二叉链表如附图 10 所示。

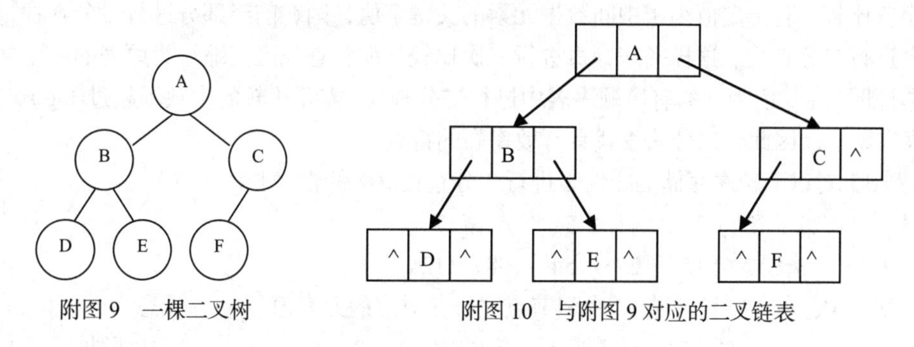

附图 9　一棵二叉树　　附图 10　与附图 9 对应的二叉链表

4. 二叉树的遍历

遍历是指按某种次序，依次对某结构中的所有数据元素访问且仅访问一次。

由于二叉树结构的非线性特点，它的遍历远比线性结构复杂，其算法都是递归的。遍历方式有以下 3 种。

（1）先序遍历——访问根节点；先序遍历左子树；先序遍历右子树。

对附图 9 所示的二叉树，先序遍历序列为：A B D E C F。

（2）中序遍历——中序遍历左子树；访问根节点；中序遍历右子树。

对附图 9 所示的二叉树，中序遍历序列为：D B E A F C。

（3）后序遍历——后序遍历左子树；后序遍历右子树；访问根节点。

对附图 9 所示的二叉树，后序遍历序列为：D E B F C A。

A.2.5 线性表的查找

在数据结构中，数据的基本单位是数据元素，数据元素通常表现为记录、节点、顶点等。一个数据元素由若干个数据项（或称为域）组成，用以区别数据元素集合中各个数据元素的数据项称为关键字（Key）。

查找（Search）又称检索，就是在一个含有 n 个数据元素的集合中，根据一个给定的值 k，找出其关键字值等于给定值 k 的数据元素。若找到，则查找成功，输出该元素或该元素在集合中的位置；否则查找失败，此时会输出查找失败信息，或者将给定值作为数据元素插入到集合中适当的位置。

1. 顺序查找

从第 1 个数据元素开始，逐个把数据的元素的关键字值与给定值比较，若找到某数据元素的关键字值与给定值相等，则查找成功；若遍历整个线性表都未找到，则查找失败。

【附例 7】在所给的线性表中查找。

23	78	16	34	54	12	98	64	30

① 查找 54，成功，查找长度为 5。

② 查找 19，失败，查找长度为 9。

容易推导出，在长度为 n 的线性表中进行查找的平均查找长度为：$(n+1)/2$。

2. 二分法查找

当顺序存储的线性表已经按关键字有序排列时，则可以使用二分法查找。二分法查找的基本思路是：由于查找表中的数据元素按关键字有序（假设为增序），则查找时不必逐个顺序比较，而先与中间数据元素的关键字比较。若相等，则查找成功；若不等，即将给定值与中间数据元素的关键字值比较，若给定值小于中间数据元素的关键字值，则在前半部分进行二分查找，否则在后半部分进行二分查找。这样一来，每进行一次比较，就将查找区间缩短为原来的一半。

容易证明，在长度为 n 的有序顺序表中进行二分查找，需要比较的次数不超过$[\log_2 n+1]$次（其中[ ]代表取整）。因此，二分法查找具有效率高的特点。

【附例 8】对以下顺序存储的线性表进行二分查找。（线性表长度 n=7）

序号：	1	2	3	4	5	6	7
线性表：	3	7	15	27	54	98	124

若找 27：	次数	查找区域	中间节点序号，对应的元素值		状态
	1	[1，7]	（1+7）/ 2=4	27	查找成功

若找 98：	次数	查找区域	中间节点序号，对应的元素值		状态
	1	[1，7]	（1+7）/ 2=4	27	小于 98
	2	[5，7]	（5+7）/ 2=6	98	查找成功

A.2.6 排序

排序是数据处理中经常使用的一种运算，是将一组数据元素（记录）按其排序码进行递增或递减的运算操作。排序分内排序和外排序。

① 内排序——整个排序运算在内存中进行。

② 外排序——对外存储器中的数据进行排序操作。

1. 插入法排序

把 n 个数据元素的序列分成两部分，一部分是已排好序的有序部分，另一部分是未排好序的未排序部分。把未排好序的元素逐个与已排好序的元素进行比较，并插入到有序部分的合适位置，最后得到一个新的有序序列。

【附例 9】 插入法排序（线性表长度 n=8）。

初始序列：	[49] 38	65	97	76	13	27	49	
（1）	[38	49]	65	97	76	13	27	49
（2）	[38	49	65]	97	76	13	27	49
（3）	[38	49	65	97]	76	13	27	49
（4）	[38	49	65	79	97]	13	27	49
（5）	[13	38	49	65	76	97]	27	49
（6）	[13	27	38	49	65	76	97]	49
（7）	[13	27	38	49	49	65	76	97]

2. 选择排序

每一轮排序中，将第 i 个元素与从序列第 i+1 到第 n 的 n−i+1(i=1,2,3,⋯,n−1)个元素中选出的值最小的一个元素进行比较，若该最小元素比第 i 个元素小，则将两者的位置交换。i 从 1 开始，重复此过程，直到 i=n−1。

简单地说，通过交换位置，选最小的放在第一位，次小的放在第二位，以此类推，直到元素序列的最后一位为止。

【附例 10】 选择排序（线性表长度 n=8）。

初始序列：	49	[38	65	97	76	13	27	49]
（1）	13	38	[65	97	76	49	27	49]
（2）	13	27	65	[97	76	49	38	49]
（3）	13	27	38	97	[76	49	65	49]
（4）	13	27	38	49	76	[97	65	49]
（5）	13	27	38	49	49	97	[65	76]
（6）	13	27	38	49	49	65	97	[76]
（7）	13	27	38	49	49	65	76	97

以第（1）、（2）步为例：49 与 13 比较后互换，38 与 27 比较后互换⋯⋯以后各步以此类推。

上述序列中有两个元素具有相同关键字值 49，经过排序，原来排在后面的一个 49 仍然排在后面。当相同关键字值经过排序仍保持原来先后位置时，则称所用的排序方法是稳定的；反之，若相同关键字值经排序后发生位置交换，则所用的排序方法是不稳定的。选择排序是一种稳定的排序方法。

3. 冒泡排序

冒泡法排序需要进行 n−1 轮的排序过程。

第一轮：从 a_1 开始，两两比较 a_i、a_{i+1}（i=1,2,⋯,n−1）的大小，若 $a_i>a_{i+1}$，则交换 a_i 与 a_{i+1}。当第一轮完成时，最大元素将被交换到最后一位（第 n 位）。

第二轮：仍然从 a_1 开始，两两比较 a_i、a_{i+1}（i=1,2,⋯,n−2）的大小，注意此时的处理范围从第一轮的整个序列 n 个数据元素比较 n−1 次（i=1,2,⋯,n−1），变成了 n−1 个数据元素比较 n−2 次（i=1,2,⋯,n−2）。当第二轮完成时，最大元素将被交换到次后一位（第 n−1 位）。

……

第 n−1 轮：只需比较最初两个元素，就完成了整个线性表的排序。

【附例 11】冒泡排序过程（线性表长度 n=7）。

初始状态：	[65	97	76	13	27	49	58]
第一轮（i=1,⋯,6）	[65	76	13	27	49	58]	97
第二轮（i=1,⋯,5）	[65	13	27	49	58]	76	97
第三轮（i=1,⋯,4）	[13	27	49	58]	65	76	97
第四轮（i=1,⋯,3）	[13	27	49]	58	65	76	97
第五轮（i=1,2）	[13	27]	49	58	65	76	97
第六轮（i=1）	[13]	27	49	58	65	76	97

4. 归并排序

将两个或两个以上的有序表组合成一个新的有序表。

将每个元素视作一个长度为 1 的子序列，把相邻子序列两两合并，得到一个新的子序列，如此重复，最后得到一个长度为 n 的新的有序序列。

【附例 12】归并排序过程（线性表长度 n=7）。

初始序列：	[25]	[57]	[48]	[37]	[12]	[92]	[86]	
（1）	[25	57]	[37	48]	[12	92]	[86]	（两两合并）
（2）	[25	37	48	57]	[12	86	92]	（两两合并）
（3）	[12	25	37	48	57	86	92]	（两两合并）

5. 快速排序——分区交换排序

快速排序是冒泡法排序的改进，平均排序速度较快。基本思想如下。

（1）任选一个元素 R_i（一般为第一个）作为标准。

（2）调整各元素位置，使排在 R_i 前的元素的排序码都小于 R_i，而排在 R_i 后的元素的排序码都大于 R_i。本步骤称为一次快排，由此确定了 R_i 在有序序列中的最后位置，同时将剩余元素分为两个子序列。

（3）对两个子序列分别进行快速排序，又确定了两个元素在有序序列中的位置，并将剩余元素分为 4 个子序列。

（4）重复步骤（1）～（3），直到各子序列的长度都为 1，排序结束。

【附例 13】快速排序

初始序列：	{<u>58</u>	49_1	60	90	70	15	30	49_2}	由 R_j 从右向左扫描到 R_i（←）
	i								j（选定元素 58 作为标准，比较 R_i 和 R_j）
	{49_2	49_1	60	90	70	15	30	<u>58</u>}	由 R_i 从左向右扫描到 R_j（→）
			i						j（R_i 和 R_j 有交换，则右移 i+1 再比较 R_i 和 R_j）
	{49_2	49_1	60	90	70	15	30	<u>58</u>}	由 R_i 从左向右扫描到 R_j（→）
			i						j（R_i 和 R_j 无交换，则再右移 i+2 比较 R_i 和 R_j）
	{49_2	49_1	<u>58</u>	90	70	15	30	60}	由 R_j 从右向左扫描到 R_i（←）
			i				j		（R_i 和 R_j 有交换，则左移 j−1 比较 R_i 和 R_j）

{49_2　49_1　30　90　70　15　<u>58</u>　60}　　由 R_i 从左向右扫描到 R_j（→）

i　　j　（R_i 和 R_j 有交换，则右移 i+3 比较 R_i 和 R_j）

{49_2　49_1　30　<u>58</u>　70　15　90　60}　　由 R_j 从右向左扫描到 R_i（←）

i　　j　（R_i 和 R_j 有交换，则左移 j−2 比较 R_i 和 R_j）

{49_2　49_1　30　15　70　<u>58</u>　90　60}　　由 R_i 从左向右扫描到 R_j（→）

i　j　（R_i 和 R_j 有交换，则右移 i+4 比较 R_i 和 R_j）

{49_2　49_1　30　15　<u>58</u>　70　90　60}　　由 R_j 从右向左扫描到 R_i（←）

ij　（R_i 和 R_j 有交换，则左移 j−3 比较 R_i 和 R_j）

{49_2　49_1　30　15} 58 {70　90　60}　　R_i=R_j 时结束一轮快排

这时得到{49_2　49_1　30　15}和{70　90　60}两个子序列，下一轮再分别对这两个子序列进行快速排序。

注意排序序列中有两个相同元素 49_1 和 49_2，可见，快速排序是一种不稳定的排序方法。

6. 几种排序方法的比较

① 稳定性：稳定的排序方法有插入、选择、归并、冒泡排序；快速排序是不稳定的排序方法。

② 平均综合情况：归并排序、快速排序的速度较快，插入、冒泡排序的速度较慢。

总之，各种排序法各有其优缺点，选用依据如下。

① 数据规模 n 大，内存允许，要求稳定：选归并排序。

② 数据规模 n 较小，有稳定要求：选插入排序。

③ 数据规模 n 大，内存允许，对稳定不要求：选快速排序。

B　软件工程基础

本部分内容的大纲要求如附表 2 所示。

附表 2　　数据结构部分的大纲要求

大纲要求	备注
（1）软件工程基本概念，软件生命周期概念，软件工具与软件开发环境	（3）、（4）、（5）是本部分的考核重点，多出现在选择题 2～4 题中，约占总分的 2%
（2）结构化分析方法，数据流图，数据字典，软件需求规格说明书	
（3）结构化设计方法，总体设计与详细设计	
（4）软件测试的方法，白盒测试与黑盒测试，测试用例设计，软件测试的实施，单元测试、集成测试和系统测试	
（5）程序的调试，静态调试与动态调试	

B.1　软件工程概述

软件工程的概念起源于 20 世纪 60 年代末期出现的“软件危机”。软件危机提高了人们对软件开发重要性的认识。随着社会对软件需求的增长，计算机软件专家加强了对软件开发和维护的规律性、理论、方法和技术的研究，从而形成了一门介于软件科学、系统工程和工程管理学之间的边缘学科，即软件工程学。软件的工程化生产也逐步催生了软件产业。

（1）软件工程学的研究对象

软件工程学研究如何应用一些科学理论和工程技术来指导软件系统的开发与维护，使其成为一门严格的工程学科。

（2）软件工程学的基本目标

软件工程学的基本目标在于研究一套科学的工程方法，设计一套方便实用的工具系统，以达到在软件研制生产中投资少、效率高、质量优的目的。

（3）软件工程学的三要素

软件工程学的 3 个基本要素是方法、工具和管理。

（4）软件生命周期

一个软件项目从问题提出、定义、开发、使用、维护，直至被废弃，要经历一个漫长的周期，通常把这个周期称为软件生命周期（Software Life Cycle）。

软件工程学是研究软件的研制和维护的规律、方法和技术的学科。贯穿于这一学科的基本线索是软件生命周期学说（也叫软件生存周期），它将告诉软件研制者与维护者“什么时候做什么、怎样做”。

B.2 软件生命周期

一个软件从用户提出开发、使用要求到废弃不用为止的全过程，称为软件生命周期，又称软件生存周期。

软件工程学将软件的生命周期分解为几个阶段，每个阶段的任务都相对独立、简单，便于不同的人员分工协作，每个阶段都有明确的要求、严格的标准与规范，以及与开发软件完全一致的高质量的文档资料，从而保证软件开发工程结束时有一个完整、准确的软件配置交付使用。目前划分软件生命周期的方法有很多，软件规模、种类、开发方式、开发环境及开发方法都影响软件生命周期阶段的划分。划分软件生命周期阶段应遵循的一条基本原则是各阶段的任务应尽可能地相对独立，以降低每个阶段的复杂程度，简化不同阶段之间的联系，以便于软件开发工程管理。

一般情况下，软件生命周期由软件定义、软件开发、软件维护 3 个时期组成。每个时期又分为若干个阶段。软件生存周期的模型主要有瀑布模型和快速原型。

1. 瀑布模型

软件生存周期各个阶段的工作顺序展开后，就像自上而下的瀑布，故称为瀑布模型（1976 年由 B. W. Boehm 提出）。

按照瀑布模型，一个完整的软件开发过程分为如下几个阶段。

（1）计划：分析用户需求，分析软件系统追求的目标，分析开发系统的可行性等。

（2）开发：包括设计和实现两个任务，其中，设计包括需求分析和设计两个阶段，实现包括编程和测试两个阶段。

（3）运行：主要任务是解决软件维护和修改问题。

2. 快速原型

在瀑布模型中，由于系统分析人员和用户在专业上的差异，可能会造成实现功能不完全和不正确的情况发生，为解决此矛盾，人们提出了快速原型模型。其基本思想是：首先建立一个能反映用户主要需求的原型，用户通过使用该原型来提出对原型的修改意见，再按用户意见对原型进行改进。经多次反复修改后，最后建立起符合用户需求的新系统。

B.3 软件需求分析

软件定义，又称为系统分析。这个时期的任务，是确定软件开发的总目标，确定软件开发工程的可行性，确定实现工程目标应该采用的策略和必须完成的功能，估计完成该项工程需要的资源和成本，制定工程进度表。

软件定义，可进一步划分为 3 个阶段，即问题定义、可行性研究和需求分析。

1. 问题定义

问题定义阶段必须考虑的问题是“做什么”。

正确理解用户的真正需求，是成功开发系统的必要条件。软件开发人员与用户之间的沟通，必须通过系统分析员对用户进行访问调查，简明扼要地写出对问题的理解，并在有用户参加的会议上认真讨论，澄清含糊不清的地方，改正不正确的地方，最后得到一份双方都认可的文档。在文档中，系统分析员要写明问题的性质、工程的预期目标以及工程的规模。

问题定义阶段是软件生命周期中最短的阶段，一般不超过 3 天。

2. 可行性研究

可行性研究要研究问题的范围，并探索这个问题是否值得去解决，以及是否有可行的解决办法。可行性研究的结果是部门负责人做出是否继续这项工程决定的重要依据。可行性论证的内容包括：技术可行性、经济可行性、操作可行性。

可行性论证是分析员在收集资料的基础上，经过分析，明确工程软件项目的目标、问题域、主要功能和性能要求，确定应用软件的支撑环境以及经济、制作和时间限制等方面的约束条件，并用高层逻辑模型（通常用数据流图）对各种可能方案进行可行性分析及成本/效益分析。如果该项目在技术和经济上均可行，则可明确地写出开发任务的全面要求和细节，形成软件计划任务书，作为本阶段的工作总结。

软件计划任务书的主要内容包括软件项目目标，主要功能、性能，系统的高层逻辑模型（数据流图），系统界面，可供使用的资源，进度安排和成本预算。

3. 需求分析

需求分析即系统分析，通常采用系统模型定义系统。需求分析的主要任务是：明确用户要求软件系统必须满足的所有功能、性能和限制，也就是解决软件“做什么”的问题。

系统分析员和用户密切配合，充分交流信息，得出经过用户确认的系统逻辑模型。系统的逻辑模型，通常是用数据流图、数据字典和简要的描述表示系统的逻辑关系。

需求分析只是原理性方案的设计。在这一阶段的工作中，为清晰地揭示问题的本质，往往省略具体问题中的一些次要因素，只将功能关系抽象为反映该问题的系统模型。

系统逻辑模型是以后设计和实现目标系统的基础，必须准确而完整地体现用户的要求。

（1）需求说明书

需求分析阶段应提交的文档是需求说明书。需求说明书的主要内容如下。

① 概述。

② 需求说明：功能说明、性能说明。

③ 数据描述：数据流图、数据字典、接口说明。

④ 运行环境：设备要求、支持的软件等。

（2）结构化分析方法

结构化分析方法（Structured Analysis）是需求分析的最常用方法，简称 SA 方法。它与设计阶段的结构化设计方法一起联合使用，能够较好地实现软件系统的开发。

① SA 方法的基本原理：通过分解与抽象，建立 3 个模型：数据模型、功能模型、行为模型，以说明软件需求，并得到准确的软件需求规格说明。

SA 方法采用的基本方法为图形法。

② SA 方法使用的分析工具

数据流图（DFD）——描述系统中数据流程的图形工具。

数据字典（DD）——放置数据流图中包含的所有元素的定义。

结构化语言——介于自然语言和形式化语言之间的一种类自然语言，它吸收了形式化语言的精确、严格与自然语言的简单、易懂的特点，通常由顺序、选择和循环 3 种控制结构构成，适用于简单逻辑加工关系的描述。

判定表——用于简洁而无歧义地描述加工逻辑规则。一张判定表通常由 4 个部分组成：左上部列出所有的条件，左下部为所有可能的操作，右上部是各种条件组合的一个矩阵，右下部是对应于每种条件组合应用的操作。

（3）SA 方法中导出的分析模型

数据字典——核心，对系统所有数据对象的描述。

实体-关系图——数据对象间关系，是系统的数据模型。

数据流图——数据的流动和处理，是功能建模基础。

状态转换图——系统各种行为模式（状态）及其转换是行为建模的基础。

B.4 软件设计

软件开发，是实现前一个时期定义的软件。它包含 4 个阶段：总体设计、详细设计、编码设计与单元测试、综合测试。

1. 总体设计

总体设计，也叫作概要设计或初步设计。这个阶段必须回答的问题是“概括地说，应该如何解决这个问题”。最后得到软件设计说明书。

总体设计的目标是采用结构化分析的成果，由数据模型、功能模型、行为模型描述的软件需求，按一定的设计方法，完成数据设计、体系结构设计、接口设计和过程设计。

总体设计应遵循的一条主要原则就是程序模块化的原则。总体设计的结果通常以层次图或结构图来表示。

采用传统软件工程学中的结构化设计技术或面向数据流的系统化的设计方法来完成。总体设计阶段的表示工具有层次图、HIPO 图等。

2. 详细设计

总体设计阶段以比较抽象、概括的方式提出了问题的解决方法。详细设计阶段的任务是把解法具体化，也就是回答“应该怎样具体地实现这个系统”这一问题。

详细设计，也就是模块设计，它是在算法设计和结构设计的基础上，针对每个模块的功能、接口和算法定义，设计模块内部的算法过程及程序的逻辑结构，并编写模块设计说明。

详细设计阶段的方法有如下几种。

（1）结构化程序设计技术。如果一个程序的代码仅仅通过顺序、选择和循环这 3 种控制结构进行连接，并且每个代码块只有一个入口和出口，则称此程序为结构化程序。主要工具有：程序流程图（程序框图）、方框图（N-S 图）、问题分析题（PAD 图）、伪码语言（PDL）等。

（2）面向数据结构的设计方法，适用于信息具有清楚的层次结构的应用系统开发。

（3）面向对象的程序设计方法（Object Oriented Programming，OOP）是 20 世纪 80 年代以来广泛采用的程序设计方法，以对象、类描述客观事物，以事件驱动。近年来又逐步融入了可视化、所见即所得的新风格。

3. 编码设计与单元测试

这个阶段的任务，是根据详细设计的结果，选择一种适合的程序设计语言，把详细设计的结果翻译成程序的源代码。

每编写完一个模块，都要对模块进行测试，即单元测试，以便尽早发现程序中的错误和缺陷。

4. 综合测试

模块编码及测试完成后，需要根据软件结构进行组装，并进行各种综合测试。在综合测试中，测试计划、测试方案、测试用例报告及测试结果，都是软件配置的重要组成部分，应以正式的文档形式保存下来。

综合测试的目标是产生一个可用的软件文档，修订和确认软件的使用手册。

B.5　软件测试

1. 软件测试的定义

为了发现程序中的错误而执行程序的过程。

2. 软件测试的目的

软件测试的目的是尽可能地揭露和发现程序中隐藏的错误。优秀的测试方案是极可能发现尚未发现的错误的测试方案；成功的测试是发现了至今为止尚未发现的错误的测试。因此，一般不由软件编写者测试软件，而由其他人组成的测试小组来进行。而且，即使通过了最严密的测试，仍可能存在未发现的错误。总之，测试只能发现错误，不能证明程序中没有错误。

3. 基本软件测试方法

基本的软件测试方法主要有黑盒测试和白盒测试。

（1）黑盒测试（功能测试）：在程序接口进行的测试，根据规格说明书检查程序接口，而不考虑程序的内部结构和实现过程。

（2）白盒测试（结构测试）：按照程序的内部逻辑实现来测试程序，了解程序的每条通路是否都按预定要求正确实现。

4．测试策略

测试过程必须分步进行。

（1）单元测试：着重测试每个单独模块，以确保其作为一个单元功能是正确的。单元测试大量使用白盒测试，用以检查模块的控制结构。

（2）集成测试：把模块装配（集成）为一个完整的软件包，在装配的同时进行测试。集成测试主要使用黑盒测试技术，要同时解决程序验证和程序构造两个问题。

B.6 程序的调试

程序调试可分为静态调试和动态调试。

静态调试主要是指通过人的思维来分析源程序代码和排查错误，是主要的调试手段，而动态调试常用于辅助静态调试。静态测试包括代码检查、静态结构分析、代码质量度量。不实际运行软件，主要通过人工进行；动态测试主要包括白盒测试方法和黑盒测试方法。

C 程序设计基础

本部分内容的大纲要求如附表 3 所示。

附表 3 数据结构部分的大纲要求

大纲要求	备注
（1）程序设计方法与风格	（2）、（3）是本部分考核的重点，多出现在选择题第 1～2 题中，约占总分的 1%
（2）结构化程序设计	
（3）面向对象的程序设计方法、对象、属性及继承与多态性	

C.1 程序设计方法

结构化程序设计（SP）和面向对象程序设计（OOP）是两种经典的程序设计方法。

SP 将系统视为一个大功能模块，常用“自顶向下，逐步求精”策略，将之分解为一系列的小模块、小程序，组装这些小程序，即可获得大系统。由于设计时需求难以确定，导致功能易变，因此，建立在功能分解基础上的系统，可维护性较差，重用性也不好。

OOP 认为软件系统就是对现实世界系统的模拟。它以对象（即数据）为核心，系统的可维护性、重用性较好，核心成分变动小，当然系统也比较稳定。此外，OOP 中的抽象、封装、继承、多态等核心机制对提高程序的可维护性、可重用性十分有益。

C.2　结构化程序设计

结构化程序设计是用结构化编程语句来编写程序。它把一个复杂的程序分解成若干个较小的过程，每个过程都可以单独设计、修改、调试，其程序流程完全由程序员控制，用户只能按照程序员设计好的程序处理问题。

C.2.1　程序设计的方法及原则

面向过程的程序设计的特点如下。

（1）整个程序模块化。

（2）每个模块只有一个入口和一个出口。

（3）每个模块都应能单独执行，且无死循环。

（4）采用“自顶向下，逐步求精”的方法。

C.2.2　程序的基本结构

1．顺序结构

顺序结构是程序设计中最基本的结构。在该结构中，程序的执行是按命令出现的先后顺序依次执行。

2．分支结构

分支结构是按给定的选择条件成立与否，来确定程序走向。分支可分为单向选择分支、双向选择分支和多路分支。在任何条件下，无论分支多少，只能选择其一。

3．循环结构

循环结构是一种重复结构，程序的执行发生了自下而上的往复，某一程序段将重复执行。按循环的嵌套层次，循环可分为单循环结构和多循环结构。按循环体执行的条件性质，循环又可分为记数循环和条件循环。无论何种类型的循环结构，都要确保循环的重复执行能得到终止。

C.3　面向对象的程序设计方法

面向对象程序设计（Object Oriented Programming，OOP）是一种计算机编程架构。面向对象程序设计方法是尽可能模拟人类的思维方式,使软件的开发方法与过程尽可能接近人类认识世界、解决现实问题的方法和过程，也就是使描述问题的问题空间与问题的解决方案空间在结构上尽可能一致，把客观世界中的实体抽象为问题域中的对象。

OOP 的一条基本原则是计算机程序由单个能够起到子程序作用的单元或对象组合而成。OOP 可达到软件工程的 3 个主要目标：重用性、灵活性和可扩展性。

OOP=对象+类+继承+多态+消息，其中核心概念是对象和类。

1．对象

在程序设计中将要加以研究的事、物、概念等都称为对象（Object），每个对象都具有自己的属性、事件和方法。

2. 属性

属性是对象所具有的特征，用来表示对象的状态。不同类型的对象，其属性会有所不同；同类别对象的不同实例，属性的值也会有差异。

3. 类

类（class）是一个共享相同结构和行为的对象的集合。类定义了事物的抽象特点。通常地，类定义了事物的属性和它可以实现的功能（它的行为）。举例来说，“狗”这个类会包含狗的一切基础特征，例如，它的毛皮颜色和吠叫的能力。类可以为程序提供模板和结构，类的方法和属性被称为“成员”。

4. 继承

继承性是面向对象技术中的一个重要特点，主要是指两种或者两种以上的类之间的联系与区别。在这种关系中，一个类共享了一个或多个其他类定义的结构和行为。

继承描述了类之间的关系。子类可以对基类的行为进行扩展、覆盖、重定义。

5. 多态

从宏观的角度来讲，多态性是指在面向对象技术中，当多个不同的对象同时接收到同一个完全相同的消息之后，所表现出来的动作是各不相同的，具有多种形态；从微观的角度来讲，多态性是指在一组对象的一个类中，面向对象技术可以使用相同的调用方式来对相同的函数名进行调用，即便这若干个具有相同函数名的函数所表示的函数是不同的。

D　数据库设计基础

本部分内容的大纲要求如附表 4 所示。

附表 4　　　　数据结构部分的大纲要求

大纲要求	备注
（1）数据库的基本概念：数据库、数据库管理系统、数据库系统	（2）、（3）、（4）是本部分考核的重点，多出现在选择题第 6～10 题中，约占总分的 3%
（2）数据模型：实体联系模型及 E-R 图，从 E-R 图导出关系数据模型	
（3）关系代数运算：包括集合运算及选择、投影、连接运算，数据库规范化理论	
（4）数据库设计方法和步骤：需求分析、概念设计、逻辑设计和物理设计的相关策略	

D.1　数据库的基本概念

1. 数据库

数据库（Database，DB）就是按一定的组织形式存储在一起的相互关联的数据的集合。实际上，数据库就是一个存放大量业务数据的场所，其中的数据具有特定的组织结构。数据库具有数据的结构化、独立性、共享性、冗余量小、安全性、完整性和并发控制等基本特点。

2. 数据库管理系统

数据库管理系统是负责数据库的定义、建立、操纵、管理和维护的一种计算机软件，是数据库系统的核心部分。数据库管理系统是在特定操作系统的支持下进行工作的，它提供了对数据库资源进行统一管理和控制的功能，使数据结构和数据存储具有一定的规范性，提高了数据库应用的简明性和方便性。

3. 数据库系统

数据库系统（Database System，DBS）是一个具有管理数据库功能的计算机软硬件综合系统。具体地说，它主要包括计算机硬件、操作系统、数据库、数据库管理系统和建立在该数据库之上的相关软件、数据库管理员及用户等组成部分。

D.2　数据模型

1. 数据模型的概念

数据模型是数据库系统中用于提供信息表示和操作手段的结构形式。简单地说，数据模型是指数据库的组织形式，它决定了数据库中数据之间联系的方式。

在数据库系统设计时，数据库的性质是由系统支持的数据模型来决定的。不同的数据模型以不同的方式把数据组织到数据库中。

常见的数据模型有 3 种，即层次模型、网状模型和关系模型。

2. 概念模型

由于计算机不能直接处理现实世界中的具体事物，所以，必须将客观存在的具体事物进行抽象，转换成计算机能够处理的数据，由此得到的数据库的逻辑模型称为概念模型。

在概念模型中，通常采用实体来描述现实世界中具体的事物或事物之间的联系。

（1）实体

客观存在并可相互区分的事物称为实体。它是信息世界的基本单位。

（2）实体联系模型

实体联系模型又称 E-R 模型或 E-R 图，它是描述概念世界、建立概念模型的工具。

E-R 图包含以下 3 个要素。

① 实体。用矩形框表示，框内标注实体名称。

② 属性。用椭圆形表示，框内标注属性名。E-R 图中用连线将椭圆形与矩形框（实体）连接起来。

③ 实体之间的联系。用菱形框表示，框内标注联系名称。E-R 图中用连线将菱形框与有关矩形框（实体）相连，并在连线上注明实体间的联系类型。

3. 关系模型

关系模型是一种以关系（二维表）的形式表示实体与实体之间联系的数据模型。关系模型的主要特点如下。

（1）关系中的每一分量不可再分，是最基本的数据单位。

（2）关系中每一列的分量是同属性的，列数根据需要而设，且各列的顺序是任意的。

（3）关系中每一行由一个个体事物的诸多属性构成，且各行的顺序可以是任意的。

（4）一个关系是一张二维表，不允许有相同的列（属性），也不允许有相同的行（元组）。

D.3 关系运算

1. 传统的集合运算

进行并、差、交、积集合运算的两个关系必须具有相同的关系模式，即两个关系均为 *n* 元关系（元数相同即属性个数相同），且两个关系属性的性质相同。

下面以读者信息 1（见附表 5）和读者信息 2（见附表 6）两个关系为例，说明传统的集合运算：并运算、交运算、差运算和广义笛卡儿积运算。

附表 5 读者信息 1

读者编号	姓名	性别
201330103003	高杨	女
201330103004	梁冰冰	女
201330103005	蒙铜	男
201330103006	韦凤宇	女
201330103007	刘海艳	女
201431202007	姜坤	男

附表 6 读者信息 2

读者编号	姓名	性别
201330103005	蒙铜	男
201330103006	韦凤宇	女
201431202007	姜坤	男
201431202008	解毓朝	男
201431202009	李冰	男
201431305030	钱欣宇	男

（1）并运算

两个相同结构的关系 R 和 S 的“并”，记为 R∪S，其结果是由 R 和 S 的所有元组组成的集合。

读者信息 1 和读者信息 2 并的结果如附表 7 读者信息 3 所示。

附表 7 读者信息 3

读者编号	姓名	性别
201330103003	高杨	女
201330103004	梁冰冰	女
201330103005	蒙铜	男
201330103006	韦凤宇	女
201330103007	刘海艳	女
201431202007	姜坤	男

续表

读者编号	姓名	性别
201431202008	解毓朝	男
201431202009	李冰	男
201431305030	钱欣宇	男

（2）交运算

两个相同结构的关系 R 和 S 的“交”，记为 R∩S，它们的交是由既属于 R 又属于 S 的元组组成的集合。交运算的结果是 R 和 S 的共同元组。读者信息 1 和读者信息 2 交运算的结果如附表 8 所示。

附表 8　　读者信息 4

读者编号	姓名	性别
201330103005	蒙铜	男
201330103006	韦凤宇	女
201431202007	姜坤	男

（3）差运算

两个相同结构的关系 R 和 S 的“差”，记为 R-S，其结果是由属于 R 但不属于 S 的元组组成的集合。差运算的结果是从 R 中去掉 S 中也有的元组。读者信息 1 和读者信息 2 差运算的结果如附表 9 所示。

附表 9　　读者信息 5

读者编号	姓名	性别
201330103003	高杨	女
201330103004	梁冰冰	女
201330103007	刘海艳	女

（4）广义笛卡儿积运算

两个分别为 n 目和 m 目的关系 R 和 S 的广义笛卡儿积是一个（$n+m$）列的元组的集合。元组的前 n 列是关系 R 的一个元组，后 m 列是关系 S 的一个元组。若 R 有 k_1 个元组，S 有 k_2 个元组，则关系 R 和关系 S 的广义笛卡儿积有 $k_1 \times k_2$ 个元组，记为 R×S。

【附例 14】有教师（见附表 10）和授课（见附表 11）两个关系，则这个关系的笛卡儿积运算的结果是什么？

附表 10　　教师

教师编号	姓名	性别	职称
01	张三	男	讲师
02	李四	女	副教授
03	王五	男	教授

附表 11　　　　　　　　　　　　授课

教师编号	课程名称	学时
01	程序设计	68
02	计算机网络	52
01	数据库技术	68
04	大学计算机	68

教师和授课两个关系的笛卡儿积运算的结果如附表 12 所示。

附表 12　　　　　　　　　　　　教师授课

教师编号	姓名	性别	职称	教师编号	课程名称	学时
01	张三	男	讲师	01	程序设计	68
01	张三	男	讲师	02	计算机网络	52
01	张三	男	讲师	01	数据库技术	68
01	张三	男	讲师	04	大学计算机	68
02	李四	女	副教授	01	程序设计	68
02	李四	女	副教授	02	计算机网络	52
02	李四	女	副教授	01	数据库技术	68
02	李四	女	副教授	04	大学计算机	68
03	王五	男	教授	01	程序设计	68
03	王五	男	教授	02	计算机网络	52
03	王五	男	教授	01	数据库技术	68
03	王五	男	教授	04	大学计算机	68

2. 专门的关系运算

在关系数据库中，经常需要对关系进行特定的关系运算操作。基本的关系运算有 3 种：选择、投影和连接。

（1）选择运算

选择运算是一种横向的操作。选择（Selection）是根据给定的条件选择关系 R 中的若干元组组成新的关系，是对关系的元组进行筛选，记作：$\sigma_F(R)$。其中 F 是选择条件，是一个逻辑表达式，它由逻辑运算符和比较运算符组成。选择运算可以改变关系表中的记录个数，但不影响关系的结构。

【附例 15】从“管理员信息”表（见附表 13）中，选择性别为“男”的记录，可以记为：$\sigma_{性别="男"}$(管理员信息)，结果如附表 14 所示。

附表 13　　　　　　　　　　　　管理员信息

编号	姓名	性别	密码
2170001	徐大伟	男	123
2170002	高天磊	男	456
2170003	马东旭	男	abc

续表

编号	姓名	性别	密码
2170004	张倩	女	efg
2170005	兰文强	男	789
2170006	陈文欣	女	xyz

附表 14　　管理员信息 1

编号	姓名	性别	密码
2170001	徐大伟	男	123
2170002	高天磊	男	456
2170003	马东旭	男	abc
2170005	兰文强	男	789

（2）投影

投影运算是从关系中选取若干个字段组成一个新的关系。投影运算是一种纵向的操作，它可以根据用户的要求从关系中选出若干字段组成新的关系，记作：Π_A（R）。其关系模式所包含的字段个数往往比原有关系少，或者字段的排列顺序不同。因此投影运算可以改变关系中的结构。

【附例 16】从附表 13 中列出所有职工的职工号，姓名，性别，出生年月，部门编号。可以记为：

```
Π编号, 姓名（管理员信息）
```

结果如附表 15 所示。

附表 15　　管理员信息 2

编号	姓名
2170001	徐大伟
2170002	高天磊
2170003	马东旭
2170004	张倩
2170005	兰文强
2170006	陈文欣

（3）连接

连接运算是用来连接相互之间有联系的两个关系，通过共同的属性名（字段名）连接成一个新的关系。连接运算可以实现两个关系的横向合并，在新的关系中反映出原来两个关系之间的联系。连接运算是一个复合型的运算，包含了笛卡儿积、选择和投影 3 种运算。通常记作：

```
R⋈S
```

每一个连接操作都包括一个连接类型和一个连接条件。连接条件决定运算结果中元组的匹配和属性的去留；连接类型决定如何处理不符合条件的元组，有内连接、自然连接、左外连接、右外连接和全外连接等。

① 内连接。也叫作等值连接，是按照公共属性值相等的条件连接，并且不消除重复属性。

【附例 17】教师表（见附表 10）和授课表（见附表 11）的内连接，操作过程如下。

首先，形成教师 × 授课表的乘积，共有 12 个元组，如附表 12 所示。

然后根据连接条件“教师.教师编号=授课.教师编号”，从乘积中选择出相互匹配的元组。结果如附表 16 所示。

附表 16　　教师授课

教师编号	姓名	性别	职称	教师编号	课程名称	学时
01	张三	男	讲师	01	程序设计	68
01	张三	男	讲师	01	数据库技术	68
02	李四	女	副教授	02	计算机网络	52

② 自然连接。在内连接的基础上，再消除重复的属性，这是最常用的一种连接，自然连接的运算用⋈表示。

教师表（见附表 10）和授课表（见附表 11）的自然连接的结果如附表 17 所示。

附表 17　　教师授课 1

教师编号	姓名	性别	职称	课程名称	学时
01	张三	男	讲师	程序设计	68
01	张三	男	讲师	数据库技术	68
02	李四	女	副教授	计算机网络	52

③ 左外连接。（结果包含左表中的所有行，如果左表的某行在右表中没有匹配行，则结果集中右表的所有选择列均为空值。）

教师表（见附表 10）和授课表（见附表 11）的左外连接的结果如附表 18 所示。

附表 18　　教师授课 2

教师编号	姓名	性别	职称	课程名称	学时
01	张三	男	讲师	程序设计	68
01	张三	男	讲师	数据库技术	68
02	李四	女	副教授	计算机网络	52
03	王五	男	教授		

④ 右外连接。（结果包含右表中的所有行，如果右表的某行在左表中没有匹配行，则结果集中左表的所有选择列均为空值。）

教师表（见附表 10）和授课表（见附表 11）的右外连接的结果如附表 19 所示。

附表 19　　教师授课 3

教师编号	姓名	性别	职称	课程名称	学时
01	张三	男	讲师	程序设计	68
01	张三	男	讲师	数据库技术	68
02	李四	女	副教授	计算机网络	52
04				大学计算机	68

⑤ 全外连接。（结果返回左表和右表中的所有行。当某行在另一个表中没有匹配行时，则另一个表的选择列表包含空值。）

教师表（见附表 10）和授课表（见附表 11）的全外连接的结果如附表 20 所示。

附表 20　　教师授课 4

教师编号	姓名	性别	职称	课程名称	学时
01	张三	男	讲师	程序设计	68
01	张三	男	讲师	数据库技术	68
02	李四	女	副教授	计算机网络	52
03	王五	男	教授		
04				大学计算机	68

选择和投影运算都属于单目运算，对一个关系进行操作；而连接运算属于双目运算，对两个关系进行操作。

D.4　关系的规范化

在关系数据库中，每个数据表中的数据如何收集，如何组织，这是一个很重要的问题。因此，要求数据库的数据要实现规范化，形成一个组织良好的数据库。数据的规范化基本思想是逐步消除数据依赖关系中不合适的部分，使得依赖于同一个数据模型的数据达到有效的分离。每一张数据表具有独立的属性，同时又依赖于共同关键字。

关系规范化理论是研究如何将一个不十分合理的关系模型转化为一个最佳的数据关系模型的理论，它是围绕范式而建立的。规范化是指关系数据库中的每一个关系都必须满足一定的规范要求。根据满足规范的条件不同，可以划分为 6 个等级：第一范式（1NF），第二范式（2NF），第三范式（3NF），修正的第三范式（BCNF），第四范式（4NF）和第五范式（5NF）。通常在解决一般性问题时，只需把数据表规范到第三范式标准就可以满足需要。常用的关系规范化的 3 个范式有各自不同的原则要求。

1. 第一范式（1NF）

若一个关系模式 R 的所有属性都是不可再分的基本数据项，则该关系模式属于第一范式（1NF）。

第一范式是指数据库表的每一列都是不可再分割的基本数据项，同一列不能有多个值，即实体中的某个属性不能有多个值，也不能有重复的属性。如果出现重复的属性，就可能需要定义一个新的实体，新的实体由重复的属性构成，新实体与原实体之间为一对多关系。在第一范式中表的每一行只包含一个实例的信息。

简而言之，第一范式就是不可细分的无重复的列。在任何一个关系数据库中，第一范式是对关系模型的基本要求，不满足第一范式的数据库就不是关系数据库。

2. 第二范式（2NF）

若关系模式 R 属于 1NF，且每个非主属性都完全函数依赖于主键，则该关系模式属于 2NF，

2NF 不允许关系模式中的非主属性部分函数依赖于主键。

完全依赖是指不能存在仅依赖于主关键字的一部分的属性，如果存在，那么这个属性和主关键字的这一部分应该分离出来形成一个新的实体，新实体与原实体之间是一对多的关系。

简单地说，就是关系要有主题信息。

比如，选修课关系表为 SelectCourse（学号，姓名，年龄，课程名称，成绩，学分），关键字为组合关键字（学号，课程名称），（学号，课程名称）->（姓名，年龄，成绩，学分），这个数据表不满足第二范式，因为存在如下决定关系：

（课程名称）->（学分）

（学号）->（姓名，年龄）

即存在学分和姓名、年龄部分依赖于主关键字。

由于不符合 2NF，这个选课关系表会存在如下问题：

（1）数据冗余

同一门课程会有 *N* 个学生选修，“学分”就会重复 *N*-1 次；同一个学生选修了 *M* 门课程，则姓名和年龄会重复 *M*-1 次。

（2）更新异常

若课程的学分更新，则必须把表中所有的学分值都更新，不然会出现在同一课程中出现不同的学分。

（3）插入异常

假设要开设一门新的课程，但是目前还没有学生选修这门课程，由于没有学号导致数据无法录入到数据库中。

（4）删除异常

假设一批学生已经完成课程的选修，这些选修记录就应该从数据库中删除，但是，同时，课程名称和学分信息也被删除了。很显然，这也会导致插入异常。

可以修改一下，把选课关系表 SelectCourse 改为如下 3 个表：

学生：Student（学号，姓名，年龄）

课程：Course（课程名称，学分）

选课关系：SelectCourse（学号，课程名称，成绩）

这样的数据表是符合第二范式的，消除了数据冗余、更新异常、插入异常、删除异常。

注意，所有的单关键字的数据表都符合第二范式，因为不可能存在组合关键字，也就不可能存在非主属性部分依赖于主关键字了。

3. 第三范式（3NF）

如果关系模式 R 属于 2NF，并且 R 中的非主属性不传递依赖于 R 的主键，则称关系 R 是属于第三范式的（也就是说，非主属性必须直接依赖于主键）。

传递依赖就是 A 依赖于 B，B 依赖于 C，则 A 传递依赖于 C。因此，满足第三范式的数据库表应该不存在如下依赖关系：关键字段->非关键字段 x->非关键字段 y，即第三范式要求一个数据表中不包含已在其他表中包含的非主关键字信息。

简而言之，第三范式就是属性不依赖于其他非主属性。

比如：学生关系表为 Student（学号，姓名，年龄，所在学院，学院地点，学院电话），关键字为“学号”，符合第二范式，但是因为存在如下关系：

（学院地点）->（所在学院）->（学号），（学院电话）->（所在学院）->（学号），即非关键字学院地点和学院电话传递依赖于学号，所以此关系表不符合第三范式。同样会导致数据冗余、DDL 操作异常等问题。

所以可以对其进行如下修改：

学生：（学号，姓名，年龄，所在学院）

学院：（学院，地点，电话）

这样一来，数据库表就符合第三范式了。

D.5　数据库设计方法和步骤

按照规范设计的方法，考虑数据库及其应用系统开发全过程，可将数据库设计分为 6 个阶段：需求分析、概念结构设计、逻辑结构设计、物理结构设计、数据库实施、数据库的运行和维护。

在数据库设计过程中，需求分析和概念结构设计可以独立于任何数据库管理系统进行，逻辑结构设计和物理结构设计与选用的 DBMS 密切相关。

1. 需求分析阶段

进行数据库设计首先必须准确了解和分析用户需求（包括数据与处理）。需求分析是整个设计过程的基础，也是最困难、最耗时的一步。需求分析是否做得充分和准确，决定了在其上构建数据库“大厦”的速度与质量。如果需求分析做得不好，就会导致整个数据库设计返工重做。

需求分析阶段的任务，是通过详细调查现实世界要处理的对象，充分了解原系统工作概况，明确用户的各种需求，然后在此基础上确定新的系统功能，新系统还需要充分考虑今后可能的扩充与改变，不仅仅能够按当前应用需求来设计。

分析方法常用结构化分析（Structured Analysis，SA）方法，SA 方法从最上层的系统组织结构入手，采用“自顶向下，逐层分解”的方式分析系统。

数据流图表达了数据和处理过程的关系，在 SA 方法中，处理过程的处理逻辑常常借助判定表或判定树来描述。在处理功能逐步分解的同时，系统中的数据也逐级分解，形成若干层次的数据流图。系统中的数据则借助数据字典（Data Dictionary，DD）来描述。数据字典是系统中各类数据描述的集合，数据字典通常包括数据项、数据结构、数据流、数据存储和处理过程 5 个阶段。

2. 概念结构设计阶段

概念结构设计是整个数据库设计的关键，它通过对用户需求进行综合、归纳与抽象，形成了一个独立于具体 DBMS 的概念模型。

设计概念结构通常有以下 4 类方法。

（1）自顶向下。即首先定义全局概念结构的框架，再逐步细化。

（2）自底向上。即首先定义各局部应用的概念结构，然后再将它们集成起来，得到全局概念结构。

（3）逐步扩张。首先定义最重要的核心概念结构，然后向外扩张，以滚雪球的方式逐步生成其他的概念结构，直至获得总体概念结构。

（4）混合策略。即自顶向下方法和自底向上方法相结合。

3. 逻辑结构设计阶段

逻辑结构设计是将概念结构转换为某个 DBMS 所支持的数据模型，并将其进行优化。

在这个阶段，E-R 图显得异常重要。大家要理解各个实体定义的属性，并以此绘制总体的 E-R 图。

各分 E-R 图之间的冲突主要有 3 类：属性冲突、命名冲突和结构冲突。

E-R 图向关系模型的转换，要解决的问题是如何将实体和实体间的联系转换为关系模式，如何确定这些关系模式的属性和码。

4. 物理结构设计阶段

物理结构设计是为逻辑数据结构模型选取一个最适合应用环境的物理结构（包括存储结构和存取方法）。

首先要对运行的事务进行详细分析，以获得选择物理数据库设计所需要的参数。其次，要充分了解所用的 RDBMS 的内部特征，特别是系统提供的存取方法和存储结构。

常用的存取方法有 3 类。

（1）索引方法，目前主要是 B 树索引方法。

（2）聚簇方法（Clustering）方法。

（3）Hash 方法。

5. 数据库实施阶段

在数据库实施阶段，设计人员运用 DBMS 提供的数据库语言（如 SQL）及其宿主语言，根据逻辑结构设计和物理结构设计的结果建立数据库，编制和调试应用程序，组织数据入库，并进行试运行。

6. 数据库运行和维护阶段

数据库应用系统经过试运行后，即可投入正式运行，在数据库系统运行过程中必须不断地对其进行评价、调整和修改。

习 题

选择题

1. 数据结构作为计算机的一门学科，主要研究数据的逻辑结构、对各种数据结构进行的运算，以及（　　）。

   A. 数据的存储结构 B. 计算方法　C. 数据映像　D. 数据存储

2. 数据处理的最小单位是（　　）。

   A. 数据　B. 数据元素　C. 数据项　D. 数据结构

3. 根据数据结构中各数据元素之间前后间关系的复杂程度，一般将数据结构分成（　　）。

   A. 动态结构和静态结构　B. 紧凑结构和非紧凑结构

   C. 线性结构和非线性结构　D. 内部结构和外部结构

4. 数据结构中，与所使用的计算机无关的是数据的（　　）。

   A. 存储结构　B. 物理结构　C. 逻辑结构　D. 物理和存储结构

5. 在计算机中，算法是指（　　）。

   A. 加工方法　B. 解题方案的准确而完整的描述

   C. 排序方法　D. 查询方法

6. 算法分析的目的是（　　）。

A. 找出数据结构的合理性
B. 找出算法中输入和输出之间的关系
C. 分析算法的易懂性和可靠性
D. 分析算法的效率以求改进

7. 算法的时间复杂度是指（　　）。

A. 执行算法程序所需要的时间
B. 算法程序的长度
C. 算法执行过程中所需要的基本运算次数
D. 算法程序中的指令条数

8. 算法的空间复杂度是指（　　）。

A. 算法程序的长度
B. 算法程序中的指令条数
C. 算法程序所占的存储空间
D. 执行过程中所需要的存储空间

9. 链表不具有的特点是（　　）。

A. 不必事先估计存储空间
B. 可随机访问任一元素
C. 插入删除不需要移动元素
D. 所需空间与线性表长度成正比

10. 用链表表示线性表的优点是（　　）。

A. 便于随机存取
B. 花费的存储空间较顺序存储较少
C. 便于插入和删除操作
D. 数据元素的物理顺序与逻辑顺序相同

11. 下列叙述中正确的是（　　）。

A. 线性表是线性结构
B. 栈与队列是非线性结构
C. 线性链表是非线性结构
D. 二叉树是线性结构

12. 线性表的顺序存储结构和线性表的链式存储结构分别是（　　）。

A. 顺序存取的存储结构、顺序存取的存储结构
B. 随机存取的存储结构、顺序存取的存储结构
C. 随机存取的存储结构、随机存取的存储结构
D. 任意存取的存储结构、任意存取的存储结构

13. 线性表 L=（$a_1,a_2,a_3,\cdots,a_i,\cdots,a_n$），下列说法正确的是（　　）。

A. 每个元素都有一个直接前驱和直接后继
B. 线性表中至少要有一个元素
C. 表中诸元素的排列顺序必须是由小到大或由大到小
D. 除第一个元素和最后一个元素外，其余每个元素都有一个且只有一个直接前驱和直接后继

14. 在单链表中，增加头节点的目的是（　　）。

A. 方便运算的实现
B. 使单链表至少有一个节点
C. 标识表节点中首节点的位置
D. 说明单链表是线性表的链式存储实现

15. 非空的循环单链表 head 的尾节点（由 p 所指向），满足（　　）。

A. p→next=null　　B. p=null　　C. p→next=head　　D. p=head

16. 循环链表的主要优点是（　　）。

A. 不再需要头指针了
B. 从表中任一节点出发都能访问到整个链表

C. 在进行插入、删除运算时，能更好地保证链表不断开

D. 已知某个节点的位置后，能够容易地找到它的直接前驱

17. 下列数据结构中，按先进后出的原则组织数据的是（ ）。

A. 线性链表 B. 栈 C. 循环链表 D. 顺序表

18. 如果进栈序列为 e_1,e_2,e_3,e_4，则可能的出栈序列是（ ）。

A. e_3,e_1,e_4,e_2 B. e_2,e_4,e_3,e_1 C. e_3,e_3,e_1,e_2 D. 任意顺序